太平洋島嶼戦

第二次大戦、日米の死闘と水陸両用作戦

Seto Toshiharu
瀬戸利春

作品社

はじめに――島嶼戦という新しい戦い

「太平洋戦争」と呼ばれる、広大な大洋を主な舞台とする戦争が終結してすでに七十五年の時が過ぎた。個人の体験談、個別の戦い、そして戦争全体の流れを描いた書籍などが多くこれまでに出されてきた。これらを見渡しても、戦争全体を通しての島嶼戦に焦点を当てて顧みられることは意外にも少ない。

確かに島嶼での個別の戦いについて、また関連する海戦や空戦についての著作も多くある。

しかし、太平洋における島嶼戦を「作戦的な視点」で見た本は見当たらない。本書では戦い全体の流れの中での、複数の島嶼戦の鳥瞰を試みた。個別の島嶼の戦いだけに注視していては従来とあまり変わらない。島嶼の戦いといっても始まりから終わりまでの流れがあり、作戦の意図とその経過があり、そしてその戦いや地域に及ぼす影響がある。となると、いくつもの島嶼戦は個別に存在するものではなく全体の流れの中に位置づけられるはずである。その流れを注視するならば、あまりにミクロなレベルへと焦点を当てる必要性は薄い。さらにより大きなレベルに目を向けるとしても、国際政治や国家戦略という枠組みはあまりに大きすぎて島嶼戦という範疇からはみ出てしまうことになる。

一方で、軍事に関わる学問の世界では用兵思想的な考究も進んでいる。そこでこうした理論を参考にすることにした。そのため軍事学で言う作戦階層、すなわち、戦略と戦術の間に存在するとともに、具体的には、作戦を立案し実行し、そしてまたより良い作戦の在り方について考えていくレベルにもっぱら焦点を当ててみることを試みた。時に、戦略や細かい戦術に言及することはあるが、それは作戦の説明に必要な場合に限られる。

そこで全体の構成としては、最初に日米双方の作戦を取り上げ、緒戦のウェーク島攻略からレイテ島の戦いまでのトピックとなる島嶼戦に焦点を当てる。こうすることで、島嶼戦が個々の島の争奪戦から、広く海洋を舞台とする海洋戦への進化を跡づけることができ、またその過程において、戦前からの日米双方の島嶼戦に対する認識の相違が戦局に与えた影響と、勝敗を分けた理由が明確になるであろうと思われるからである。

太平洋戦争と呼ばれる戦争には、様々な呼び方があるが、本書では「太平洋戦争」という呼称を採用することにした。これは日米の戦いが広大な太平洋を舞台として戦われたことによる。この広大な海洋とそこに点在する島嶼という地理的環境ゆえにこそ島嶼戦は成立したのである。本書でいう太平洋戦争には「太平洋における島嶼戦」という意味合いも含まれていることを最初に言及しておきたい。

アメリカ軍の上陸作戦と日本陸軍の教令公布時期

	米軍の主要上陸作戦	教令等の公布
昭和17 昭和18	8月7日：ガダルカナル島上陸 2月3日：（日本軍、ガダルカナル島撤退） 5月12日：アッツ島上陸 6月30日：レンドバ島（ソロモン）、ナッソウ湾（ニューギニア）上陸 9月4日：ラエ、サラモア上陸 10月27日：モノ島上陸 10月27日：マキン、タラワ上陸 12月15日：マーカス岬（ニューブリテン島）上陸 12月26日：ツルブ上陸	9月：「あ号作戦／あ号教育」開始 9月30日：（絶対国防圏の決定） 10月1日：『珊瑚島嶼ノ防禦』 10月10日：『島嶼防禦参考資料』 11月18日：『島嶼守備部隊戦闘教令（案）』
昭和19	2月1日：クェゼリン、ルオット両島（マーシャル諸島）上陸 2月29日：アドミラルティ上陸 4月22日：アイタペ、ホーランディア上陸 5月27日：ビアク島上陸 6月15日：サイパン上陸 7月22日：グアム島上陸 7月24日：テニアン島上陸 9月15日：モロタイ島、ペリリュー島上陸 10月20日：レイテ島、サマール島上陸 12月7日：レイテ島のオルモック上陸 12月15日：ミンドロ島上陸	4月：『島嶼守備部隊戦闘教令（案）の説明』 8月19日：『島嶼守備要領』 9月24日：『敵軍戦法早わかり』 10月：『上陸防禦教令（案）』
昭和20	1月19日：リンガエン湾（ルソン島）上陸 2月19日：硫黄島上陸 4月1日：沖縄上陸	2月6日：（内地における各軍が作戦軍に改編） 3月：『対上陸作戦ニ関スル統帥ノ参考書』 3月16日：『国土築城実施要綱』 5月：『橋頭陣地ノ攻撃』 6月17日：『国土築城実施要項追補』

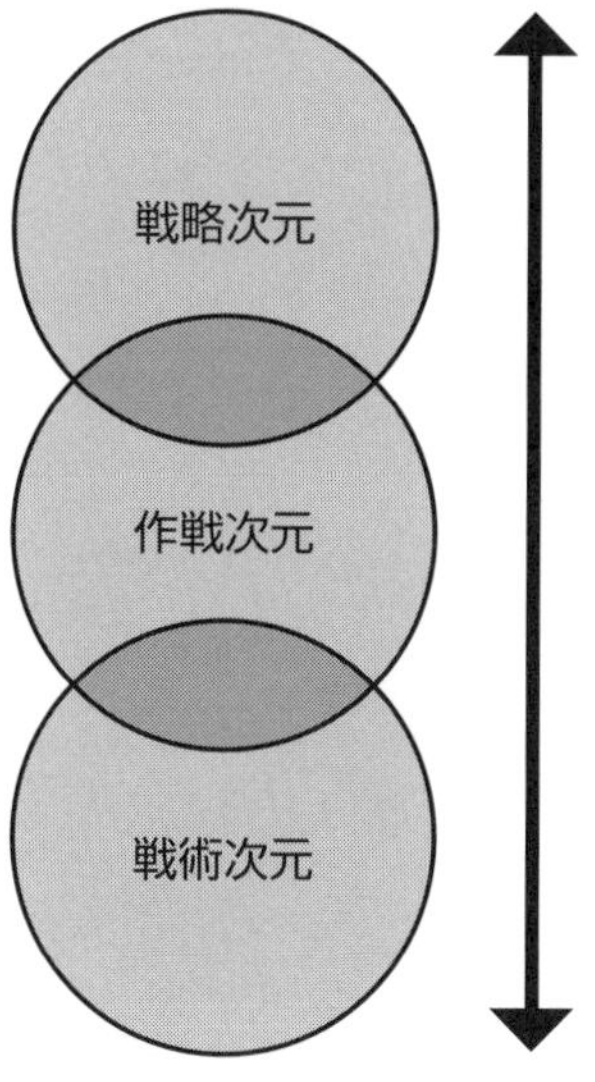

【戦争の階層構造】

戦争という巨大で複雑な行為のなかで、直接干戈を交える、純軍事的な分野は、現在の用兵思想では三つの階層に区分される。すなわち上から戦略（軍事戦略）次元―作戦次元―戦術次元である。いうまでもなく戦術次元は作戦次元に、作戦次元は戦略次元に包摂されるとともに、それぞれ下位階層は、上位階層を下支えする。つまり「戦争の階層構造」という抽象的な概念を、実際の行動に移した場合、どのように戦術次元での勝利をおさめても、作戦次元での適切な行動がなければ、それを戦略上の勝利に結びつけることはできない。また、作戦次元における優れた着想も、戦術次元における実行の可能性がなければその着想自体が、画餅に終わる。

アメリカ海兵隊MCDP-1『WARFIGHTING』より作成。

太平洋島嶼戦　目次

凡例

一、年号、月日は漢数字で表記した。年号は日本軍主体の行動では和暦で表記し適宜、西暦を括弧でくくり補足した。同様に、連合軍主体の行動では、西暦で表記し適宜、和暦で補足した。（例）昭和十六年（一九四一）十二月八日。一九四五年（昭和二十）八月十五日。なお戦後の年号に関しては西暦のみの表記とした。
二、日本軍の部隊号は、和数字表記とした。（例）第一師団
三、日本軍以外の部隊号はアラビア数字とした（例）海兵第1師団。
四、数量は漢数字で表記した。（例）十五台、二百機、五日
五、引用中の著者による補足は括弧で括り、引用文の最後に「…括弧内著者」とした。
六、地名は原則として当時の名称とした。ただしシンガポールの昭南市のように戦争中に日本が改名した地名は、かえってわかりにくくなるので、使用していない。

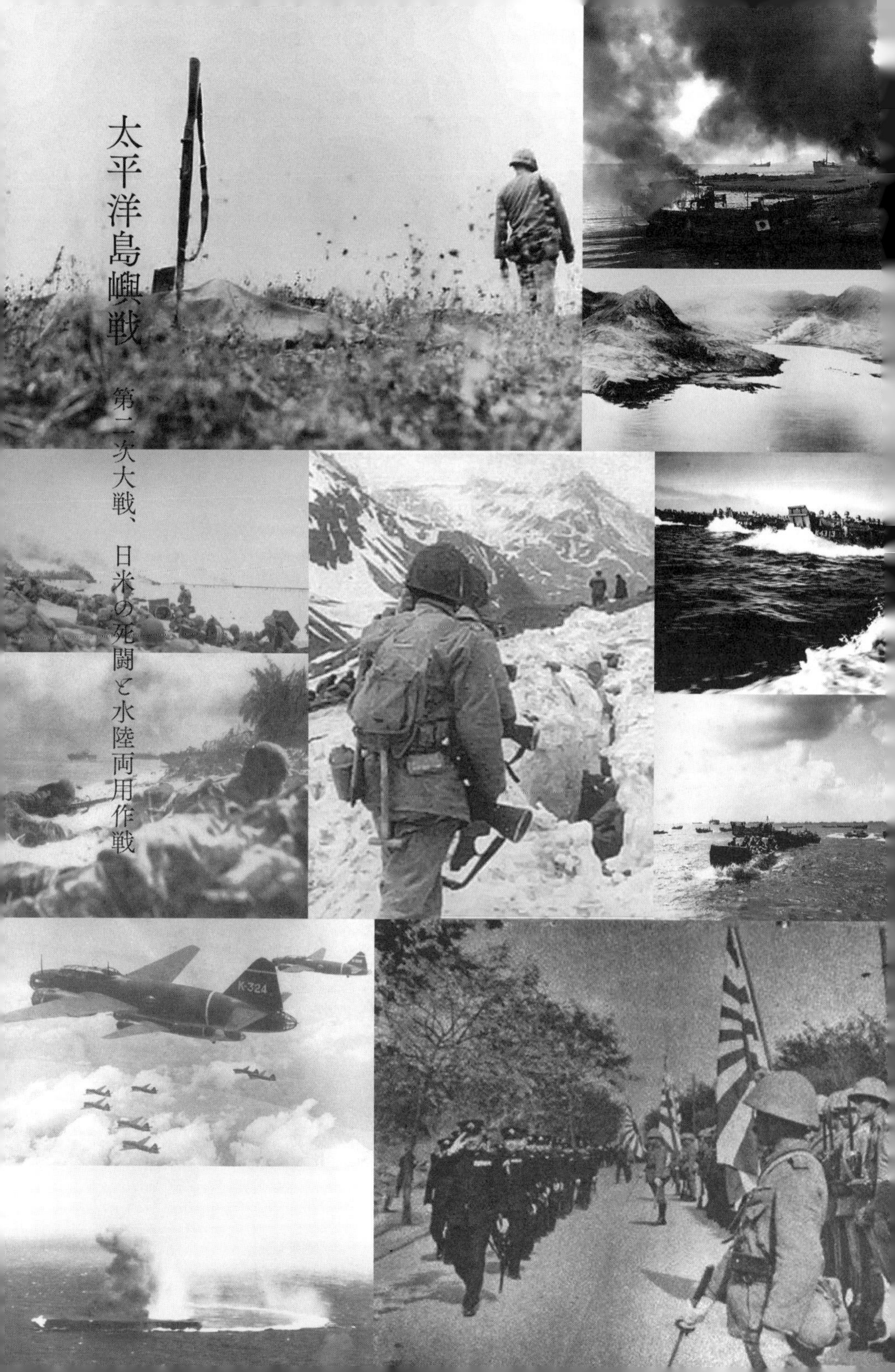

太平洋島嶼戦

第二次大戦、日米の死闘と水陸両用作戦

【太平洋要図】

＊地名は当時の日本での名称に基づく。
＊＊スケールは、それぞれ北緯 40°、20°、0°におけるもの。

序章　大洋を挟んだライバル

【日米両軍の作戦計画】

米海軍はオレンジ・プランではグアムとフィリピンを取られてしまうことを前提に、三つのフェイズから中部太平洋を経て日本本土近海まで進攻する予定であった。一方日本海軍は、当初はマリアナ諸島東で、航空機や潜水艦の増勢遺構は、ギルバート諸島で進攻する米海軍を邀撃・決戦を行う計画であった。

＊地図は東京を中心としたランベルト正積図法

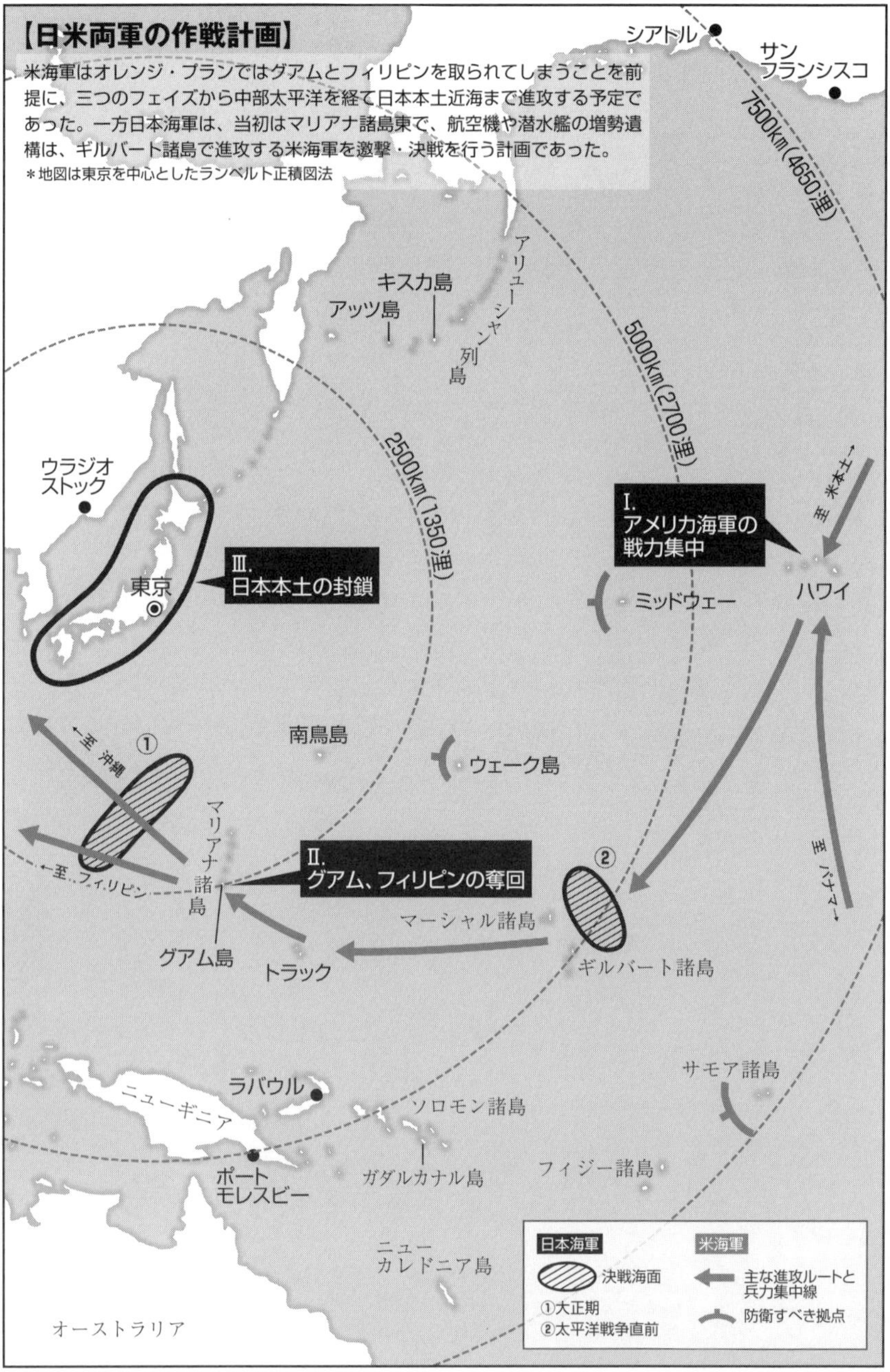

日本と米国が互いを仮想敵国として強く意識し始めたのは日露戦争直後のことであった。

明治三十八年（一九〇五）の日露戦争においてロシアが敗退した結果、ロシアの極東進出を抑えるという日本と米国の共闘関係は意味を失い、そして日本と米国の間柄は広大な太平洋を挟んだライバルという関係へと移行した。

ロシア太平洋艦隊が壊滅した状況下で、太平洋沿岸で大規模な海軍力を行使できる国家は日米二か国に限定される。当時、イギリスが世界第一位の海軍力を誇っていたが、フランス、ドイツへの対応というヨーロッパでの問題を考慮すれば、持てる海軍戦力を極東へと大きく振り向けることはできない。それゆえに、日米両国はシーパワー上のライバル関係とならざるをえなかったといえよう。もっとも、これが日米の戦争へと直結したわけではない。

日米両国は互いを仮想敵国として海軍力を整備し、それは最終的には太平洋戦争が始まる昭和十六年（一九四一）まで続くことになる。しかし太平洋戦争に至る政治的な紆余曲折、戦争の原因については既に多くの議論がなされ、関連する著作も出されている。それほど複雑な要因があったというべきだろう。

その原因が何であれ、昭和十六年（一九四一）に始まる日米戦争は広大な太平洋を挟んで戦われた太平洋戦争であったことは間違いない。この日米両国が置かれた戦略上の地理的環境は有史始まって以来、初めてのものといえた。それは大洋を挟んだ海軍国同士の争いだったということである。

第二次大戦直前、アメリカは世界第二位の、日本は世界第三位の海軍戦力保有国であった。

それまで海軍国同士の対立関係はすべて大洋を間に挟んだものではなかった。たとえば十八世紀の英仏海軍、日露戦争における日露海軍、第一次世界大戦の英独海軍の対立関係はいずれも大陸の沿海を舞台としていたものだ。

さらに時代を遡ってみると、近代以前、大航海時代よりも前にあっては、海軍戦力が大洋に出ること自体に無理があったことから、大洋を挟んでの海軍国の対立という構図そのものが成り立ちえなかった。

わずかに通商破壊戦——敵国の商船を攻撃して通商貿易に打撃を与えようとする戦い方——において、大洋上で少数の艦船同士の遭遇戦が戦われるだけで、主力艦隊同士が大洋を介して睨み合うなどという事態はなかったのである。

太平洋という世界一大きな大洋を間に挟み、そこを主戦場とする戦争は、史上初めての出来事で、そして今のところ唯一の戦争でもある。これは太平洋戦争の大きな特徴といってよかろう。

これは日米両海軍にとって、戦力行使のためには太平洋の中へと大きく踏み込み、どちらかが相手側の近海にまで進まねばならないことを意味していた。必然的に戦いの舞台は、海洋のただ中となった。この事実を認識した日本陸軍は戦争後半になって「海洋戦」という言葉を産み出すことになる。

太平洋の地勢

それでは日米両海軍が踏み込むことを半ば運命付けられた太平洋という大洋の、戦略環境としての地勢はいかなるものであろうか。

太平洋は、いまさらいうまでもないが南北両アメリカ大陸と、ユーラシア大陸、そしてオーストラリア大陸に囲まれている。

そして日本列島やハワイなど大小無数の島嶼が点在している。とはいえその点在には偏りがあって、ハワイ諸島を除くと、大きな島、例えば日本の本州やニューギニアなどは大洋の端に存在し、中央部より南の赤道を挟んでの広大な海域には小島が無数にあり、それが島嶼群として、マーシャル、ギルバート、ミクロネシアなどのいくつか諸島を形成している。

一方、北太平洋にはアリューシャン列島を除くとほぼ島嶼と呼べるものがない。

アリューシャン列島とハワイ諸島の間には空白と呼んでいいほどに島のない海域がある。ここはまったくといっていいほど戦場になることはなかった。

戦場となるのは必ず、島嶼が存在するか、そこに大きく関わる海域、もしくは大陸近海といった陸地の関わってくる場所であった。

現代の米海軍で教官を務めたミラン・N・ヴェゴは、世界史全体で見ても海戦が発生するのは陸との関わりのある場所であるという事実に注目して、海軍作戦が陸地と関連して発生することを重視した。そして海域の形状や陸と海の地理的環境と海軍作戦の関係に注目し、ポジションという言葉を使っている（コラム①参照）。

本書で太平洋の島嶼戦に注目するのも、太平洋戦争――歴史的な呼称はともかく日米戦の戦争形態としてはこう呼ぶのがやはり妥当だろう――において島嶼での戦いが極めて重要であったという事実にもとづく。

ここでもう少し、地理的説明をさせていただきたい。あまたある太平洋の島嶼には、いくつかの類型がある。ひとつ目は日本列島やフィリピン、ニュージーランドのような大きな島を中心とした列島。二つ目はハワイのような火山島、そして三つ目は熱帯の島のイメージが強いサンゴ礁により形成される環礁だ。

そして、三つ目の環礁はサンゴ礁内にせいぜい数平方キロ程度の面積を有する小島が有るだけで、従来は艦船の寄港地としては取るに足りない価値しか認められなかったが、飛行場を設定できることと、環礁の内海が泊地に利用できることから、太平洋の島嶼戦においてその価値が浮上することになった。こうした動きが出てきたのは大正時代末から昭和の初めである一九二〇年代のことであった。

オレンジ作戦計画（アメリカ側の戦略）――太平洋を挟んだ軍事作戦の模索

日露戦争終了後、米海軍と日本海軍は共に互いを仮想敵として軍備を整え作戦計画の立案作業を繰り返した。

この作業が始まったころには、「仮想敵」とはいえ、日米両国が実際に戦争に突入する可能性は極めて低かった。しばしば誤解されるが、仮想敵を想定するというのは、別にその国家を侵攻する準備などではない。ある国家にとって軍事的な衝突が「あるかもしれない」国を想定することである。その想定する場合の理由は国境が隣接している、海伝いに行き来できるなどといった地理的関係による。そしてこれは重要なことだが、仮想敵国は外交関係の良否とは、あまり関係がない。戦前の米国でいえば、カナダやメキシコ、英国、フランスなど様々な国が外交関係とは無関係に仮想敵国とされていた。

そしてどこの国の軍隊にあっても、仮想敵国と戦争状態に陥った場合の軍事行動の在り方、つまり「作戦計画」が作られている。日本のそれは陸海軍の年度作戦計画として知られ、米国の場合はカラープランとして知られる。

米国の作戦計画がカラープランと呼ばれるのは、仮想敵国に対して国ごとに色別のコードネームを与えていたことに由来している。例えば英国にはレッド、ドイツにはブラック、フランスにはゴールドのコードネームが割り当てられていて、軍の関係者間では、レッド作戦計画といえば、それだけで対英作戦計画だと解るのであった（余談になるが第二次大戦前のドイツ陸軍も同様に仮想敵国との作戦計画には色別のコード区分を行なっていた。例えば「黄色の場合」といえば対フランス戦を、「白の場合」といえば対ポーランド戦を意味していた）。

米国の軍関係者が、仮想敵国としての日本に選択した色はオレンジであった。これが有名なオレンジ作戦計画（またはオレンジ・プランとも呼ばれる。たまに見かけるオレンジ・プロジェクトという呼び方は完全な誤り）である。

オレンジ・プランは明治三十九年（一九〇六）の日露戦争直後から大戦直前の一九三〇年代末まで何度も練り直されて、最終的には太平洋戦争における対日戦略へと引き継がれることになる。

「突進派」と「慎重派」

オレンジ・プランの立案をめぐっては、短期間で太平洋を一気に越えようとする「突進派」と、太平洋の島々を逐次攻略しながら、一歩ずつ歩もうとする「慎重派」の対立が存在した。

この両者の食い違いは、対日戦略を深く検討させることとなり、米軍の対日戦略に必要な要件をあぶりだすことになる。これは実際の太平洋戦争において米軍が島嶼を逐次攻略していったことに大きく関わっていくことになるので、簡単に触れておきたい。

「突進派」も「慎重派」もともに、太平洋の東側にまで日本軍が本格的に侵攻することはありえないと判断していた。実際、日本側にもそんな計画はなかったし国力的にも不可能であった。それゆえ、開戦後のいずれかの段階で米軍側が日本に向けて反攻を始めるという点では一致を見ていた。

そして所与の条件として、太平洋の西側に米国は既にフィリピン諸島とグァム島を領有しているという事実がある。

オレンジ・プランの立案にあたり、当初、優位に立っていたのは「突進派」であった。彼らの考えた作戦は俗に「通し切符」と呼ばれるが、その骨子は対日開戦後速やかに米艦隊と陸上兵力をフィリピン諸島にある根拠地へと送り込み日本軍と戦うというものであった。

しかし、このプランの検討を重ねる間に、問題が露呈し始めた。

まず日本軍の攻撃を前にした、フィリピンの防衛軍が、米艦隊主力の来援までマニラなどの主要な港を保持できるか危ぶまれた。さりとて、日本軍の攻撃を考慮すると、フィリピン諸島の他の場所に安全な基地を移したとしても結果に大した変わりはなさそうに思われた。またフィリピン諸島よりも中部太平洋に位置するグァム島はさらに小さく、港湾適地も無いことから艦隊根拠地とするには不十分であった。

さらに軍艦や輸送船は一気に太平洋を押し渡ることができなかった。航続距離の問題から、どうしても途中での燃料補給が必要とされていた。米軍はハワイ諸島のオアフ島に軍港を作る予定でいたが、ハワイ諸島の真珠湾を基点としてもフィリピン諸島へと向かうには艦艇の航続距離がまるで足りなかったのである。そのために燃料補給に使える波の静かな泊地をハワイ諸島からフィリピン諸島の間で探さねばならなかった。しかし、一九一〇年代には、泊地として適切なのは、ドイツ領のミクロネシア諸島か、英領のニューギニアで、米軍が踏み込むことは国際法上に無理があった。

この補給問題を検討した結果、米軍は対日戦においては膨大な兵站問題を解決する必要があることを悟った。既に書いたように中途での燃料補給の必要性から、そのための泊地を守り、さらにフィリピンへの援軍として送り込むべき陸上兵力とその装備、またそれに必要な補給物資などを運ぶべきことを悟ったのである。

そして、太平洋の島嶼には泊地はあったが燃料や物資を積み卸しするための港湾施設が欠けていることも指摘された。この問題を解決するために、米軍はあらかじめ組み立て式の施設や浮ドックを用意して運び込み、現地で港湾施設を組み立てることを考え出した。

その結果、燃料補給のための多数のタンカー（石炭燃料の頃には給炭艦）、陸上戦力や組み立て式施設を運ぶための多数の輸送船を揃える必要があることも理解された。

加えて一九二〇年代からは、新兵器として登場した航空機の輸送を考える必要も出てきた。航空機は、地上戦の支援や泊地周辺の警戒、偵察に欠かせない存在となり始めていたのである。航空母艦の数は少なく（一九二〇年代には米空母は三隻しかなかった）、陸上機多数が用意されることになる。これら陸上機は島嶼部の基地に運び込まれ活動する手はずとなっていた。必要な機数は数百機にも達し、それを運ぶ輸送船も必要とされた。

あれやこれやで輸送船の必要数も数百隻（概ね八百隻と見積もられた）という莫大なものとなったが、この船団を護衛する巡洋艦や駆逐艦も数十隻から百隻にも及ぶ。さしもの米軍も平時である一九二〇年代、三〇年代に用意することなどは到底不可能な隻数だった。

特に巡洋艦や駆逐艦など補助艦（戦艦や巡洋戦艦は軍縮条約で主力艦とされ、巡洋艦と駆逐艦そして潜水艦等は補助艦と類別された）の保有量はロンドン海軍軍縮条約による制限が課されていて不足していた。やむなく巡洋艦や駆逐艦は、開戦後に新造し所要量を満たすことにしたが、その準備は港湾施設や輸送船の手配も含めて一年から二年の時間を要することは明白であった。

こうして「突進派」の「通し切符作戦」には限界が見え始めた。ここで台頭してきたのが「慎重派」である。「慎重派」の戦略は、西太平洋の島々を逐次攻略しつつ根拠地を推進し、またそれら島々に潜む日本軍戦力を撃破して前進するというものであった。

「慎重派」は一九〇七（明治四十年）の段階で既に存在していたが、その頃は威勢のよい「突進派」に押され気味であった。「慎重派」の方策では、西進に時間が掛かりすぎると見られていたのだ。さらにまた米国の用兵担当者は、米国民の抗戦意欲が長続きしないことを懸念していた。米国民が精神的に戦争に耐えられるのは、二年程度であろうと当時は思われていたのである。

当時、中部太平洋の島々はドイツ領であり、日米ともに勝手な振る舞いのできる土俵ではないことも、この島伝いに進む作戦のネックとなっていた。

第一次世界大戦による環境の変化

ところが、第一次世界大戦によって、太平洋を取りまく国際環境が変化したことから流れは変わった。第一次世界大戦はドイツの敗北で終わり、ミクロネシアの島々の赤道線から北側は委任統治領として、文字通り日本の手に委ねられることになったのだ。

これら委任統治領の島々は、軍縮条約で要塞化こそ禁止されたものの（日本はそれを遵守した）、艦船や航空機が利用することは違反ではなかった。

このことは米側に不都合な出来事だったが、同時に「慎重派」のオレンジ・プラン作成者には利益をもたらした。日米戦争の暁には、米軍はミクロネシアの島々に対して進攻することを遠慮する必要がなくなったからである。

島嶼への進攻が現実味を帯びてきたことは、米海兵隊にも福音となった。陸軍と役割が重複するため無駄な存在とされて存亡の危機にあった海兵隊は、その組織的な生き残り策を島嶼への上陸作戦に見いだした。海兵隊の上陸作戦研究は、オレンジ・プラン慎重派の、太平洋の島々を逐次攻略しながら進むという作戦計画とマッチしていたのである。

こうして米国では海軍、陸軍、航空兵力、海兵隊が一体となって行う水陸両用戦、すなわち日本の陸海軍が最後まで実現することができなかった高度な統合作戦の原型が形作られることになる。

一九三〇年代になると、米軍は、マーシャル諸島を占領した後、カロリン諸島、先島《さきしま》諸島、琉球列島を経て奄美大島から日本本土近海へと歩を進める戦略的な想定ができるまでになっていた。一方で日本本土への侵攻そのものは考慮されていなかった。日本を海上から封鎖して降伏を強要することが当時の戦略だったからである。

このように米軍は、対日戦争計画を考えていたが、そこでは日本軍との決戦は主な命題ではなくなっていた。西進する過程の、おそらく最終段階付近で、日本海軍との決戦が生起するものと予想された。一方で日本側は損失を覚悟しつつ地上・海上・航空部隊を繰り出して米艦隊を減らそうと努力し、最善のところで艦隊を出撃させるであろうとも予想された。

ここが重要であるが、この予想は日本海軍の考えていた漸減邀撃と近似している。しかしながら日本海軍は、この漸減邀撃を決戦の手段として捉えたのに対して、米軍側は西進の通過点で起こるイベント的なものとして考えていたという違いがある。

日本海軍にとっては決戦（決勝会戦）の勝利が勝敗の条件であった。このため戦後、日本海軍は決戦主義と批判されることになる。日米両海軍は、お互いに見ていた戦いの様相は似ていたかもしれないが、用兵の重きを置いたところは異なっていたのだ。

一九三〇年代中頃、米軍は基地建設用に必要な島嶼だけを攻略し、それ以外の島は無力化して枯れるにまかせ放置するという方針を打ち出した。太平洋に点在する無数の島々を攻略していては、時間もリソースもばかにならないからである。これは後の実際の戦争で「蛙飛び作戦」として実現を見る。

また日本進攻のルートはロイヤル・ロードと呼ばれたが、ルート設定はハワイの真珠湾を起点としてトラック諸島まで進んだ所までで止められていた。むろんトラック以西へ進むことは予定されていたが、パラオ諸島、マリアナ諸島、小笠原諸島のいずれかへと進出し、さらにフィリピン方面のどこかに上陸するというのがオレンジ・プラン立案者の大方の考えだったが、決定事項とはされなかった。米海軍は先の話は「霧の彼方」なので大枠のスケッチを描くことしかできないと考えていた。

ここで米海軍のいうところの「霧」というのは、『戦争論』を著したクラウゼヴィッツが説く「戦場の霧」の喩えで説明できる。クラウゼヴィッツは戦争においては相手側の行動予測は完璧にはできない上に、状況が進むにつれ思いがけない事態が起こる。このため先の事であればあるほど予測できなくなると考え、こうした戦争での先の見えない状況を霧に喩えた。

このように先の見通しが立ちにくいことから、戦争計画では緒戦の動きに集中し、以後は臨機応変に対応できるようにすべきということになる。その意味で、最初から進路を厳密に設定する必要はない。ただし進路があらぬ方向へと向かわないように、戦略という形で大枠を決め、地上戦では一般方向という形で、最終的に向かうべき方向を設定して、臨機応変に対処しつつも進路を誤らないようにしなければならない。これを踏まえていれば、状況に応じて抵抗の強い場所を迂回するなどの方策を採ることができるし、むしろ、そうした方が望ましいのである。米海軍のオレンジ・プランは、こうしたクラウゼヴィッツの考えに合致していた。

一九三〇年代後半になり、ドイツがヨーロッパにおいて勢力を増大させると、米国の国防政策は太平洋とヨーロッパのどちらを重視するかで揺らいだ。米海軍も大西洋岸の防衛計画を大急ぎで作成する必要に迫られ、国際情勢の変化は一国対一国の構図から、多国間同士の争いへと変化した。こうしてオレンジ・プランは消え、複数国を想定したレインボー・プランへと移行した。対日作戦計画であるオレンジ・プランはレインボー・プランに飲み込まれていったのである。

一九四〇年になる頃には、米国は太平洋の西の彼方にあらかじめ根拠地を保持しておくことに対して完全に興味を失っていた。グァム島やウェーク島を前進拠点とする基地化には手を付けたものの、それを戦時に保持し続ける意欲はなく、港を永久的に提供するとしたフィリピン側の提案やシンガポール軍港の使用を認める英国の提案も、米国の対日戦略上の注意を喚起することとはならなかった。

マッカーサー将軍など上層部の米陸軍の一部を除けば、フィリピン諸島防衛に時間稼ぎ以上の意味は失われていたのである。米国の陸海軍は、アジアにおいて英国、オランダと協調した防衛計画も立案したが、米国は英国が要請したにもかかわらず、東南アジア方面への即時介入そのものを取りやめている。日本と米国単独の戦争計画が、日本と連合国間の戦いの計画という形に変化しても、依然として慎重派が描いたオレンジ・プランの対日戦略の骨子は揺らぎをみせなかった。

こうしてオレンジ・プランという名前は消え、作戦計画の細部は幾度も修正されたが、中部太平洋を島伝いに進むという「慎重派」のプランの骨格は残り続けた。そしてオレンジ・プラン立案過程で考えられた様々な戦いの手法や機材、ドックや組み立て施設、上陸作戦の手法、航空機運用などはオレンジ・プランの遺産として実際の戦争に受け継がれていくことになる。そして、太平洋を横断して日本本土へとアプローチするという方法論を米軍は確固たるものとした。

三十年にも及ぶ、オレンジ・プランの立案と修正の繰り返しは米陸海軍に、太平洋を間に挟む戦争がいかなるものか悟らせ、用兵の在り方を模索させたのである。

漸減邀撃作戦――日本側の戦略

日露戦争後、日本はロシアと米国を仮想敵国として軍備を整えることとなった。対ロシアには日露戦争の復仇に備えるという意味があったが、米国に関しては重要な意味合いはなかった。当面、日本海軍にとってはさしたる脅威も無いことから、ただ太平洋の対岸に位置し極東にフィリピン諸島を領有する米国との軍事衝突が可能性として取り上げられただけのことであった。先述したように仮想敵国というのは、純軍事的に交戦することが可能だとする敵国のことで、積極的に戦争を行うということは意味しない。そして明治四十年（一九〇七）国防方針と用兵綱領が決定された。これは以後の日本軍の国防及び国策と用兵に関する方向性を決めるものとなった。

用兵綱領に基づく対米作戦方策では、米軍の来攻に先立って防衛準備を行い、渡洋進攻する米艦隊を小笠原諸島付近の前哨線付近で減殺しつつ最終的に本土近海で撃滅するという決戦戦略が採用された。戦いのほとんどすべてが大陸での陸戦と考えられる対露戦は陸軍の担当となり、戦いの大部分が海と想定される対米戦は、海軍が受け持つこととなった。

日露戦争における日本海海戦という決戦に勝利した日本海軍は、これを勝ちパターンとして対米戦争で再現することを望んでいた。

確かに第一次世界大戦以前、十九世紀の戦争では決戦で勝敗が決することが多かった。また米海軍の軍事思想家で『海上権力史論』を著し、日本海軍に影響を及ぼした米海軍のアルフレッド・セイヤー・マハン（米海軍大学の初代教官で、同大学校長を一八八二年から一八八三年の間務める）は、戦力の集中を重視し、通商破壊戦を軽視していた。

もし戦力を集中させた艦隊同士が戦闘を交えれば、それはいやでも決戦となり以後の制海権を保持できるからである。

加えて、日露戦争当時の戦争はあまり長期化せず——一年半も続いた日露戦争は当時としては長い方だった——、その交戦期間内で主力艦たる戦艦を新造就役させることは不可能だったので、日本海軍の決戦指向を元にする対米戦の想定には妥当性があったのである。

時は流れ、第一次世界大戦の勝者となった日本は、ドイツ領南洋諸島の中の赤道以北、つまりマーシャル諸島とミクロネシア諸島の大部分を委任統治領として勢力圏に収めることになる。

大正七年（一九二二）のワシントン軍縮会議によってこれら委任統治領の要塞化は禁止されたが、艦艇と航空機の行動は禁止されなかった。これにより日本海軍は小笠原よりもはるか東、中部太平洋まで作戦海面を拡張することになる。

そして対米戦の想定は、次のごとく変容した。まず序盤で米領であるフィリピン諸島とグァム島を攻略する。これは日本陸軍の作戦だ。そしてフィリピン諸島の救援に駆け付けるであろう米艦隊を、中部太平洋の海域で少しずつ減殺する。この減殺が漸減である。そして最後に主力同士の艦隊決戦で勝利を目指すというものだった。

骨格としては明治末からの決戦戦略とあまり変わらない、ただ漸減のための海域が東に拡大したという相違があるだけだ。

戦艦戦力が米海軍に対して劣勢な日本海軍は、第一次世界大戦期に急速に発達した潜水艦や航空機と駆逐艦に目を付け、これら補助戦力を漸減に利用することで、戦艦戦力の劣勢を補うことにした。その漸減作戦の待機場所として、多数の島嶼の散在するマーシャル諸島が好都合とされた。

昭和十五年（一九四〇）、つまり太平洋戦争の前年の連合艦隊戦策では、米艦隊を待ち受け漸減する邀撃海面にはマーシャル諸島も含まれるようになっていた。

漸減邀撃に対する疑問の浮上

こうした明治末以来の考え方に対し、疑問の声も出されてはいた。

昭和四年（一九二九）に海軍大学校が出した『欧州戦争参戦ノ実績並爾後ノ発展ヨリ見タル米国戦備ノ研究』という文献に目を惹く箇所がいくつかある。この文献は海軍大学校の南雲教官の研究によるものとされるが、この南雲教官とは後に機動部隊を率いて真珠湾空襲を実行した南雲忠一のことと考えてまず間違いなかろう。この文献は、その南雲教官の米軍に対する研究をまとめたレポートである。

その中にこんな一節がある。「対日作戦ニ於イテモ国民ノ輿論に刺激セラレ或ハ対英関係上速戦即決ヲ必要トセサル限リ全力ヲ以スル東洋進攻作戦ハ桑港（サンフランシスコ）、布哇（ハワイ）ノ施設ヲ完備シ又ハ必要ナル艦船兵器ヲ新造シ或ハ浮船渠ノ曳航、引揚船台建設材料其他修理機関ノ船舶輸送等一切の準備ヲ完了シタル後大規模計画ノ下ニ敢行スルニアラサルヤ思ハシム、而シテ彼カ一切ノ準備ヲ整フルノ時機ハ不明ナルモ大戦ノ実績爾後ノ発展ニ徴スルニ概ネ開戦一ケ年ヲ経過セハ偉大ナル実力ヲ備エ来ルヘシト思惟ス：括弧内著者」。

要約すると、米軍は戦争が始まっても、よほど米世論が激高して軍の出撃を催促されるか、英国救援を急ぐ必要性が浮上しない限りすぐには出てこないだろう。そして米軍は艦船の新造、浮きドックなどの建設などの準備を行い、その準備には一年はかかるとする見解である。時期的に米海軍では慎重派が浮上してきた頃であり、日本海軍はそのプランに関して知見があったことをうかがわせる。

これに対して日本海軍としては「敵ノ準備ナラサルニ乗ジ巧ミニ開戦時期ヲ選定シ機先ヲ制シテ西部太平洋ヲ管制シ」とし、続けて米海軍の早期出撃を促す方策を様々述べているが、その中で「敵本土沿岸通商破壊ナシウレハ航空機（主トシテ航空船）ヲ以テスル敵本土急襲」とあるのは興味深い。実際、日本海軍は開戦直後に米西海岸方面に潜水艦を投入しての通商破壊戦を実施した。また開戦直後の敵本土空襲は実質的にはできていないが、これを真珠湾空襲に置き換えることもできそうである。事実、このレポート内でもハワイやパナマ運河破壊企図を意図的に流布して、米国輿論を刺激することも、米艦隊の早期出撃を促進する策として挙げられている。

そこまでしても、米軍が早期に出撃するか否かの決定権は米側にあり、第一次世界大戦の例からして「将来ノ日米戦ニ於イテモ――中略――万全準備ヲ整ヒタル後来航我ニ決戦ノ策ヲ採リ」と早期出撃論について疑念を抱いている。

ただし、南雲のレポートは米艦隊早期出撃、通し切符作戦への疑いであって、決戦という命題には疑念がない。その意味で、漸減邀撃という戦い方そのものへの疑問ではなかったといえる。しかし、昭和十五年（一九四〇）になると、漸減邀撃作戦という戦い方そのものへの異論も提出されるようになる。

よく知られるのは「航空主兵論」の台頭だ。これは旧来の戦艦による決戦は時代遅れであり、航空機の整備に力を注ぎ、航空機による戦いに備えようというものだ。島嶼戦という観点からすれば、これは一歩前進だったが、まだまだ空母や基地航空機に置き換えて決戦を目指すもので、戦術の進歩ではあっても決戦を前提とする戦略の根幹に踏み込むものではなかった。

しかしながら様々な演習を繰り返してみても、戦力差からくる不利を大きく覆すことはできそうにもなく、対米戦における勝機を見出すことはできないでいた。

対米戦に関し、様々な論が出されるなか、異彩を放った提言がふたつあった。その提言とは、今井秋次郎少佐の「我が国防上軽戦闘部隊の編成充実の必要」という文書と、井上成美少将が航空本部長名義で出した「新軍備計画論」である。

今井少佐は「我が国防上軽戦闘部隊の編成充実の必要」で従来の主力艦（戦艦や巡洋戦艦）に対して高速魚雷艇、豆潜水艦、陸戦隊等のなど軽戦闘部隊を整備すべきであると主張した。来るべき日米戦では艦隊決戦など生起せず、これら軽戦闘部隊同士が衝突する島嶼攻防戦となろうと予想していた。今井少佐の意見書は採択されなかったが、海軍は魚雷艇、豆潜水艦の開発には手を付けている。

井上少将の「新軍備計画論」は昭和十六年一月に海軍大臣宛に出された提案で、従来の速戦即決主義、主力艦決戦主義を覆していた。井上は海軍省の首脳会議の席で軍令部から㊄《マルゴ》計画[1]の説明を聞かされると、「この計画は、明治、大正時代の軍備計画である」と切って捨てた。そしてその一週間後に「新軍備計画」を提出して艦隊決戦はもはや起こらず、基地航空兵力第一主義で航空兵力を整備し軽艦艇や潜水艦を用いて島嶼戦に対処すべきと主張した。

井上の主張は、日本海軍内の軍備計画、戦略論の中では最も島嶼戦にマッチしたものであったが、その提案の時期はあまりに遅すぎた。日本が対米戦を開始するまでに、一年の時間的猶予もなく、井上のプランを採用したところで開戦までの新軍備を整えることは不可能であった。

　こうして、日本海軍は時代の流れに取り残されつつあると感じながらも、井上の言う明治、大正の軍備のまま、そして決戦戦略とその方法である漸減邀撃作戦を念頭に、しかもそこに勝機を見出すことのないまま戦争に挑むことになるのである。

日本陸軍の場合――上陸作戦への取り組み

　日本海軍が漸減要撃を模索している間、太平洋で戦うであろう、もうひとつの日本の軍隊、日本陸軍は何をしていたのだろうか。日露戦争後も日本陸軍はロシアを主な仮想敵国としていたが、対米戦にまるで無関係でいるというわけにもいかなかった。

　対米戦においては、日本陸軍にも米領フィリピン諸島、グァム島の攻略が役割として与えられていた。このためには海上輸送と上陸作戦が不可欠となる。海上輸送の方は明治初期の西南戦争から、日清、日露の両戦争と経験があり、あまり問題はなかった。しかし上陸作戦となるとそうはいかなかった。

　明治期には、十九世紀の用兵思想家アントワーヌ・アンリ・ジョミニ（スイス出身でナポレオン戦争に参加。『戦争概論』を著す）が敵前上陸作戦に否定的であったためか、各国陸軍ともに敵前に上陸するという行為には関心が薄く、また本格的な上陸作戦の戦訓も少なかった。上陸といえば敵兵力の極めて少ない海岸へと陸揚げすることと同義で、ヨーロッパの戦争では同盟国の港湾を利用して兵力を送り込むことの方が普通であった。

上陸作戦に目を向ける日本陸軍

　この状況を第一次世界大戦が一変させる。この戦争で英国が実施した、トルコのダーダネルス海峡ガリポリ半島への上陸作戦は、近代戦初の敵前上陸作戦となったが、その困難さを示す戦例ともなった。対米戦で敵前上陸を考慮せざるをえない日本陸軍は、この戦例に目を向け戦訓収集と分析に力を注ぎ、英陸軍の助言も仰いだ。

　陸軍運輸部将校集会所『上陸作戦戦史類例集』によると、この他に、ドイツ陸軍が実行したバルト海でのエーゼル島上陸作戦も参考にされ、工兵が主務者となって上陸戦研究が行われた。この結果、上陸手法や上陸機材の開発が始まる。小型の上陸用舟艇である「小発」や「大発」、上陸用舟艇母艦たる『神州丸《しんしゅうまる》』などがその成果である。後に陸軍が建造する「SS

艇」にも、これらの研究成果が反映された。

こうした日本陸軍の研究と実践は先駆的なものである。当時、日本陸軍は上陸作戦機材開発と上陸戦の手法においては疑いなく世界の先端にあった。もっとも当時の他国にあっては上陸作戦研究の必要性がなく、日本以外で上陸戦に熱意を持って取り組んでいた国は米国だけという事情もある。

米国では海兵隊が主務者となって上陸作戦を研究し、研究の成果は水陸両用作戦という名の陸海空統合作戦という枠組みにまとめられた。

これが日本陸軍との相違である。日本陸軍の上陸作戦研究担当者は、米国の水陸両用作戦に関するマニュアル等の翻訳作業まで行っており米国のこのような動きを知っていた。

にもかかわらず、日本陸軍には水陸両用作戦という発想は無く、そのために必要な統合作戦という考えも希薄であった。日本陸軍と海軍は本当の意味での統合作戦は考慮せず、緒戦のマレー半島上陸作戦においてさえ海軍と統合せずに現地協定で事態を処理することになる。

上陸作戦研究に熱意を持ち、上海事変、日中戦争において上陸作戦の実戦経験も有して時代の先端を行ったにもかかわらず、日本陸軍のそれは上陸作戦の方法論にとどまった。上陸作戦は上陸した段階で終了し、その後の戦いは通常の陸上作戦となるとする観念から日本陸軍は抜け出せず、ソロモン諸島に見られるような島嶼戦の連続となる状況や、港もないような島嶼で長期にわたり輸送や兵站活動を行い続けるという状況の想定は欠落していた。

日本陸軍は対米戦ではフィリピン諸島、グァム島を攻略すれば任務は終わり、小兵力で占領地の保持をすれば任務は終了と考えていたのである。結局、日本陸軍は上陸作戦に注目はしたものの、統合作戦や島嶼戦あるいは海洋戦といった戦場の未来への洞察を欠いていたことになる。

これがいかに日本に進攻するかを念頭に戦略、作戦を考え、そこに必要な軍備を整えた米軍との大きな差異であった。

互いを仮想敵国とする日米海軍は海軍力の維持整備に努めた。そして、その海軍力の行使方法、つまり戦略・戦術についての研究も重ねた。

簡単に言うと戦略とは、互いの軍事力とその他の条件を踏まえての、戦い方の大筋・枠組みのことだ。そして戦術というのは主に戦いの現場での、よりうまく戦う方策のことである。その戦略を立案する上で重要な要件が地理的環境である。結果論にはなるが、西進を模索し続けた米軍の方が島嶼戦あるいは、日本陸軍が言う海洋戦という概念に先に行き着いた。この点で、日本側は数年遅れてしまった。この日米の数年の差は実に大きな差であったといえよう。

戦争が始まった時、米軍は基本的に何を準備すればよいのか理解してマニュアルの作成などを開始していたが、日本の陸軍と海軍は実際に戦争が始まってから、島嶼戦において何が必要であるのかを悟り、開戦前には考慮していなかった事項の準備作業から手を付けなければならなかった。これが兵器、運用、戦術、戦略全てにおいて勝敗を分ける原因のひとつとなる。

●註

▼1　㊄計画とは日本海軍の艦艇建造計画のこと。正式名称は第五次海軍軍備充実計画。

第一章　手探りの初戦

——ウェーク島とミッドウェー島

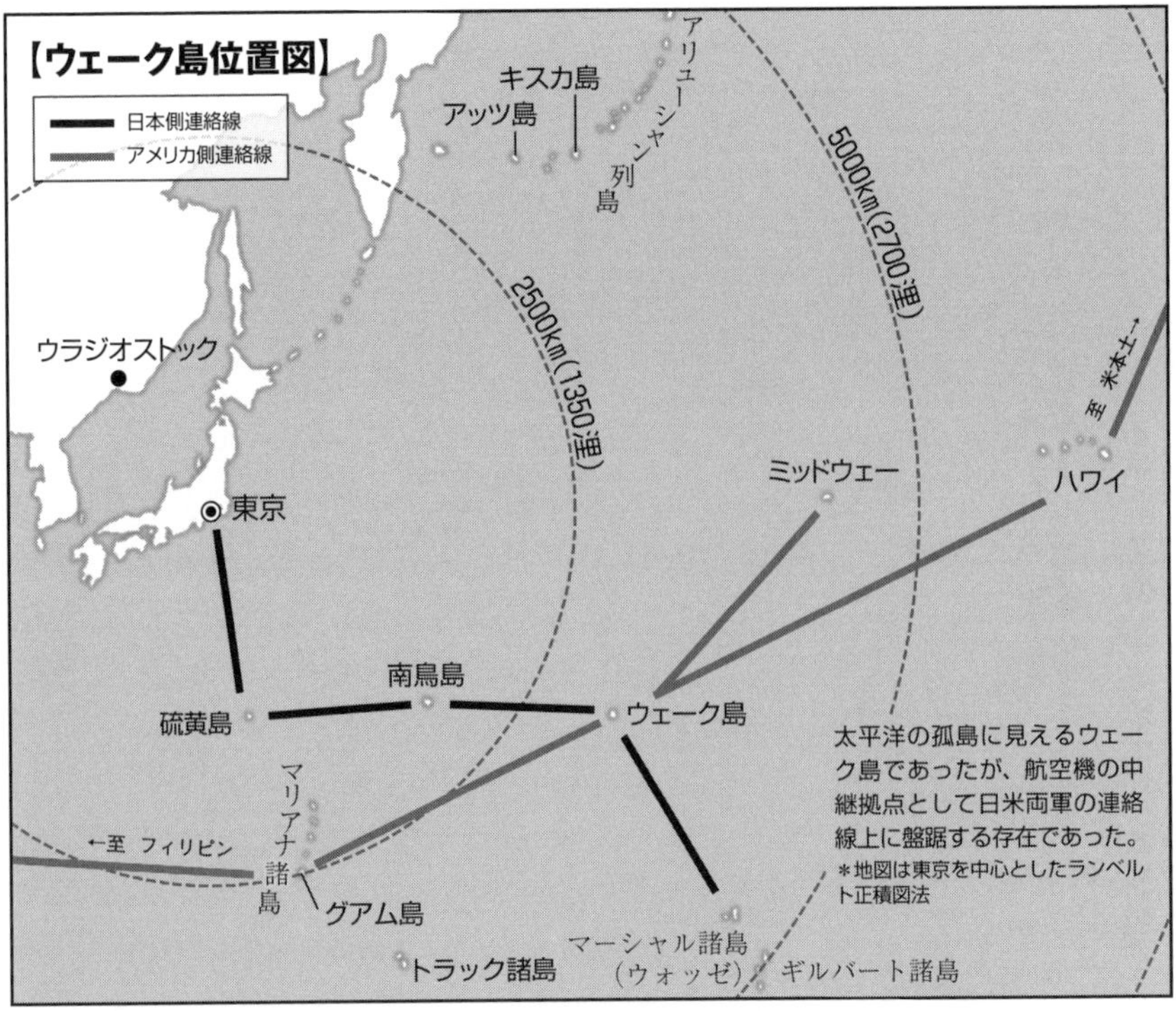

太平洋の孤島に見えるウェーク島であったが、航空機の中継拠点として日米両軍の連絡線上に盤踞する存在であった。
＊地図は東京を中心としたランベルト正積図法

ミッドウェー島全景

ウェーク島

絶海の孤島

中部太平洋に浮かぶウェーク島は、最も近い陸地からでも八百三十三キロ離れた、文字通りの絶海の孤島である。ウェーク島は、正確には環礁と呼ばれる輪形の珊瑚礁の上にいくつかの低い陸地が存在する環礁である。ウェーク島ではV字に近いコの字型に並ぶウィルクス、ウェーク、ピールの三つの小島がその低い陸地となっている。これら三つの島は端から端まで巡っても十二キロ強しかなく、標高も最大で六メートルほどしかない平らな小島だ。サンゴ礁の内側には浅く狭い内海があった。ここは波が穏やかでも、狭すぎて艦隊の泊地とはならない。

緯度的にはハワイやベトナムとほぼ同じで常夏の島だが、湧水もなく土壌も灌木が茂るだけのこの環礁には何らの利用価値もないものと思われてきた。事実、一五六八年にウェークを発見したスペインも、一八九九年にこの島を併合した米国も無人島のまま打ち捨てていた。

この絶海の孤島が注目され、ひいては戦場になったのは、ひとえに航空機の発達と、航空路に関わる位置ゆえであった。ウェークでいえば、日米両海軍の根拠地の間という地理的な位置が、彼我に関係し、他に代替のないポジションであった。

そのウェーク島は、繰り返すが、日米両海軍それぞれの根拠地の間に位置しているものの、東京からは三千百八十五キロ、ミッドウェー島からは二千三十七キロ、そして連合艦隊の根拠地トラック諸島からは二千百十一キロという、途方もない距離で陸地から隔てられている。それゆえ帆船時代はおろか、蒸気船の時代になっても打ち捨てられていたのだが、航空機の発達にともなってポジションとしての価値が浮上する。機械の進歩による一種のイノベーションとでもいえようか。

一九三〇年代、パンアメリカン航空は太平洋横断航空路の開設を計画した。二十世紀初頭に姿を現した航空機は、発明からわずか三十年を経ずして、金属製の頑丈で大型の機体をそなえ海洋を越えて飛行するまでになった。パンアメリカン航空は米国と中国の間を四発飛行艇で結ぶ、週一回の定期航空便を維持しようとしたが、太平洋はあまりに広く、そのためには燃料補給の中継基地を必要としていた。そこで目を付けたのがウェーク島であった。四発飛行艇は中継基地であるウェークでの燃料補給を行って太平洋横断する定期便として乗客を運んだ。

これは軍事的な可能性を示唆するものでもあった。ウェーク島に航空機地を設ければ、周辺の広大な海域を偵察し、また中継地点としてこの島の大型機をハワイから中部太平洋の別の島へと運ぶことができるだろう（このように飛行させて航空機を飛行場から飛行場へと飛行させて運ぶことをフェリーという。フェリーといっても船とは様相が異なるので注意されたい）。これこそポジションとしての価値である。米軍は、ウェーク島の軍事的価値を再認識し、小型艦船の入れる水路の浚渫、砲台や兵舎を設置し、基地化を進めた。

日本軍の攻略決定

日本軍にとってもウェーク島は長い間、注意を引かない島であった。昭和十五年（つまり日米開戦の前年）になって、日本海軍はようやくこの島を視界に入れるようになった。日本からみると、ウェーク島は東京から硫黄島、南鳥島、ウオッゼ（ここも米海軍が注目した環礁だった）へとつながる南東へと向かう作戦線（簡単にいうと進攻ルートのこと。第三章で取り上げる）上の一拠点であり、日本軍が米軍の立ち位置で想定してみるとハワイ諸島からグァム島を経てフィリピン諸島へと向かう作戦線の一拠点に位置するように思われた。事実、米軍はオレンジ・プラン作成の途中でこの場所に目を向けたこともあった。

日本海軍は米軍が保持しているウェーク島を攻略することで、そこを米軍が持つことによる価値を封じようと考えた。むろんただ価値を封じるだけでなく、いずれ反攻してくるであろう、米軍部隊を索敵・攻撃するための前進航空基地として確保するという含みもある。

昭和十五年（一九四〇）十一月、海軍大学校の図上演習で他の作戦と共にグァム島とウェーク島の攻略作戦も取り上げられた。この作戦は第四艦隊の担当とされた。第四艦隊は南洋を広範囲に担任する部隊である。図上演習では第四艦隊は敵の抵抗を簡単に排除して攻略を成功裏に導いたが、この時点でウェーク島の情報は少なく、シミュレーションとして満足のいくものではなかった。

翌昭和十六年、連合艦隊は対米戦に備えた一般図上演習を行ったが、ここでウェーク攻略を海軍単独で実行することが確認された。従来、上陸作戦は陸軍の担当とされ、海軍は大正時代からその研究も準備も怠っていた。ただ陸軍の上陸作戦に協力する形での研究と準備をしていたのみであった。それが急に海軍単独で上陸作戦を行うことになったのは、ウェーク島も含む南洋一帯は海軍が担任する太平洋にあったためだ。海軍は陸軍の手を借りず自力で攻略する必要に迫られたのである。

第四艦隊あわただしく作戦を準備する

南洋一帯を担当する第四艦隊は、元々は防備を中心とする艦隊だった。しかし、南洋においても戦略階層での守りを固めるためにいくつかの島を攻略（攻撃）する必要が出たので、急遽、第四艦隊においても陸上戦力や輸送船舶を加えて攻略部隊を編成する運びとなった。これは南洋部隊と名付けられた。

南洋部隊は、いわば急遽作られた寄せ集め部隊だった。しかも、ウェーク島攻略の実行が確認されたのは開戦のわずか四ヶ月前、実際の攻略作戦の計画が着手されたのは昭和十六年の十月下旬のことで、作戦研究や準備のための時間は足りなかった。時間の余裕が乏しいことから、十二月三日（開戦まで一週間もない）に打ち合わせ、五日に図上演習、翌六日に陸戦隊の攻略演習というハードスケジュールで準備作業が進められた。陸戦隊の演習は六日の一度きりで、翌々日にはもう開戦なのだ。問題点が出てきたとしても対応策を立てて修正する時間的余裕などない。

ウェーク島攻略を目指す海軍は、第六水雷戦隊を中心に部隊を編成し、水兵を主体とした艦船陸戦隊四個中隊を上陸兵力として攻略に当たらせることにする。その準備中、米国に赴任途上の来栖大使より米軍がウェーク島防衛を強化中との情報がもたらされる。すでに書いたようにウェーク島は民間航空路の中継地点だから、来栖大使が途中で立ち寄った時にそれとなく防備状況を見たわけである。

情報に接した第四艦隊は航空戦力と陸戦隊の増強を希望したが、軍令部への具申は見送られた。そうした背景には軍令部の第四艦隊司令部への風当たりの強さがあったともいうが、連合艦隊そのものが各種作戦ですでに手一杯で戦力を増強する余力のない状況であった。最も大事な南方資源地帯攻略の作戦に使う航空機さえ不足し、陸軍航空隊が協力することでようやく作戦の実施にこぎ着けたほどである。

それでも第四艦隊には基地守備用の陸戦隊である警備隊や、本格的に陸戦を主任務とする特別陸戦隊のうちの舞鶴特別陸戦隊を追加してもらうことはできた。これに加えて高角砲隊なども含めた、九百名の陸上兵力が上陸作戦に参加することになった。陸軍兵力の規模に換算するとわずか一個大隊にすぎない小規模な上陸作戦である。

昭和十六年十一月二十一日、第四艦隊のもとでウェーク攻略部隊が編成された。編成された攻略部隊は、司令官の梶岡少将のもと、その戦力は旗艦の軽巡『夕張《ゆうばり》』以下、駆逐艦六隻からなる第六水雷戦隊、哨戒艇二隻、特設巡洋艦二隻、改装した特設監視艇三隻と雑用に使う徴用漁船五隻、それに前述の陸上兵力だ。これに掩護部隊として軽巡『天竜《てんりゅう》』『龍田《たつた》』からなる第十八戦隊が加わる。正規の艦艇はいずれも十年以上前に建造された旧式艦だ。

もともと上陸作戦研究を主体的に行っていなかった海軍には自前の上陸用舟艇も輸送艦も存在しなかった。そこで急遽「大発」を搭載し貶水（海面に下ろすこと）できるようにした哨戒艇と、商船を徴傭して武装した特設巡洋艦を上陸用母船とした。哨戒艇とは旧式となった駆逐艦の武装の一部を外して改造したものである。

戦後、米軍の公刊戦史ともいうべき『太平洋戦争アメリカ海軍作戦年史』を著した米国の歴史家モリソンは同書の中で「梶岡少将の攻略部隊はアメリカ軍を馬鹿にしたと思われるぐらいに弱小であった」と書いている。

事実、戦力と準備の不足は攻略部隊に重くのしかかり無用の出血を強いることになった。

弱体な米軍守備隊

3インチ高射砲

一方、上陸を待ち受ける米側の状況はどのようなものであったか?。昭和十四年（一九三九）、米国はウェーク島を海軍の管轄下に置いて基地化を進めることにした。ここに航空機と潜水艦の基地を作ることが目的である。一九四一年には民間会社と契約を結び施工作業も開始される。とはいえ、米海軍もウェーク島を守備隊だけで守れるとは考えていない。米太平洋艦隊司令長官キンメルの狙いは、ウェーク島を餌に日本海軍部隊を誘い出して反撃を加えることにあった。ウェーク島守備隊の防衛に期待されることは、米軍主力の反撃までの時間稼ぎだったのである。

米海軍はウェーク島防衛のため、海兵隊第1防御大隊の分遣隊と海兵航空隊の第211戦闘機中隊を送り込んだ。守備隊は旧式戦艦から外した備砲の五インチ（十二・七センチ）砲六門、三インチ

5インチ砲

（七・六二センチ）高射砲十二門、対空機銃二十四挺と陸戦用の機銃多数を装備していたが、海兵隊員三百七十三名はいずれも歩兵ではなく陸上戦闘の訓練はあまりしていない。他に航空機整備要員や陸軍の通信隊員少数と民間作業員一千名がいたがこちらも対上陸戦闘には役立たなかった。

日本の攻略部隊には準備時間が無かったが、それは米軍側も同様であった。開戦時、守備隊の工事作業は中途で、レーダーも、航空機用の掩体や分散駐機させるための置き場もまだできておらず、そのため不意の空襲を受けると危うい状態に置かれていた。ただ開戦四日前というギリギリのタイミングで、Ｆ４Ｆ戦闘機十二機を送り込めたのは米軍側にとって幸いといえた。

第一次攻略戦の失敗

日本海軍のウェーク島攻略戦は、二回に渡って行われることになる。最初の攻撃は太平洋戦争の開戦日である十二月八日十時十分に開始された。

攻撃の手始めは、マーシャル諸島ルオット島からの千歳航空隊の陸上攻撃機（以下、陸攻と呼ぶ）三十四機によるものだった。ルオット島からウェークまでは距離がありすぎて、航続距離の足りない戦闘機を護衛に付けることができず、この攻撃は陸攻のみで行うことになった。いわゆる裸の爆撃である。損害覚悟の爆撃行だったが、いざ攻撃してみると奇襲に成功して、対空砲火で八機の被弾機は出したものの全機帰還して、攻撃は大成功したものと思われた。

開戦直後というタイミングと、米軍側にレーダーがなかったことが日本側に幸いしたのであった。攻撃を察知されないタイミングや、攻撃隊が来るとは思わないという不意を突かれるタイミングで攻撃を受けると後手になり、混乱してうまく対応できなくなる。これが奇襲の効果だ。夜襲や側面からの攻撃が奇襲と勘違いされがちだが、むしろ不意を突いて相手のタイミングを外すことを奇襲と呼ぶ。

しかし、奇襲の効果は長続きしない。空襲を受けたウェーク島守備隊は日本軍上陸の近いことを悟り、大急ぎで防衛準備を進めた。空挺攻撃を妨害するため、飛行場には大急ぎで有線起爆式の管制地雷が埋設された。翌九日、千歳航空隊は二度目の空襲を行った。この時、全滅したと思われた米戦闘機のうちの二機が迎撃に上がり陸攻一機を撃墜した。

ウェーク島守備隊に損害を与えたと考えた日本側は、十二月十一日午前〇時、攻略部隊による揚陸作業を開始する。ここで事前の準備作業に祟られ、『金剛丸《こんごうまる》』から降ろした大発二隻のうちの一隻が暗夜の海上で破損し、上陸部隊に損害を出してしまった。

危険な夜を避け、夜明けまで作業は延期された。午前三時過ぎ、日の出が迫り空が白み始めると攻撃が再開された。攻略部隊はウェーク島に対して艦砲射撃を開始する。この時、上陸作業に専念しなければならない『金剛丸』が艦砲射撃に加わり攻略部隊があわてて制止する珍事が発生した。部隊そのものが寄せ集めのうえに、将校に多数の商船士官出身の不慣れな予備将校を抱えたことが、こうした統率上の不祥事を巻き起こした原因であった。開戦時の連合艦隊といえば精鋭として知られるが、特設巡洋艦のような裏方ともなるとまた事情は違っていたのである。

艦砲射撃は島の燃料タンクを炎上させて、いかにも効果甚大といったイメージを攻略部隊に与えた。それまでの空襲で工事用ダイナマイトが引火して爆発した光景が見られたこともあって、攻略部隊は守備隊に大きな損害を与えたものと思い込んでいた。ところが、実際には米軍の砲台や守備兵力には大した損害を与えてはいなかったのである。不用意に島に接近した駆逐艦『疾風《はやて》』が沿岸砲台からの射撃を受け、たちまちのうちに沈み、直後に米軍機も飛来してきた。壊滅したと思われた米軍機の飛来は日本側をよほど驚かせたものと見え、戦史叢書には「意外の感に打たれた」と書かれている。

米軍機を確認した攻略部隊は退避を決心して、各艦船を反転させた。後退である。実は、攻略部隊の艦船には、碌な対空兵装がなく、高角砲二門と少数の機銃のみといった有様で航空攻撃に対抗しようがなかったのだ。果たせるかな、この反転途中、駆逐艦『如月《きさらぎ》』が米軍機の銃撃で爆沈してしまった。原因は米軍機の銃弾が爆雷を誘爆させたものとされるが、生存者皆無のため正確なところは不明だ。

戦史叢書『中部太平洋方面海軍作戦〈1〉』には旗艦『夕張』は「敵飛行機追躡しつつあり」と打電して救援を求めたと書かれているが、距離の関係で出撃させ得る戦闘機は無く、どうにもならなかった。あわてた攻略部隊は、沈没駆逐艦二隻の乗員救助は断念、すでに降ろしてあった大発二隻も兵員ごと置き去りにしかけた。こちらは駆逐艦『睦月《むつき》』が命令無視の独断で回収して事なきを得たが、日本側の混乱ぶりと統制の乱れはかなりひどいものだった。

こうして、第一次ウェーク島攻略戦は完全な失敗に終わり、意気消沈した攻略部隊はルオット島へ引き揚げていった。

空母増派を要請

第一次ウェーク島攻略戦が失敗したことから南洋部隊司令部、つまり第四艦隊司令部は攻略部隊を増強して再興を期した。それだけウェーク島のポジションは重要だったのである。

グァム島攻略作戦を終え重巡四隻、陸戦隊一個中隊が新たに攻略部隊に加えられた。その上で連合艦隊に空母増派も要請した。もともと第四艦隊司令長官の井上中将は陸上航空戦力を重視するあまり空母の価値を低く見ていたが、それが一転、空母の助けを必要とするところまで追い込まれていた。ウェーク島まで飛ばせる基地航空隊の戦闘機がなかったためである。

井上長官の具申を受けた連合艦隊は南雲機動部隊の派遣を決定した。真珠湾攻撃の帰途にあった南雲機動部隊はこれが疎ましかったのか、「四艦隊より五月蠅《うるさ》き電報来れるも、いい加減の処にて、こちらの決心を表明、問答無用を言い送りたり」と返事を送っている。結局、協力をしぶって六隻の空母のうちの二隻だけの派遣という形で対応した。

同じ頃、米軍側も空母『サラトガ』その他を派遣してウェーク島救援活動を行おうとしていたが、真珠湾奇襲の責任問題でキンメル太平洋艦隊司令長官が解任され、後任人事が決まるまで対応できないことから救援そのものが見送られた。

十二月二十一日、第二次ウェーク島攻略戦が開始された。戦いは千歳航空隊の空襲で始まり、次いで空母機に攻撃が引き継がれた。翌二十二日、母艦航空隊と守備隊の戦闘機間で空中戦が展開され、ウェーク島の質量ともに劣る米戦闘機隊は全滅した。それでも米戦闘機は護衛の零戦を振り切って艦攻二機を撃墜している。これは空戦性能で劣る戦闘機でも使いようはあるという一例だろう。

同日、夜十時半、上陸作戦が再開された。ルオット島に帰還して上陸訓練を行った攻略部隊だが、またしても不運に見舞われる。誘導に当たる潜水艦同士の衝突事故で一隻が失われ、哨戒艇からの「大発」発進にも失敗した。やむなく哨戒艇はウェーク島に乗り上げて上陸部隊を揚陸させたが、二隻の哨戒艇は米軍の砲撃で全損して失われた。

辛くも上陸に成功した陸戦隊ではあったが、そこでは米軍の射撃が待ち受けていた。中隊長一人をはじめとした損害を出し、大部分は海岸にほぼ釘付けとなり戦闘の行方は危ぶまれた。

この時、陸戦隊の一個小隊が首尾よく敵陣に浸透できたことが日本側に僥倖を招き寄せた。手当たり次第に電線を断線さ

【ウェーク島の防備および戦況図】

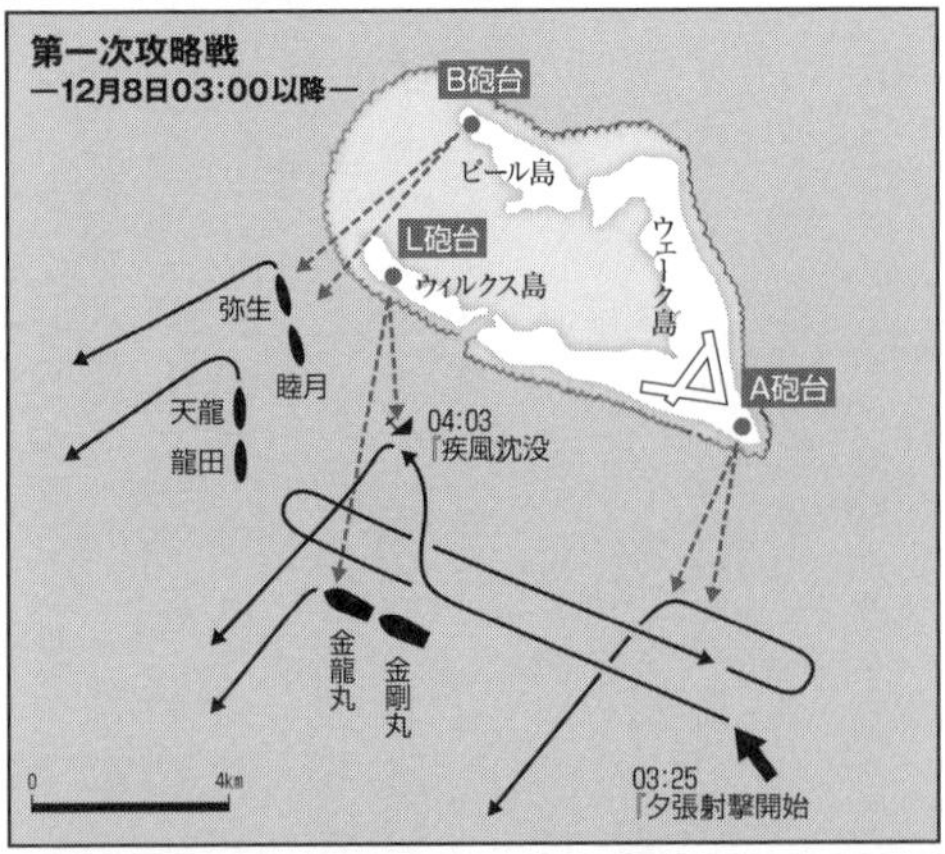

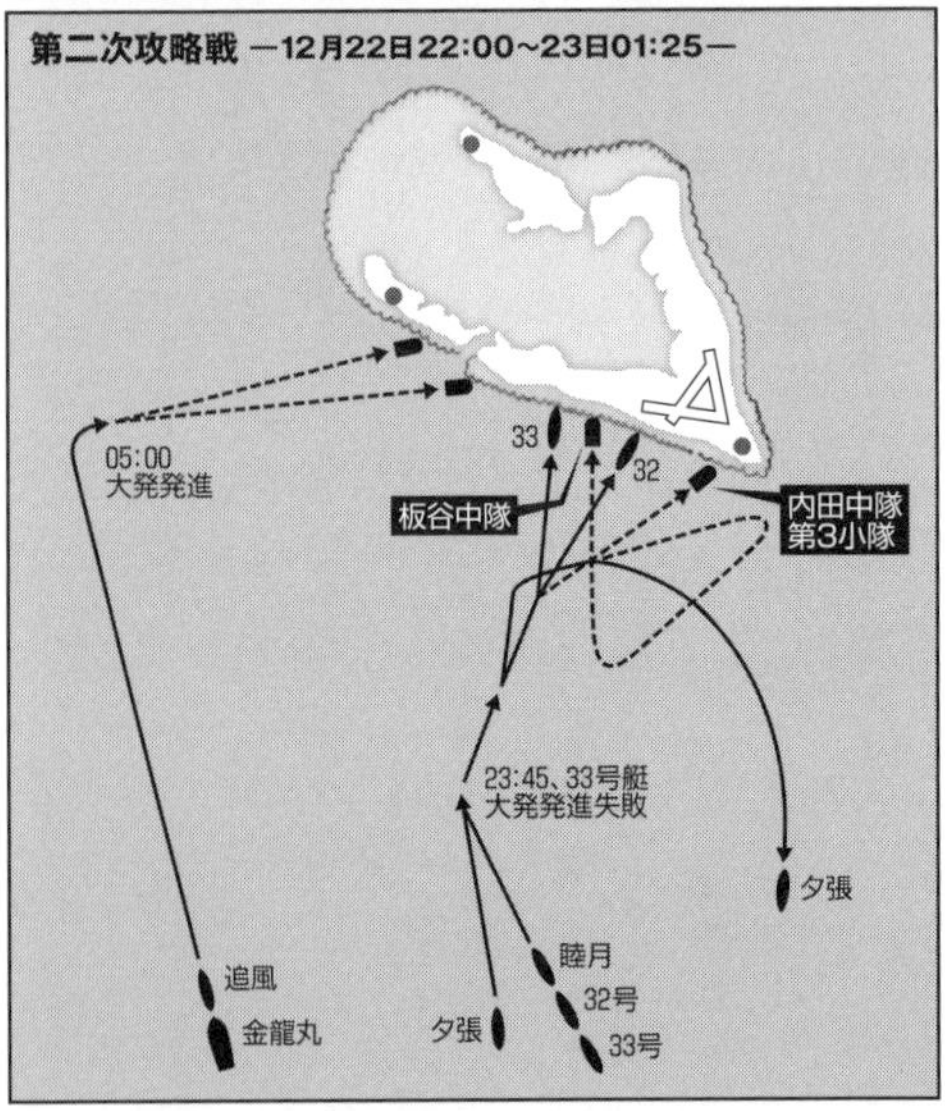

第一次攻略作戦は、準備不足と米海兵隊機の断続的な空襲によって、駆逐艦『疾風』『如月』が沈没。上陸さえできずに終わった。
第二次攻略作戦では、増援の第二航空戦隊の空襲などでウェーク島の戦力を低下させて実施したが、残存ウェーク島部隊の奮戦や大発の泛水失敗などもあり強行上陸となって日本海軍は苦戦した。しかし、内田中隊第３小隊の活躍をきっかけに日本海軍は同島の占領に成功する。

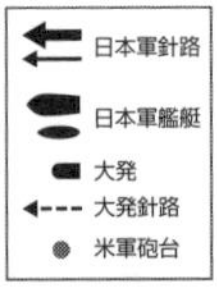

地上撃破された F4F 戦闘機

第二次攻略戦で擱座した二隻の日本軍の哨戒艇

せて米軍守備隊を混乱させていた陸戦隊一個小隊が、状況確認に訪れたウェーク守備隊長を偶然捕虜としたことをきっかけにウェーク守備隊は降伏、第二次攻略戦は呆気ない幕切れを収めたのであった。

初戦の不手際

太平洋戦争の初戦で行われたウェーク島攻略戦は、占領することはできたというものの、お世辞にも成功と呼べるような戦いではなかった。

その原因は準備不足にあった。そこには、ウェーク島攻略決定から、開戦まであまりに期間が短く第四艦隊の準備が十分ではなかったという現場サイドの問題と、日本海軍が島嶼戦に目を向けてから日が浅く、島嶼戦の認識さえ海軍全体で共有できていなかったという大きな問題があったと言えるだろう。このことがウェーク島攻略を手探りで行う初戦という形としてしまった。事前の研究不足から大発発進の不手際、掩護に使える航続距離の長い戦闘機の欠如といった結果をもたらしたのもまたむべなるかなと言える。

この点が長年にわたり上陸作戦を研究し、中国において実戦も経ていた日本陸軍の上陸作戦との大きな相違であった。同じ頃、研究と経験に優る日本陸軍ははるかに大規模で危険なコタバル上陸作戦を成功させていたのである。

平田晋策という、昭和初期に仮想戦記作家、軍事評論家として活躍した人物がいる。今ではすっかり忘れ去られているが、いくつかある著作は後の第二次世界大戦の経過を考えると、なかなかに興味深いものがある。

そうした著作のひとつに昭和五年（一九三〇）に出版された『極東戦争と米国海軍』があるが、その中に「米軍に大型飛行艇が完成して十分な機銃で武装してやって来たなら、たとえグァム、フィリピンが我が軍に占領されたとしても、ウェーク、ミッドウェー等の諸島または北方アリューシャン群島のキスカ辺りから飛び出すことができます」という箇所がある。

実際には、これらの島々から、大型飛行艇が日本本土へ向けて飛来することはなかったが、平田のウェーク、ミッドウエー、キスカに向けた視点は鋭い。ポジションという概念の無い時代にありながら、航空機が発達して航続距離が延びたことで従来は重視されていなかったような小島が、ポジションとしての価値を持つであろうことを予見していたのである。

第一段作戦後の作戦検討

真珠湾空襲とマレー半島上陸で幕を開けた太平洋戦争において、日本の陸海軍はまず「第一段作戦」（陸軍は南方作戦と呼称）を行いマレー、インドシナ、ジャワやスマトラ島など南方資源地帯を確保すると同時に米領のフィリピン諸島、グァム島の攻略を予定していた。

緒戦で日本軍は快進撃を続け、昭和十七年初旬には、これら南方資源地帯を攻略。フィリピン攻略こそ手間取ったものの西太平洋の米領を押さえ、さらには南太平洋の拠点たりうるラバウルをも攻略して「第一段作戦」を終了した。

日本の陸海軍はここで壁に突きあたってしまった。元々は、南方資源地帯とその外周を確保して長期持久に備えることが日本側の基本戦略であったのだが、実はこの第一段作戦以後の事は真剣に考えていなかったのだ。長期持久とはいっても、そこからどのように戦勝に結び付けるかという戦略方針は欠如したままだった。

一応「戦争終末促進の腹案」があって「第一段作戦」が落ち着いた後の方策として、海軍作戦を主として、オーストラリアと米国間を断ち切る米豪遮断作戦やインド洋作戦が検討はされていた。しかし、これもあくまで腹案で、陸海軍間どころか、それぞれ陸軍内、海軍内でも意見を統一することができず、具体的な戦略は見通しを欠いたままであった。しかしながら日本軍には、緒戦で勝ちに勝ちまくった勢い、軍事用語でいう「モーメンタム」▼1のあるうちに、次なる攻勢に打って出ようとする願望は存在した。

魅力的な目標はいろいろあり、いくつもの作戦目標が提案された。しかしながら、いずれもなにがしかの難点があってすぐに手を付けられる目標ではなかった。例えば、ハワイ攻略やオーストラリア攻略は攻勢限界点を越えるものとして陸軍が反対していた。その根拠となるのは占領に必要な兵力量が多すぎて集ることができず、それを運ぶ輸送船の方も確保する目途が立たないというものだ。軍令部もハワイ攻略に関しては同意見であった。セイロン島攻略も検討されたが、これもまた同様に却下される運命にあった。

緒戦の勝利と空母機動部隊の圧倒的な威力で、向かうところ敵無しと思える日本軍であったが、要地を攻略しようとすると、その足腰すなわち輸送に必要な船舶量の低さがネックとなり作戦成立を難しくさせた。この船舶輸送力問題は、太平洋戦争にあちこちで出てくる、いわば島嶼戦の根幹に当たる部分だ。この問題については次章以降で掘り下げていく。

ミッドウェー島攻略案の浮上

そんななか、アリューシャン列島とミッドウェー島を攻略するプランが浮上する。ハワイ攻略は無理としても、小さいながらも飛行場と泊地を有するミッドウェー島を攻略すれば、そこに航空機を配備してハワイ諸島の真珠湾へと頻繁に偵察機を出して、米艦隊の動静を見張ることができる。そして小島に過ぎないミッドウェー島攻略ならば必要な陸上兵力は少なくて済む。平田晋策の予言どおりといえよう。

実際、ミッドウェー島攻略作戦に投入された陸上兵力は連隊長の指揮する一木支隊と呼ばれる増強された一個大隊だけである。これに海軍陸戦隊も加わるが、それでも一個旅団にも及ばない小兵力でしかない。つまりミッドウェー島攻略は海上輸送力という点で、負担の少ない作戦だったのである。

ところで戦史叢書『大本営陸軍部〈2〉』では第二段作戦が一か月後に迫った時に、セイロン島攻略がなくなり連合艦隊が「一時途方に暮れたのである」としたうえで、大本営海軍部が内定した「FS作戦」を「次期作戦とすることには、どうしても同意できなかった。」としている。その上で「そこで連合艦隊は、作戦段階の転換に間に合うよう、なんとしてでも適当な作戦を見つけださねばならない羽目に立ち至った」と書いている。

連合艦隊司令部内ではすでに三月からフィジー、サモア、ニューカレドニア作戦に先立ってミッドウェー攻略作戦を研究していたが、四月五日、連合艦隊は軍令部と参謀本部に対して六月上旬にミッドウェー島およびアリューシャン列島攻略、七月にフィジー、サモア、ニューカレドニア各島の攻略を実施する旨、通達を出した。これらが「第二段作戦」ということになり十六日、「大東亜戦争第二段作戦帝国海軍作戦計画」として裁可を得るのである。

そしてミッドウェー島攻略作戦は「MI作戦」、アリューシャン作戦は「AL作戦」、フィジー、サモア、ニューカレドニア作戦は「FS作戦」と呼称されることになる。

ミッドウェー島攻略作戦は、アリューシャン作戦も含めて「第二段作戦」という大きな枠内にある一連の作戦だったということになる。

攻略作戦の目的

ミッドウェー島とアリューシャン列島に対する、「AL作戦」と「MI作戦」は、哨戒線を前方に押し出すという点で共通していた。それでは、なぜ哨戒線を前に出したくなったのであろうか。実は、開戦直後から真珠湾で撃ち漏らした米空母部隊が、その足の速さを活かして日本の勢力圏の外郭にある島々にヒットエンドラン的な攻撃をしかけ、日本海軍を悩ませていた。快速で迫り、一撃を加えると快速で逃げ去る敵空母を捕捉撃滅することは、ほぼ不可能だった。敵暗号を解読できない日本海軍は、事前に米空母の動静を摑むことができず、攻撃された後では逃げられて追撃ができないのである。

これらの攻撃による被害は些細なものにすぎなかったが、そのゲリラ的奇襲は海軍当局者を苛立たせた。その対策としてミッドウェー島に進出して、真珠湾の敵艦隊を常時見張ることは有効な対策だ。米空母が出撃するや警戒態勢に入り、出撃準備を行うことができる。そうすれば洋上で会敵することもできるかもしれない。そうでなくとも、哨戒線を前に押し出せば米空母のみならず米艦隊の早期発見につながる。この目的の場合、ミッドウェー島、アリューシャン列島は作戦的なポジションといえた。

ところで、ミッドウェー作戦すなわち「MI作戦」には哨戒線の推進だけでなく、もうひとつ米空母撃滅という別の目的も存在していた。山本五十六連合艦隊司令長官には、元から連続攻撃理論という考えが存在した。▼2 これは、ただひたすら米軍の進攻を待つのではなく、より積極的に米艦隊を攻撃して、打撃を与え続けて勝とうとする戦い方で、発想としては各個撃破に近い。

というのも米軍の反攻を待っていても、いざ米軍が反攻を開始した暁には強大化しており手に負えなくなる。これは米海軍の艦隊計画を見れば明らかである。それよりは米軍の出鼻を挫き続けることで、戦力を消耗させる方が得策というのだ。ミッドウェー島攻略作戦当時は、個別の戦いではまだ日本軍は優位に戦うこともできる。しかしながら、米空母がいつどこに出てくるかは判らない。そこで、ミッドウェー島を攻略することで米空母を誘い出そうというのである。

まとめると「MI作戦」には、ミッドウェー島攻略と米空母部隊撃滅という二つの目的があったことになる。これは、日本の陸海軍がよく言う「決戦」という考えとは違っていたともいえる。

「モーメンタム」を失う日本海軍

同じ頃、米海軍は暗号解読により連合艦隊の動きの概要を察知し、そして目標がミッドウェー島であることも摑んだ。この情報を基に米海軍は空母部隊を出撃させ、待ち伏せることができた。

出撃した戦力は日本側が空母七、戦艦九、重巡十五、軽巡六、駆逐艦五十二。

一方の米軍は空母三隻に巡洋艦、駆逐艦で戦艦はいない。実は米軍にも出撃可能な戦艦は存在したのだが、足でまといとして基地に残留させていた。空母とミッドウェー島の基地航空隊で、日本の空母機動部隊を叩く。これが米側の戦策であった。

そして日米の空母部隊は昭和十七年（一九四二）六月五日にミッドウェー沖で衝突し、結果、日本側は空母四隻と重巡一隻、航空機二百八十機を失った。対する米軍の損害は空母一隻と駆逐艦一隻、航空機百五十機。日本の機動部隊は、劣勢な米空母部隊に打ちのめされたのである。この敗因は様々に言われているが、ここでは詳細は触れない。

理由はどうあれ、日本側が敗退したことは事実で、その影響はあまりに大きいものであった。

主力空母四隻を、いやたった四隻の空母を失っただけで日本軍は開戦以来保持してきたモーメンタムを失ってしまったのだ。それゆえ「ミッドウェー海戦」は太平洋戦争のターニングポイントとされる。ただしこれは戦略階層での話だ。

米海軍のヴェゴは海戦は陸地との関わりで発生するとしているが、島嶼攻略戦という作戦に絡めて初めて海戦が生起したということには注目が必要だろう。「ミッドウェー海戦」に先んじて南太平洋で起きた「珊瑚海海戦」も、同様にポートモレスビー攻略という陸上戦に絡んで発生したものである。これもヴェゴのいう海戦は陸地との関わりで発生するという考えを疑いもなく補強する実例だ。（コラム①参照）

作戦階層に視点を移すと、注目すべきはミッドウェーという島の攻略戦が、海上の戦いで決してしまったことにある（一部、潜水艦の働きもあるが）。主力空母を喪失した日本側は、ミッドウェーというハワイを監視する足掛かりとなる、作戦的ポジションへアプローチする方策を見出せなくなり、後退を余儀なくされた。空母戦力を失った結果、艦隊の上空を守る航空機がないまま米軍飛行場のあるミッドウェー島へと近づくことはあまりに危険となった。このことから日本海軍は水上艦の戦力で米海軍に対して圧倒的な優位に立ちながらもミッドウェー島攻略へと踏み込むことはできなかったのである。

これは島嶼戦を考える場合、重要な事柄だ。島嶼防衛においては、必ずしも手厚く地上部隊を配置することだけが防衛策ではないということを示す実例だろう。

●註

▼1　軍隊が攻撃を行う時、初めは戦力・補給物資などの準備を整えていることから、攻撃には勢いや弾みがある。この勢いや弾みを軍事では「モーメンタム」と呼ぶことがある。
攻撃が進むにつれ、戦力や弾薬等の物資の消耗、予期せぬ出来事が連続して起こるなどの理由で攻撃の勢いや弾みは徐々に失われ俗に言う息切れ状態となり最終的に攻撃は止む。これを軍事ではモーメンタムが失われた、モーメンタムの喪失などと呼ぶ。

▼2　連合艦隊司令長官であった山本五十六大将は、米軍に対して連続して攻撃を繰り返すことで、その出鼻を挫いて立ち直りを遅らせるとともにダメージを与え続けて米軍の消耗を累積させることを考えていた。

コラム① **「海洋のポジション」**

米海軍大学校の教官を務めたミラン・N・ヴェゴは、陸地と海軍戦力の関係性を重視して *Naval Strategy and Operations In Narrow Seas* を著した。

"Narrow Seas"（狭海）というと海峡や瀬戸内海のような文字通り狭い海と思えてしまうが、ヴェゴによれば、軍事的影響を及ぼす島嶼の周囲なども"Narrow Seas"の範疇に含まれる。彼はその中でポジションという概念を提唱している。

このポジション、位置とも要点とも訳せるが、まだ定訳は無い。このヴェゴの概念を参考に、本書では、「軍事上重要な価値のある位置」を指す意味で使う。ポジションは、地理的関係や海上交通路、彼我の位置関係などによって規定される。

ヴェゴは海上での戦闘は広い大洋で唐突に発生するものではなく、陸上に大きな影響を及ぼす海上交通路やそれをたどる作戦線（軍の進行ルート、第三章で説明）、島嶼や沿岸の要点と関連して起こるという考えだ。この「陸と関連する海」すなわち狭海を重視する理論を日本の一部では「峡海パラダイム」と呼ぶことがある。

実際、艦隊決戦を目指した海戦であっても陸地との関連で発生している。艦隊決戦の見本のような日露戦争の日本海海戦も、バルチック艦隊が海軍根拠地となるウラジオストックへと向かう過程での海戦であった。

ところで陸と関連する海といっても、それは一様ではなく、そこには重要度の差異がある。その重要な場所が峡海であり、その中でも特に戦略的な急所となる場所は「チョークポイント」と呼ばれる。チョークポイントは敵国の商船が通ることが多く、こうした場所を海上戦力で締め上げると経済封鎖に効果的だ。

地理と軍事上の関わりでいえば海と海のつなぎ目となる海峡や湾の出入り口は、艦船の出入りを扼するポジションとなり、重要港湾の出入り口はチョークポイントとなる。

この他、補給のための中継点となる港湾や泊地、周囲にエアカバー[1]を及ぼす飛行場のある島嶼などもポジションとなるだろう。

この位置的な重要さが、敵味方の取り合いを招き、それゆえに海軍戦力を投入した戦い、海戦を呼び起こす原因になるのである。

●註

▼1　エアカバーとは航空機が飛来して行動できる範囲のこと。航空威力圏ともいう。

第二章　ガダルカナル島とソロモン諸島キャンペーン

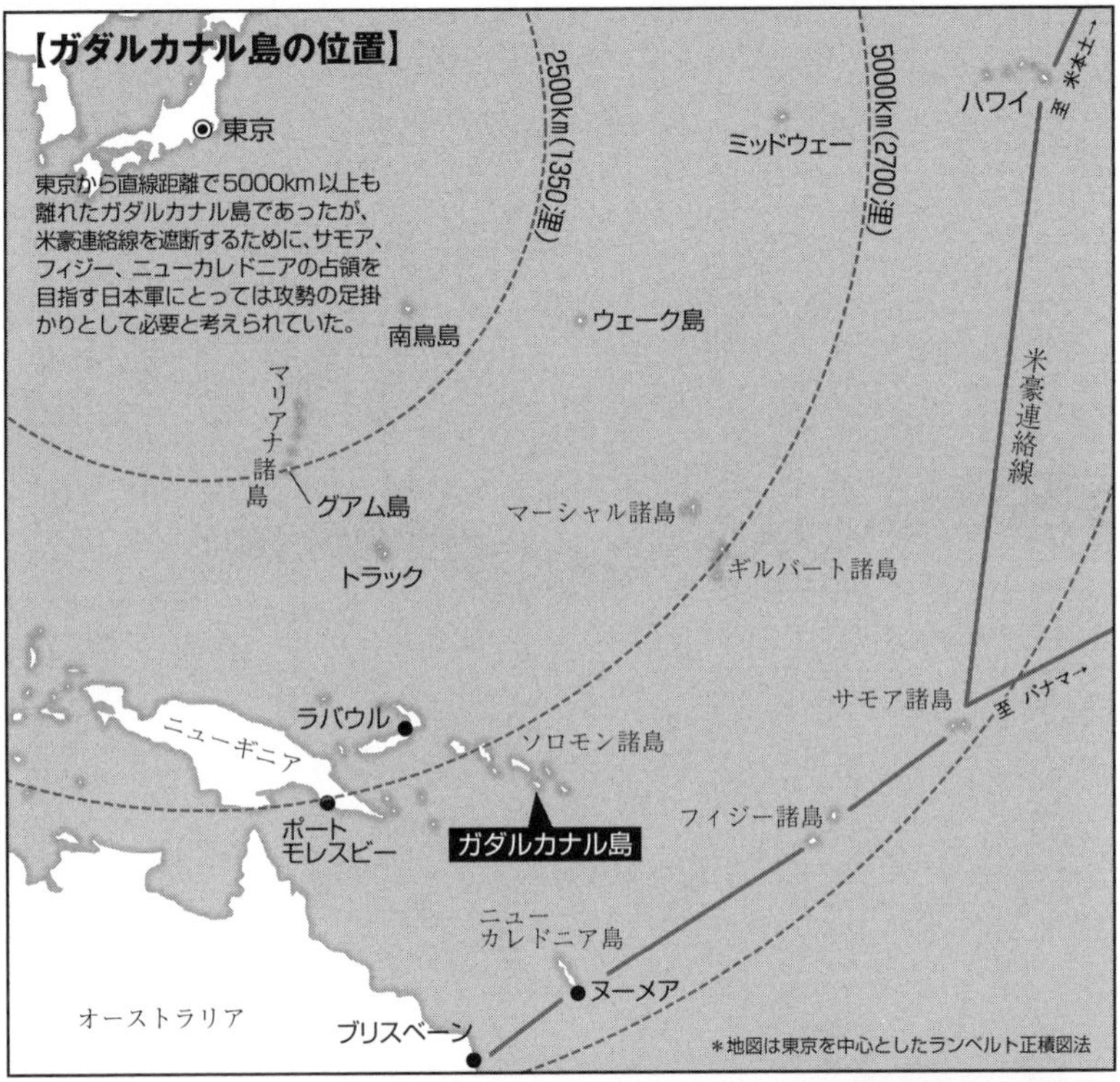
【ガダルカナル島の位置】
東京
東京から直線距離で5000km以上も離れたガダルカナル島であったが、米豪連絡線を遮断するために、サモア、フィジー、ニューカレドニアの占領を目指す日本軍にとっては攻勢の足掛かりとして必要と考えられていた。
2500km(1350浬)
5000km(2700浬)
ミッドウェー
ハワイ
至 米本土→
南鳥島
ウェーク島
マリアナ諸島
グアム島
マーシャル諸島
トラック
ギルバート諸島
米豪連絡線
サモア諸島
至 パナマ→
ラバウル
ニューギニア
ソロモン諸島
ポートモレスビー
ガダルカナル島
フィジー諸島
ニューカレドニア島
ヌーメア
オーストラリア
ブリスベーン
＊地図は東京を中心としたランベルト正積図法

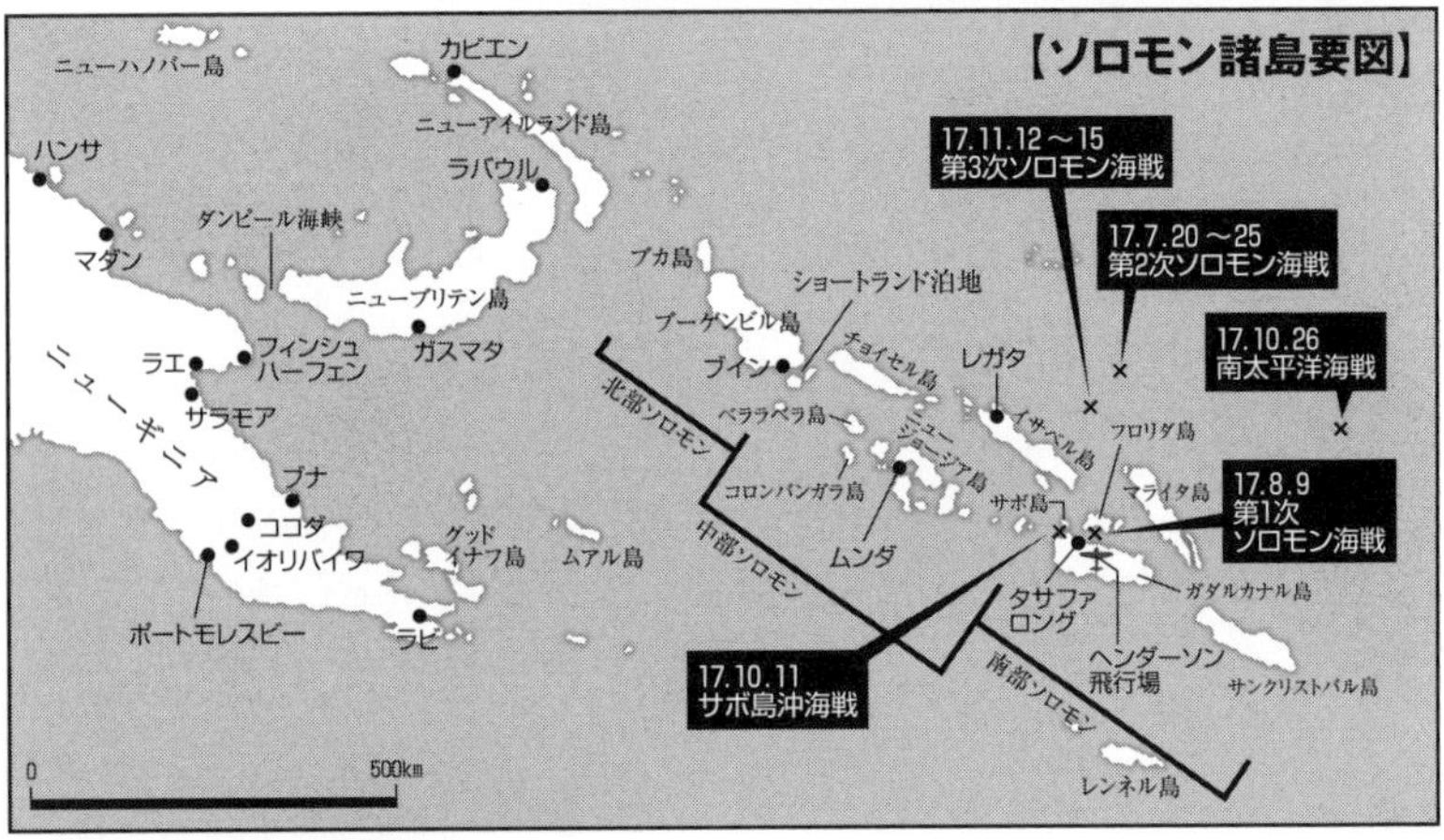
【ソロモン諸島要図】
ニューハノバー島
カビエン
ニューアイルランド島
ハンサ
ラバウル
マダン
ダンピール海峡
ニューブリテン島
ラエ
フィンシュハーフェン
ガスマタ
サラモア
ニューギニア
ブナ
ココダ
イオリバイワ
ポートモレスビー
グッドイナフ島
ムアル島
ラビ
ブカ島
ショートランド泊地
ブーゲンビル島
ブイン
チョイセル島
ベララベラ島
北部ソロモン
コロンバンガラ島
ニュージョージア島
ムンダ
中部ソロモン
レガタ
イサベル島
フロリダ島
マライタ島
サボ島
タサファロング
ヘンダーソン飛行場
ガダルカナル島
サンクリストバル島
南部ソロモン
レンネル島
17.11.12～15 第3次ソロモン海戦
17.7.20～25 第2次ソロモン海戦
17.10.26 南太平洋海戦
17.8.9 第1次ソロモン海戦
17.10.11 サボ島沖海戦
0
500km

日本軍撤退後撮影されたヘンダーソン飛行場
(1944年8月)

「キャンペーン」の始まり

昭和十七年（一九四二）八月七日の朝七時過ぎ、米第1海兵師団はソロモン諸島の南端ガダルカナル島とツラギ島という、当時、一般には知られていなかった島へと上陸を開始した。目指すはツラギ島の水上機基地と、ガダルカナル島に造られたばかりの飛行場である。同地には少数の海軍警備隊と飛行場建設のための設営隊がいたが、あまりに戦力が劣る彼らは抵抗することなく内陸へと退いた。対岸にあるツラギ島では守備隊が抵抗を試みたが衆寡敵せず全滅し米海兵師団は翌日までに目的地の制圧を終えた。

これがガダルカナル島とソロモン諸島の「キャンペーン」と呼ばれる一連の戦いの幕開けであった。ところでキャンペーンという言葉を説明なしに使ったが、軍事用語でいうキャンペーンとは、一連の作戦あるいは軍事行動を示す用語である。

本書では「キャンペーン」と、その訳語である「戦役」の両方を用いることにしたいが、主に概念説明の場合に前者を、ソロモンのように具体的な戦いを指す場合に後者を使うことにしたい。

ガダルカナル島という場所

海兵隊が上陸した当時、ガダルカナル島は何も無いまったく無名の土地であった。対岸のツラギ島は、水上機のための簡単な基地が設営されていて日本軍が占領する以前はオーストラリア軍の哨戒拠点のひとつとされていた。両島ともありふれた南太平洋のジャングルで覆われた島に過ぎない。そう、その位置を別とすれば。ガダルカナル島、ツラギ島ともに前章で説明した位置つまりポジションとしての価値を持っていたのである。

ここで戦前に時計の針を戻して説明を始めよう。ガダルカナル島を含むソロモン諸島は、戦前は英連邦が領有していた。航空機が発達すると、各地に連絡中継の基地が建設されたが、南太平洋で白羽の矢が立てられた場所がツラギ島で、島の入り江に簡易な水上機基地が作られた。

これに目を付けたのが、日本海軍であった。オーストラリアと米国の連絡を断ち切るための「米豪遮断作戦」を実行したい日本海軍にとってツラギ島は絶好のポジションにある。というのも連合国の一員である米国とオーストラリア（豪州）の連絡は南太平洋を介してハワイ、米本土へと通じる海上交通路で通じているからである。

となればオーストラリア大陸とハワイ諸島間の海上交通路を遮断しさえすれば連合国の一員であるオーストラリアを孤立化できよう。その主な手段は航空部隊による攻撃である。この戦略目的のためには、ラバウルからソロモン諸島そしてフィジー諸島へと飛び石的に基地を確保して、航空機を進出させてやればよい。これら航空機の威力で艦船の航行は妨害できる。これで米豪遮断は完成、オーストラリアを圧迫できる。このために基地を置く位置として適当な島嶼であったのが水上機基地のあるツラギ島と対岸のより大きくて飛行場適地のあるガダルカナル島だったのである。

このように書くと、戦争の進展にともない急に日本海軍がガダルカナル島に目を向けたように思える。しかし実は日本海軍の視野にソロモン諸島が入ったのは意外と早く、昭和十年のことである。この年の海軍省海軍大臣官房『海軍省年報昭和十年』には海軍内に「対南洋方策研究委員会」が設置され、すでに南進策を検討していたことが読み取れる。この検討の俎上にはタイなど東南アジアが載せられているが、驚くべきことにソロモン諸島も対象に入っている。昭和十六年（一九四一）頃になって唐突にガダルカナル島付近に着目したのではない。

アーネスト・ジョセフ・キング提督

キングの防御攻勢

昭和十七年（一九四二）の「ミッドウェー海戦」の結果、主力空母四隻を失った日本海軍は従来のような空母機動部隊を押し立てての攻勢はできなくなった。日本海軍は戦争におけるモーメンタムを失っていた（第一章の註参照）。その反対に、開戦以来の日本軍の猛攻を凌いだ米軍は、戦いが次のステップに至ったことを意識した。

一九四二年（昭和十七）三月に、米海軍のアーネスト・キング提督は合衆国艦隊司令長官に加え、海軍作戦部長職をも兼任することとなった。この地位は日本でいうなら海軍軍令部総長に匹敵する。そのキングは、戦争全体を四段階に区分して防勢から反攻へと順次転じる構想を持っていた。

その四段階の区分とは以下のようなものとなっていた。

第一段階：防御期（防勢的防御期）

第二段階：防御攻勢期

第三段階：攻勢防御期

第四段階：攻勢期（攻勢的攻撃期）

第一段階の防御と第四段階の攻勢は理解しやすい。残る第二段階と第三段階は攻勢と防御がないまぜになったうえに、用語としてもなじみが薄くわかりにくい。防御攻勢というのは、防御を固めるために少し打って出る戦い方である。戦術では、防御にあっては緊要地形、つまり戦場一帯に影響を及ぼし守る側を有利にする地形の確保が鉄則とされる。ではかりに、防者の立場だとして、緊要地形を自軍が確保していなければどうするか。敵が緊要地形を占領してはいるが、その守兵が少ない場合には、先手を打って緊要地形を奪取した方が得策といえる。これは行動（手段）としては攻撃に他ならないが、その目的は防御といえる。

これは何も戦術に限ることではなく、戦略、作戦といった階層でもあてはまる。どの階層でも、自軍の防衛を有利にできるような要所――ポジション――を奪取することはありうる。この防御のために限定的な攻撃を行うのが防御攻勢となる。

それでは、第三段階の攻勢防御期とは何だろうか。攻勢防御とは、ひらたくいえば攻勢を目的とする防御となるが、要は前に出て守りを固める行動だ。なぜこんな面倒な事をするかといえば、ひたすら攻勢を続けるだけの力が、まだ足りないからである。

攻勢という行為は兵力も物資も激しく消耗させる。どんな軍隊でも、消耗が重なれば、ついには攻勢を続ける勢い、つまりモーメンタムを失うということである。また攻勢に出るということは、前に出ることになるが、前に出れば出るほど、補給のための連絡線が長くなり補給（兵站）活動は困難になる。補給の負担は距離に比例するから、前に出ることは慎重に考慮しなければならない、ここに日本軍の甘さがあった。失敗したことで有名な作戦例が昭和十九年に行ったインド進攻のインパール作戦である。そして、ガダルカナル戦役もまた同じであった。

補給の負担をカバーするには膨大な物資や物資を運ぶ人員や機械（兵站部隊）を投入するしかない。それがだめなら停止し、人員物資を補充することで消耗を回復して、失われたモーメンタムを取り戻すしかない。となるとあまり深く前進するのも考えもので、攻撃のため前には出るものの、少し出たところでいったん守りを固めて防御に入る方が良いだろう。しかしながら、守りに入ったとて反撃を受ける恐れもある。しかし、これは悪いことばかりではない、クラウゼヴィッツが言う戦闘の形式としては、防御は攻撃より有利である。

この攻撃と防御の考えをミックスさせて、少し前に出て（攻撃に出て）、攻勢の目的を達成し（あくまで限定的な目標達成ではあるが）、そこで守りを固めて反撃する敵軍を迎撃すれば、逆に敵軍を消耗させられることになる。これが「攻勢防御」と呼ばれる戦い方なのである。いうまでもなく米軍は戦前のオレンジ・プランの立案段階で既に、本格的攻勢を行うには膨大な量の準備作業が必要で、準備期間も一年から二年に及ぶことを承知していた。

そのためキングは、準備ができた程度に応じて、防御から防御攻勢、より積極的な攻勢防御へと段階を踏み、最終的に準備が万全となったら本格的反攻の攻勢的攻撃を行うというようにレベルアップするつもりだったのである。

キングは一九四二年（昭和十七）四月段階で、つまり「ミッドウェー海戦」の少し前に、第二段階の防御攻勢へと移行することを考えていた。この頃、米国はサモア諸島、フィジー諸島、ニューカレドニア諸島などの各島嶼を掌中に収め、米本土とハワイやオーストラリアを結ぶ海上交通線は保持していた。

連合軍にとり、日本軍のソロモン諸島進出はこの海上交通線に対する脅威であった。特に水上機基地のあるツラギと対岸のガダルカナルに日本の航空戦力が進出すると海上交通線は直接の脅威を受ける。これは日本軍の狙いそのものであった。これを防ぐ一手が、ツラギ島とガダルカナル島を奪取することである。この作戦は「ウオッチタワー作戦」と命名され、冒頭で述べたように一九四二年（昭和十七）八月七日に開始された。

日本軍の対応

ガダルカナル（以下ガ島）とツラギに米軍が進攻したことを知った日本側は逆襲に出た。ラバウルの海軍航空隊は、ニューギニアを攻撃する予定の戦力を振り向け、ガ島の泊地にいる米軍を攻撃した。ここで注意していただきたいのは、ニューギニア攻撃向けの戦力を振り向けたというところだ。ガ島戦役と同時期にニューギニアでも戦役が行われているのだが、ガ島の米軍の存在はニューギニアの戦局にも影響を及ぼすのだ。ニューギニアの連合軍にとって、ガ島戦役は牽制作戦となっているのである。

ついつい忘れてしまうが、ガ島からソロモン諸島への戦役と、ニューギニアの戦役はラバウルというポジション（この場合は要点と訳すべきだろう）を軸に互いに結び付いている。

このころ、在ラバウルの巡洋艦を主力とする第八艦隊は米軍上陸日の夜間にガ島沖の米艦隊を襲撃した。これが「第一次ソロモン海戦」だが、結果は日本側の一方的な勝利となり大戦果を挙げた。これは日本海軍の長年培った高い技量を示すものとなった。しかし、この時に上陸船団を攻撃せずに引き揚げたことは現在に至るまで批判を浴びせられ続けている。実のところ上陸船団は揚陸をほぼ終えており、船団を攻撃してもあまり意味はなかったが、ガ島戦は日本海軍が抱えていた問題を表わしていた。

そのひとつは、日本海軍は輸送にあまり関心がなかったことであった。それとは別にガ島に米軍の飛行場があるため水上艦の行動は夜間でなければ行えず、戦闘の結果如何にかかわらず水上艦部隊は朝までにガ島付近から引き揚げなければならないことも難点であった。この問題には後ほどまた目を向ける。

地上戦の始まり

ここで、まず地上戦の流れを見ていくことにしたい。海と空に比べ陸の行動は遅れた。その理由は即応できる戦力がなかったためだ。

最初に送り込まれたのは歩兵二十八連隊（実質は一個大隊）を基幹とした一木支隊。そして海軍が独自に送り込む海軍陸戦隊が、日本側のすぐに使える陸上戦力の事実上全てであった。一木支隊が即応できたのは、ミッドウェー攻略が延期となって（実質は中止だが）、遊兵化していたからで、よくいえば戦略予備として機能したということになる。予備というのは状況に応じて使うための戦力で、まさに予備兵力が必要とされる瞬間だったのだが、日本陸軍では、この時点で太平洋での予備兵力は一木支隊以外存在していなかった。というのも、日本陸軍は多数の師団を持っていたが、「第一段作戦」を終えて間がなく、外地に出せる師団ほぼ全て戦いを終えたばかりでまだ戦地に展開していた。本土の師団は未動員ですぐには使えず、中国戦線は無論戦いの最中で関東軍は満州でソ連軍と対峙していた。

いずれにせよこれら部隊を引き抜いて、準備を整え南太平洋へと送り出すには大変な手間と時間を要する。輸送船の準備だけでも四、五日ほどはかかる。

大本営は、米軍の上陸を本格的反攻とは見做してはおらず、とりあえずガ島とツラギ島の奪回を決定した。これ自体は間違いではないのだが、ここで米軍の戦力を十分に把握していないというミスを犯した。むろん敵戦力を正確に把握することは不可能だが、それにしても潜水艦や航空機で様子を見ただけという雑な偵察結果を基に、兵力は二千程度と判断した上、米軍の動きは威力偵察だろうと意図まで見誤ったのは失敗であった。もっとも戦史叢書『南太平洋陸軍作戦〈1〉』では来航した敵兵力に関して一応「一個師団」との推定がなされたとしている。大本営やラバウルの海軍部隊などで分析の食い違いがあったと見てよい。いずれにしても奪回に向けてのその後の動きはあまりに粗略であった。

同書は「統帥部の空気は既述のように楽観的で、万般の処理も時期を逸しないことに、その重点が置かれていた」としている。しかし「兵は拙速を貴ぶ」とはいえそれも場合によりけりであろう。

もっとも大本営陸軍部は一木支隊の他、青葉支隊（歩兵第四連隊基幹）、独立戦車第一中隊、野戦重砲兵一個中隊も南太平洋担任の第十七軍の指揮下に入れた。本来は軽装の歩兵戦力だけで攻撃しようという心づもりではなかったのである。青葉支隊他の部隊の第十七軍編入は八月十五日、これだけで一週間の時が経過していた。その間に陸海軍中央協定が結ばれガ島、ツラギの奪回が陸海軍で決定された。

そのころ、上陸を終えた米軍は船団を撤収させたので、ガ島水域には米艦船の姿は見えなくなっていた。これを日本側は米軍撤収と誤認したことで楽観論に拍車がかかり、兵力見積もりが下方修正される。そしてまた、この時間経過では米軍は飛行場を機能させていないだろうとも思いこんでいた。これは大きな誤算で、実際には米軍機に悩まされることになるのだが、自軍の常識で考えて敵飛行場設営能力を見誤ったのである。

いずれにせよ時間が経てば米軍が強化される危険があるので、陸上兵力の派遣は早い方が良い。こうして先遣隊として一木支隊が派遣された。同時に、保険として第十八師団の歩兵第三十五旅団（川口支隊）も送り込むことになった。

この一木支隊の輸送さえ難事であった。船がとりあえず二隻しかなく速力が最高九・五ノットとあまりにも遅いので、急場をしのぐため駆逐艦でとりあえず部隊の半分だけを急行させた。そして残りと海軍陸戦隊は第二梯団として後から送ることにした。ただでさえ少ない戦力がさらに少なくなった。その原因は、やはり海上輸送力不足にある。

よく知られているように、一木支隊（実際にはその先遣隊のみで全力ではなかった）は単独で米軍陣地を攻撃したが衆寡敵せず壊滅した。

重装備を持つ一個師団にわずか一個大隊程度の戦力で攻撃すれば壊滅するのは火を見るより明らかだが、一木支隊が後続も待たず、なぜこのような行動に出たのかは、今も解明されていない。これが日本陸軍のガ島における緒戦となった。

川口支隊の攻撃失敗

一木支隊先遣隊が壊滅した頃、海上では一木支隊の後続隊および海軍陸戦隊の輸送を掩護する日本の空母部隊と、米軍空母部隊との間で海戦が行われていた。「第二次ソロモン海戦」と呼ばれるこの日米の空母部隊の戦いにより日本側は小型空母『龍驤《りゅうじょう》』を失い後退した。

空母の掩護を失った船団は、八月二十五日にガ島飛行場から飛来した米軍機の空襲で輸送船三隻のうちの一隻を失い、輸送作戦は頓挫する。

「第二次ソロモン海戦」とそれに続く船団輸送の失敗は、ガ島戦における転機となった。日本海軍はガ島飛行場から米軍機を一掃しないかぎり、輸送船による輸送は困難と判断して、以後の輸送を駆逐艦等の高速艦艇による「ネズミ輸送」方式に切り替えた。これ以降、日本陸軍は輸送というハンデを抱えながら島嶼戦を戦い続けることになる。高速艦艇による輸送は、安全性を高めはしたが、戦車、火砲といった重装備を運ぶことができず、そもそも輸送量が少ないという問題点を抱えていた。この問題はまた後で触れることにする。

こうした難点があることから、第十七軍内ではガ島放棄論も出された。これは現在の視点で見るなら卓見と思えるが、当時は一個旅団強を送れば奪回できるとする楽観論にかき消されてしまった。陸軍はソロモン戦役の消耗戦へと首を突っ込むのである。

一木支隊先遣隊の壊滅を知った日本陸軍は、とりあえず兵力を増派してガ島飛行場奪回を決めた。おりしもニューギニアでの戦いも座視できなくなっていたことから、大本営は第二師団を基幹とした兵力を送り込み、南太平洋担任の第十七軍の強化を図った。

第二師団増加を決めたとはいえ、ガ島へ送る兵力としては、すでに手配済みの川口旅団と一木支隊の第二梯団があり、この兵力を送り込めば飛行所は奪回できるものと大本営も第十七軍も楽観的に考えていた。そのため川口旅団による攻撃作戦が第二師団を待たず実施されることになる。

ここでまたしても輸送が問題となった。輸送船が使用できないことから後続兵団の輸送は困難を極めた。当初、海軍は船団輸送を考えていたが、その間に第二次ソロモン海戦があり、船団輸送は取りやめられた。そして川口支隊の一部は島伝いの舟艇機動で、残りは駆逐艦での輸送によってガ島へと送り込まれるが、このたった一個旅団強の輸送だけで、九回もの輸送作戦と五日の日数を要したのだ。しかも輸送できない野砲や高射砲は敷設艦『津軽《つがる》』を利用して別途運び込んだが、無論、この一隻だけでは運べる重装備の量は少ない。

さらに、この輸送は米軍機の妨害で遅延し、輸送途中でも航空攻撃で被害を出した。それでも川口支隊は一個旅団近い兵力と、高射砲二門、野砲四門、連隊砲六門、速射砲（対戦車砲のこと）十四門をガ島に運び込むことができた。

この輸送に時間をとられている間に、ガ島の米軍事情が次第に判明してきた。兵力は予想をはるかに上回る二万、これに戦車が二十から三十両、重砲数門があるらしい。これを知った第十七軍は川口支隊だけでは攻撃兵力が足りないのではないか不安を抱いた。これは、もっともな考えである。そこで一個連隊を主とする青葉支隊（第二師団の歩兵第四連隊）をラバウルに待機させ、ガ島に送り込む態勢をとるようにした。このうちの一個大隊がガ島に行き川口旅団の攻撃に参加することになる。

現地にいる川口旅団は、この増援を待たず攻撃を行うことを決めていた。当時、川口旅団は補給が滞り糧食不足で攻撃日時を延ばすような時間的余裕がなくなっていたからである。

タシンボコに集結した川口旅団等の部隊は左右の海岸沿い、一部を山地内から迂回機動させて九月十二日、ガ島飛行場手前のムカデ高地前面へとたどり着いた。集結地からここまでは三十キロ近く離れていて、この行軍には十日近くを要した。

攻撃が十二日頃となったのには、もうひとつ月明かりという問題があった。火力の乏しい日本軍は夜の闇をなるべく利用して敵との間合いを詰めたい。そうなると攻撃のタイミングは夜暗を利用した新月頃に限られてしまうのである。

攻撃に際して川口旅団は飛行場左右に一個大隊ずつを置き、主力を南側へと展開させた。左右を助攻として、主力で米軍陣地の背後から襲いかかり、撹乱させて殲滅しようというのがその目論見だ。

しかし、この攻撃もまた失敗した。その原因は兵力と火力の劣勢、集音マイクによる企図の暴露、米軍が打ち上げ続ける照明弾による夜暗の打ち消しにある。

日本軍部隊の接近は音で察知され、照明弾があたりを照らすと人影めがけて猛射が浴びせられた。川口旅団は夜襲のメリットを活かすことができなかった。その上、日本側はジャングルに飲み込まれて各部隊の連携を欠いたので、攻撃の統制が取れず状況をさらに悪化させていた。こうして最初の本格的陸上攻撃は敗退に終わった。

第二師団投入

そのころ、つまり九月初めから半ばにかけて、連合艦隊はガ島の米軍に総攻撃を加えんとしていた。ガ島の戦況からして米軍は、出せる戦力を全力投入しており、ガ島放棄の考えもない。これはかえって攻撃をかける好機ではないか。連合艦隊は事態をこう捉えた。そこで川口支隊の攻撃に策応して第三水雷戦隊の一部を出撃させてた。ところが米艦との接触はできずこの艦隊行動は水泡に帰した。ただその代わり、展開させていた潜水艦が運よく米空母を発見し撃沈に成功した。

攻撃に失敗した川口支隊はマタニカウ河までジャングル状の山地内を後退したが、すでに糧食が尽きており飢餓に悩まされ、次の攻撃まで待機するだけで消耗していく。そしてこの山地内での退却で持ち運べない兵器や機材の多くも失われた。

川口支隊敗退後も大本営はガ島戦を諦めることなく、新たに第二師団を使うことで、攻撃を再開しようと企図した。海軍のロジックは、米軍のガ島での本格的反攻は決戦の好機で、また敵捕捉の機会でもあり、敵を撃滅し得るのである。ようするに消耗戦という実情を無視した決戦主義だったのである。このロジックにひきずられて陸軍もガ島の戦いに引き込まれ、あくまでガ島を攻略しようとした。

大本営は川口支隊の失敗要因は「ジャングル等を利用して行う奇襲に主眼を置きたる為、連絡不十分にして兵力分散し」「敵の防御組織特に其の物的威力予想以上に整備せられしことに在り」と見ていた。これは杉山参謀総長の九月十七日の上奏に見られる文言である。そこで今度は、第十七軍の配下にある第二師団と戦車中隊、重砲兵中隊を合わせた正攻法で落そうと計画した。

戦史叢書『南太平洋陸軍作戦〈2〉』には九月二十八日に策定された第十七軍のガ島攻略計画には参加兵力として、歩兵十三個大隊、火砲二百門、戦車、軽装甲車約七十五両という数字が上げられている。この数字を見る限り、軽装備の歩兵が夜間肉弾突撃を敢行するという一般的に想起される日本陸軍の攻撃方法とは異なり正攻法の戦い方をする姿勢が伺える。しかし、杉山上奏の文言にある戦訓を踏まえた、この正攻法が実現することはなかった。

第二師団の輸送に手間取る

さて第二師団の投入を決めたのはよかったが、ここでもまた輸送が足枷となって日本陸軍上層部は計画を崩していくことになる。

まず攻撃再開のために、第二師団と必要な兵器、弾薬などの物資を送り込む作戦を実施しなければならない。さすがに一個師団の兵力と重装備を駆逐艦輸送で運ぶことは無理があり、今度は本格的な輸送船団が組まれることになった。さらに一度ですべてを運ぶことはできず、第二師団司令部や一部部隊は先発してガ島へと揚陸した。ここで米軍が攻勢に出て、マタニカウ付近の日本軍一個連隊に打撃を与え、後退させたのは、その直後のことであった。この米軍の攻勢によってガ島の日本軍は、目標とする飛行場から遠ざけられることになる。ところで兵力輸送最大のネックはガ島飛行場の米軍機である。この障害をどうにかしないことには輸送はおぼつかない。そこで考えられた方策が、航空撃滅戦、艦砲射撃、陸軍砲兵による飛行場射撃であった。しかし航空撃滅戦は執拗に繰り返されていたが、その効果は芳しいものではなく米軍機を制圧できず、艦砲射撃は多少の効果はあったが、その成果はごく一時的なものに過ぎない。

そこで最も期待されたのが、意外にも陸軍の重砲兵であった。砲兵は陸戦の直接支援を行うか、敵戦線後方に存在する物資集積所や敵砲兵を攻撃する兵科とされており、敵飛行場を砲撃して敵機の活動を妨害することは考慮されていなかった。

水上機母艦『日進』

ところが陸軍の砲撃は持続性が最も大きいとして海軍側は期待し、そのために水上機母艦『日進』を投入した。『日進《にっしん》』は巡洋艦並みのサイズで比較的高速、格納庫には大型重量物を搭載できるだけでなく、上げ降ろしのクレーンまで設置されているからこうした輸送には最適であった。高速輸送艦を持たない当時の日本海軍には代替の輸送手段はなかったのだ。

ともあれ敵飛行場を制圧しなければ船団輸送は行えない。海軍は船団を送り込む前に、陸軍重砲を揚陸させて飛行場制圧射撃を行い、米軍機の妨害を排除する作戦を取った。十月三日、『日進』による輸送は成功裏に終わり、ガ島には待望の重砲が到着した。残る重装備その他兵力の輸送は水上機母艦、軽巡、駆逐艦で続行された。この輸送は米軍機による妨害を受けて、予定の半量程度しか終わらなかった。この輸送作戦の最中に発生した海戦が「サボ島沖海戦」だ。この海戦は、日本側の飛行場砲撃隊と、輸送部隊が、ガ島付近サボ島沖で米艦隊の妨害を受けたことで発生したものだが、この海戦は夜戦で優位にあった日本海軍が初めて米海軍のレーダーに敗れた戦いとして知られる。米軍はなかなか夜戦に慣熟せず、夜間水上戦において日本側は優位に立ってはいたが、その優位性はガ島・ソロモン戦役を通して次第に失われていくことになる。

船団輸送の試み

さて艦艇輸送はかなりの成功を収めたが、まだまだ輸送すべき量は多い。そこで残りの輸送は既述のように船団で一気に実施されることになったが、そのための作戦はかなり大掛かりなものであった。

まず戦艦とその他の軍艦で飛行場を砲撃して、米軍機の活動を抑え、その隙に船団をガ島沖に突入させようというのである。戦艦の砲撃は効果を挙げ、飛行場を一時使用不可能にした。しかし船団がガ島に接近する頃には航空機が活動を再開していた。その結果、船団は大災厄に見舞われる。

船団の輸送船はいずれも優速で、高射砲や対空機銃も搭載し、さらには駆逐艦八隻が護衛に付いていた。その上、空母が間接的に掩護まで行い、基地航空隊によるガ島上空の制圧戦も行った。それでも飛来する米軍機の攻撃に対抗できず、輸送船は被爆炎上していく。この輸送作戦によって、第二師団を中心とする陸軍部隊は、ほぼすべてを揚陸させることができたが、弾薬は二割弱、糧食は半分しか降ろすことができなかった。この結果は以後の作戦に影響を及ぼす。

ともかくもガ島に揚陸した第二師団は十月二十二日を目途に総攻撃の準備に入った。しかしその攻撃は、輸送の不如意から従来考えられていた大兵力を持ったものではなく、川口支隊と同様にジャングルを迂回するものとなった。歩兵部隊は攻撃部署に着くために移動を開始したが、内陸のジャングルは行軍を阻害した。そのため部隊の進出が遅れ、総攻撃の日時を延期しなければならず、ただでさえ飢えに苛まれた将兵の状況を悪化させた。ジャングル地帯では補給物資の追送も困難で、ただでさえ少ない物資が前線の将兵にまで満足に行き渡らなかったことも飢餓状態を加速させていた。

同じころ海軍は、陸軍の総攻撃に策応すべく空母部隊を繰り出していたが、総攻撃が繰り延べとなったためうまく策応できないでいた。それでも、その間に米空母部隊と遭遇して海戦が行われた。これが日本空母部隊最後の勝利となる「南太平洋海戦」である。

海戦の結果、日本側は自身の沈没艦はなく米空母一隻を撃沈した。米海軍側は太平洋上で行動できる空母を一時的に全て失うまでに追い込まれたが、この好機を日本の空母部隊が活かすことはできなかった。日本側も搭乗員の消耗が多く、稼働空母が一隻のみではガ島への接近はリスクが高すぎ、攻撃できなくなっていた。

日本海軍には、「ミッドウェー海戦」で空母を失ったトラウマから、迂闊に敵基地の航空威力圏内へと入ることを避けるようになっていた。しかも稼働空母が一隻ということでそれを温存したいという思いも強く働いていた。

陸の戦いに目を戻すと、正攻法のために必要な戦車はマタニカウ川付近での米軍との前哨戦で撃破されていた。米軍飛行場を妨害するための砲兵射撃は米軍を悩ませはしたものの、米軍機の行動を封殺することはできず、逆に米軍の対砲兵戦で活動を妨害された。日米双方の砲兵射撃の応酬は、両軍の砲兵射撃を一時的に妨害するだけで完全制圧には至らなかったことは興味深い。砲兵を沈黙させることはそれほどの難事で、制圧し続けるには莫大な弾量が必要だったのである。このため弾量が少なく追送もままならなかった日本軍の砲兵は、総攻撃以前にほぼ弾薬を射耗し尽くした結果、総攻撃時には寄与することができなくなっていた。こうした面から、当初の日本陸軍が想定していた正攻法による総攻撃という構図は崩壊していたのであった。

第二師団の攻撃も失敗

大本営、第十七軍そして実際に攻撃を担当する第二師団の全てが多大な期待を抱いて行った総攻撃は十月二十四日と翌二十五日にかけて行われた。その結果は無残な失敗に終わる。

失敗に終わった直接の原因としては、杜撰な作戦計画、鉄条網でしっかりと囲われた米軍陣地、糧食の不足と疲労がもたらす体力低下などが挙げられる。

攻撃するはずの第二師団の各部隊は、ジャングル内の移動で時間を取られて所定の位置に着くのがやっとであった。行軍縦隊のまま各所で寸断され、兵士たちは疲労しきったままで攻撃参加を余儀なくされた。攻撃発起点から攻撃開始までの時間が足らず、速射砲（対戦車砲のこと）部隊によっては、肝心な砲を後ろに置いたまま部隊長と少数の兵士だけで、形式上の攻撃開始手順を済ませただけという部隊まであったほどだ。第二師団の総攻撃といってみても実際には総力が集中されていなかったわけだ。

この結果を招いた理由は、海上と陸上の二つ輸送というボトルネックであった。このネックに対する理解のなさ、それをもたらすガ島をはじめとした南太平洋の島嶼に対しての認識不足が杜撰な作戦を生んだのである。

火力で劣る第二師団は、伝統の——ということになっていた——静粛夜襲という戦術を攻撃の基礎に置いた。[1]これは音を発せず、低姿勢でしずしずと敵陣に接近し浸透突破していく戦術だ。こうすれば敵に見つからず、夜間は敵側の砲兵の運用も難しくなるから敵陣に接近しやすく反撃されにくい。そして敵陣の隙を見つけて内部に食い込むことを目指す。加えて熱帯のジャングルは身を隠すのになおさら好都合と思われた。

日本陸軍の戦術常識では、防御陣地は少なくとも警戒陣地と主抵抗陣地の二つに分かれており、陣地には隙間か陣地翼端の切れ目がどこかにあるはずだった。特に警戒陣地は本気で守る防御線ではないから、なおさら隙はある。だから初めに敵陣に遭遇しても、真面目には応戦せずに突き進み主抵抗陣地攻撃に邁進すべきものとされていた。ちなみに当時の世界各国陸軍の常識では、防御陣地を主抵抗陣地と警戒陣地に分けることは基本なので、この点で日本陸軍を責めることはできない。

ところが米軍は違っていた。日本軍が警戒陣地であろうと考えて突入したのは実は主抵抗陣地だったのである。

米軍も本来なら警戒陣地を設置するところだが、ガ島の米海兵隊は飛行場の外周を守るのにギリギリな兵力しかなかったので、持てる兵力のほとんどを主抵抗線の防御につぎ込むという、あえて原則を外した一手に出ていたのだ。しかも米軍の陣地防御の部隊は全周に均等配置され、日本軍が弱点の側背を突こうとしても、その弱点がそもそも存在しない。

結果、日本軍の攻撃部隊は、いきなり本格的な抵抗に遭って粉砕されてしまった。この本格的な抵抗がまた日本陸軍の常識から外れたものだった。一木支隊を壊滅させ、川口支隊の攻撃を頓挫させ、その後も幾度となく日本軍の突撃を粉砕し続ける、最終防護射撃という名の火力の壁だ。

それはひとことでいえば火力主体の防御戦術だが、その核心は主抵抗線の前となる陣地前に火力を集中して攻撃それ自体を粉砕するというものだ。単純な火力主体の防御の場合、銃火器の火線で火網を構成して攻撃部隊の前を遮断して足を止めることが目的だが、最終防護射撃では攻撃部隊の粉砕そのものが目的となる。そのため小は小銃から機関銃、迫撃砲、はては一〇五ミリ榴弾砲まであったけの火力が投入された。第二師団は、こうした想定外の戦術に適応できず、一日目、二日目とほぼ同じパターンの攻撃を繰り返して壊滅的打撃を受けたのである。

攻撃失敗を招いたもの

この結果を招いた原因の多くは、補給にあったことは確かである。もし弾量が十分にあったなら日本陸軍も数は多くないとはいえ十五センチ砲以下の火砲を支援に投入できただろう。正攻法を成功させる鍵は物量にあるからだ。

そしてもうひとつ重要に思われるのが、米軍の用兵思想に関する認識不足である。相手の用兵を的確に認識できていなければ上手な対策はできない。一木支隊を送り込んだ時の米軍に対する楽観視、第二師団の総攻撃でも威力を発揮した米軍の最終防御射撃を知らなかったことなどがその好例だろう。日本陸軍には、敵を知らず自軍の常識で動いて失敗を招いた部分が少なからずある。

第二師団の総攻撃失敗の後も、日本陸海軍のガ島奪回の執念は消えることなく、新たに第三十八師団を投入した作戦が考案された。この師団は第二師団に次いで第十七軍に送り込まれた新手の師団である。

この師団を運ぶ船団は十一月六日ラバウルを出航した。すでにガ島戦役は始まってから二か月、補給もままならないガ島は日本兵にとって「餓島」となり多数の将兵が斃れている。輸送船の数は十一隻、七万七千総トン強。師団を丸ごと輸送するにはこれだけの船が必要となる。この船団輸送を支援するのため海軍は二度目となる戦艦による飛行場砲撃作戦を実施したが、途中で米艦隊に阻止された。この海戦が「第三次ソロモン海戦」であった。

日本側は初日の海戦で米軍に大きなダメージを与えたが、戦艦一隻を失い、二日目の戦いでは米戦艦一隻を中破させ駆逐艦三隻を沈めた代償として戦艦一隻を失った。だが、それ以上に問題だったのは砲撃任務が失敗したことだ、海戦の合間に日本海軍は重巡で飛行場を砲撃したものの、その効果は薄く、輸送船団を米軍機から守るという役目は果たせなかった。このためガ島に近づく途中で輸送船七隻が沈められ、残る四隻はガ島に乗り上げて失われた。ガ島にたどり着いた四隻に乗る将兵は上陸できたが、物資と重装備はまたしてもその大半が失われた。第三十八師団は陸戦を戦わずしてここに壊滅した。

この輸送の失敗は、事実上ガ島戦役の終焉を意味していた。この後はガ島への補給輸送もままならなくなり、最終的にガ島放棄が決定されることになる。そして年が明けた昭和十八年（一九四三）二月、「ケ号作戦」と呼ばれる駆逐艦を使った撤退作戦が行われ、ガ島戦役は終わりを迎えた。

遠すぎた島

ここでガダルカナル戦全体の構図に目を向けてみたい。これは他の島嶼戦を考える場合の参考ともなる。

ガダルカナルの戦いの基本は、飛行場を守る米軍と、飛行場を奪回せんとする日本軍の攻略戦という図式だ。日本軍は奪回用に、川口旅団や第二師団などをガ島へと送り込むが、まずそのための輸送が必要とされる。兵力を増やすことは給養人口を増やすということになり、食料を始めとした物資補給をそれに見合った量だけ送らなければならない。そして食料はどんどん減っていくので、常に送り続けなければならない。船団輸送が一回成功すれば、それで輸送終了と簡単にはいかないのが島嶼戦のキャンペーンである。

この場合、輸送の手段は輸送船や艦艇による水上輸送、航空機による空輸、潜水艦による輸送の三種類がある。日本海軍は空中補給と潜水艦輸送を実際に行っている。しかしながら、この手段は運べる量が少なく補助的な役割しか果たせなかった。航空機はガダルカナル飛行場や周辺泊地の攻撃任務も担っていたので輸送に回す余力はほとんどなかった。それでも焼石に水程度の空中補給は実行された。これは恐らく現在にも通じる例となろう、もし仮にオスプレイ垂直離着陸輸送機で離島に兵力を進出させたとして、物資の追送はどうするか。気を付けないとネックになるだろう。船舶に比べれば、現在でも潜水艦や航空機の輸送力はまるで少ない。

結局、輸送量を考慮すれば、最適な手段は艦船による海上輸送しかあり得ない。だが、海上輸送の前にはヘンダーソン飛行場から飛来する米軍機という壁が立ちはだかっていた。ガ島はときに「遠すぎた島」などと揶揄されるが（例えばガ島戦をテーマとした松浦行真氏『混迷の知恵』には「遠すぎた島」の副題が付けられている）、ラバウルを根拠地とする日本軍機にとってガ島はあまりにも遠すぎた。それは、そうしたポジションに一気に歩みを進めた日本海軍の作戦階層における失点であったのである。

飛行場の脅威

日本軍機はガ島上空で制空戦闘に勝利したとしても、上空に留まることはできず引き揚げてしまう。一時的に米軍機を追い払っても制空権を米軍から奪取することはできなかった。

そして第二次ソロモン海戦以降、日本海軍は空母をガダルカナル付近へと投入することにためらいがちとなる。これでガ島周辺で日本側が航空優勢を確保することは、ますます望み薄となった。

そこで日本海軍は、輸送船あるいは輸送艦は米軍機を避けるためなるべく夜間、それも月明かりのない新月のころに、ガ島の日本軍揚陸地点であるタサファロング付近へと進入させて米軍機を避けることにした。そして素早く荷揚げを終えて夜明け前に米軍機の行動範囲から離脱して航空攻撃を避け引き揚げるのである。

これを無視して、敵航空優勢下で輸送船を活動させた場合の結果は悲惨の一語に尽きた。例えば、昭和十七年十月十四日に陸軍輸送船六隻が第二師団を輸送した時は、輸送船六隻のうちの三隻が中途で撃沈され、残る三隻は海岸で荷揚げ中に被爆炎上して失われたが、これらの被害は全てガ島の米軍機によるものだ。この船団の輸送船は決して鈍足船などではない。二十ノット近くの速さを持つ高速船だったが、船団を組むとスピードは鈍り速度は九ノットに低下していた。これでは夜間にガ島に接近し夜明け前に離脱はできない。

ガダルカナル戦役の輸送戦で必要なのは、夜間に米軍機の威力圏に侵入して荷揚げを行い、明け方までに米軍機の威力圏を離脱するという条件をクリアできる、三十ノット近いスピードを発揮できる高速艦のみであった。この条件に最適な艦種は駆逐艦に他ならない。駆逐艦はスピードは速く小型ゆえに小回りも利けば海岸にも近寄りやすい。

そこで駆逐艦に白羽の矢が立った。もともと駆逐艦を高速輸送艦として使う用法はヨーロッパでも多くの例があり、格別に珍しいものでもない。こうした駆逐艦による輸送作戦は俗に「ネズミ輸送」と呼ばれた。

それでも、なるべく明るい満月付近の夜は避け、新月の暗夜でないと危険なので、輸送作戦は月齢に縛られた。これでは月に一回程度しか輸送作戦は実行できず、常続的な補給という点に反する。そして、もし月に一、二回しかない輸送作戦が失敗したらどうなるだろう。その場合、ガダルカナルの地上部隊は、さらにもう一か月の飢餓地獄に苛まれることになる。

遅れた対策

この輸送というボトルネックを痛感した日本海軍は、あわてて駆逐艦を基本にした高速輸送艦の建造に乗り出したがもはや後の祭りでしかなかった。実際に一等輸送艦と呼ばれる高速輸送艦が実戦投入されるのは昭和十九年（一九四四）とあまりに遅かった。

実は、米軍はこの面でも一歩先んじていて、旧式駆逐艦を改装したり護衛駆逐艦を基にした輸送駆逐艦を竣工させていた。この輸送駆逐艦は、早くもガダルカナル戦で投入されている。米軍の方が、島嶼戦の有り様を日本側より先に理解していた証拠だろう。その背景にあるのはオレンジ・プランの立案作業で浮上したこの艦種の必要性ということだろう。これほどまでに重要性の高い駆逐艦ではあったが、輸送作戦に駆逐艦を投入することは日本海軍にとって不本意なことであった。日本海軍の駆逐艦乗りにとって、戦艦など主力艦を雷撃し沈めることこそが本分だったからである。そのため駆逐艦乗員は将校、下士官問わず輸送任務を自嘲気味に「マル通（当時の日本通運のニックネーム）」と呼

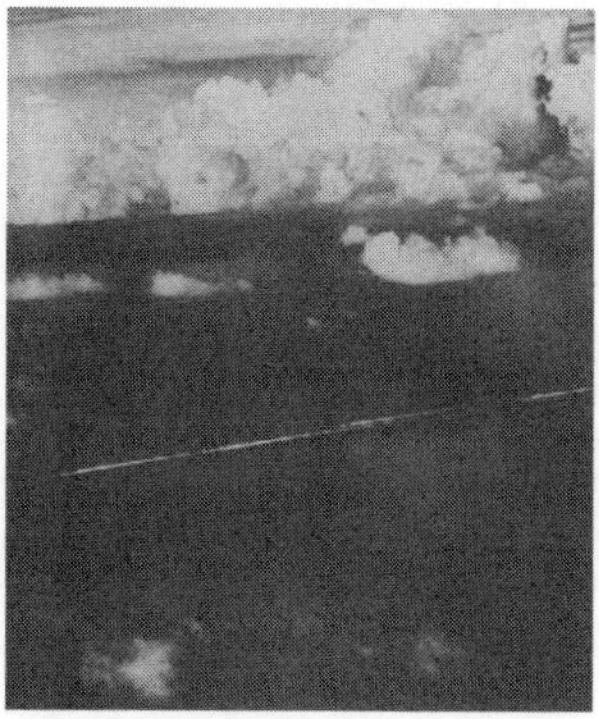

連合軍が撮影した「ネズミ輸送」任務で航行中の日本海軍駆逐艦群。

「ネズミ輸送」のため駆逐艦に次々乗り込む将兵たち。

んでいた。

現場レベルでも、島嶼戦の様相を適切に理解できていなかったといえよう。

さらに駆逐艦による輸送には大きな欠点もあった。まず積載量が輸送船より少ない。何しろ一個大隊の兵力を運ぶのに六隻の駆逐艦を必要とするのである。そして戦車や重砲など大型の重量物は運搬できない。こうした重量物の運搬に日本海軍は敷設艦や水上機母艦を代用した。しかし、その隻数は少なく、それに比例してガ島に搬入できる重装備の数もまた減らさざるを得なかった。これでは重装備込みの一個師団を一度には輸送できない。それは、第二師団の輸送作戦で如実に現れている。

島嶼戦と制空権

島嶼戦においては、自軍の航空機の掩護の下では安全な輸送が行えるが、敵航空威力圏下では輸送という行為そのものが良くて「困難」、悪ければ「危険極まりない」ものとなる。

それほどまでに制空権が重要なことから日米両軍は、互いに相手の基地を爆撃することで航空戦力に打撃を与えようとした。しかしながら、一回、二回の爆撃では相手の航空戦力の息の根を止めることはできず、こうしていわゆる航空消耗戦が開始された。

日本陸軍は、ガ島の飛行場を奪回することで戦場制空権の完全掌握を意図した。また重砲と高射砲をガ島に持ち込むことで、米軍機の活動妨害も企図した。そのためには兵力と物資を送り込む必要があり、ここでまたしても輸送というネックに突き当たり、そのための制空権獲得に陸上攻撃が必要という悪循環が始まってしまった。

これを島嶼戦一般に落とし込んで考えてみよう。島嶼戦では海上輸送を安全に行う「制海権」とそれを保つための「制空権」が重要なカギとなる。海上輸送により「要地」を確保し飛行場を設営または奪取。そしてそれら飛行場からの航空威力圏内で、次の目標に進攻するというサイクルで作戦を行う。つまりここでもキャンペーンという戦争形態を取る可能性が高くなる。

このサイクルが崩れると、同様の方法で敵の反撃を受けることになる。ガダルカナル戦役で日本軍はこのサイクルを何とか回そうと努力はしたものの、輸送手段は次第に貧弱なものとなり島嶼戦のサイクルはじり貧となる負のスパイラル化したのだった。ここまでが海上輸送を軸にした輸送の問題である。

陸上輸送というもうひとつのネック

ガダルカナル戦役のボトルネックである輸送にはもうひとつ隘路が存在した。その隘路とは輸送の最終段階、つまり陸上輸送である。

ガダルカナル戦役の陸上戦闘の敗因として語られる飢餓、そしてその物資不足を招いた原因は海上輸送の不備にあることは間違いない。しかし、運良く海岸まで輸送ができても、揚陸させた物資を内陸へ手際よく輸送することができなかったのである。

この理由は二つ。ひとつは米軍機の空襲による妨害によるものである。当時、未開発状態にあったガダルカナルには港湾施設はなく、大発を使ってもなお人力への依存度が高く、荷揚げ作業にはかなりの作業時間を必要とした。このため、せっかく輸送船や艦艇がガ島にたどり着けても、海浜で荷役作業を行っている間に朝を迎え、夜明けとともに飛来する米軍機の空襲で陸揚げ中の物資が灰塵に帰すという例が多かった。日本陸軍の船舶参謀はこの作業時間の少なさを「一日は四時間なり」と表現している。ガ島で荷降ろしに使える時間はそれほど少なかった。

例えば、昭和十七年（一九四二）七月十五日にガ島へと輸送任務に就いた『笹子丸《ささごまる》』は、朝九時にタサファロング沖で荷降ろし作業を行っている時に米軍機の攻撃を受け、海岸に擱座したままの状態で炎上し沈没した。当然、船倉にある物資は全損である。そして苦労して陸揚げした物資も、素早くジャングルに隠さないと、爆撃を受けて灰塵に帰してしまうことになる。こうした事態はニューギニアなどでも繰り返し発生した。

この問題を解決するには、トラクターやクレーンなど荷揚げ用の機械力を大幅に導入するか、荷揚げ作業を迅速化するＬｏＬｏ方式（ロールオン・ロールオフ＝船内の物資を自走させて岸壁等に積み降ろす方式）を導入することがベストであったが、国力からしてこれは難題であった。ただし、戦争後半には、揚陸艦艇とトラックを利用したＬｏＬｏ方式に近い作業は実施されている。

海軍はこの問題に対処するため、水陸両用戦車を改良した輸送用の特四式内火艇（本来は攻撃用だった）やLST式に艦首に門扉を設けた二等輸送艦の建造に着手したが、その竣工時期は遅く昭和十九年（一九四四）となった。ガダルカナル戦初期にこれらの準備が整っていれば、戦いの有り様は史実よりはましな戦い方となった可能性があるが、万事が遅すぎたのである。

二つめの理由は、島内での陸路輸送が困難だったことだ。戦場となった飛行場付近は日本軍の揚陸地点からは意外に遠く三十キロほど離れていた。

陸路でも距離が離れれば離れるほど、補給輸送の負担は増える。三十キロの距離を開けた中国大陸なら何とかなる距離だが、ガ島をはじめ、南太平洋の島嶼はジャングルに覆われ、道路も乏しく、日本軍輸送能力の限界を超えてしまっていた。日本陸軍は少ないながらもトラックを持ち込んだが、まともな道路のない土地では十分な活用はできない。やむなく揚陸地点から道路建設も行ってみたが、重機もなく揚陸地点から前線までの道路など建設できようもない。どうしても、かなりの距離は人力搬送による以外に輸送の手立てがなかった。

こうした手段で、歩くだけでも厄介な山地とジャングルを越えて、二万名以上の糧食を運ぶなどというのは無謀に近い。結局、海岸に揚陸させた物資を攻撃部隊へと行きわたらせることができなかったのである。これが、飢餓状態を助長し、弾薬の欠乏にもつながった。陸上の補給は間違いなく陸軍自身の責任である。この点、事前の補給計画が杜撰だったというほかない。そしてこれは軍事行動に必要な地誌情報すなわち兵用地誌の研究不足ということでもあった。もともと陸軍は対米戦をあまり研究しておらず、まして南太平洋で戦う予定もなかった。そうであるならガ島への陸軍派遣要請が出た段階で、陸軍はガ島で戦う準備に欠けており戦えないと明言すべきだったのである。

ガ島戦役における水上戦の特徴

すでに書いたように、ガ島戦役での日本海軍の主任務は輸送となった。これには駆逐艦とその他の艦艇が輸送任務にあたる場合と、輸送船を護衛する場合の両方がある。

それでは、こうした輸送を米軍が察知した場合はどうなるだろう。いうまでもなく、米軍は艦艇を繰り出して妨害に出る。日本側が行動するのは夜間だ。実際この様な状況で、ガ島海域では夜間、日本の輸送部隊と米軍の妨害部隊が衝突し数度の海戦が発生した。また日本側が戦艦まで繰り出して飛行場を砲撃しようとした時にも、米軍が妨害に出て同様に夜戦が行われた。

こうした海戦で日本海軍は、長年夜戦を訓練してきた高い術科能力を発揮して、しばしば勝利を収めたとされる。しかし、本当に手放しで勝ちと言ってよいのだろうか。ここでは個々の海戦を詳述する余裕はないが、おおざっぱに言えば確かに投入戦力と相互の被害状況からすれば勝ったといえる海戦は多い。そしてその理由も、高い練度と技量によることは間違いない。

だが輸送という観点で見ると、その見え方は変わってくる。「一日は四時間なり」と言われたほど、輸送作戦に従事する日本艦艇のガ島での行動時間は短い。米艦との交戦に余計な時間を取られるだけことは任務達成の観点からは痛手だ。海戦に勝ったのに輸送任務は失敗ということもあった。

そのもっとも劇的な例が「ルンガ沖夜戦」だ。この海戦の発端は田中頼三少将の率いる輸送任務の駆逐艦八隻がガ島ルンガ岬沖でライト少将率いる重巡四隻、軽巡一隻、駆逐艦六隻に待ち伏せされて起こった海戦である。

兵力差からして圧倒的に不利なはずの日本駆逐艦部隊は米重巡一隻撃沈、三隻大破という戦果を挙げ、日本側の損害は駆逐艦一隻の沈没という日本側の大勝利となった。しかし、日本側は戦闘のために輸送してきた物資を投棄し輸送任務そのものには失敗している。

損害の多寡は重要な勝敗の指標ではあるが、作戦的見地からすると目的の達成状況はさらに重要だ。この海戦、作戦的にやはり失敗なのである。輸送が失敗すると戦略、作戦上の結果を出せないばかりか、思うように戦うことすらできないということをガ島戦役は示しているが、そうであればこそ、海戦の勝敗もまた輸送任務を達成できたか否かで判定されるべきものなのだ。

ソロモン諸島のキャンペーン

ガ島から撤退する「ケ号作戦」はガ島キャンペーンを終わらせた。しかし、それはソロモン諸島における戦いの終焉とはならなかった。

ガ島に続き、ソロモン諸島中部、ソロモン諸島北部において新たなキャンペーンが始まったのである。このキャンペーンはあまり知られていないが、昭和十八年半ばから終戦まで続く長い戦いになる。

ここでいったん状況を整理すると、太平洋戦争は、巨大なキャンペーンの集合体と捉えることができる。

第一段作戦自体が、マレー半島からインドネシアへと続くキャンペーンだが、他にも北のアリューシャン、内陸のビルマなど様々なキャンペーンが展開された。

そしてソロモン諸島の戦いもキャンペーンで、ガ島戦役と、続くソロモン諸島の中・北部戦役に区分することができる。つまりキャンペーンの中にもまたキャンペーンが存在することもあり得ることになる。

しかしながらガ島戦役と中・北部ソロモン戦役は意味合いが異なる。ガ島戦役は、米軍が防御攻勢のためにガ島飛行場を奪取して守り抜いた戦いだ。その意味でキャンペーンは必ずしも地域的な広がりを持つものではないことにも注意されたい。そして中部・北部ソロモン戦役は日本側が守りに入った戦役である。

ガ島戦役で米軍が飛行場を守り切ったことが転機となり、ソロモン諸島において米軍は攻勢に転移した。攻勢に転移した後の戦役が、中・北部ソロモン戦役である。この中・北部戦役における米軍主体の連合軍の目標はラバウルとなった。そして、このキャンペーンはガ島を起点に島伝いにラバウルへと進むものだった。

これを日本の視点ではガダルカナル島からの撤退は、米豪遮断作戦の完全放棄であり、南太平洋方面において日本軍の態勢が攻勢から防勢へと完全に移行したことを示していた。「ミッドウェー海戦」と並んでガダルカナル戦がターニングポイントとされるゆえんである。

ソロモン諸島中部戦役以後の戦いは、日本にとって長い防衛戦となった。ではこの諸島での防衛の意味、目的はどこにあるのだろうか。

太平洋の地図をまずご覧いただきたい。中心付近、文字通り中部太平洋の中にトラック（チューク）という諸島がある。

ここは連合艦隊の根拠地だ。そして、そこからまっすぐ南下した所にラバウルがある。ここは「ラバウル航空隊」で有名なように航空戦における要所となる。日本の太平洋正面防衛にとって、この二か所は重要なポジションだった。そしてこのラバウルから東に延びる列島がソロモン諸島となる。日本にとってソロモンの価値は、前進根拠地であるラバウル防衛のために必要な場所という位置づけになる。

連合軍の攻め方は、飛行場を攻略して航空威力圏（エアカバー）を推進させながら、その傘の下で陸戦を行い要地を確保していくという方法である。こうして中部ソロモンから北部ソロモンへと歩を進め、少しずつラバウルへと接近していく。南太平洋海戦で稼働空母が一隻になってしまった米軍が、攻勢を維持できたのは、陸軍航空隊の航空威力圏の下で進むという戦い方を採用したためであった。航空威力圏を順次前に押し出すこの戦い方ではキャンペーンとなるのは必定である。

同様の理由で東部ニューギニアもまた必要な場所だったが、これについては第四章で触れることになる。

持久をめぐる意見の食い違い

ガ島戦の後、ソロモン諸島と東部ニューギニアが次の戦いの焦点になることは自明の理であった。ガダルカナルからの撤退を決めた直後、昭和十八年（一九四三）に陸海軍は「南太平洋方面作戦陸海軍中央協定」を締結した。

この協定では、北部・中部ソロモン諸島では現状を維持してその確保に努め、東部ニューギニア方面で態勢を整え攻勢に出るとされた。

ソロモン諸島方面での持久をすることはよいのだが、陸海軍の主張の内容は異なっていた。海軍はソロモン諸島中部に主防衛線を置き、陸軍はラバウルのあるニューブリテン島とニューアイルランド島まで後退することを主張した。

航空戦を重視する海軍は、根拠地ラバウルからなるべく敵を遠ざけたいと考え、陸軍は、補給の困難性から中部ソロモンは維持できそうにないので、ラバウルという要点を守れば良しと考えていた。ひとくちにポジションを守るといっても、守り方に相違は出てくる。

ここに陸海軍の後方兵站意識▼2の違いを見ることもできる。補給軽視とされる日本陸軍といえども後方部隊による補給の確立があって初めて戦えるという認識はある。

海軍には後方連絡線の概念はあっても、常続補給という意識は薄い。港で物資を積載すれば、作戦が終わるまで基本的に補給は必要がなく、作戦が終われば根拠地に引き揚げて、そこで補給を行うからだ。海軍側はガ島の失敗を経た後でさえ、離島の補給問題を的確に把握できていなかった。

結局、激論の末、中部ソロモンは海軍の担任、北部ソロモンは陸軍の担任ということで妥結した。これにより、ソロモン諸島中部では海軍指揮下に陸軍部隊が入り、ソロモン諸島北部では陸軍指揮下に海軍部隊が置かれることになった。戦史叢書『南太平洋陸軍作戦〈3〉』はこれを「統合作戦の見地から一つの画期的な処置であった」としているのだが、戦争三年目にしてようやくこのレベルに達したのだった。太平洋戦争は島嶼戦が大きなウエイトを占め、陸海空戦力の統合力発揮が必要なことは明白なのに、異なる組織の壁を壊すことは困難だった。

ところでソロモン諸島中部とひとくちにいっても、大小様々な多数の島があり、その全てに兵力を配置して守ることは不可能に近い。したがって重要な、つまり飛行場が存在するか、あるいは米軍が飛行場を造りそうな島へと兵力は重点配備された。日本軍が注目した島は、ニュージョージア島、コロンバンガラ島、ベララベラ島。特にニュージョージア島にあるムンダ飛行場は日本海軍が将来の航空反撃の拠点と考えていただけに重視され、中部ソロモン戦役の要になる。逆にベララベラ島は、当初軽視されていて守備隊もほとんどいなかった。

連合軍にとってのソロモン諸島とニューギニア

ここで連合軍に目を向けると、ガダルカナル攻略直前に決定されていた「ウオッチタワー作戦」では、第二段として、ソロモン諸島、ニューギニアのラエ、サラモアを攻略、第三段でラバウルを除くビスマルク諸島を制圧することが目標とされていた。ガ島を放棄して、あわてて中部ソロモンに目を向けた日本軍に対して、連合軍の作戦構想にはキャンペーン概念が存在していた。

ソロモン、ニューギニア方面の作戦では、海軍のニミッツ大将が指揮する太平洋艦隊は南太平洋軍を指揮して第一段を戦い、第二段以降はニューギニア方面を担当している陸軍のマッカーサー大将率いる南西太平洋軍の統一指揮下に入ることとなっていた。キャンペーン概念のある米軍側は、事前に後々の指揮問題を解決していた。ここが、事あるごとに方針を決め直し、その都度、指揮問題解決のため、いちいち協定を結ばねばならない日本軍との相違だ。日本軍が後手に回る一因はここにもある。

ガダルカナル戦終結後、南西太平洋軍では「カートホイール作戦」を策定して、東部ニューギニアとソロモン諸島両方向から攻め上がり、最終的にラバウルを目指すことが決定された。

日本側では、ソロモン諸島にばかり目を向けてしまうことになるが、実際にはソロモン諸島とニューギニアの戦いは構造的に不可分なのである。これは連合軍側視点に立つとわかりやすい。

まず大枠として、南太平洋方面での反攻作戦がある。その下に「カートホイール作戦」という作戦が置かれる。この作戦は南太平洋軍と南西太平洋軍という二つの大きな部隊（陸海軍部隊の統合軍）によって実施されるが、それぞれ進路は別だ。南太平洋はソロモン諸島を西進し、南西太平洋軍はニューギニア北岸沿いを進む。そして最終的にラバウルで落ち合うことを予定した（この予定は後に変更される）。ソロモン諸島とニューギニア東部での戦いはラバウルを目標とする分進合撃といえる。

連合軍攻勢を開始

ソロモン諸島沿いに進む南太平洋軍の最初の攻略目標はニュージョージア島とされた。ここは、戦闘機の威力圏内にあり、艦船の泊地となるツラギ島からも近い。そして日本軍の建設したムンダ飛行場がある。

攻略目標はニュージョージア島だが、砲兵陣地や泊地を確保する目的で、レンドバ島、バングヌ島も同時に攻略された。六月三十日、これに対し日本海軍は航空攻撃を実施したが、戦果は皆無に等しかった。七月二日には陸軍第六飛行師団も攻撃に加わるが、やはり戦果は挙げられずに終わった。陸軍はニュージョージア島ムンダへの上陸近しと見て、先手を取ってレンドバ奪回のための逆上陸を試みたが、ここでも輸送力不足がネックとなり計画は立ち消えとなった。

そして戦いの焦点は飛行場のあるニュージョージア島ムンダへと移るが、日本軍が善戦したことで米軍は難戦を続けた。その間に日本側はニュージョージア島方面へ増援を送ろうと試み、まず隣接するコロンバンガラ島への緊急輸送を行った。その結果、クラ湾夜戦が発生したが、兵力を送り込むことには成功した。

日本側は、さらにコロンバンガラからニュージョージア島へと兵力を送るべく舟艇機動を行う。

こうしてニュージョージア島、より正確にはこの島にあるムンダ飛行場を確保すべく、次々に兵力が注入されて消耗を重ねていった。この状況に驚いた大本営陸軍部は七月九日「ブーゲンビル島の防衛を犠牲にしてまで、ムンダ地区に兵力を注ぎ込むことは適当でない」という情勢判断を行い七月十一日、ムンダ撤退を提案した。

ところが事前の協定で中部ソロモンは海軍の担任とされている、しかも海軍は中部ソロモン保持にこだわっていた。「連合艦隊としては全力を南東方面に注入する決心」というのが海軍の意向で、連合艦隊も南東方面艦隊に対して「大本営の方針はあくまでニュージョージア方面を確保するに決定しあり」と伝達していたほどだ。こうなると陸軍は独断で撤退ができない。日本軍はムンダ攻防戦に引き込まれたのだった。

日本側が兵力を送り、守りを強化したためムンダでの戦いは長引いた。米軍は苦戦しつつも、少しずつだが確実に日本軍を圧迫して飛行場へと迫った。八月に入ると、日本軍の命運はもはや風前の灯となっていたが、海軍はあきらめず、ニュージョージア島と隣接するコロンバンガラ島の飛行場確保さえ改めて命じてきた。しかしながら、命令ひとつで戦場の現実をひっくり返せるはずもなく、戦線を支えきれなくなった日本軍はムンダ飛行場を放棄し後退する。

ムンダ飛行場

慌てた海軍は、対米反撃の切り札として育成中の第一航空艦隊まで投入すると表明して、陸軍側の兵力増強を促した。陸軍は、これに対し状況好転の見込みなし、補給不十分、火力喪失等の理由で海軍の要望を突っぱねた。これに関しては陸軍の判断の方が正しい。

もっとも海軍も掛け声だけでなく、努力を行ってはいた。南東方面艦隊はラバウルから陸戦隊八個中隊の兵力をやりくりして、駆逐艦四隻でコロンバンガラへと送ろうと試みている。この作戦は米軍に待ち伏せされて駆逐艦三隻が沈められたことで失敗に終わる。これが「ベラ湾海戦」だ。そして、この失敗は、ムンダ方面へ兵力を輸送する作戦終わりを告げるものとなった。これで海軍側も折れ、八月十三日、中部ソロモンからの段階的撤収で陸海軍は合意した。

「飛び石戦略」の始まり

ところで、ムンダの戦いに手間取ったことは、米軍の前進方策にとっての転機となった。南太平洋軍は重要な島々を逐次攻略する方法を改め、島々を適度にスキップしながら進む方策、名付けて「飛び石戦略」を採用し始めたのである。南太平洋軍は、ニュージョージア島に隣接するコロンバンガラ島の攻略は諦め、代わりに一足飛びに守りが薄いと考えられた、ベララベラ島を攻略した。この島伝いの攻略戦において、隣接する島をバイパスして、さらにその先の島を攻略する米軍の方式の採用により米軍の前進速度は向上した（「飛び石戦略」は「蛙飛び」とも呼ばれる）。

米軍の期待通りベララベラ島の守りは薄く米軍はこの島を難無く攻略することに成功した。

こうなると危険なのは、ニュージョージア島とベララベラ島に挟まれたコロンバンガラ島だ。ここにはニュージョージアから後退した将兵も含め、一万二千の陸海軍将兵がいたが、多くは傷病兵で、食料備蓄も一か月程度しかなく長期持久はできそうにない。

そこで兵力を引き揚げることが決定された。その撤退作戦は、現地部隊が前途を悲観して近隣のアルンデル島へ、全滅覚悟の最後の攻撃を行う直前というまさにギリギリのタイミングで行われた。このコロンバンガラ島守備隊の撤退作戦「セ号作戦」は、米軍による大掛かりな妨害もなく奇跡的に成功を収めた。これでソロモン諸島中部戦役は終わりを告げた。

ソロモン諸島北部のキャンペーン

ラバウルを目指す米軍は、中部ソロモンに続いて北部ソロモンへと歩を進めた。北部ソロモンの要となるポジションはブーゲンビル島だ。日本軍はチョイセル島を経由してブーゲンビル島へと退くと、後を追うようにして米軍が上陸してきた。こうして戦火は中部ソロモンからブーゲンビル島を中心とした北部ソロモンへと舞台を変える。

ブーゲンビル島は、足の短い米軍の単発機でもラバウルへ往復できる距離にあるポジションだ。いうなればラバウルの目と鼻の先である。ここを取られることはラバウルへと王手をかけられたに等しい。そのため日本側、とくに海軍は、北部ソロモンに拘泥した。そのため、またしても飛行場をめぐる激しい戦いが繰り広げられることになった。しかし、この戦いが完全決着する前に、別のところで戦局は動き出していた。

中・北部ソロモン戦役の間、ニューギニアでは、米軍はラバウルの側面に回り込み、ダンピール海峡を横断すると、ラバウルのあるニューブリテン島へと上陸した。

さらに陣容を整え強大化した米空母部隊が連合艦隊の根拠地トラックを空襲して無力化したことでラバウルは価値を喪失し、その航空隊は引き揚げたのであった。それでも日本軍と連合軍の熾烈な戦いは終わらず、昭和二十年（一九四五）八月十五日の終戦まで長いキャンペーンは続けられたのである。

疲弊した日本海軍

ニュージョージア島をはじめソロモン諸島中部戦役では陸海軍将兵に向けての物資補給、そして消耗を補うための兵力の補充が必要とされた。こうしてガ島に続き、またしても駆逐艦は否応なしに輸送任務へと狩り出されることになった。日本側の艦隊行動は、ガ島戦役と同様、中・ソロモン諸島北部戦役においても、陸の動きとリンクしている。島嶼の連なる中・北部諸島のソロモンではラバウルとショートランドを起点に、兵力と補給物資の輸送が何度も実施されている。

そして米軍側は、艦艇を出撃させてこの輸送の妨害を試みた。暗号解読とコーストウオッチャー（沿岸監視員）の活動により、日本側の輸送作戦の多くは、事前に察知されて待ち伏せを受けた。こうしてガ島の場合と同様に、輸送作戦に絡んで海戦が生起した。

中・北部ソロモン諸島戦役の特徴は、大規模な海戦がほとんど生起しなかったことである。昭和十八年を通じて空母や戦艦の登場する海戦は一度も発生していない。

これはひとつには、日本、連合国双方の海軍に大型艦を出すゆとりがなくなっていたせいだが、もうひとつソロモン諸島のような多島海における作戦では、夜間において必ずしも大型艦が必要とはされなかったというもうひとつの事情もある。大型艦が必要とされなかった理由は、作戦の進め方に大いに関係する。この中部・北部ソロモン戦役において連合軍は、基地航空隊がエアカバーを担い、その範囲内で陸軍を輸送し水上艦も行動していた。そのため空母の必要性は薄かったからである。

長く苦しいガダルカナル戦を終えた時、ソロモン方面を含む南東部隊の艦艇、なかんずく駆逐艦の多くは内地整備が必要となるまでに消耗しきっていた。長期の輸送任務で酷使された結果である。

加えるに日本海軍の手持ち駆逐艦数も減少していた。ガダルカナル島の輸送作戦で日本海軍は、本来は艦隊決戦に使用する一等駆逐艦の半数を超える六十二隻を注ぎ込んだが、その内の五隻が沈み二十五隻が損傷していたのである。たとえば、駆逐艦『雷《いかづち》』は第三次ソロモン海戦だけで砲員の三分の一を失っている。そこで連合艦隊は戦艦二隻、重巡二隻、空母一隻、駆逐艦十三隻、水上機母艦一隻を整備のため内地へと回航させた。後に残された水上艦戦力は重巡一隻、軽巡二隻、駆逐艦二十二隻、大幅な戦力減だ。これが日本側が大型艦を出さなかった理由のひとつである。

とはいえ、ガダルカナルの戦訓に照らせば、戦闘用艦艇は巡洋艦と駆逐艦ばかりというのも実情には適してはいる。

先述したように、敵航空優勢下にあって必要なのは高速輸送艦である。日本海軍はこの事をようやく悟り、昭和十八年の戦備計画「(戦)」計画では、高速輸送艦三十二隻を計上した。しかしながら、昭和十八年に必要とされる高速輸送艦を、昭和十八年から造り始めたのでは間に合わない。これら輸送艦が竣工するのは昭和十九年以降のこととなる。

付け加えれば、ガダルカナル戦役で、戦艦はさほどの役には立たなかった。日本海軍は飛行場砲撃、米海軍はその阻止にと戦艦を投入してみたが、飛行場砲撃の効果はごく一時的なものに過ぎず、日本側が期待した米軍機の活動封止の効果をほとんど挙げていない。そして両軍ともに夜戦において戦艦は乱戦に巻き込まれて思わぬ被害を被っている。「第三次ソロモン海戦」の第一次夜戦で、日本の戦艦『比叡《ひえい》』は巡洋艦と駆逐艦の猛烈な砲撃で損傷して行動不能に陥り、最後は自沈という運命に追い込まれた。第二次夜戦では『霧島《きりしま》』と『サウスダコタ』『ノースカロライナ』がいきなり近距離砲戦を開始、『霧島』は沈み『サウスダコタ』は大損傷を受けて戦域の離脱を余儀なくされた。さらに、この種の大型艦を輸送に使うのは不向きである。

加えて、この当時、日本海軍には陸軍のために対地支援砲撃を行うという意識が薄く、ただの一回も陸軍の行動を直接支援する砲撃を行っていない。海軍が艦砲射撃を行う場合は、海軍独自に飛行場か泊地に砲弾を撃ち込むだけだ。不思議なことに陸軍側も対地支援のための砲撃は要求していない。統合という意識はやはり日本の陸海両軍に欠けていたようだ。

一方「第三次ソロモン海戦」以降、米軍は戦艦をソロモン方面の戦いから引き揚げた。ひとことでいってしまえば、戦艦は使い勝手が悪いのである。確かに戦艦は強力だが、いきなり接近戦で始まる狭水域の夜戦では、戦艦の長射程は活かせず、装甲は厚くとも駆逐艦や軽巡の「豆鉄砲」で乱打されると非装甲部分に思わぬ損傷を受けて、『比叡』のように戦闘不能あるいは行動不能となる恐れがありすぎた。戦艦にダメージを与えるだけなら、必ずしも砲弾で装甲を貫徹する必要はない。しかも米側の狙いは日本艦隊の目的を阻止することにある。これなら軽巡や駆逐艦がある程度の隻数さえあれば済んでしまう。これが戦場から戦艦が姿を消したもうひとつの理由なのである。

優位を失う日本海軍

ところでソロモン諸島の中部と北部は、ガ島に比べるとはるかにラバウルに近く、ガ島戦役の時ほどには高速航行を発揮できなくても艦船は行動することができた。そのため陸軍による島伝いの舟艇機動や海上トラックと呼ばれる小型貨物船による輸送も併用された。昭和十八年二月末までは、こうした状態が続いたが、二月後半から米航空機による被害が目立ち始めるようになり、二月二十八日の「第八十一号作戦」を契機に、輸送船の行動は中止された。

「第八十一号作戦」とは船団による東部ニューギニアのラエに向けての輸送作戦のことだが、この船団はダンピール海峡で連合国機の攻撃を受け輸送船は全滅、護衛の駆逐艦も八隻中四隻が撃沈された。このような事態は、ニューギニア方面ばかりでなくソロモンでもまた起こり得ると考えられ、輸送船の行動は差し控えられたのである。

替わりに、昭和十八年三月五日から、日本海軍は駆逐艦による夜間輸送を開始する。最初の任務は駆逐艦二隻でコロンバンガラ島へドラム缶に入れた補給物資を運ぶドラム缶輸送である。この輸送任務は、帰路で米軍の軽巡三隻、駆逐艦三隻と遭遇、日本の駆逐艦二隻は反撃を行う暇もなく海の藻屑と消えた。

「ヴィラ・スタンモア夜戦」と呼ばれるこの海戦は、日本海軍の中部ソロモンでの輸送作戦にとり幸先の悪いスタートとなった。そして、以後の日本海軍の水上艦の戦いはガ島戦役に比べると精彩を欠くようになるのである。

六月に米軍がニュージョージア島の対岸にあるレンドバ島に上陸すると、南東方面部隊は第三水雷戦隊を出撃させ、上陸海岸の米艦艇を攻撃しようとしたが、第三水雷戦隊は米魚雷艇の妨害を受けて活発に動けず、海岸を少し砲撃し魚雷艇二隻を沈めただけで帰還を余儀なくされた。

続くムンダへの輸送作戦では、一回目はコロンバンガラ島沖で米巡洋艦以下の艦隊の妨害で失敗に終わり、二回目の輸送作戦では、防空駆逐艦『新月』を旗艦とする第三水雷戦隊司令部が八隻の駆逐艦を率いてコロンバンガラ島沖へと乗り込んだところで海戦に巻き込まれた。

この七月五日深夜に起きた「クラ湾夜戦」と呼ばれる夜戦では、高い夜戦能力を持つ日本側が、米軍のレーダー探知に先んじて発見に成功したため軽巡『ヘレナ』を沈めることができたが、日本側も駆逐艦二隻を失った。その内の一隻は旗艦『新月《にいづき》』で第三水雷戦隊司令部もこの時に全滅した。

その一週間後、今度は打撃を受けた第三水雷戦隊に代わり、第二水雷戦隊をコロンバンガラ島への輸送に向かわせた。第二水雷戦隊はガダルカナル戦役で消耗した後、前線を退いて整備と補充を行っていたが、復帰したのである。

旗艦の軽巡『神通』率いる駆逐艦九隻は七月十二日深夜、コロンバンガラ島北方で軽巡を含む連合国艦隊と遭遇した。この時も第二水雷戦隊はレーダー波を捉える逆探を利用して、先に米軍を見つけ攻撃を始めることができた。そして軽巡三隻と駆逐艦一隻を大破させ、駆逐艦一隻を沈めたのだが、その代償として旗艦『神通』が撃沈され、第三水雷戦隊司令部に続き第二水雷戦隊司令部までもが全滅してしまった。

たった一週間で、二つの水雷戦隊司令部が全滅するというのは重大事だ。とくにその人的損失は計り知れないものがある。少将や佐官級の将校を育成するには十年、二十年の歳月を必要とし、その補充は容易なことではない。ガダルカナルからソロモン戦役では、航空搭乗員の消耗に関してはよく問題にされるところだが、水上艦部隊の人的消耗もバカにならなかった。

八月になってもニュージョージア島の戦局は安定せず、日本軍は押され続け、先述したように隣接するコロンバンガラ島も危険視され始めた。海軍は、コロンバンガラ防衛強化のための輸送作戦実施を計画し、駆逐艦四隻を投入した。

この輸送は米軍に察知され、日本の駆逐艦四隻はコロンバンガラ島とベララベラ島の間の狭水域で待ち伏せを受けた。それまでなら先手を取った日本軍であったが、この時は勝手が違っていた。日本側が米軍を見つけた時には米側の魚雷が至近に迫っており、応戦する暇もなく日本の駆逐艦三隻が撃沈された。

「ベラ湾夜戦」と呼ばれるこの海戦は、米軍の技量・戦術の向上とレーダーの組み合わせの前に、日本海軍がそれまで有していた高い技量に裏打ちされた夜戦におけるアドバンテージが失われたことを示していた。

八月十五日、米軍はコロンバンガラ島をバイパスするとベララベラ島に上陸した。この米軍上陸作戦をきっかけに、日本軍は中部ソロモンからの撤退を決め、既に述べたように「セ号作戦」と呼ばれる撤退作戦を行った。八月十七日、日本海軍は第三水雷戦隊の駆逐艦四隻と三十隻近い大発を投入して、コロンバンガラ島から撤退し、ベララベラ島へと増援部隊を送り込んだ。この作戦も、米軍の待ち伏せを受けたが、米軍が出してきた戦力が駆逐艦四隻と少なく、成功させることができた。そして十月に入るとベララベラ島からも撤退することになり、十月六日、第三水雷戦隊の駆逐艦九隻と駆潜艇五隻による撤退作戦が実施されて成功に終わった。既に述べたようにこのベララベラ島撤退をもって中部ソロモンの戦いは終焉し、戦いの舞台はブーゲンビルを中心とした北部ソロモンへと移行する。

ソロモン水上戦の終焉

中部ソロモンでの水上戦は、ガ島戦役同様に輸送作戦（撤退も輸送作戦である）に絡んで発生した。ここで発生した数度の海戦は、表面的には勝ったり負けたりの繰り返しだった。しかし、その裏で日本海軍の夜戦におけるイニシアチブは次第に失われていった。

中部ソロモンに続き、米軍はブーゲンビル島を目指してきた。この島は、足の短い単発機でも十分にラバウルを航空威力圏内に収めることができるラバウルに対しての作戦階層でのポジションである。ラバウルが敵航空威力圏内に収まるということは防衛が困難になることを意味する。そしてラバウルが無力化されれば、南東方面の防衛は足元から崩壊する。

果たして、昭和十八年（一九四三）十一月一日、米軍はブーゲンビル島のトロキナ岬に上陸してきた。ブーゲンビル島の価値を重視する日本海軍は、急遽、重巡二隻と二個水雷戦隊という戦力で連合襲撃部隊を編成し、米上陸船団攻撃を企図した。

この行動もまた事前に米軍に察知される。二日深夜、米船団付近の海域で、日米両艦隊は衝突した。「ブーゲンビル島沖夜戦」と呼ばれるこの戦いで、またしても米軍側が先手を取った。そしてレーダー射撃による猛射を浴びせかけると第三水雷戦隊旗艦『川内《せんだい》』を撃沈して日本の襲撃部隊を混乱に陥れた。混乱した日本側は駆逐艦二隻が衝突する惨事を招く。日本側は態勢を立て直して反撃に出て、ようやく軽巡一隻と駆逐艦一隻を損傷させて米軍に打撃を与えたとして引き揚げたが、肝心な米上陸船団には指一本触れることができずに終わった。

戦史叢書『南東方面海軍作戦〈3〉』では「米艦隊はレーダーの利用について数段優れ」「駆逐隊の利用は米側の方が積極的であるように見える」としている。日本側が先手を取って米軍を混乱に陥れた時代は去り、夜戦における優劣は逆転したのである。十一月二日から日本海軍は空母部隊である第三艦隊の航空隊まで注ぎ込んでブーゲンビル島方面への航空攻撃「ろ号作戦」も実施した。六回に及ぶこの攻撃はさして戦果を挙げず、かえって母艦航空隊をすり減らす結果を招いたのはよく知られるところで、これに対しての批判も絶えない。[3]

「ろ号作戦」に合わせて水上艦隊の攻撃も計画されている。このために第二艦隊の重巡七隻、軽巡一隻、駆逐艦四隻がラバウルへと進出して攻撃の機を窺っていたが、待っていたのは米空母機動部隊による空襲であった。沈没艦こそ出なかったものの、重巡二隻が大きく損傷した第二艦隊は、トラックへと引き揚げることを余儀なくされる。この第二艦隊の顛末は、ソロモンを含めた南東方面において日本の水上艦艇の活動の余地がなくなりつつあることを示している。

1943年11月1日、トロキナ岬上陸作戦中。

そして昭和十八（一九四三）年十一月二十五日に発生した「セントジョージ岬沖海戦」（日本側は海戦として扱っていない）で南東方面の水上艦隊の戦いは幕を閉じる。

この海戦もまた日本側の輸送作戦と、それを妨害する米駆逐隊によって戦われた。日米双方五隻ずつの駆逐艦の海戦で、完敗したのは日本の方であった。米軍は先に日本側を発見すると、雷撃と砲撃を浴びせて一方的に日本駆逐艦三隻を沈めたが、米軍には一隻の沈没艦も出なかったのである。この海戦を最後に南東方面における日本海軍の駆逐艦輸送任務はついに終了した。輸送作戦が実施できない島嶼戦は、ガダルカナル戦でも明らかだったように、成立する余地が無いからである。

昭和十九年（一九四四）一月初旬、ブーゲンビル島の北隣にあるブカ島へと米軍の上陸が差し迫ってきた時、南東方面艦隊と陸軍第八方面軍が協議の末に出した答えは「ブカへ敵が上陸する公算は大であるが、ブカに対する兵力増援は、まず不可能として処置するを要す」というものであった。

消耗戦

ガダルカナルで始まったソロモン諸島戦役は、日本海軍にかなりの損害を強いるものとなった。航空機の消耗についてはよく取沙汰されるが、水上艦の損害も無視できないものがあった。

ガダルカナル戦役で沈んだ日本の駆逐艦の数はルンガ沖海戦までで十隻、中部・北部ソロモン戦役で沈んだ駆逐艦の隻数は十八隻に達する。中・北部ソロモン戦役の損害はガダルカナル戦役より大きかったことになる。ソロモン諸島をめぐる戦いでの駆逐艦喪失の総計は二個水雷戦隊以上となる。さらに、これに概述のように水雷戦隊二個の司令部全滅も加わる。ちなみにガダルカナルの戦いよりも前に日本海軍が失った駆逐艦の数はたったの五隻、ガ島から始まるソロモンの戦役全体がいかに熾烈な戦いだったかわかる。

南東方面全体つまりニューギニアでの損失までも加味すると、日本海軍は一年半ほどで、実に四十一隻の駆逐艦を失っている。その全てが艦隊に随伴して行動することが可能な一等駆逐艦ばかり、しかも最新型の『夕雲《ゆうぐも》』や貴重な防空駆逐艦である『秋月《あきづき》』型二隻も含まれている。開戦時に日本海軍の保有していた一等駆逐艦は百十四隻なので、日本海軍は昭和十八年（一九四三）の終わり、戦争半ばすぎの段階で手持ちの駆逐艦の四割を失ったことになる。

一方、日本海軍が戦争中に就役させた駆逐艦は六十三隻に達するが、その半数近くは個艦戦闘力の劣る、戦時急造の『松《まつ》』型だった。決戦を考えた場合、南東方面における駆逐艦の消耗は取り返しのつかないレベルにあった。

この損失統計に戦艦二隻と軽巡二隻も加わる。ある意味、それ以上に損失として大きかったのは、日本海軍唯一の重装備を運べる高速輸送艦というべき水上機母艦『日進』の沈没だ。この時点で、戦車や重砲を運べる高速艦は日本にはほとんどなかったので大損失となった。

これほどの損害を出しながら、水上艦同士の決戦と呼べるような海戦は一度も発生していない。辛うじて戦艦同士の砲撃戦が行われた「第三次ソロモン海戦」があるが、キャンペーン・レベルでも決戦的とはいえない戦いだった。これはいうまでもなくガ島からブーゲンビルまで続いたキャンペーンで発生した海戦が、基本的に輸送を軸にしたものだったことに起因する。両軍に決戦の意図がなく、輸送の成否をめぐる戦いだけに、総力を挙げての戦いにはならず、小規模な戦いに終始した。小規模海戦の繰り返しの結果、損害も少しずつ累積されていき消耗戦という様相になった。これが、ガ島・ソロモン戦役での海戦の特徴であった。

キャンペーン概念

ソロモン諸島戦役は、この章の冒頭でも書いたように軍事行動あるいは作戦が連続して起こるキャンペーンであった。ガダルカナル戦から始まってブーゲンビルに至る島嶼を連続的に攻略していく軍事行動は、ドミノ倒しのように連鎖していた。

キャンペーンに基づいた思考の欠如した日本軍は、複数の戦いにおける連鎖についての認識が希薄で、ガ島、ニュージョージア島、コロンバンガラ島などの個別のポジション奪取にばかりこだわってしまっていた。

個別にこだわった結果、次はどうなるという思考が希薄となる。ガ島戦役が終わりそうになって、ようやく中部ソロモンの防衛に目を向け、中部ソロモンではニュージョージアというポジションを重視するあまり、ムンダ飛行場確保が危うくなってから、ようやくコロンバンガラ島を固めようとしている。しかも、そこで裏をかかれて、慌ててベララベラ島の守りを固めるという場当たり的対応に終始した。

要するにキャンペーン思考が欠如しているため、次の戦い、さらにその次の戦いというような先読みができていないのである。

キャンペーン概念が頭の中にあれば、ある島の戦いの後はどうするかということを事前に考慮し、節目節目で行う陸海軍の協議もまた先回りしてできていたのではなかろうか。

輸送作戦にしても、とかく一回、二回の輸送作戦にばかり注力して、その後の追送にまでは考えが及んでいなかったように思われる。

兵力を現地調達が不可能な土地に送り込む以上、常に物資輸送は必要なはずだが、その配慮はどれだけできていたであろうか。そもそも月明の関係で月に一回しか輸送作戦のタイミングがないという場所で、攻勢作戦を考慮しているのだから、最初から一か月先、二か月先を配慮すべきだったと思われるのだが、その配慮に欠け、ともかくガ島飛行場奪回にばかり注視していたように思われる。これは物量がないということ以前の問題だ。すなわちキャンペーン概念の欠如が、よく指摘される補給軽視にも繋がっていたといえよう。

ガダルカナル、ソロモン諸島へと日本軍が手を伸ばしたことに対して批判は多い。確かに、この遠すぎる島嶼へと戦力を推進したあげく消耗戦に巻き込まれたことには批判の余地が十分にある。しかしながら、著者は、ガダルカナルに航空隊を推進しようとしたことは戦略的に無意味だったとは思わない。「FS作戦」は無理としても、米豪遮断の試みは悪くない。悪くない試みであればこそ、連合軍も対抗処置を取ってきたのである。

問題はその後の対処だ。日本軍は既に書いたように個別のポジションにこだわりすぎた。個々のポジションの戦略的、作戦的価値は理解できるが、その戦い方、要するに消耗戦は、あまりに負担の大きい戦い方であった。

確かに、ラバウルにあまり早く敵が来ても困る。また防御を固める時間が欲しいのだからそのため遠くで守りたい。まして中途にある飛行場を取られるのはもっての他だ、というのはわかる。

戦いの要素はさまざまにあるが、大事な要素として時間と空間がある。この二つの要素の使い方がいわば用兵思想となる。ソロモンのキャンペーンでは時間的要素は、母艦航空隊の再建とラバウル防衛の強化に要する時間。空間的要素はソロモン諸島全体と置くことができる。

歴史にイフはないが、日本軍のなすべきことを考えるなら、個別のポジションにこだわるのではなく、ソロモン諸島という空間を活かしつつ、戦いながら暫時後退して時間稼ぎを行うべきだったのではないか。その目途は母艦航空隊を再建し、ラバウルの守りを固めるまである。

この方策は陸戦でいう遅滞行動に似ている。ちなみに米陸軍は既にこの段階で、遅滞行動を土地と時間の交換と位置づけている。遅滞行動では、戦いながらも敵が接近してきたら後退して、新たな防衛線で、再度、敵が来るまで戦うという行為を繰り返す。その目的は時間を稼ぐことで、土地の防衛にはこだわらない。これが土地と時間の交換とされるゆえんだ。ついでにいえば、土地を捨てていくことで兵力の消耗を抑えることもできる。本格的な戦闘を避けて後退するからだ。

ガ島からブーゲンビル島まで連なる島々でのキャンペーンなら、こうした遅滞行動が可能だったのではあるまいか。残念ながら、当時の日本軍には遅滞行動という概念はなく、守るということは持久か反撃を意味していた。そしてキャンペーン概念も忘却していた。ソロモン諸島の戦役は、日本軍の用兵思想の限界を示してもいたのである。

●註

▼1　日本陸軍は日露戦争で第二師団が弓張嶺での夜襲を成功させて以来、夜襲を重視してこれを伝統とみなすようになっていた。

▼2　軍事では、補給や人員の移動、通信連絡などをまとめて兵站とか後方支援とかロジスティクスとかと呼ぶ。兵站は旧軍、後方支援は自衛隊、ロジスティクスは米軍の呼び方で細かいことをいうと概念規定に食い違いや相違はあるのだが大枠では同じものといえる。ロジスティクスという用語は物流関係でも使われている。こちらは耳にされたことのある方も多いかもしれない。物流関係で使われることでも解るように、兵站（ロジスティクス）と輸送は切っても切り離せない関係にある。

▼3　五味川純平『ガダルカナル』文藝春秋、一九八三年。

コラム② キャンペーン

キャンペーンといえば、一般に化粧品メーカーやマスコミなどがよく使う言葉という印象があるかもしれないが、実はれっきとした軍事用語である。むろん化粧品メーカーが軍事用語を使うわけではなく、ダブルミーニングということになる。とはいえまるで無関係というわけでもない。広告のキャンペーンは、ある特定の商品を売る、という目的で一定期間、重点的に広告を打つようなことである。マスコミの行うキャンペーンも、特定の出来事を追求する目的でマスコミ各社が連携して報道を行うことだったりする。これは、ある目的のために一連のあるいは複数の行動を行うことをいう。

軍事におけるキャンペーンも、同様に戦勝という目的を目指して一連の作戦を行うことである。もう少し詳しく書くと、ある一定の時間、空間のなかで共通の戦略的ないし作戦的な目標を達成することを企図して遂行される一連の関連性を有する作戦群の総合となる。

つまりある程度の広さのある場所で、複数回の作戦あるいは戦略的な目的を持った軍事行動が行われれば、それは戦役つまりキャンペーンとみなされることになる。

軍事用語としてのキャンペーン（戦役）が今では馴染みがないのは、それが忘れられた言葉となっているためである。とはいえこの言葉は、明治に近代軍隊が創設された時には「戦役」という訳語を与えられている。しかし、大正、昭和と経る間にこの用語は忘れられた。

ひるがえって欧米に目を向けるとキャンペーンという用語は現在でも依然として使われている。

日本では「ガダルカナルの戦い」として、あたかもひとつの戦いのごとく見えるガダルカナル戦も、欧米人の目には「ガダルカナルのキャンペーン」として映じているのだ。ガダルカナル戦とは、敵味方双方でその捉え方からして異なる戦いだったのである。

第三章　アリューシャン戦役

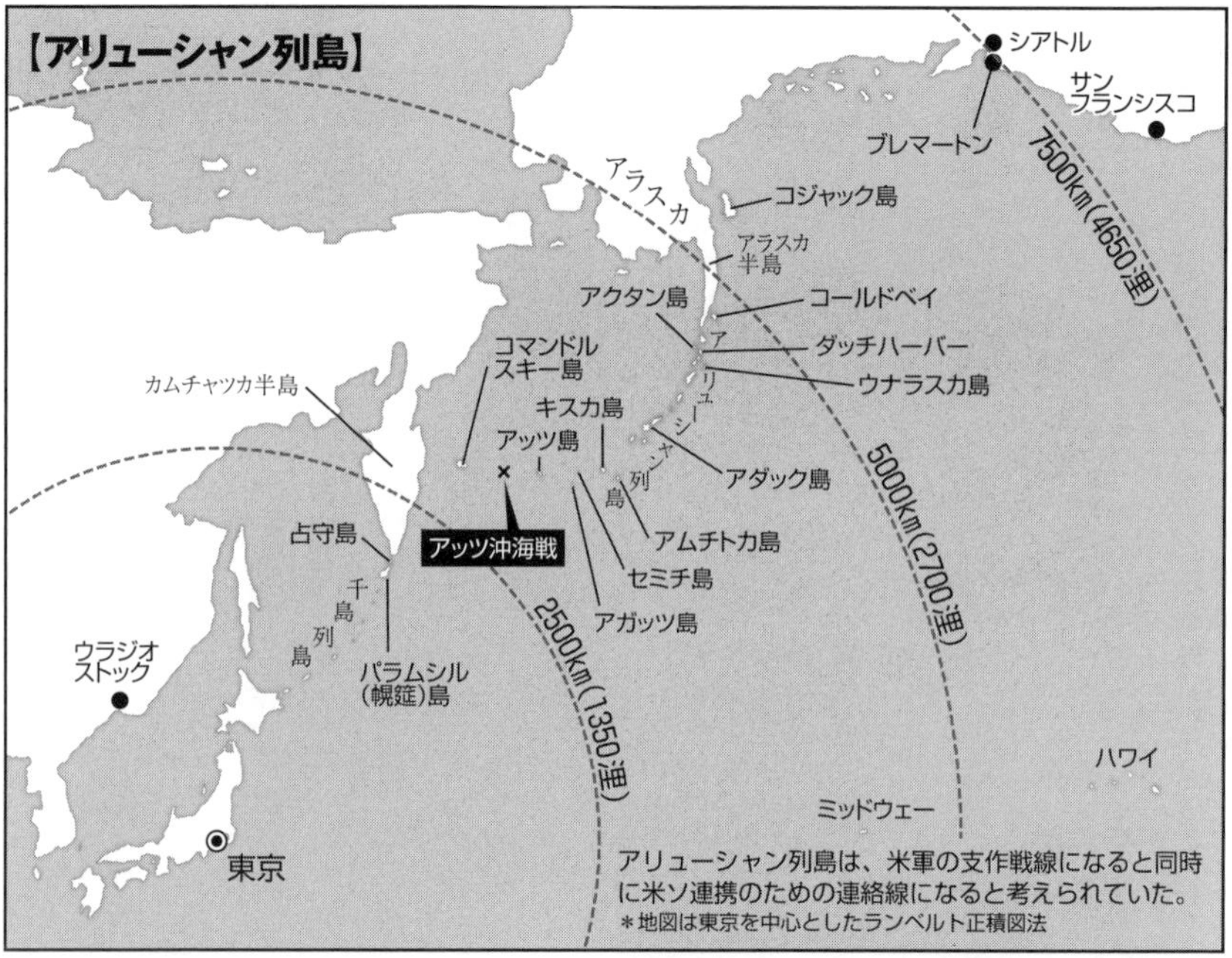

アリューシャン列島は、米軍の支作戦線になると同時
に米ソ連携のための連絡線になると考えられていた。
＊地図は東京を中心としたランベルト正積図法

アッツ島の日本軍守備隊。

キスカへの反攻作戦のため、アダック港で錨を下ろすアメリカ艦隊。

アッツ島の日本兵たち。

1942年6月6日、キスカ島を占領。

北の作戦線

南太平洋ソロモン諸島で死闘が展開されていた頃、はるか北の凍てつく島々でも戦いが繰り広げられていた。いわゆるアッツ、キスカの戦いである。

この北方の戦いはアッツ島の玉砕、キスカ島からの奇跡的な撤退作戦で知られている。しかしながら、ガダルカナルの戦いをガダルカナル島というひとつの島の戦いだけで見ようとすることが間違いであるのと同じように、北の島々の戦いもまたアッツ島やキスカ島という個々の島だけに焦点を向けるべきではない。とくに、戦術より上位の戦略や作戦という階層では、アリューシャン列島の戦い全体を見据えて、その流れに目を向ける必要がある。

アリューシャンの戦いに目を向けた時、ソロモン諸島と同じように島嶼戦のキャンペーンであることがわかるであろう。その舞台となるのは、東はアラスカから西はカムチャッカ半島の間に横たわる列島線、つまりアリューシャン列島を経て、そこから千島列島に至る島々の列だ。

来るべき対日戦、つまり太平洋戦争が、島嶼戦キャンペーンになると最初に気付いたのは、第一章で触れたようにオレンジ・プラン立案作業を行った米海軍の慎重派であった。彼らは、一気に太平洋を押しわたる「通し切符作戦」を諦め、代わりに必要な島嶼から島嶼へと進み最後には日本近海へと通じる「ロイヤルロード」を想定して対日作戦を考えていた。

米海軍慎重派のこうした考え方は、日本側にも知られていたようだ。

第一章でも名前を挙げた、戦前の軍事評論家で仮想戦記作家でもあった平田晋策が、昭和五年（一九三〇）に出した『極東戦争と米国海軍』という著作がある。その中で平田は「米海軍の新戦法は『作戦線の前進』という方法であります」と書いている。平田がわざわざ新戦法と断り書きをしているのは、当時、対米戦争においては「米海軍は日本軍のフィリピン進攻に呼応して、押っ取り刀で救援艦隊を派遣してくる」とする一般的な見解に対し、注意喚起を促すためだろう。彼はその著作中で情報源を明確にしてはいないが、当時まだ新しい米海軍慎重派の考えについて何らかの情報を得ていたと思われる。

同書で平田は、将来の戦争（つまり太平洋戦争）では米軍が作戦線を推進させて日本に迫り、ついには本土爆撃を行うという、後の戦争の推移を思い起こさせる予言を行っている。その上で、米軍の作戦線として考えられる線は、北方アリューシャン列島沿い、中部太平洋、南太平洋の三ルートがあると想定している。この平田の想定する三ルートが彼個人の思い付きだったのか、あるいは何らかの情報に基づくものであったのかもやはり不明だ。

しかし、日米海軍が地理的、軍事的な条件を勘案して平田と同じルートを想定していたことは疑いもない事実である。戦史叢書『北東方面海軍作戦』に軍令部員の中澤佑《たすく》中佐の回想として「元来、海軍としては対米戦争において次の三つの作戦線について研究していたと」記されている。その三つとは

（1）ハワイ、南洋群島、本土。
（2）ニューカレドニア、赤道沿い。
（3）アリューシャン、千島、本土。

である

中澤中佐は昭和九、十年頃に軍令部第一課の首席課員であった。そしてまた後の戦争で北方方面担当の第五艦隊参謀として従軍する人物でもある。

軍令部第一課は、陸軍でいうところの参謀本部作戦課で、いうまでもなく日本海軍の戦争計画、作戦計画を立案する部署だ。ただし『北東方面海軍作戦』は、日本海軍は北方への関心がなく、中澤佑中佐が北方軽視をいましめたとも記載している。米軍に目を向けると、こちらもオレンジ・プランの立案過程でアリューシャン列島の作戦線としての利用価値を検討はしていた。

作戦線とは？

ここで、既に何度か使っている「作戦線」という言葉を説明しよう。

この言葉あるいは概念は、軍事行動を立案する場合には必ず考慮しなければならないものとなる。といっても、そんなに難しいものではなく、平たくいえば軍隊が進んでいく進撃ルート、道筋のことを指す。この道筋は戦略、作戦、戦術といっ

た階層や、軍、師団、小隊といった部隊規模の大小に関わらずおよそ軍隊が軍事行動を行うなら必ず存在する。大規模作戦であれ、小規模作戦であれ軍事行動では軍隊は動かなければならないからである。

さて、戦争で敵軍と戦う、少なくとも敵を攻撃しようというのならば、軍隊を前進させる必要がある。喩えば、ある城を攻め取るとか、某市を占領するなどのように、どこかを攻略するなら進撃ルートを決めて軍隊を前進させなければならないだろう。逆に、攻めてくる敵軍を食い止めるには、こちらも軍隊を派遣して迎え撃たせなければならない。

こうして彼我双方の軍隊が進み途中で出会うことを「遭遇」といい、進む途中に「遭遇」すると「会戦」あるいは「戦闘」となる。「会戦」という語は師団や軍といった大規模部隊同士の戦いの場合に使われ、より小規模の戦いは「戦闘」である。

会戦の中でも特に重要な戦争の帰趨や、戦局の流れを大きく左右するものが決勝会戦すなわち「決戦」となる。いくら戦いの規模の大きい会戦でも、戦争や戦局の流れを左右しなければ決戦とはいえない。また移動中の両軍が予期しないで遭遇して発生する会戦を「不期遭遇戦」という。

彼我の軍隊が互いの行動をある程度予測して、大軍同士が遭遇すると「アウステルリッツ会戦」とか「奉天会戦」と呼ばれるような数万、数十万の兵力が衝突する戦いが発生することになる。

場合によっては相手の来ることを予測して、陣地を準備して待ち受けて、有利に戦おうとすることもある。こうした場合、攻撃したい側が攻め寄せての会戦となる。日露戦争の奉天会戦はその好例であろう。ただし都市や要塞を攻撃する場合（あるいは城攻め）は、会戦とは呼ばず攻囲戦とか攻城戦と呼ばれる。

話が逸れたが、某城とか某市を攻め取るという軍事行動のことを「作戦」と呼び、某城とか某市は作戦のための目標となるので「作戦目標」ということになる。ただし、この「作戦目標」の設定は二十世紀前半までのもので、現代ではもっと多彩なものとなっている。こうした様々な作戦のために軍隊、部隊を移動させるルートが「作戦線」なのである。

軍隊を移動させるには道路が便利なので、一般に道路が作戦線として使われる。また戦略のような大きな階層で考える時には補給や輸送に好都合な鉄道線を作戦線とすることも多い。喩えば、A市を攻めるとしてB市、C市を通る街道沿いに軍隊を進めるとしよう。このC市からB市を抜けてA市に至る街道が「作戦線」ということになる。

作戦線とは、簡単にいえばこのような作戦での軍の進撃ルートのことだが、日本陸軍は「軍が根拠地より出でて、目的地に向かうが為に取る可き道路を云う」と定義している。とはいえ、当の日本軍自身、道路といっても主要な幹線道路である必要はないと述べており、人馬通行可能ならそれでよいわけだ。もっとも、このような通行不便な道路を作戦線に設定してしまうと、補給が滞ったり、行軍速度が低下するといった様々な不便が生じるので好ましいものではない。

後方連絡線と後退線

ここまで「作戦線」とそれに付随する用語の説明を行ってきたが、続いて「後方連絡線」を説明したい。概念説明が続いて申し訳ないが、「作戦線」と「後方連絡線」は作戦を考える上で切り離せない関係にある。

「後方連絡線」というといかめしく聞こえるが、「補給線」と言い直すと解りやすくなるだろうか。

これは軍と「策源」の間を結ぶ交通・連絡路のことだ。「策源」とは補給のための物資などがある場所、あるいはそうした物資を集積し、送り出せる体制の整っている場所のことで、交通の便が良く物資の集積に適切な都市や鉄道ターミナルあるいは港湾が策源となることが多い。

この策源、どこに設定しても構わないのだが、物流設備が整っていないと苦労することになる。ガ島で日本軍部隊が飢餓に苦しめられた原因のひとつが荷降ろしにあると第二章で書いたように、これがもし荷揚げ設備の整った港湾であったなら、結果はやや違っていたはずであろう。

あるいは、島嶼戦や上陸作戦では、策源として便利な港湾を利用できないと想定すべきかもしれない。ようするに「後方連絡線」とは補給、正確には兵站のためのルートのことなのである。

ここで断っておきたいが「補給」と「兵站」は同じではない。「兵站」には「補給」も含む人馬、車両物資の輸送や日常業務、連絡等々かなり広い範囲の事柄が含まれている。かなり砕いていうと「補給」は「兵站」業務の一部に過ぎないということになる。

最後に「後退線」について触れておこう。これは軍が何らかの理由で、たいていは戦いに負けた場合だが、後退していくルートのことだ。多くの場合は、もと来た道を、つまり作戦線を逆にたどって退くことが多いので「作戦線」が「後退線」

となるだろう。とはいえ敵軍に先回りされて作戦線を戻れないような場合には別の「後退線」を選んで退くこともある。

ここまで説明してきた「作戦線」「後方連絡線」「後退線」を、いかに活用していくかが近代の陸戦における作戦の肝といえる。例えば、迂回して敵軍の後方連絡線を遮断すれば、敵軍は補給で苦しむことになる。そうすれば敵軍は補給の通じるところまで後退するかもしれない。これをまた予測して先回りして敵軍の後退線で待ち受ける。あるいは後退しないで別の後方連絡線を選ぶかもしれない、その場合は、今度はその後方連絡線を狙うというように作戦の幅はどんどん広がる。

あるいは作戦を進めるとして、中途の都市や交通の要所で敵軍は抵抗する可能性がある。その場合には戦闘や会戦が起こる。この会戦が一回で済めばよいが、敵国の首都に迫ろうとするような場合には、敵も執拗に抵抗するだろうから会戦は何度も起こるだろう。特に守りやすい場所や、交通の要衝では会戦の起こる可能性が高い。

そうなると、敵国首都攻略作戦では、数回の会戦が発生し、都市や要塞の攻囲戦が必要になるだろう。これはつまりキャンペーンだ。こうしたことを予想して自軍の行動を考えて、作戦をプランとしてまとめ上げるのが作戦参謀ということになる。

海の上の作戦線

さて長々と概念説明をしてきたが、ここまでは陸戦とくに大陸で戦争をするような場合の話である。日本陸軍は、明治以来、大陸で戦うことを考えてきたから日中戦争まではこれで問題はなかった。

では太平洋での戦争はどうだろう。これは本質的に海が舞台の戦いである。ここで日本陸軍の定義をもう一度振り返ってみよう。日本陸軍の「作戦線」の定義の「軍が根拠地より出でて、目的地に向かうが為に」というところを海上に見立てればよい。

ガ島戦役や中部・北部ソロモン戦役では、日本軍はラバウルやショートランドを根拠地（策源）として、ガ島を経由してさらにその先のフィジー、サモア両諸島を占領して米豪遮断という戦略目的を達成する「FS作戦」を実行しようと考えていた。この場合、ラバウル、ショートランド、ガ島、フィジー諸島、サモア諸島の一連の島嶼の並びが「作戦線」ということになる。だが、海の上には道路はない。その代わり船が行き交う海上交通路が存在する。海の上では海上交通路が「作戦線」となるのである。

またガ島・ソロモン戦役で日本軍は、ラバウルからガ島をはじめとした前線の島々へと補給物資や兵力を送ろうとしたが、この場合の海上交通路が「後方連絡線」の役割を果たしたことになる。つまりガ島・ソロモン戦役では「作戦線」と「後方連絡線」は一致していたわけだ。ついでにいうと、日本軍は部隊を撤退させる時、同様の海上交通路を使用しているが「後退線」もまた同じルートを使ったことになる。

いくら海が広大で四方八方に広がりがあるといっても、島嶼戦において使われる海上交通路は島嶼という陸地の存在に左右されるし、艦船の行動力からして海上交通路はかなり絞り込める。ここから相手の作戦線や後方連絡線などを読み取ることも可能となる。

そうであればこそ、ソロモン諸島の戦役において米軍は日本側の行動に対して待ち伏せを行い、水上戦闘に持ち込むことができたのである。そしてソロモン戦役では何度も海戦が起きた。言い換えるなら、広大な洋上でやみくもに動いても海戦が起こることはまずないといえる。この海上交通路から「作戦線」や「後方連絡線」に繋がる考えがあってこそ、太平洋上の島嶼が戦場となったのである。

アリューシャン攻略に至る道

ここで話をアリューシャン戦役へと戻そう。一見すると、太平洋は広く島嶼も無数にあり、島嶼から島嶼へと繋いでいく形の「作戦線」はいくらでも設定できるように思われる。

しかし、地理的条件を勘案すると、平田晋策や中澤佑が述べたように、それはおおむね三ルートに絞れることになる。もちろん、これは大枠の話で、三ルートといっても、それぞれのルートの中で、複数の作戦線設定の選択肢はある。

それでは何故、絞ることができるのか。それは地理的な理由による。まず北のアリューシャン列島沿いのルートについていえば、アリューシャン列島の列島線が中部太平洋の島嶼からは大きく離れていることが挙げられる。ここはハワイからもウェーク島、ミッドウェー島からも遠く離れ、航空機を飛ばしていくこともできないし、ハワイ諸島からアリューシャン列島へと直接、艦隊を派遣するのにも不向きであった。逆にアリューシャンの島嶼を泊地として艦隊を中部太平洋に回航させるのも大変である。そのためアリューシャン列島の作戦線は独立した存在なのである。

　中部太平洋は米海軍が日本本土へアプローチする作戦線の王道として考えられた海域で、マーシャル諸島、マリアナ諸島、小笠原諸島など諸島がいくつもあり、島嶼を結ぶ作戦線の設定において好都合であった。まさしく王道として考えられる場所だ。

　南方で作戦線を設定できるのは、ソロモン諸島、ニューギニアの北岸ルートだ。この作戦線は中部太平洋のトラックなどからは、少し離れていて互いに行き来するのはやや不便だ。それゆえ中部太平洋とは同じ作戦線とみなすことはできないのである。

　こうした地理的要素に、艦隊の運用の利便性や航空機の航続距離を加味した結果、日米ともに北、中、南の三つの作戦線を想定した。そのうちのひとつアリューシャン列島を伝うルートが北の作戦線だったのである。

　アッツ島の陸戦を題材にした西島輝男氏の『アッツ島玉砕』という本に「ミッドウェー作戦がなければ、その一環であるアリューシャン攻略もなく、したがってアッツ島の戦いはなかったはずである」と書かれている。これを読む限りアリューシャンの戦いの始まりはミッドウェー作戦に起因すると単純に受け取ることができるが、アリューシャン攻略という作戦の根はもう少し深い。

　平田晋策は、先に紹介した著書で、アリューシャンの作戦線を次のように説明している。「米国の主力艦隊がその前進路を北方にとり、アリューシャン群島の島影に沿って進撃することになりました場合は、『米本土のプレマートン』軍港は、補給根拠地として非常な働きをするでありましょう。この場合は、アラスカ半島ウナラスカの、ダッチハーバーが根拠地になります」と書いている。ここに出てくるダッチハーバーは小さな港町に過ぎないが、現実に米軍の根拠地になった。そして日本海軍もこの街を作戦目標にすることになる。

　平田はさらに「米軍に大型飛行艇が完成して十分な機銃で武装してやって来たなら、たとえグアム、フィリピンが我が軍に占領されたとしても、——中略——北方アリューシャン群島のキスカ辺りから飛び出すことができます」として、米軍機による本土爆撃に警鐘を鳴らした。

　実際、日本海軍にも警戒感はあったようで、先に触れた中澤佑中佐の一件の他に、戦史叢書『北東方面海軍作戦』にも

「昭和九、十年北方作戦線の準備」という記述や（アリューシャン方面の情報収集は）「昭和七年ころから積極的に努力を始めたようである」といった記述が散見される。これを見るに、日本海軍のアリューシャン作戦は、ミッドウェー作戦に伴い唐突に浮上したとすることには疑問が生じる。以前から考えていたプランがミッドウェー作戦に伴い浮上してきたと見るべきだろう。ウェーク島やミッドウェー島がそうであったように、北の作戦線たるアリューシャン列島に対しても、日本としては何らかの布石を打つ必要があったのだ。

もっとも戦前から北の作戦線に注目していたとはいえ、日本海軍がアリューシャン攻略を具体化できたのは、第一段作戦が終了した後のことである。第一章のミッドウェー作戦の節で触れたように、第一段作戦終了後、日本海軍は紆余曲折の末、哨戒線を前に押し出す作戦を採択した。

地図を見ると、アリューシャン作戦とミッドウェー作戦が成功すれば、日本海軍の前哨をかなり前に押し出せることが理解できる。そう考えれば両作戦を並行して実施したくなるのもわからなくはない。この作戦を同時に行ったことで戦力分散を招き、これが「ミッドウェー海戦」の敗因のひとつとなったとする批判はまた別の話だ。

折しも、昭和十七年（一九四二）二月に行われた『大和』艦上での図上演習において、アリューシャン西部から飛来した米軍機が東京空襲を成功させるという一幕があり、これが日本海軍首脳部の北への警戒感を掻き立てた。平田晋策の警鐘そのままの事態である。

ところで、日本海軍は開戦直前に北方の守り、また北方での作戦を行う場合に備えて、第五艦隊という重巡を主力とする小ぶりな艦隊を編成していた。北方といっても、小笠原諸島より北の海域全てが北方とされているのでかなり広い。この広い海域を第五艦隊に担当させたのである。

前述の図上演習の結果、危機感を覚えた第五艦隊は、北方の早期警戒のために哨戒線を前進させることを希望した。戦後の日本海軍の用兵に関する批判として、戦前、「漸減邀撃作戦」を準備していたのに、攻勢を重視するあまり手を広げ過ぎたという批判がある。しかしながら、哨戒線を前方展開させることと漸減邀撃とは別に矛盾はしない。漸減邀撃は、広大な太平洋を利用して米艦隊を漸減させようとするプランだ。そのために早期警戒、早期発見の態勢強化のため前方へと展開することは何らおかしいものではないのである。

米軍機来襲への危機感、それへの対処としての哨戒線の前方展開、北の作戦線としてのアリューシャン列島の存在。これらを考慮すると、アリューシャン列島内のポジションを確保する作戦の意味合いが見えてくる。アリューシャン列島内の島嶼を攻略すれば、哨戒艇の基地や無線方位測定所も設置できるし、水上機の進出も可能となる。哨戒機は無論重要な偵察手段だがレーダーの開発に後れを取った日本軍にとって、敵の電波輻射から方位を探る無線方位測定も重要な偵察手段のひとつだった。これで米艦隊が北から来航した時の早期警戒態勢は強化できる。

そして作戦と戦略の階層では、アリューシャン列島のどこかの島を攻略すれば、米軍側に対し、日本軍は北方からの攻撃の恐れありとして牽制することも期待できる。その最適な場所に位置するのがアッツとキスカ両島だったのである。一方、米軍から見れば、アッツ、キスカ両島はアラスカへ進攻する場合の足掛かりに思われる。

もし、米軍がこの状態を解消しようとすれば、この方面に戦力を割いて軍事行動を実行しなければならないことになる。この戦力を割く軍事行動という行為が牽制の効果だ。つまりアリューシャン攻略には牽制作戦という意味合いも含まれていたのだ。こうして日本海軍はアリューシャン列島に目を向けた。

陸軍も北に目を向ける

日本海軍に少し遅れて日本陸軍もアリューシャン列島に目を向けるようなった。

日本陸軍は、対米開戦直後の昭和十六年（一九四一）十二月十九日に「米英の報復対策研究会」を開催したが、その席上で参謀本部第五課（対ソ情報担当）から「アリューシャンの要点を奪取することを必要と考ふ」との提言がなされた。

長年にわたり対ソ戦を考え続けてきた日本陸軍の視点では、アリューシャン列島の位置づけは、対ソ戦時における米ソ間の連絡線である。実際、大戦中に米国の援助物資は北方から太平洋横断ルートでもってソ連国内に流入している。戦略階層で見ると、アリューシャン列島沿いの航路は、ソ連にとって米国へ向かう後方連絡線なのである。対ソ戦時にこのルートを遮断すべく途中の要点に布石を打ちたくなるのは自然な流れといえよう。むろん、日本陸軍もアリューシャン列島沿いのルートが米軍の作戦線となることは認識している。

結局、作戦線とか後方連絡線という軍事学上の考えに基づけば、米軍にせよ日本の陸海軍にせよ、はたまた平田晋策のような民間研究者にしても出てくる結論は同じになることがわかる。

このようにアリューシャン列島の作戦線の価値を認識していた日本陸海軍ではあったが、濃霧や波浪、氷雪などの北方の厳しい気象条件下では、軍事行動に大きな制約が課されると考えていた。そのため、この作戦線を使っての主作戦は天候・気象の面からないものと判断した。

ここで言う主作戦とは、その名のごとく、主力を集めて攻撃をかけるような作戦である。ところで、敵を攻撃する場合、いくつかのアプローチができる場所がある場合、最も重点を置く場所と、攻撃はするが敵の守りを分散させるなどの意味合いで、さほど力を注がない場所を作ることも多い。重点を置く場所に戦力を集めて攻撃することを主攻、主攻を助けるため他の場所を攻撃することが助攻である。

日米双方とも、気象条件の厳しい——軍事行動には難のある——アリューシャン列島の作戦線を主攻とはしなかった。これがアリューシャン列島に本格的な戦力投入がなされなかった理由である。とはいえ牽制などを目的とする補助的な攻撃である「助攻」はあり得るものと考えられていた。

「AL作戦」と米軍の防衛準備

アリューシャン列島での作戦は頭文字をとって「AL作戦」と命名され、そしてミッドウェー島攻略を目的とした「MI作戦」と並行して実施されることとなった。ただし作戦開始は「AL作戦」の方が若干先行している。これは「MI作戦」に対しての牽制効果を狙ったものとされる。

作戦構想としては、まずアラスカの米軍根拠地を空襲し、次いで陸海軍部隊がアダック島に上陸して米軍施設を破壊して撤収するとされた。このアダック島への攻撃は、軍事用語でいうところの襲撃という行動にあたる。襲撃は攻撃や威力偵察に似ているが、敵地占領や敵軍の撃破、偵察などは考慮されず、敵軍の混乱の醸成や、牽制が主な目的とされている。

アラスカの米軍根拠地であるダッチハーバーは小さな港町でしかないが、一個師団の兵力が所在すると推定された。それゆえ、ダッチハーバーの占領は最初から考慮されなかった。当時の日本軍の海上輸送能力では、一個師団の敵軍を撃破するだけの兵力を、アラスカのような遠隔地へと送り込むことは無理だったからである。

いずれにせよ作戦線上の目的はポジションをどこかで押さえることにある。目標となり得る条件は、飛行場の設営ができ、泊地になる湾のあることの二つ。この条件を元に選定した結果、アッツ島と、簡易ながらも港湾施設のあるキスカ島が攻略目標とされた。ダッチハーバー空襲とアダック島襲撃は、この両島攻略のために、一時的に米軍を牽制する攻撃に過ぎない。使用する兵力は、小型の空母二隻、重巡三隻、軽巡三隻、駆逐艦九隻。陸軍は輸送船二隻に分乗する歩兵二個大隊。この歩兵部隊は北海支隊と呼ばれた。アッツ島、キスカ島の米軍守兵は少ないので、これだけの兵力で十分と見積もられたのである。

もっとも、日本側の乏しい船舶量では、やりくりしても「MI作戦」の一木支隊輸送と「AL作戦」用の北海支隊を輸送するのがせいぜいだったともいえる。

米軍の防衛準備

一方の米軍側も、戦前から日本軍の脅威を感じ、北方警戒は始めていた。

その結果、一九四一年（昭和十六）九月までに、シトカ、コジャック、ダッチハーバーに海軍航空基地が造られ、潜水艦の補給体制も整えられた。陸軍も民間航空会社の協力を得て、コールドベイに航空中継基地を設置するなどして後方支援態勢を整えていた。

日本海軍機の空襲を受けて炎上するダッチハーバーのアメリカ軍基地。

ダッチハーバー攻撃時、損傷しアメリカ軍に鹵獲された零戦。

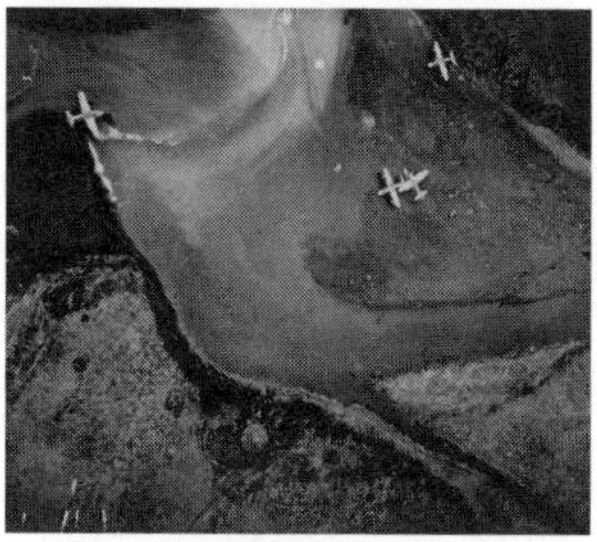

アッツ島に展開する二式水上戦闘機。

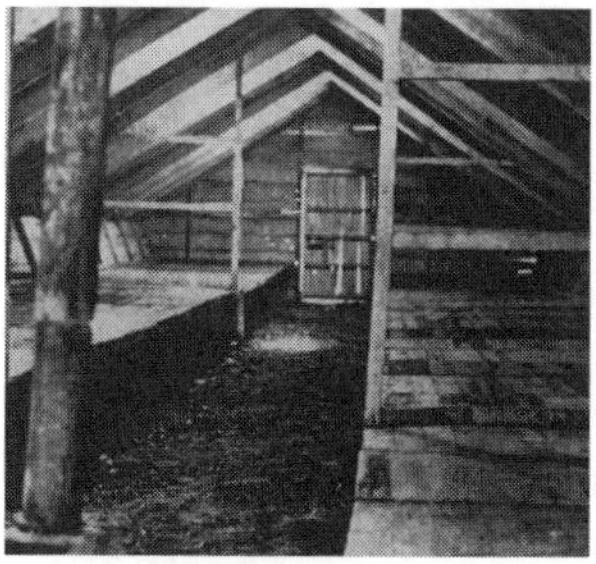

アッツ島の日本兵宿舎。

しかしながら、米軍が防衛用に配置できた戦力は貧弱なものにすぎなかった。北方に配備された海軍兵力は砲艦一隻、旧式駆逐艦二隻にコーストガード（沿岸警備隊）の巡視船や漁船を改造した哨戒艇が若干と飛行艇十機。戦力と呼ぶにはあまりに貧弱である。陸上兵力もダッチハーバーにも――日本軍の予想とは異なり――五百名がいただけで、これでは警戒以上の行動は難しい。当時の米軍には、北極にほど近い僻地へと兵力を割くだけの余裕はなかったのである。

一九四二年（昭和十七年）五月、暗号解読により日本軍の進攻の近いことを知った米軍は、大急ぎで迎撃準備を行い、重巡二隻と駆逐艦十二隻、陸海軍併せて百八機の航空機をかき集めこの方面へ配置した。

小型空母二隻を主力とした日本の艦隊を相手するため、こうして準備を整えたものの、これでも米軍兵力は多いとはいい難い。そこで米軍はアッツ島、キスカ島その他の各島嶼の防衛は捨てて、根拠地となるダッチハーバー防衛へと焦点を絞った。どのみち各島嶼に少ない守備隊を割り振っても守り切ることなどできない。フリードリッヒ大王の「すべてを守ろうとする者はすべてを失う」という格言は、島嶼戦においても真理である。

米国政府は、島伝いに日本軍が侵攻することを懸念していたが、この方面の司令官である米陸軍サイモン・バックナー准将は、気象条件の悪さからそのような危険は冒さないものと判断して米国政府の懸念を退けた。

六月三日、日本軍は攻撃を開始した。二日連続で実施された日本軍の攻撃は、この地の悪天候が戦闘に不向きであることを裏付けるものとなった。日本軍の空襲に際して、ダッチハーバーの濃霧に阻まれた米哨戒機は日本軍機の接近を察知することができず、このため日本軍機は思うさま空襲を行うことができた。米水上艦隊に至っては二日続いた戦闘の間、会敵することさえできなかった。もっとも霧に阻まれたため双方の損害も少なかった。陸上施設の被害を除くと、損害は米機十一機、日本機七機が失われただけに留まる。いくら投入した兵力量が多くないとはいえ、あまりに微々たる戦果である。

六月四日、「ミッドウェー海戦」の敗報がもたらされると「AL作戦」は打ち切りとなり、日本海軍の攻撃部隊は引き揚げを決定した。予定されていたアダック島攻撃は中止となり、六月六日に海軍陸戦隊がキスカ島を占領し、翌七日には陸軍北海支隊がアッツ島を占領して「AL作戦」は終了した。「AL作戦」は、戦闘による直接の戦果は微々たるものだったが、アリューシャンの列島線の要点である島嶼を予定通り確保したこと、米本土の一角を日本軍が占領した事実が、日本側に恰好の宣伝材料を提供したことを踏まえれば作戦的には成功であったといえるだろう。

米軍の反攻

「AL作戦」は打ち切られたが、これはアリューシャン戦役という舞台の第一幕の幕引きでしかない。反攻する米軍とアッツ、キスカ両島を保持しようとする日本軍の戦いは始まったばかりである。

米軍の反攻は素早く、日本軍がアッツ、キスカ両島を占領した直後の六月十二日には早くも反撃を開始した。その手始めとなるのは航空攻撃。米軍は航空機を集めアッツ、キスカ両島への爆撃を始めたのである。七月には海軍も動き出し、米潜水艦が駆逐艦『子日《ねのひ》』を撃沈した。そして八月には第8任務部隊がキスカ島に砲撃を加えるなど、少しずつ攻撃の手は広げられていく。

日本海軍も、米艦隊出撃に備え空母『龍驤《りゅうじょう》』『隼鷹《じゅんよう》』を基幹とする機動部隊と潜水戦隊二個を待機させて反撃の機を窺うものの、悪天候に阻まれてしまった。

日本海軍が「ミッドウェー海戦」に敗れ、モーメンタムを失ったことがアリューシャンでの作戦にも支障をきたしたのであった。まるで別の戦場での出来事が遥か北の方面にまで影響を及ぼしていたのである。加えてガ島戦役が始まると、日米両軍ともに北方の戦場には戦力を多くは割けなくなり、そこへ冬の悪天候も加わったことで、アリューシャンの戦いは自然と低調なものとなっていった。

このアリューシャン列島でも、戦いの様相は地味な消耗戦という形となった。ここでは水上艦の出番は少なく、航空機と潜水艦のこじんまりとした行動が主だった。日本側は水上機と観測機を合わせて十機前後しか用意できず、アトカ島爆撃のような極めて小規模な攻勢作戦の試みもあったものの、戦局そのものは次第に悪化して、しまいには迎撃さえ難しくなった。その結果、空襲により駆逐艦『響《ひびき》』が損傷し、輸送船『日産丸《にっさんまる》』が撃沈された。

その間に米潜水艦は輸送船団を襲撃し、護衛中の駆逐艦を撃沈している。昭和十八年（一九四三）に入る頃には、アリューシャン方面でも輸送は安全な任務ではなくなり始めた。

こうした状況にもかかわらず、日本陸海軍上層部は、アッツ、キスカ両島を保持するのは夏季に限定するという初期の方針さえ撤回して、その長期保持を決定した。それどころか、守備強化のため新たにセミチ島をも占領し、そこに飛行場を設営してベトン（コンクリート）を用いた防御陣地まで造ろうと考えていた。いわゆる航空要塞を構築して、米軍の北方ルートからの進攻を阻止しようというのである。

しかし、海上交通に被害が出始め、空襲も連日のように続く状況では、この計画の実施には無理があった。実際、夏季の終わりに伴い一度は放棄したアッツ島の再占領こそ行いはしたものの、空襲の恐れからセミチ島の占領は実現できずに終わっている。

日本側の状況をよそに米軍は一九四二年（昭和十七）八月末、ダッチハーバーとキスカ島の間に位置するアダック島を無血占領すると同地に飛行場を設置した。こうすることで、米側は爆撃のために往復する距離を縮めて、アッツ、キスカ両島を爆撃する飛行の負担を軽減させることができた。これで従来よりも航空攻撃を強化できたのである。

アダック島それ自体は、アッツ、キスカ両島に比べれば、作戦線上のポジションとしての価値は低い。しかしキスカ島攻撃という作戦階層の枠組みでは価値あるポジションであった。アッツやキスカが戦略的意味合いのポジションだとすれば、アダックは作戦的なポジションだったことになる。

「アッツ沖海戦」

日本軍が長期保持を決めたということは、アッツ、キスカ両島に対して常に補給をしなければならないことを意味する。こうして、ソロモン諸島の戦役と同じく、北のアリューシャン列島でもまた海上交通路が勝敗の鍵を握るようになった。ここでも、海上交通を維持できない側は島嶼に配置した戦力を立ち枯れさせることになるのだ。

当然ながら、日本海軍もアッツ、キスカ両島への物資輸送を計画した。この輸送作戦をソロモン戦役の場合と同じく米軍側は妨害しようとする。米海軍の北方部隊は航空機、潜水艦に加え巡洋艦以下の艦艇をも繰り出して日本側の輸送を妨害しようと試みた。この妨害活動は通商破壊戦に似ているが、通商路を攻撃して国力に打撃を与えることを目的とする通商破壊戦とは違い、作戦に寄与するための輸送を妨害しようとする海上交通破壊戦だ。

昭和十八年一月、日本軍の輸送任務に従事した輸送船二隻が空襲により撃沈された。これで輸送は一旦中止となり、二月まで日本軍の輸送は見送られた。二月二十日、輸送を再開したが、この輸送作戦は米水上艦の攻撃に遭い輸送船『あかがね丸』が撃沈されて、またしても失敗に終わった。これは「あかがね丸事件」と呼ばれる。

この事件は日本海軍に衝撃を与えた。事件発生海域がキスカ島のはるか西側、ソ連領に近い海域だったためだ。いつの間にか、米軍水上艦がアリューシャン列島の西側、つまり日本に近い方へと進出していたことに日本海軍は驚愕した。これでは、水上艦による十分な護衛なくして根拠地である千島列島からアッツ、キスカ両島まで輸送船を送り届けることができないのは明白である。

そこで三月十日、第五艦隊で編成される北方部隊は重巡二隻以下の総力を挙げて輸送船を護衛して、輸送作戦を実施することにした。幸い、この作戦は米軍側と会敵せず、つつがなく任務を達成できた。次いで三月二十二日、第二次輸送作戦が実施された。この作戦は、たった二隻の輸送船を守るため、重巡二隻、軽巡二隻、駆逐艦二隻が護衛に付くというものものしさであった。船団は千島列島最北端の幌筵《ほろむしろ》を出発しアッツ島へと向かう途次、ソ連領コマンドルスキー島の南方で、待ち受けていた米海軍の重巡一隻、軽巡一隻、駆逐艦四隻と遭遇した。

こうして日本側が「アッツ島沖海戦」、米側が「コマンドルスキー島沖海戦」と呼ぶ海戦が展開された。この海戦では日本側は優勢な位置にありながら積極性を欠いたことで、彼我ともに一隻の沈没艦もないまま戦いを終えた。この結果、日本側司令官は責任を問われ、後に予備役に編入されている。

日本側の失敗の原因は遠距離戦に終始して、砲戦で決定打を与えられなかったこと、同じく魚雷も当たらずじまいだったことなどが挙げられる。日本艦隊は米重巡を一時行動不能へと追い込むほどのダメージを与えたにもかかわらず取り逃がしてしまったのは、好機に追撃をためらい引き揚げたことによる。

追撃を躊躇した理由は、アムチトカ島の米軍機威力圏内に入ることを恐れたためとされている。ソロモン戦役でもそうだが、日本海軍の水上艦は異常なまでに米軍機を恐れていた。確かに日本巡洋艦以下の艦艇が航空攻撃に脆く、すぐに行動不能に陥るのは事実なので異常に恐れたというのは少しいい過ぎかもしれない。なぜなら敵性海面での行動不能は事実上、艦艇の喪失を意味しているからである。ともあれ、海戦を終えた日本艦隊が船団を送り返し、自身も引き揚げてしまったことで輸送任務は水泡に帰すことになった。この海戦以後、日本の北方部隊はまったく退嬰的となり、四月に駆逐艦二隻の応急輸送を試みて中止した後は、水上艦が出撃することはなくなった。そして、しまいには千島列島から退いて、遠く青森県の陸奥湾にまで後退してしまった。その後は潜水艦による輸送が細々と続けられたものの、潜水艦の輸送能力は低く、アッツ、キスカ両島とも孤立の度を深めていくばかりとなった。

玉砕と撤退

昭和十八年（一九四三）四月、米軍の攻撃はさらに強化された。空襲は日に五回から六回にも及ぶようになり、四月二十七日には巡洋艦以下の艦が艦砲射撃を開始した。こうなってはアッツ、キスカ両島の運命はもはや風前の灯である。

日本陸軍内では、北海支隊改め北海守備隊の上級司令部である北方軍が、撤退を主張していた。しかし米軍優位の海域で安全に撤退させる妙案はなく、撤退は見送られていた。この頃、南太平洋のソロモン方面では激戦が続き、連合艦隊には北に割く戦力はなくなっていた。

そして五月十二日のアッツ島へと米軍は上陸を開始した。米軍に対して山崎大佐率いる北海守備隊第二地区隊（アッツ島守備隊）は善戦したが、防御のための築城も満足にできておらず、何の支援もなく劣勢な兵力ではまともな防戦はできない。山崎部隊は、それでも半月ほど粘った末、ついに全滅した。これが島嶼における初の玉砕となった。

アッツ島の玉砕という報を受けた陸軍はせめてキスカ島からは部隊を撤退させようと、しぶる海軍を強く説得して、ついに撤退作戦に踏み切らせた。この撤退は当初、潜水艦により実施されたものの結果は思わしくなく、最終的に駆逐艦による撤退作戦となった。この撤退作戦は、奇跡的に成功を収めキスカ島の守備隊は無事帰還することができた。日本軍の撤退したキスカ島を米軍は占領し、アリューシャンにおける戦役の第二幕は終わった。

キスカからの撤退により、日本軍はアリューシャン列島全域を放棄して千島列島まで大きく後退することを余儀なくされた。これ以降、北太平洋の島嶼をめぐる攻略戦は起こることはなかったが、戦いは終戦まで続けられた。

米軍には、北の作戦線を利用してアッツ、キスカ両島からさらにその西側、つまり千島列島や日本本土へとアプローチするつもりはなかったが、日本軍を牽制するポジションとしてアリューシャン列島を利用し続けた。何しろ、アッツ、キスカ両島に航空戦力を置くだけで巡洋艦を主力とした日本艦隊を陸奥湾にまで追いやることができるのである。そしてこの地には北千島に対する爆撃基地としての利用価値もある。

米軍は終戦まで、アリューシャンの飛行場から千島列島、とくに日本海軍の根拠地たる幌筵へと米海軍の双発機も交えて執拗に爆撃行を繰り返した。こうして圧力を加え続けることで日本軍を牽制したのである。

日本側は、米軍が北海方面から進攻する場合には、まず千島列島を攻略するものと判断した。とはいえ、天象、海象の関係上で主反攻が北東方面に向けられる可能性は低いとも判断していた。これは正しい。だが、米軍が進攻する可能性は皆無ではない。少なくとも攻めてくるか、来ないかの選択権は日本側にはなかった。持久する側は、どうしても受動に陥りやすいのである。

こうなると日本側は防衛強化の手を打たざるを得なくなる。日本陸軍は、千島列島の防衛を強化するため、千島第一、第二、第三守備隊を編成して各島へと配置し、海軍も幌筵に北東方面艦隊と第十二航空艦隊を配置して守りに当たらせた。日本軍が北での防備を強化していた頃、戦局は中部太平洋で米軍が反攻を始めようとしていた。ニューギニアでも米軍が西進を続けていて、少しでも多く南方で戦力が欲しい時に、日本側は北の守りにも戦力を割かなければならなかったのだ。日本軍は米軍の牽制にはめられたのである。

昭和十九年（一九四四）二月になると守備強化のため、千島中部（中千島）に第四十二師団を、南千島には独立守備歩兵三個大隊が派遣された。前年、絶対国防圏が設定され、北の守りの強化もその一環として実施されたのである。そして三月十六日には、以前から千島を含む北方を担当していた北方軍を第五方面軍へと格上げすると、その隷下に第二十七軍を新設し、千島防衛を担当させるなど態勢作りを実施した。アリューシャンの戦役が一段落した後も、米軍の牽制のため戦力は北方にも割かれ続けたのである。サイパン島が陥落し、絶対国防圏が破綻すると、米軍を迎撃するため「捷号作戦」が計画された。この作戦では、千島、北海道への米軍進攻を想定した作戦計画も立案されている。

守る日本軍にとっては、米軍が北、中、南の三つの作戦線のどこから進攻してくるかを決めることはできない。ただ米軍の出方を予測するのみである。こうした予測は当たれば良いが、外れる可能性もある。そのため、牽制と解っていてもみすみす罠にはまらざるを得ないのだ。こうして日本側は北の守りを軽減できないまま、終戦を迎え、それと同時にアリューシャン戦役は終了した。

アリューシャン戦役終了後に千島に増強された日本軍部隊　―昭和19年4～5月―

陸軍
- 第二十七軍
  - 第四十二師団
  - 第九十一師団
  - 海上機動第三旅団
  - 独立混成第四十三旅団
  - 独立混成第六十九旅団
  - 千島第一集団
  - 独立混成第八連隊
  - その他諸隊
- 第一飛行師団 *
  - 第十飛行団
    - 飛行第三戦隊（司偵 **・軽爆）、飛行第三十二戦隊（襲撃）、飛行第五十四戦隊（戦闘）
  - 第二十五飛行団
    - 飛行第二十戦隊（戦闘）、飛行第六十七戦隊（襲撃）
  - その他諸隊

* 千島所在部隊のみ。** 司令部偵察機

海軍
- 北東方面艦隊
  - 第五艦隊
    - 第二十一戦隊：重巡『那智』『足柄』　軽巡『多摩』『木曾』
    - 第一水雷戦隊：軽巡『阿武隈』　第七、第十八駆逐隊（駆逐艦５隻）
  - 第十二航空艦隊
    - 第二十七航空戦隊：第二五二空 *、四五二空、七五二空、八〇一空
    - 第五十一航空戦隊：第二〇三空、三〇三空、五〇二空、五五三空、七〇一空
  - 第二十二戦隊：特設巡洋艦『栗田丸』　第一、第二、第三、第四監視艇隊
  - 千島方面根拠地隊

* 海軍航空隊の略称

勝敗決定の要因

アリューシャン戦役は、一本の作戦線の上で行われた戦役であった。

ここで再度、日本陸軍の定義を引くと、作戦線とは「作戦軍に軍需品を補給し又作戦軍より人馬、物品、材料、捕虜を本国に送還する等に供する交通網なり」とある（『兵語の解』）。この定義は、馬をトラックと読み替えるなどの必要があるにせよ現代でも通じる。そしてまた日本陸軍は「完全なる設備を有する根拠地も作戦軍との連絡線不完全にして危険なれば何等の効果なし」とし、また「連絡線安全確実にして始めて軍の活動を期し得るものとす」（『戦略・戦術詳解』）ともしている。

アリューシャン戦役で日本側が一敗地にまみれた原因は、つまるところ「連絡線安全確実」であることを全うできなかったことにある。

日本軍が自己の連絡線の安全を保っていた間は、ダッチハーバー空襲に見られるようにアラスカ方面に向けて脅威を与え

る方策を実行できた。そして北方方面の米軍戦力が優勢になってきても、まだアッツ、キスカ両島の防衛強化を考えるだけの余裕が見られた。

しかし、この方面での米軍機の脅威が強まり、「あかがね丸事件」や「アッツ島沖海戦」によって、海上を利用する連絡線の安全が脅威にさらされたことが判明するや状況は一転し、最後には撤退か玉砕かの判断を迫られるところにまで追い込まれた。結果として逃げ場を失ったアッツ島は玉砕し、キスカ島からは撤退を余儀なくされた。作戦階層で見た場合、米海空軍が日本の連絡線に脅威を与え、日本側がこれに対して対抗策を見出せなくなった時点でアリューシャンの勝敗は決していたのであった。

島嶼戦の勝敗の分岐点は海上の連絡線の保持にあり、アッツ島のような島嶼では、いくら地上部隊が勇戦敢闘しても、この勝敗の分岐点を決定することはできないことを示している。戦術で戦略の失敗を取り戻すことはできないとされるが、島嶼戦全体において地上戦は戦術の範疇にあり、連絡線の保持は戦略や作戦階層に属すものだ。そうであるがゆえに連絡線の保持の喪失という作戦階層における失敗は地上戦の命運を決してしまうのである。

第四章　東部ニューギニア戦

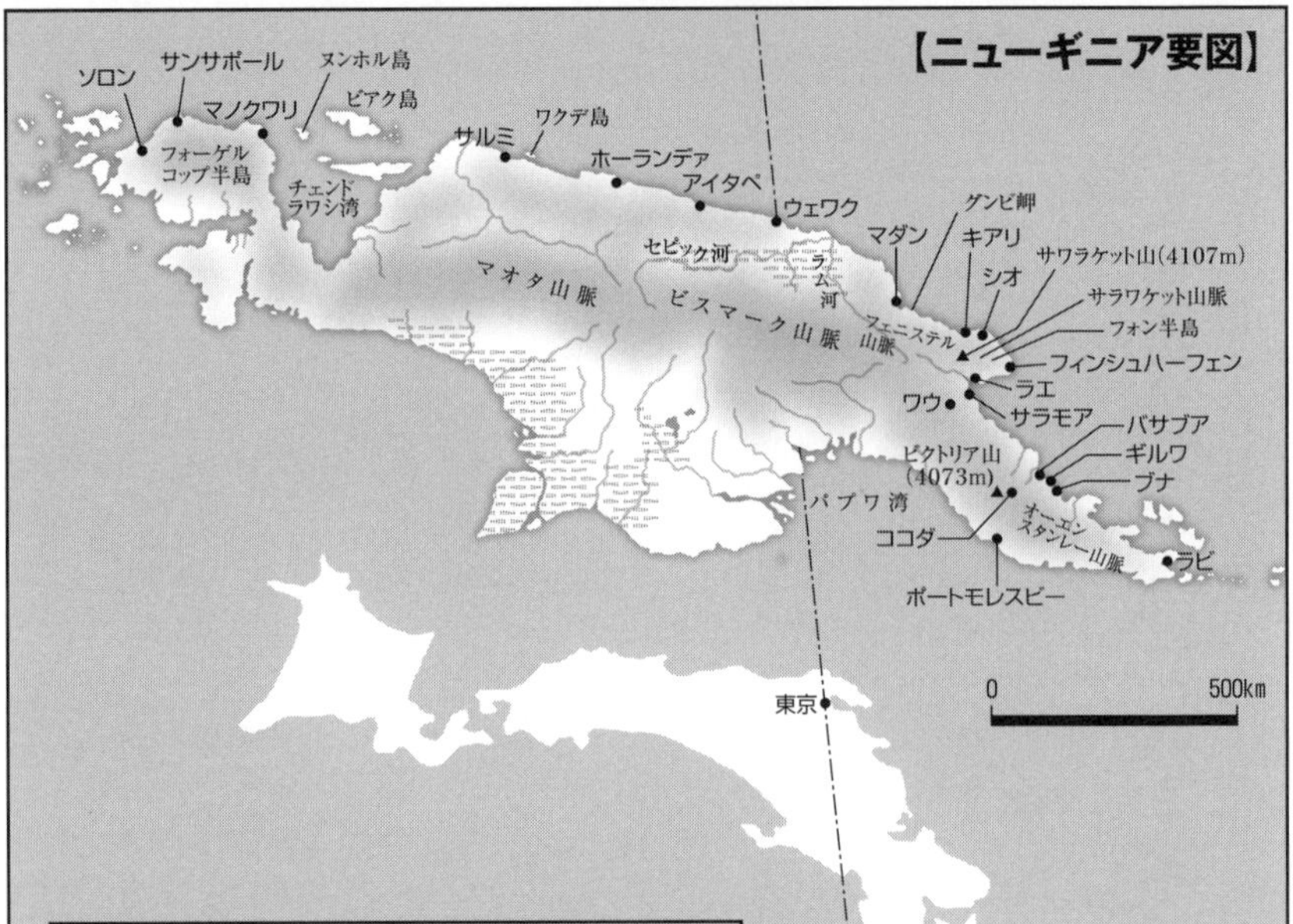

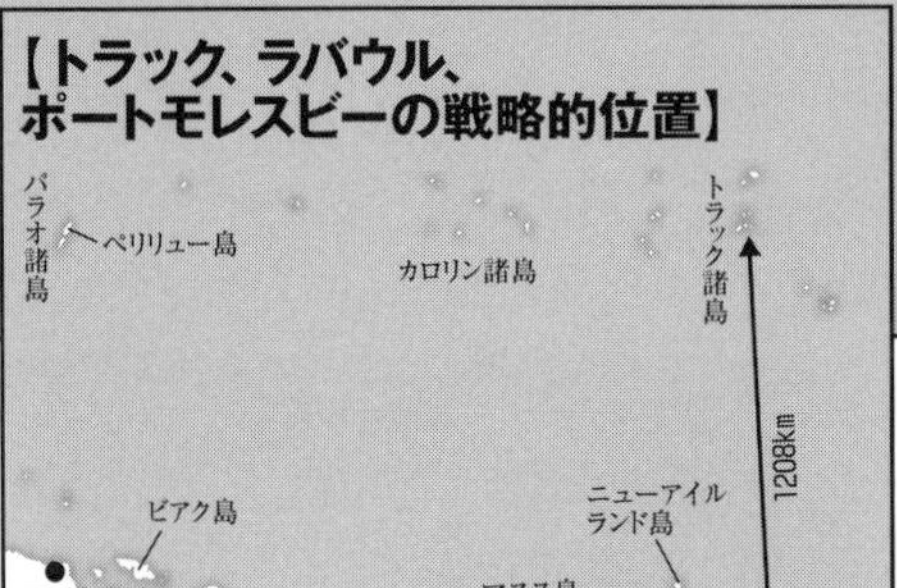

（上図）ニューギニア島は面積で日本の約二倍。戦場となった北岸は山岳地帯、密林、沿岸低湿地と軍隊の行動にきわめて不適な土地であった。
（左図）日本海軍の根拠地であるトラックは、大型機ならラバウルから空襲が可能であった。一方、ラバウルが日本軍のものになった場合、米軍からみて南太平洋を進攻する自軍の行動を掣肘する強力な「側面陣地」となる。さらにポートモレスビーからはオーストラリア北部沿岸を空襲することが可能で、有効な米豪遮断の基地となった。

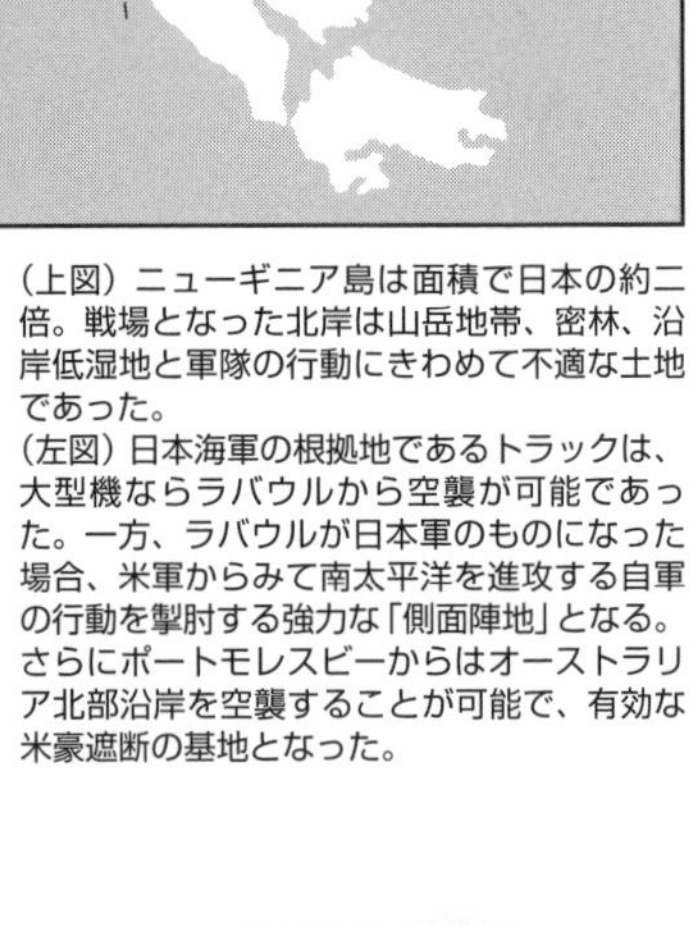

退却し、オーストラリアに到着したマッカーサー。

勝手の違った巨大な島

太平洋戦争という三年八か月に及ぶ戦争では、ともすれば海戦、特に空母戦ばかりが注目される。

その裏で、日本陸軍が東部ニューギニアに四個師団強の戦力を持つ一個軍にも及ぶ地上部隊と、一個航空軍という莫大な兵力を投入して戦おうとしたことは忘れられがちである。

しかしながら、いかに忘れられていようとも「東部ニューギニア戦」は太平洋戦争の流れの中で重要な位置を占めていたことに疑いの余地はない。ニューギニアの戦いは、ソロモン諸島の戦役と同時並行で行われた。そしてこの戦いは、もうひとつの南太平洋の作戦線における戦役なのであった。

ニューギニアは世界で二番目に大きな島嶼である。面積は日本の本州より広く、亀や鳥あるいは恐竜にも例えられる形のこの島の中央には、高さ四千メートルを超す峻嶮な山脈がそびえている。その山嶺の北側はジャングルで、沿岸部には沼沢地が多く存在する。沿岸の沼地とはいえ、それは時に内陸数キロに至るまで広がる大きなものが多い。

そして内陸のところどころには草地があり、こうした場所には簡易な飛行場が設置されていることもあった。これらの飛行場はオーストラリア人が金鉱を探しまわった名残で、その数は百に及ぶといわれる。そしてこうした飛行場は軍事行動に大きく影響することもあった。

また山地からは大小無数の河川が海に流れ込むが、その勾配は急で流れは速く、雨が降れば一気に急流と化した。日本軍の将兵がこの流れにのまれ溺死するという事態も少なからず発生している。

山嶺の南側はサバンナのような草原が多いが、こちら側は初期を除き戦場から外れていることになる。このことからニューギニアの戦場というとジャングルのイメージが強い。

当時のニューギニアは大きく分けて西部のオランダ領と、元ドイツ領の東部に分けられる。東部は南東のパプアと委任統治領ニューギニア北東部に分かれていたが、どちらもオーストラリアの管轄下に置かれていた。委任統治領そのものは北部ソロモンの他にラバウル、ビスマルク諸島も含んだかなり広い地域となっている。このことからもおわかりいただけようが、ニューギニアとラバウルは地理的に深い関係にある。

ところでニューギニアは世界第二の面積の巨大な島なのであるが、人口は僅少である。開戦直前にあたる一九三四年の推定人口は、外から来た白人とアジア人を含めても（この白人の人口は五千人強でしかない）わずか二十六万五千人と推定されている（日本の南洋庁、昭和十四年（一九三九）発行の『ニューギニア事情』よる）。植民地とはいえ、現地人の多くは白人とほぼ無縁の生活を営んでおり、石器時代と同様の社会形態で、農耕により自給自足の生活を行っていた。二〇一四年になってさえパプアニューギニアは「世界でいちばん石器時代に近い国」と呼ばれたほどだ（山口由美『世界でいちばん石器時代に近い国パプアニューギニア』という本がある）。生活レベルが石器時代に近いということは、農業生産力が著しく低いということでもある。人口が少なく、農業生産力が極めて低いということは、日本陸軍がそれまで頼ってきた現地調達方式が通用しないことを意味していた。現地調達がままならないとなれば、必要なもののほとんど全てを海路で運ぶ他ない。

また、ニューギニア沿岸部にはポートモレスビー、ラエ、フィンシハーフェンといった港湾が点在していたが、その他港湾施設は皆無に等しく、港湾施設のある所でさえ荷揚げ設備が貧弱で荷物の揚陸は人力により積み降ろしをするしかなかった。これはガ島などと同様に輸送にとって大きな負担となった。それでも、これらの諸港湾が重要な存在であることに変わりはなく、ニューギニア戦におけるポジションとして作戦立案の基礎となった。

さらにニューギニアは島全体を通して道路と呼ぶべきものがほとんどなく、とくに山嶺北側はジャングルと沼沢の存在から、陸上交通網は極めて貧弱であった、現地の住人の使う踏み分け道のような道路はあるものの近代軍隊の行動にはまったく適さず、それゆえ巨大な島の内陸奥地へと踏み込むことができない。道路がないことから、交通の大部分は沿岸を舟艇で移動するか、空路に頼ることになる。この環境から、ニューギニア戦役の戦いの多くが沿岸付近で発生し、一部の例外を除き中央山嶺付近にはほとんど戦火は及ばなかった。加えて道路が存在しないことから、各港湾は陸地にありながらも地理的には文字通り孤立した存在で、海路でなければ互いの連絡は満足にとれなかった。したがってニューギニアはそれ自体が島嶼であるとともに、その内部にある要地もまた島嶼であるかのような環境に置かれていたのである。

日本軍上層部は、こうした地理的条件、軍事でいう兵要地理・地誌をまったく調査することなく戦いに臨んだ。もともと日本陸軍は対ソ戦に備えつつ、対中国戦を戦っていたから、ニューギニアの事情に疎かったのはやむを得ない事ではあった。しかし、軍事行動を計画するにあたり極めて重要な、地理、地誌について何も知らずに勝手の違う戦場に踏み込んだツケを日本軍はいやというほどに払わされることになる。

ラバウルとニューギニアの関係

太平洋戦争が始まった時、日本陸軍にはニューギニアで戦う予定はなかった。それどころか、一九二〇年代に入るまでは日本海軍でさえニューギニアを戦場にするつもりなどはなかったのである。それなのにニューギニアへと手を出すことになったきっかけは、戦略環境の変化による。米国だけでなく英国をも敵に回したことで、英連邦に属するオーストラリアとも戦うこととなり、その結果ニューギニア付近を戦場にすることになったといえる。

より作戦階層に寄って見るなら、ラバウルとポートモレスビーというふたつのポジションが存在することがきっかけとなったということも言えよう。

ラバウルは、日本海軍の根拠地であるトラック島に対する脅威となるポジションである、と同時に——既に述べたように——南太平洋方面で要となるポジションともなっている。ここを起点にソロモン諸島、東部ニューギニアいずれの方向に対しても睨みを利かせることができる。

航空機の発達したことで、大型航空機ならばラバウルから発進して、トラック島でもソロモン諸島でも東部ニューギニアでも自在に攻撃の手をのばすことができるようになったのである。要するにラバウルは、そこを保持している側が作戦的に優位となるポジションなのである。

一方、ポートモレスビーは日本軍から見てここを占領すれば、この町を足掛かりとしてオーストラリアへの進攻や米豪遮断の拠点として使うこともできるポジションである。実際、第一段作戦終了後、日本の陸海軍は次の第二段作戦について思いを巡らせたが、海軍、特に、軍令部はオーストラリア攻略（これは陸軍の反対で立ち消えとなった）や米豪遮断を考え、それを半ば実行することになる。

作戦線の考えを基に説明すると、日本軍がラバウルからオーストラリアへと進攻すると仮定した場合、ラバウル——東部ニューギニア北岸――ポートモレスビー――オーストラリア北端と結ぶ作戦線を設定することになり、米豪遮断を考えた場合でも同様にポートモレスビーまで作戦線を取って進めば珊瑚海に睨みを利かせられる。

遥かなるポートモレスビー

開戦後、戦局は海軍の考えたその通りに推移した。日本軍は第一段作戦でラバウルを攻略し、昭和十七年（一九四二）三月には東部ニューギニア北岸のラエ、サラモアへと進む。そして五月には海路から進んでポートモレスビー攻略作戦（MO作戦）を開始した。しかし、この軍事行動は支援に当たる空母部隊が、米空母部隊と遭遇したことで発生した「珊瑚海海戦」によって中止となった。この海戦で日本の空母が戦闘不能となって後退したことにより、ポートモレスビー上陸は不可能と判断されたのである。ミッドウェー作戦と同じく、海上の戦闘が攻略作戦を中止に追い込んだ戦例である。

こうして海路からの攻略を目指す「MO作戦」は中止とされたが、その代案として陸路によるポートモレスビー攻略が考えられた。これは東部ニューギニアのブナを発進してオーエンスタンレー山脈の山中を横断して対岸のポートモレスビーを攻略しようという作戦である。これは机上の考えでは陸軍部隊だけで実行できる良案に思える。陸路からの攻略戦であることから、陸軍の出番ということとなり、一個連隊を基幹とする南海支隊がこの作戦のために送り込まれた。

これがニューギニアへと陸軍がはまり込むきっかけとなったのである。

しかし、机上での良案も、いざ作戦を開始してみると、兵站輸送が予想以上に困難で、南海支隊を苦境に立たせることになる。予想以上、というよりは最初の見積もりの甘さが露呈したというべきかもしれないが、ともかくも南海支隊はオーエンスタンレー山脈の中央を越えたあたりから、飢えに苛まれるようになった。

この攻略作戦では、ココダ街道と呼ばれる道を作戦線や後方連絡線に使っているのだが、街道とは名ばかりの山道で（もっとも作戦発起前には街道があるかないかさえ不明だったというから杜撰な計画といえたが）、兵站輸送はすべて人力に頼ることになった。人力輸送には三万の人員が必要と見込まれたが、その手配が付かない。三万人といえば二個師団に匹敵するほどの人数で、容易に集められるものではない。そこで陸軍は兵站部隊を増強し、さらに輸送任務にあてるつもりで歩兵一個連隊をも投入したが、それでもまるで人手は足りなかった。

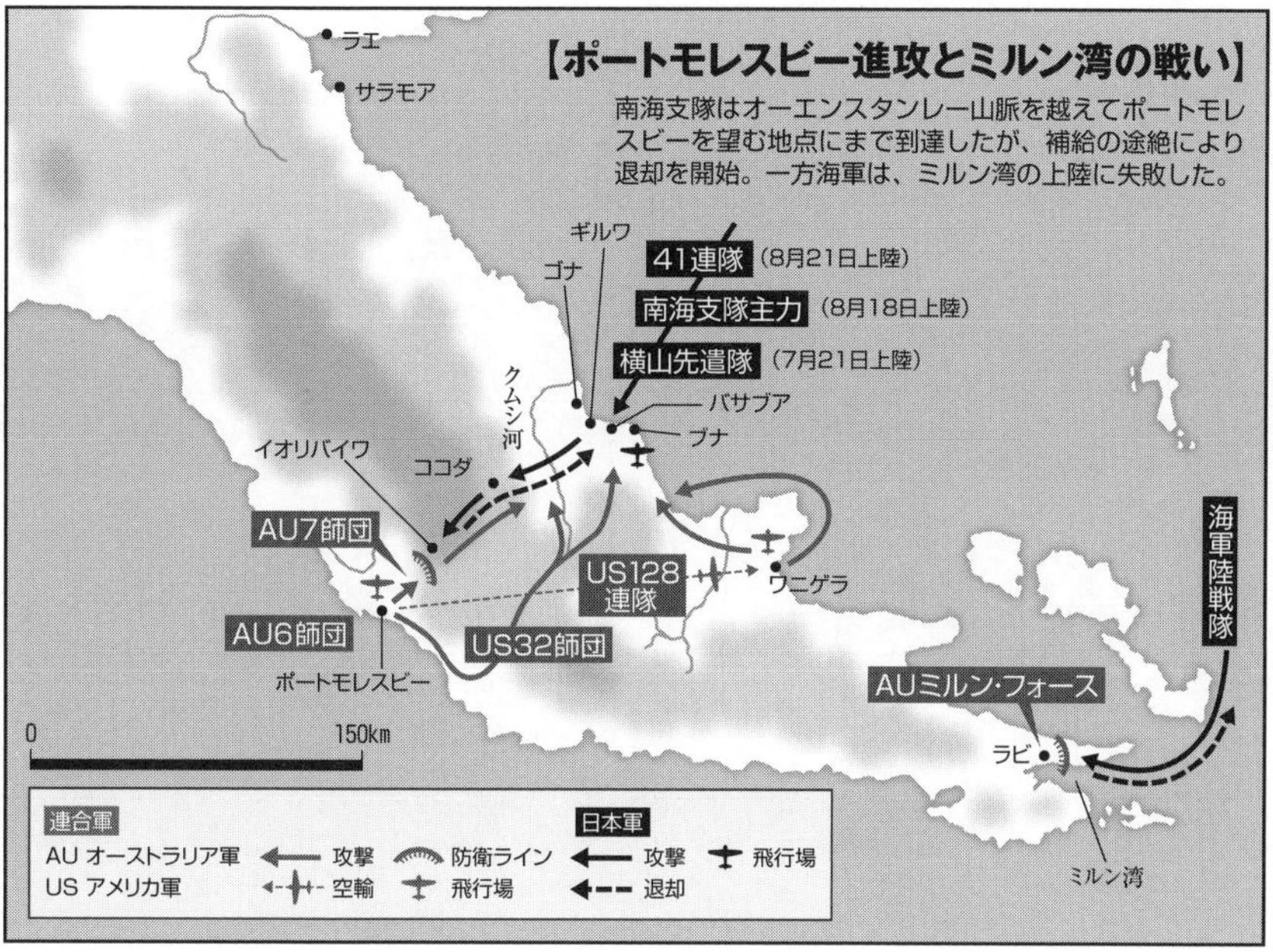

日本陸軍の兵站関係者は、戦前から様々な輸送力強化のための努力をしてはいた。その例を挙げて日本陸軍は補給軽視ではなかったという人もいる。しかし、肝心な作戦立案者が自軍の兵站能力を度外視して作戦を立て、実行してしまうこの体質こそが補給軽視といわれるゆえんである。こうした見積もりの甘さは、ニューギニアという土地への理解のなさと相まって後々まで現地部隊を困らせることになる。

南海支隊は飢餓が始まる頃からオーストラリア軍部隊の抵抗を受け始めるようになった。マレーやビルマではジャングルを浸透、迂回する日本軍の攻撃が効を奏して英連邦軍を敗退させたものだが、ニューギニアの戦場ではこの手がうまく通用せず、逆にオーストラリア軍が日本軍部隊に対して迂回攻撃を仕掛けてくることもあった。

パプア人部隊を主としたオーストラリア部隊は寡兵ながら、日本軍の行く足を鈍らせ、ポートモレスビーへの進出を遅らせた。高知県の歩兵連隊を基幹として編成された南海支隊生き残りのある少尉は「ニューギニアの豪軍は土佐連隊（南海支隊は高知歩兵第百四十四連隊基幹）に優るとも劣らない精強部隊だった：括弧内著者」と回想し、日本軍が白兵戦を挑んでも逃げなかったとしている（森山康平『米軍が記録したニューギニアの戦い』）。地理的要素だけでなく、敵部隊の素質に関してもニューギニアの戦場は勝手が違っていたのである。

補給の滞る南海支隊にとって進撃を鈍らされることは痛手である。九月十六日、飢餓に瀕した南海支隊は行程の三分の二ほどの場所であるイオリバイワにまで達した。夜には遠くポートモレスビーの灯を望見できたとされるこの地点で、堀井支隊長は進撃を断念すると後退を開始した。こうして陸路によるポートモレスビー攻略もまた挫折した。その原因は明らかに補給計画の杜撰さにある。

その少し前の八月二十五日、海軍はニューギニア東端付近のミルン湾に呉第五特別陸戦隊と佐世保第五特別陸戦隊という二つの海軍陸戦隊を上陸させていた。この作戦の狙いはラビ飛行場の占領にあったが、呉の部隊は上陸地点を間違え、佐世保の部隊はオーストラリア空軍機の妨害を受けて、海路移動中に身動きが不能となって海岸へは到達できなかった。さらに呉の部隊は上陸後にオーストラリア軍守備隊と連合軍機の行動によって阻害された。そして九月六日、陸戦隊は撤退へと追い込まれた。このミルン湾で勝利したことは開戦以来の敗退続きで低下していた連合軍の士気を向上させることになった。

反攻を意図するマッカーサー

ここで時間を戻し連合軍側の状況に目を向けてみよう。日本軍がラバウルを占領した当初、オーストラリア軍はすっかり退嬰的となっていた。そして日本軍がオーストラリアへと進攻した場合には、大陸北部の防衛はあきらめ南部のブリスベーン・ラインまで大きく後退して持久する計画を考えていた。当時のオーストラリア軍の少ない兵力では、広大な地域を守備できず重要な南部の防衛に的を絞らざるをえなかったのだ。▼1

ちょうどこの頃、マッカーサー将軍が大統領命令によりフィリピンから脱出してきた。マッカーサーは方針を一変させ、オーストラリア軍と一個師団という少ない兵力だけを使う反攻へと舵を切らせた。「アイ・シャル・リターン」を標語にフィリピン奪回を宣言するマッカーサーにとりフィリピンを取り返すことは悲願であったが、米政府にとってもフィリピンまで戦線を押し戻すことは政略的に重要であった。

政府とマッカーサーの戦略が一致したことで、反攻方針は承認され、オーストラリア政府の申し出によりマッカーサーは米軍とオーストラリア軍をまとめて指揮する権限を与えられた。これによって米豪両軍は統合軍として一体化した軍事行動が取れるようになったのである。反攻にさいしてのマッカーサーの戦略方針は、ラバウルを奪回し、ニューギニア北岸沿いの作戦線を西進してフィリピンへと向かうというものであった。

とはいえ、さしものマッカーサーも当面は戦力の不足から防勢を余儀なくされる。そこでマッカーサーは要点のポートモレスビーを保持することにして、その防衛線をスタンレー山脈の中に求めた。島嶼戦では要点を確保できれば、そこを支点にして後方を支えることが可能である。東部ニューギニアのポートモレスビー付近の作戦では、作戦線が事実上一本しかないので、少ない地上兵力でも要所を押さえれば防御効果を発揮できるのである。

マッカーサーがニューギニアで日本軍からポートモレスビーを守ろうとしていた頃、米海軍はオレンジ・プラン以来の中部太平洋で島嶼を攻略しながら拠点を推進し、日本本土を目指す戦略を実行に移す準備を行っていた。また米海軍は、ガ島戦役を皮切りにソロモン諸島を西進しようともしていた。これはニューギニアに目を向け、そこからフィリピン諸島へ向かおうとするマッカーサーの戦略とは相いれないものであった。

しかし、この問題はガダルカナルを海軍主体の南太平洋軍、ニューギニアを陸軍主体の南西太平洋軍と棲み分けさせることで解決した。その結果、南太平洋方面の日本軍は二正面作戦を強いられることとなる。

各軍間の対立は日本の陸海軍のそれが顕著な例だが、米軍にもそうした対立は存在している。ただ米軍では、大統領をトップとした統合参謀本部が、戦略立案と各軍の調整の機能をうまく果たして、数か月単位の行動指針をうまくまとめて各軍を機能させることができた。大本営とは名ばかりで陸海軍がまったくの別組織としてしか機能せず、何かあるごとに協定を結ぶ必要のある日本との大きな相違である。▼2
進路が異なるとはいえ、米の南太平洋軍と南西太平洋軍は、日本軍の海空の一大根拠地となっているラバウルを当面の戦略目標とすることでは一致していた。これは二方向からラバウルを目指すという意味で、用兵思想でいう外線の位置に相当した。

ところで、米本国から数千キロも離れたニューギニアで戦うことは、米軍にとっても大変な負担であった。また米国が対独戦を優先するヨーロッパ第一主義を取ったり、ガダルカナルの戦いに力を注いだためニューギニア方面への兵員、資材、補給物資の供給は二の次とされた。実際、地上部隊を見ても初期にニューギニアで日本軍と戦った陸上部隊はオーストラリア軍であり、海軍戦力にあっても正規空母や戦艦などはニューギニア方面には配備されていない。

【オーストラリア軍の防衛構想とマッカーサーの策定した防衛ライン】

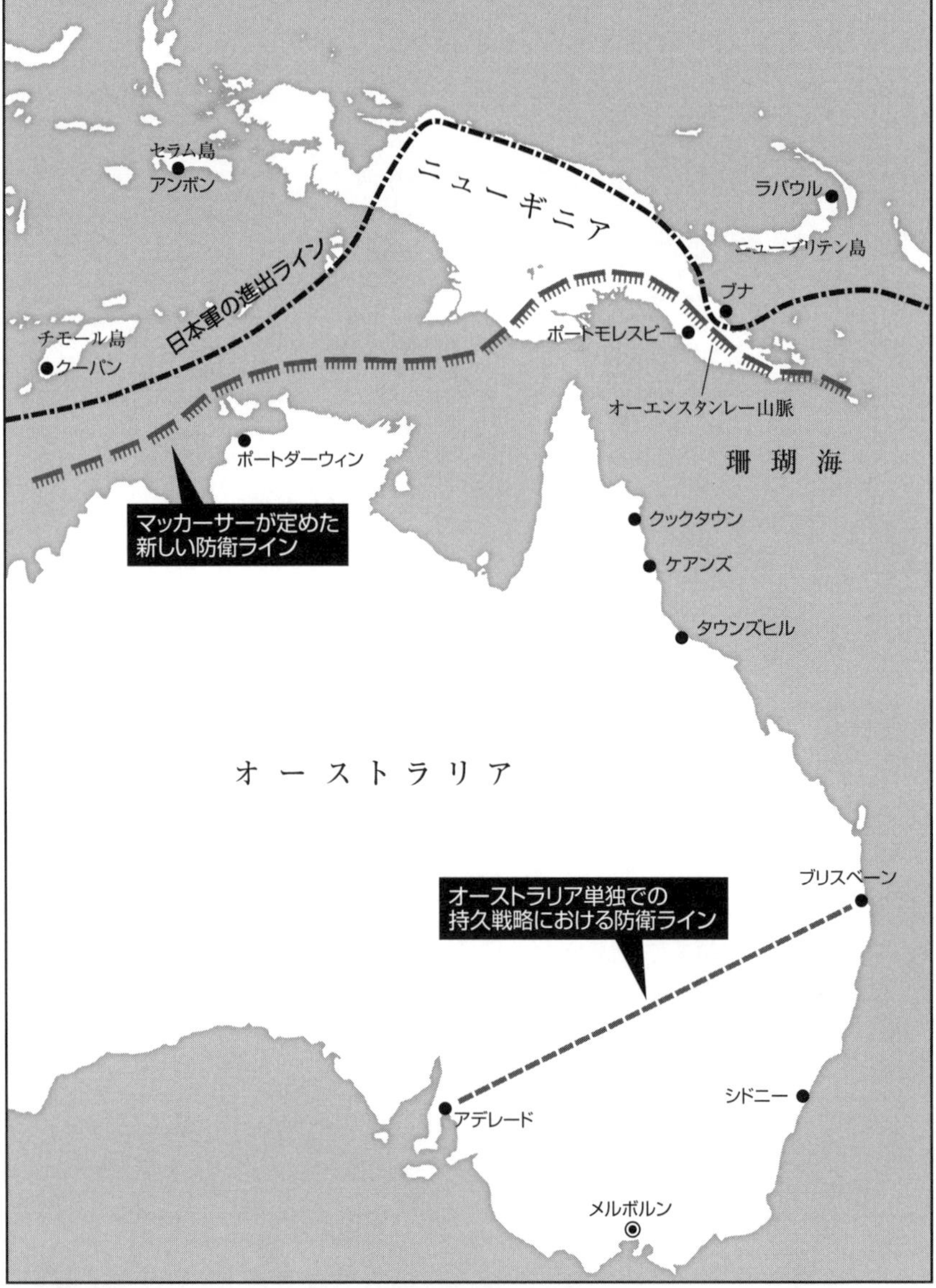

兵力の足りないオーストラリア軍は、南部の重要地帯のみを守る戦略を立てた。しかし、マッカーサーは米豪遮断を防ぐために、オーエンスタンレー山脈の中に防衛線を設定した。これは山岳地帯を利用することで少ない兵力でも防御可能という「戦術的」にも当を得た方法であった。

マッカーサーの回想録を見ると機材や物資が満足に送られてこないことへの不満が散見される。ここで大きな救いとなったのが、大陸国家オーストラリアの底力であった。オーストラリアは兵員、物資を供給する策源となり、一大後方兵站基地として機能したのである。そしてオーストラリアが戦前からニューギニアを統治していたことも大きなメリットであった。戦前から現地民を掌握していた結果、連合軍の数は少ないながらも、各所に民兵やコーストウオッチャー（沿岸監視員）を配置して日本軍の動静を監視することができたし、何より日本陸軍よりもニューギニアの地理的条件を理解し、現地人の扱いにも慣れていたのである。さらにオーストラリア軍は万の単位で現地人を雇用して、物資運搬などに利用した。連合軍というと機械力がクローズアップされがちだが、時と場合によっては人海戦術や役畜も利用している。この労力の活用もまた兵站の負担を軽減させたのである。

第十八軍新設

日本軍が、ポートモレスビーとラビで攻略作戦を行っていたのは、ちょうどガ島戦役の最中のことであった。ガ島戦役は日本では第十七軍の担当だが、これに加えてポートモレスビー攻略も受け持たされていたため、第十七軍はガ島、ニューギニアの二正面作戦の対処を強いられ負担が増大していた。そこで昭和十七年（一九四二）十一月十六日、大本営は新たに第十八軍を創設して、第十七軍の負担を軽減させることにした。そして第十七軍と新設の第十八軍という二個軍を統括するために第八方面軍も設置することにした。これで第十七軍はガ島戦役に専念し、第十八軍がニューギニアを担当とする態勢ができあがった。

この態勢作りは、陸軍が南海支隊の失敗に懲りることなく、逆にニューギニアでの戦いにテコ入れしようと画策したことの表れでもある。

ガ島での攻防戦が続き、中国奥地の四川省への攻勢作戦も計画中の陸軍には、他に回す兵力も物資もないはずであった。にもかかわらず、四川省とはまるで反対方向のニューギニアにも一個軍と一個飛行師団をつぎ込むのは不可解だが、陸軍はニューギニアに自らのめり込んでいったのである。

陸軍が何故にそうした判断をしたのか、その理由は現在でも判然としない。著者は、ニューギニア戦を研究し『マッカーニューギニア方面への陸軍兵力の増強　――その1、昭和17年11月――
第十七軍（ソロモン諸島）
第二師団
第三十八師団
第五十一師団
歩兵第三十五旅団
一木支隊
その他諸隊
第十八軍（ニューギニア）
南海支隊
歩兵第四十一連隊
その他諸隊
第八方面軍直轄
第六師団
独立混成第二十一旅団
第四船舶輸送隊（11月24日より）
第六飛行師団（11月27日より）
第十二飛行団（戦闘）、飛行第四十五戦隊（軽爆）、独立飛行第七十六中隊（司偵）
その他諸隊

ニューギニア方面への陸軍兵力の増強　――その2、昭和18年2月～7月――
第十八軍（4月13日）
第二十師団
第四十一師団
第五十一師団
南海支隊
独立混成第二十一旅団
第四工兵司令部
独立工兵連隊×3、船舶工兵連隊×3*
軍直轄兵站部隊
兵站地区隊×4、野戦輸送司令部×2、野戦道路隊×8
その他諸隊
第六飛行師団（2月28日）
第十二飛行団（戦闘）
飛行第一戦隊、飛行第十一戦隊
白城子教導飛行団（軽爆）
飛行第四十五戦隊、飛行第二百八戦隊
飛行第十四戦隊（重爆）
その他諸隊
第四航空軍（7月28日）
第六飛行師団
白城子教導飛行団（軽爆）
飛行第四十五戦隊、飛行第二百八戦隊
飛行第十戦隊（司偵）、
飛行第十四戦隊（重爆）、
飛行第十三戦隊（戦闘）、
飛行第二十四戦隊（戦闘）
その他諸隊
飛行第七師団
第三飛行団（混成、主力はジャワ）
飛行第五十九戦隊（戦闘）、飛行第七十五戦隊（軽爆）
第九飛行団（重爆）
飛行第七戦隊、飛行第六十一戦隊
飛行第五戦隊（戦闘）
第十四飛行団（戦闘）
飛行第六十八戦隊、飛行第七十八戦隊
その他諸隊

サーと戦った日本軍』（ゆまに書房、二〇〇九年）を著した田中宏巳氏から「誰がニューギニアに大兵力をつぎ込むことを決めたか解らない」と直接伺ったことがある。前掲書でも「突然ニューギニアに重点を置くことになったのかその経緯はよくわからない」とされている。田中氏は、米軍がラバウルからニューギニアを経てフィリピンに向かうという見通しのもと、ニューギニアで攻勢へと転換しようと考えたのではないかと推察している。

ここからは著者の推測となるが、ドクトリンの基本を攻勢主義と決戦主義に置く日本陸軍上層部は、東部ニューギニアで連合軍地上部隊に対して決戦的な会戦を挑み攻勢転移を図ろうとしたのではないかと推測する。実際、大本営に攻勢論が有り、ポートモレスビー攻略の再興が、当初、第十八軍に与えられた任務だった。

こうした攻勢論には、ニューギニアよりもソロモン方面を重視する海軍から反対されただけでなく、陸軍内部からも反対意見が出された。特に大本営運輸通信長官部の吉田喜八郎少将は補給路設定困難、航空兵力増勢速度が敵のそれを凌駕できないという理由で、東部ニューギニア放棄論を出している。しかし攻勢主義を取る大本営陸軍部は、放棄論を潰し、前述のように一個軍を投入しての攻勢転移へと傾斜していった。繰り返すが、この兵站能力を考慮せずに作戦を立案し実行する態度が陸軍の補給軽視なのである。

流血のブナ

ここで視点を連合軍に向けたい。南海支隊がポートモレスビー進出の企図を断念したことから戦局は転換した。日本軍が進出を断念して転進した結果、戦いのモーメンタムはオーストラリア軍の側に転がった。オーストラリア軍は攻勢に転じ、後退する日本軍への追撃を開始する。攻撃にあたるのはオーストラリア軍の第7師団、旅団規模にすぎない南海支隊を兵力で大きく上回る。兵力劣勢な南海支隊は追撃をかわすため、ココダ街道を後退線とせずに、道から離れた後退線を選択して、苦労しながら北岸のブナ方面へと向かい退いていった。道なき場所の移動で南海支隊はバラバラとなり、クムシ河の渡河では筏が濁流にのまれ堀井支隊長と田中参謀が溺死するなど散々な目に遭い南海支隊は消耗の度を深めた。

昭和十七年（一九四二）十一月二十七日、南海支隊はようやく東部ニューギニア北岸のゴナへとたどり着いたが、この時、すでに近くのブナ地区は戦闘の渦に巻き込まれていた。ブナは地方行政庁の所在地で、ここを中心にバサブア、ギルワを含めてブナ地区と総称される。

ここはポートモレスビーに対応した北岸の要地であり連合軍にとって北岸進出のため是非とも奪取しなければならない場所である。解りにくいと思うので整理すると、ポートモレスビー——スタンレー山脈——ブナ地区という作戦線があり、作戦線上のブナ地区の横の位置にゴナがある。つまりポートモレスビーからブナを結ぶ線が作戦線で、概ねその線上を部隊が進んだり下がったりしている図式だ。したがって再度ポートモレスビー攻略を行うことを考えている日本軍にとって、起点となるブナは放棄できない場所ということになる。日本軍はブナ、ギルワ、バサブアの三拠点の防備を固めたが、守備兵力は道路建設に当たる工兵部隊や海軍部隊まで含めても一万弱と少ない。

対する米軍は、十月から空輸と海上輸送で米第32師団の兵員を日本軍のいない場所に送り込み戦力を増強した。オーストラリア軍もいるので、この正面の連合軍兵力は日本側の倍近くとなった。ソロモン諸島のキャンペーンと同じく、この東部ニューギニアの戦場でも大きくものをいうのは輸送力の差なのである。

連合軍は十一月十九日に攻撃を開始した。この戦いには南海支隊を追撃してきたオーストラリア第7師団も加わり、ブナ守備隊は完全な兵力劣勢に陥った。この状況ではブナ地区の守備隊は陣地を固守するしかない。こうしてブナ地区守備隊と連合軍の凄惨な激闘が繰り広げられていった。戦いは十二月に入っても終わらず、業を煮やしたマッカーサーは米第32師団長を解任し、米第32師団長の上官にあたる第1軍団司令官のアイケルバーガー少将に対して「ブナを取れ、さもなければ帰ってくるな」と檄を飛ばし攻撃を続行させた。

戦闘が長引いた原因は、日本兵の奮戦によるところも少なくないが、交通不便で車両が思うように行動できず、歩兵主体の戦いとなったことも大きい。動きにくい場所で、陣地を固守する歩兵部隊相手の戦闘では機動戦にならず、いやでも消耗戦となってしまうが、火点を歩兵でひとつずつ潰すような戦闘はどうしても時間がかかってしまうのである。こうした戦いの様相を、連合軍はいつしか「流血のブナ」と呼ぶようになった。

補給の途絶したブナ地区守備隊は野草を口にし、味方の戦死者の死体を楯に一か月以上も粘り続けた。明けて昭和十八年（一九四三）の一月、この月に日本海軍が補給のために送り込めた艦船はたった二隻の潜水艦に過ぎない。当時は日本側の航空戦力もまだまだ有力だったのだが、それでも連合軍の航空攻撃の脅威の前に日本側は海上輸送ができず、やむなく沿岸

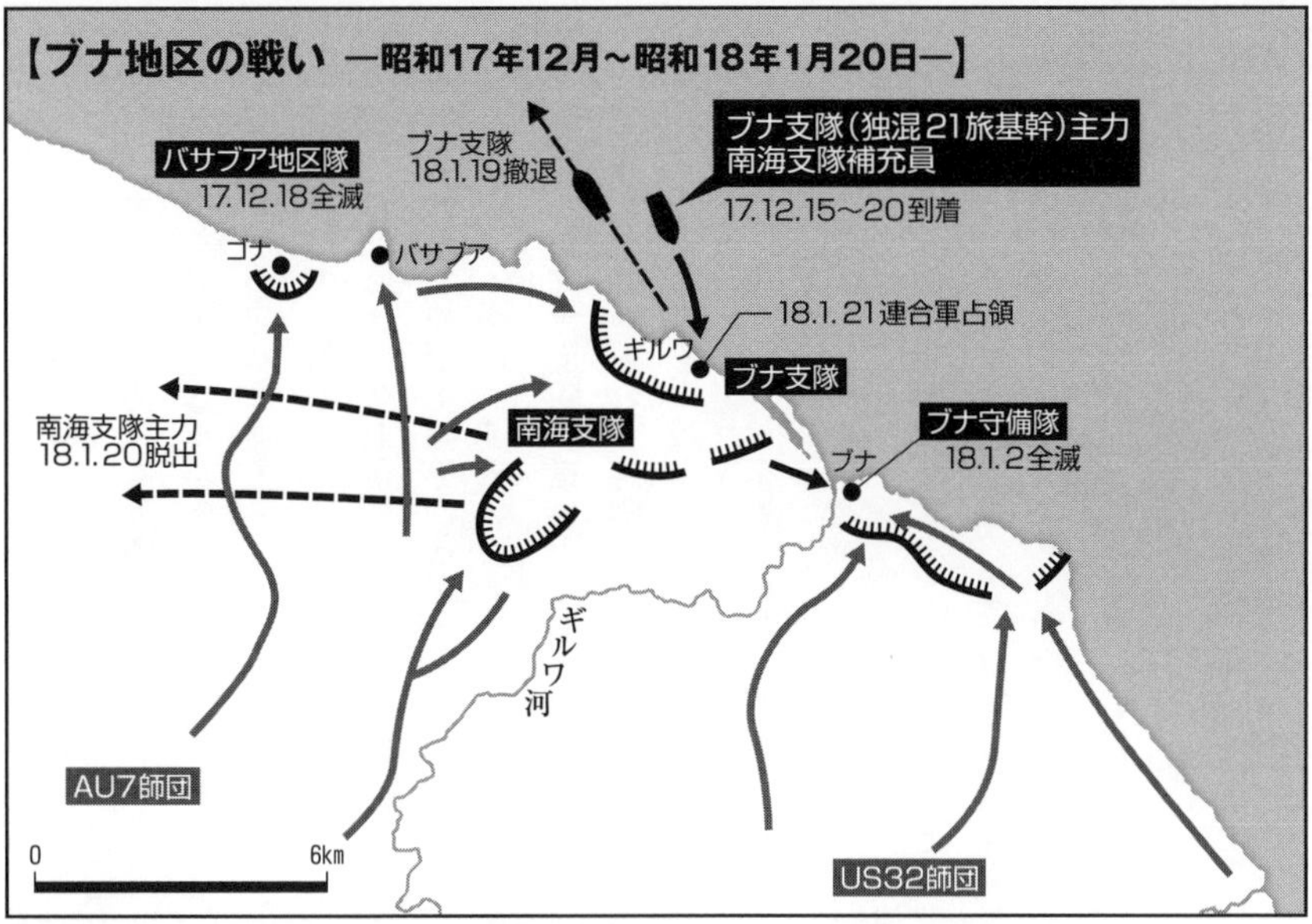

連合軍の追撃と補給の途絶によって南海支隊は海岸部に追い詰められた。12月半ばには増強部隊（ブナ支隊）が到着するが彼らも補給に苦しみ、壊滅寸前に辛くも撤退する。

1942年10月、ニューギニア。マッカーサーはじめ、集まった連合軍高級将校たち。

連合軍によるゴナ地域の空撮

1942年、ブナ‐ゴナ間。日本海軍特別陸戦隊が97式曲射歩兵砲を訓練してる。

1943年2月、ブナの戦いで戦死した敵味方の兵士たち。

沿いに後方の兵站拠点から舟艇や、漁船による蟻輸送を実行していた。だがこれも連合軍の魚雷艇や航空機の攻撃により被害が増大するばかりで任務達成は困難を極め、ブナ地区を補給途絶へと追い込んでいく。そして消耗し尽くしたバサブアとブナは一月の初めに玉砕に追い込まれた。

ギルワの方は、ブナ玉砕に先だつ十二月にブナ支隊（独立混成第二十一旅団）が戦力補強のために送り込まれていたため、いくらか守りは強化されていた。ブナ支隊は南海支隊も指揮下に置いて防戦に努めたが、それでも年を越して一月になると連合軍の攻撃を支え切れなくなって、一月十二日には歩兵第百四十四連隊主力からなる塚本部隊が、まず独断退却を行い、十七日には独立工兵第十五連隊も独断撤退を始めた。日本陸軍にとって独断撤退は処罰の対象にもなる、本来ならあるまじき行為なのだが、そうせざるをえないほどの苦境に陥っていたのである。

こうなっては、ギルワ守備はもはや不可能で、第八方面軍もやむなくブナ支隊に転進を命じた。すると今度は、命令を受領したブナ支隊が指揮下にある南海支隊に何も告げずに後退を開始してしまった。満足な火力もなく、補給も受けられずに激戦を強いられて部隊は精神的な限界に達し、統制が崩壊していたのである。

一千名ほどに減少していた南海支隊も脱出を始め、一月二十日、ブナ地区は完全に連合軍の手中に収まることになった。

ワウ攻略作戦

大本営が昭和十八年（一九四三）に入る少し前に第十八軍を新設したことは先に触れたが、この軍は編成当初は名ばかりで実体の無い組織であった。本来なら指揮下にあるべき師団が一個もない状態だったのである。大本営は三個師団の野戦部隊と、それに見合う後方支援部隊を送り込むことを予定していたが、その輸送が捗らない。最初の部隊として三個大隊基幹とした岡部支隊（第五十一歩兵団長が指揮する歩兵第百二連隊基幹）がラエへと揚陸したのは一月上旬となった。すでにブナ地区の防衛は破綻しており増援の役には立たなかったのである。

第十八軍に部隊を送り込むことが遅れたのは、日本陸軍がガ島戦の対処に追われて余力がなくなっていたことによる。日本軍にはガ島とニューギニア両方の要求を同時に満たすだけの海上輸送力がなかったのである。日本軍は中国大陸に多数の師団を張り付けており、かなりの無理をすれば二個や三個の師団を転進させることはできなくもない。もっといえば輸送船の確保さえできれば、師団単位の上陸作戦も敢行できたかもしれないが、それだけの部隊を一度に運ぶに足る輸送船の余裕はない。そのため少しずつ点滴を行うかのように運ぶので、兵力集中には時間を要してしまうのだ。何度も繰り返しになるが、日本の島嶼戦における大きなネックは海上輸送能力にある。

ラエに送り込まれた岡部支隊は、そこから六十キロ奥地で飛行場のあるワウの攻略を目指した。ワウ飛行場は連合軍が保持しており厄介な存在となっていたことから、これを占領しようというのである。それだけでなく大本営は、いずれはこの飛行場を足掛かりにして、ポートモレスビーに再度侵攻しようという希望を抱いていた。

地図上での六十キロの距離は一見したところさほどとは思えなかったが、いざ岡部支隊が進撃してみると大変な難事であることが発覚した。ジャングルに悩まされた岡部支隊は一月二十七日、目指すワウの飛行場を目前としたところで食糧が尽きてしまった。

大陸と異なりジャングル内での六十キロは途方もない距離となる、そしてこの程度の距離でも物資を運べないことにも注意していただきたい。ガ島戦役の箇所でも触れたが、陸上輸送能力の低さも日本軍のネックなのである。

南海支隊の作戦に続き、日本陸軍がニューギニアの特性を理解せずに立案した作戦計画の失敗と言える。

食料の尽きた岡部支隊には、ワウを奪取して連合軍の糧食を奪い食いつなぐ以外に選択肢は残されていなかった。第十八軍も岡部支隊に「速やかにワウを奪取し糧《かて》を敵に求めよ」と命じている。この時点では、まだ日本側が兵力優勢で、攻撃は成功のチャンスがありそうに思われた。ここでまたしてもジャングルという地形の特性が日本側に不利に作用した。ジャングル内で行動していた岡部支隊は部隊が散乱し、統一した攻撃行動が取れなかったのである。古くから森林は兵を呑むなどと言われるが、文字通りジャングルに兵を呑まれた訳である。

岡部支隊が、統一行動の欠如と補給の不足の相乗効果で、有効な攻撃を実施できないでいる間に、ワウの危機を察知した連合軍は、オーストラリア軍第17旅団を空輸してワウに送り込むと守りを固めてしまった。

もともと日本陸軍は機動力を重視する軍隊である、そしてワウに対して機動力で先手を取ってはみたが、徒歩と空輸では競争にならない。先手を取った日本軍は、空輸を利用した連合軍の「後の先」で一手を封じられたのである。二月八日、飢餓のなかで岡部支隊は攻撃を断念し後退に転じた。こうしてワウ攻撃は一個連隊強の戦力をただ消耗させただけに終わった。

魔のダンピール海峡

ワウ攻撃が終わる頃、大本営は第二十師団、第四十一師団、第五十一師団と三個の師団をラエ、マダンに送り込み敵に備えようとしていた。加えて東部ニューギニアでの防空部隊、工兵、野戦道路隊を後方のハンサ、ウェワクへと送り込み戦略態勢を整えようとしていた。その狙いは飛行場の防空や後方支援体制を強化し、航空戦と地上作戦を少しでも有利にすることにある。

しかし、またしても部隊輸送の実施は遅れる。ガ島撤退の影響から輸送は二月末まで待つことを余儀なくされたからである。そして二月末、「第八十一号作戦」と呼ばれる輸送作戦が開始された。この作戦では第十八軍戦闘指揮所と第五十一師団を船団でラエに、次いで第二十師団の一部をマダンへと送ることになっていた。

ラエに向かう船団は二月二十八日にラバウルを出発したが、敵の航空威力圏内を通過するこの輸送が成功する公算は半分程度とみなされていた。危険な賭けだが、大本営は作戦を強行した。そして案の定、ダンピール海峡を通過したところで百機を超す連合軍機の襲撃を受け八隻の輸送船すべてが撃沈されて壊滅に帰した。

この輸送作戦は、その重要さから日本側も百機近い戦闘機を用意し、事前に周辺の敵飛行場制圧攻撃も実施していた。しかし各飛行場に振り分けることのできた機体は、飛行場一個あたり二機から三機程度に過ぎず制圧の実効を挙げることはできなかった。また輸送途中のエアカバーも、常時行う必要があるが、一度に多数機を船団上空に滞空させることはできない。そのため実際に敵機が襲来した時、上空警戒に当てることができた機数は二十六機に過ぎなかったのである。

しかも、スキップボミング（反跳爆撃）という爆弾を水面低く跳ねさせて目標に当てる連合軍機の新戦術に対応できず、ラエ向け船団は大損害を出した。これは戦術的奇襲といえる。

この「第八十一号作戦」と呼ばれる輸送の失敗以後、日本軍はラエに直接兵力を送り込むことを諦めた。ダンピール海峡は越すに越されぬ魔の海峡と化した。やむをえず、日本陸軍は連合軍側の航空威力圏を避けて、ラエから大きく離れたマダンに第二十師団を、同じくウェワクに第四十一師団を送り込んだ。

これでは敵部隊と数百キロも離れてしまい、戦闘に加入するまでに多大な時間を要してしまう。しかも一帯は岡部支隊がたった六十キロ進むにも苦労したジャングル地帯である。書類上では一個軍三個師団の兵力といっても、こうも分散してしまっては兵力量の強みを発揮できない。一度に連合軍と対戦できるのはせいぜい一個師団程度でしかないからである。

無論、兵力を集める「集中」の原則は軍事の基本である。ニューギニアでは思うさま機動できないことと、そのあまりの広大さも影響して、日本軍は集中の原則を守ることができず、逐次投入と各個に撃破されることを繰り返していくのであった。

その原因は、何度か述べているように制空権のなさに由来する機動力と輸送力の低下に求めることもできる。しかし、より根本的な問題は、それまでの日本陸軍の戦場とは勝手の違うニューギニアで、中国戦線と同じように安易に部隊を動かせると考えてしまったことにあった。

次に挙げるマダン－ラエ間の道路構築などはその適例であろう。何度も書くようにニューギニアには道路インフラがない。そこで日本軍も野戦道路建設隊を送り込んだが、機械力に欠け施工能力が低いことから思うように道路建設は進捗しなかった。にもかかわらず、マダンからラエの、距離にして東京――名古屋間より少し長い三百キロの区間に、自動車道を作って第二十師団をラエまで送り込もうという壮大な計画が立案された。この計画には工兵三個連隊と第二十師団が投入されて実行に移されたが、作業が開始されるとすぐさま計画の無理が露見した。ジャングルを切り開いて道を作る困難さは、日本陸軍の想像を絶していたのである。

当初、日本陸軍は二車線の道を作るつもりでいたが、すぐに作業量を減らすために一車線の道へと設計変更がなされた。それでも施工開始から四か月たった六月になっても五十キロしか工事は進まなかった。そして苦労して三分の二近い工程まで進んだ時には、目的地のラエが陥落寸前となっていたため、道路構築作業はついに中止された。こうして一個師団の兵力を無駄遣いする結果に終わったのである。

ダンピール・バリアーと「カートホイール作戦」

一九四三年（昭和十八）初め、米軍上層部は戦略の見直しを再び行った。米国はヨーロッパ第一主義を掲げ、対日戦を次等の位置に置いていたが、ガ島と東部ニューギニアでの戦況が思いのほか良好なことから太平洋戦争の反攻作戦にも力を注ぐことにした。マッカーサーが進めているニューギニアでの反攻作戦も従来より強化された。そしてブナを起点にニューギニアの北岸を西進する作戦を進むことが許可された。

ニューギニア北岸をフィリピン目指して西進する連合軍にとっての障害は、その目前に立ちはだかるラバウルの存在だ。ラバウルの二百機を超す航空戦力の存在は連合軍にとり脅威となっている。ラバウルのあるニューブリテン島と東部ニューギニアの間のダンピール海峡は、ちょうどラバウルの航空威力圏にも収まっていた。日本軍側が連合軍の航空威力圏を恐れたのと同様に、連合軍も日本軍の航空威力圏を恐れたのである。そうはいっても、西進を目指すマッカーサーの南西太平洋軍は、このダンピール海峡の障壁、すなわちダンピール・バリアーは越えなければならない。これはソロモン諸島を進む南太平洋軍にとっても同じで、ラバウルは大きな壁となっていた。

マッカーサーはラバウルを攻略することで、この障害を取り除こうとしていた。こうしてラバウル攻略を目指す「カートホイール（車輪）作戦」が計画された。この作戦は南西太平洋軍と南太平洋軍の協同する作戦である。マッカーサーの南西太平洋軍は東部ニューギニアのラエと、その周辺の日本軍の拠点を奪取しながら、ダンピール海峡を越えて、ラバウルのあるニューブリテン島に上陸する。同時に南太平洋軍はソロモン諸島を西進してブーゲンビルへと進み、そこからラバウルに迫る形である。

これには両軍の協力が欠かせない、二方向以上から敵を目指す外線作戦では、各個撃破を避けるために各軍の連携した動きが必要なのである。

そこでマッカーサーは南太平洋軍司令官のウィリアム・ハルゼーと会見し、協調体制を取ることにした。会見を終えたマッカーサーとハルゼーは「生涯の友のような関係」を保ってみせて周囲を驚かせた。▼3

一九四三年（昭和十八）六月三十日未明、南西太平洋軍に属する米第41師団の一個連隊がラエ南方百キロのナッソウ湾へと上陸した。この頃の米軍にはまだ本格的な敵前上陸を行うだけの態勢が整っておらず、大戦後半には付き物となる激しい艦砲射撃等もできなかったため、上陸は風雨を突いての奇襲上陸の形を取った。サラモア守備隊に対しては三月以降、ワウから前進してきたオーストラリア軍が攻撃を行っている。米軍のナッソウ湾上陸はそれに呼応したものだった。

ラエ、サラモアの死闘

この頃、日本軍はラエとサラモア一帯に展開して守備態勢を取っていた。ひとくちにラエ、サラモア一帯と言っても五十キロも離れているので守備隊は大きく分散している。

この一帯には、第五十一師団を始めとして、ブナから撤退してきた部隊や、ワウから撤退してきた岡部支隊、それに海軍根拠地隊がいたが、守る広さを考えれば不十分な数としかいえない。こうした広い場所をそのような兵力で守る場合には、重要拠点に部隊を分散して防御する態勢を取るしかない。そして分散した防御は、最終的に各個撃破される危険があるのだがやむを得なかった。

ここでも補給物資が満足に届かないことから食糧不足に陥り、将兵は戦う前から消耗していた。ニューギニアの戦役は出だしのポートモレスビー攻略作戦に始まり、終戦に至るまで飢餓との戦いに終始するのだが、ラエもその例外ではなかったのである。

戦場を視察した大本営の瀬島龍三参謀は第五十一師団の兵力の四分の三は病人だと大本営に報告している。そうと知りながら、ゆくゆくはポートモレスビーへの進攻を夢見て、ワウ攻撃を命じた大本営の闇は深いといわざるを得ない。ともあれ日本陸軍にとってラエ、サラモア防衛戦は米軍に先手を取られた結果に起因するもので、持久は本来の方針ではなかったのである。

大本営の意向がどうであれ、劣勢な日本軍は受け身に立たされていた。日本軍も反撃を行いはしたが、ワウ方面とナッソウ湾方面の両方から次第に圧迫され防戦一方となっていく。

こうした連合軍の手をゆるめない攻撃を、日本軍は本攻撃と受け取っていた。だが連合軍の真の狙いはラエにあった。実はサラモア方面での攻勢はラエ攻略のための陽攻に過ぎなかったのである。日本陸軍には「真面目《しんめんもく》な攻撃」という言葉がある。これは陽動や助攻などで行う本格的ではない攻撃を指す。とはいえ陽動などでも、そうと悟られないように劣勢な兵力と知りつつあえて本格的な攻撃を命じることもある。「真面目な攻撃」という言葉が用いられるのは大概そういった場合である。普段そうしたことを口にしている日本陸軍が、まんまと連合軍の「真面目な攻撃」にはまってしまった。

サラモア自体も要地である。だから、ここを攻めれば日本軍は頑強に抵抗することになり、おのずからサラモアへと兵力

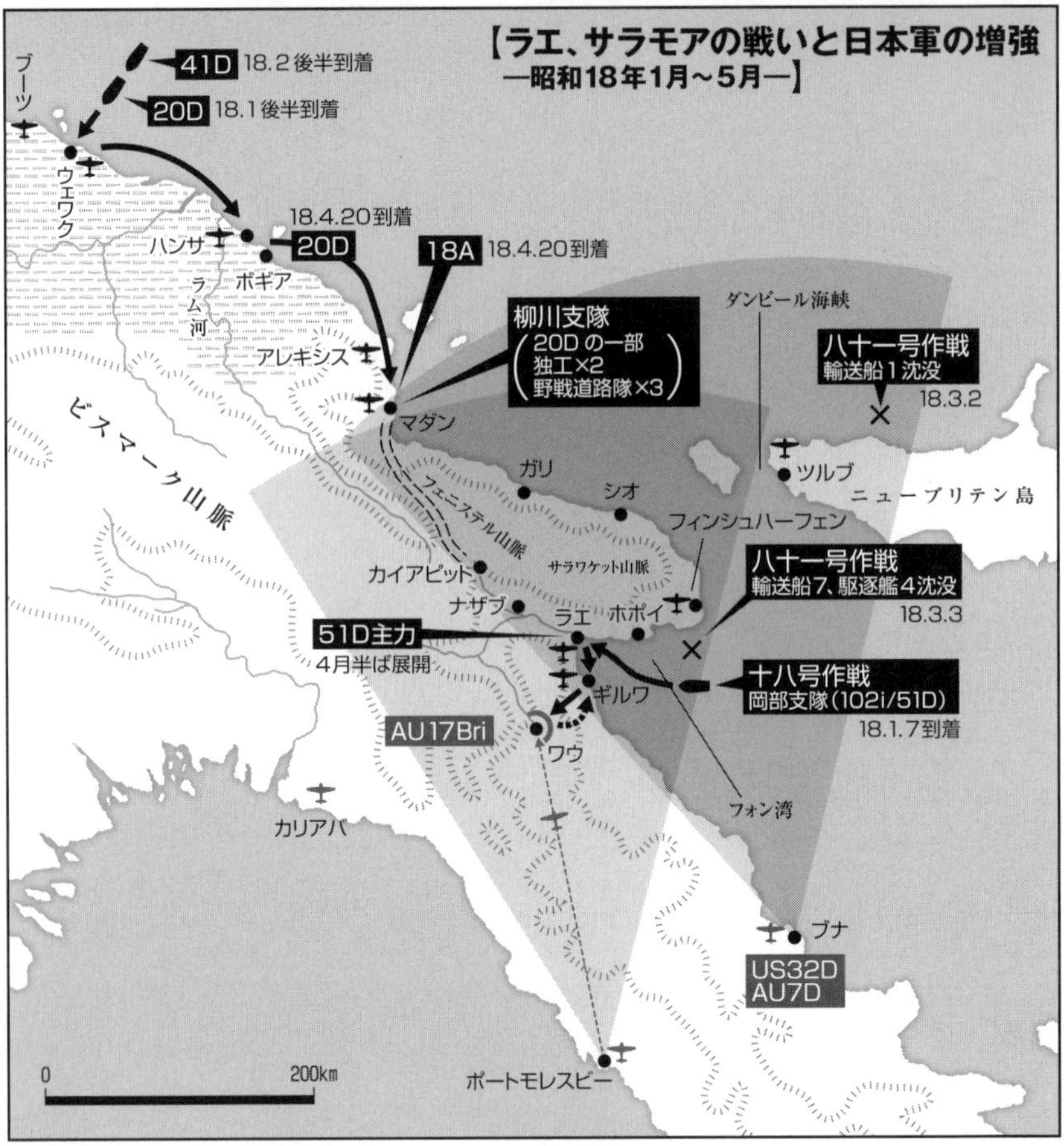

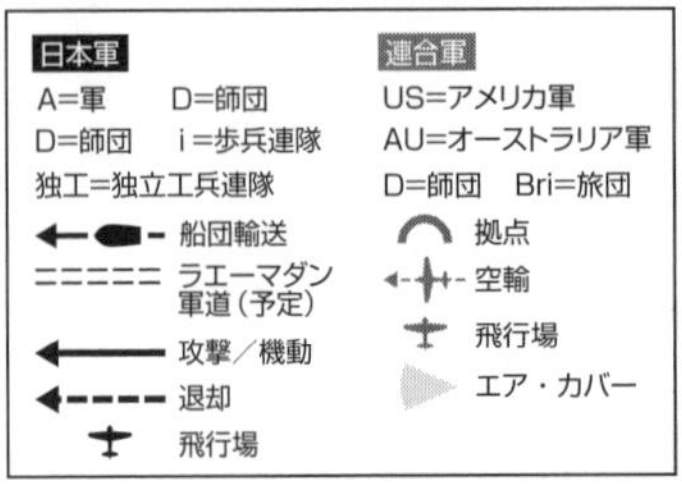

ブナ地区の撤退後、日本軍はラエ・サラモア地区へと兵力を送り込んだが、連合軍の航空優勢下で行われたこの輸送は、失敗。この結果、後続の師団を連合軍航空威力圏外に上陸させた。このため山岳地帯に新たに道路をつくる必要に迫られ、そのうえ輸送船不足から兵力の逐次投入が始まった。

1943年3月、ビスマルク海で日本軍輸送船を襲撃する米軍攻撃機。

ラエ近郊の破壊された日本軍作戦機

を吸引されてしまい、その分ラエの防御は手薄になるだろう。これがマッカーサーの読みであった。そのためには「真面目な攻撃」を行わねばならない。実際、日本軍はマッカーサーの読み通りにサラモアを死守する決意を固めていた。

九月四日、オーストラリア軍一個師団がラエ東方四十キロのホポイに上陸し、翌日には米503空挺連隊がナザブへと降下した。ナザブには放棄されていた飛行場があり、米軍はこれを整備して再使用を始めた。こうして外線の位置に展開した連合軍は、ラエ攻略を目指す攻撃を開始する。この時、サラモアはまだ持ちこたえていた、日本軍は半年に及び粘り強く抵抗を続けていたが、これは米軍にとって、かえって好都合だったことになる。

この頃になると、連合軍側は兵力を増強し、逆に日本軍は消耗する一方だったので、彼我の兵力差は十対一にまで開いていた。この劣勢な兵力で、三方向から敵軍に迫られたのでは守り切れない。さしもの日本軍もラエ、サラモアの放棄を考えるしかなくなった。

第五十一師団は最後まで死守する腹を決めていたが、第十八軍はラエ、サラモアを諦め、第五十一師団に対し九月四日、カイアピット、シオ方面へと転進するよう命じた。この後退で、少しでも兵力を温存して再起を図ろうというのが第十八軍の考えであった。前述のマダンからの道路構築が中止されたのはこの直後のことである。

マッカーサーの蛙跳び戦略と無謀なサラワケット越え

こうして撤退が始められたが、ラエ、サラモアの守備隊にとっては、むしろここからが地獄の始まりであった。沿岸は米海空軍が跳梁するので舟艇での撤退はできない。そこでサラワケットの山中に後退線を求めた。しかしながら、この山地は場所によっては標高四千メートルもある高山だ。しかも、そこに出るまでに食糧もないままジャングルと沼地を抜けなければならない。

無謀というほかない。とはいえ他に方策はなかった。

このサラワケット越えと呼ばれる退却行では一千から二千に及ぶ将兵が、餓死、弊死、凍死、絶望からくる自決により命を落としたと考えられている。最初の方で書いたようにニューギニアは農産物の豊富な土地ではない。運の良い将兵は現地の人々の食糧を入手して食い繋ぐことができたが、それは所詮、一部に限られた。現地人がどれだけ協力的だったとしても、ニューギニアの地理環境で万を超す人員を給養することはできない。こうして撤退開始時には八千五百名を超していた兵力が、撤退終了時には七千強にまで減っていた。ただ撤退するだけで日本軍は十から十五パーセントの兵力を失ってしまったのである。

連合軍のラエ攻略の狙いは、フォン半島のフィンシハーフェン、フォン湾、ビティアス海峡へと進出する足掛かりの確保にあった。

作戦線として見ると、ポートモレスビーからブナに出た連合軍はラエに進み、そしてフィンシハーフェンに至る作戦線ということになる。

マッカーサーの作戦構想は、拠点を少しずつ確保して前に進み、エアカバーを推進しながら、ラバウルのあるニューブリテン島の側面へと踊り出ることにある。そこからダンピール海峡を越えてニューブリテン島へ進出する予定にしていた。これに成功すればダンピール・バリアーを突破したことになり、後はラバウルという一大根拠地の攻略戦となる。フィンシハーフェン一帯はラバウルに王手をかけるための作戦的なポジションなのである。

当然ながら、日本軍もフィンシハーフェンが要衝であることに気づいてはいたが、ラエ、サラモアに兵力を集中してしまったことで、こちらの防御は手薄となっていた。マダンから兵力を動かそうにも、マダンは遠く、防備を固めるには間に合わない。

米軍は、こうして日本側の防御の隙を突いて上陸作戦を行った。事の重大さを悟った第十八軍はあわててマダンの第二十師団に反撃を命じたが、どうにもならない。第二十師団は、徒歩で進出を始めたが、攻撃を開始できた時には米軍上陸から一か月も過ぎていた。

この時には、米軍は守りを固め、疲弊した第二十師団の反撃を跳ね返した。それでも第二十師団は二か月に渡る戦闘を続行したが、これは消耗を加速させただけとなった。十二月二十日、限界に達した第二十師団はついに後退する。逃げる第二十師団はフォン半島付け根のシオに到達した。そしてサラワケットを越えてきた元のラエ、サラモアの守備部隊と合流した。こうして第十八軍は二個師団を集中できたのだが、これらの部隊は消耗し尽くして、残骸とでもいうべき状態になっていた。

連合軍は畳みかけるように攻撃を続け、今度は第十八軍の背後のグンビ岬へと上陸してきた。昭和十九年（一九四四）一月二日のことだ。

これはニューギニアにおける米軍のスキップ戦略の始まりであった。スキップ戦略とは日本軍の大きな拠点（従って守りは固い）はスキップ（飛ばして）して、その先へと上陸する方法だ。これは一九四三年（昭和十八）八月の米英の統合参謀本部によるケベック会議で決定した戦略方針だ。要点だけを確保して余計な消耗を避け、進攻のスピードアップを図ることにある。従来は後方連絡線を確保する必要から、日本軍の抵抗拠点をいちいち潰して前進していたが、この方式では十年かけても日本本土へは到達できそうにないと思われた上に、戦闘が多いだけに自軍の損害も増える結果にも繋がっていた。

これはマッカーサーの「蛙跳び戦略」としても知られているが、実際にはマッカーサーがスキップ戦略を作戦階層でも応用したとみなすべきだろう。

この方法は中部ソロモンでハルゼー提督も行っており、マッカーサーの回想録にも「古典的な包囲作戦に過ぎない」（『マッカーサー回想録』）と書かれている。マッカーサーの脳裏には、自分の父親がフィリピンの反乱鎮圧戦において行った一連の作戦のこともあったかもしれない。マッカーサーの父親はかつてフィリピンの湿地と河川と樹木に覆われた交通困難な地域において独立勢力の一連の防御線を攻撃したが、その攻撃法は『マッカーサー回想録』によると、

「マッカーサー将軍（マッカーサーの父親）の戦術構想はみごとなものだった。まず片方の翼（戦線の端のこと）、次いで反対側の翼と段階をつけて前進するというやり方で、まず一つの翼に集中し、次いで別の翼に移ることによって敵をあざむき、最初の攻撃の地点にはいつも敵より優勢な兵力を投入して敵の意表を突き、動いている方の翼は常に敵戦線への突入を活用して敵の翼を包囲し、できれば後退させる、という戦術だった。これが絵に書いたようにうまくいった。敵（フィリピンの反乱軍のこと）拠点は次々に落ち、新しい町が次々に占領された。反乱軍は勇敢で必死の抵抗をみせたが、いつも米軍に先手を取られてとまどい、まとまった戦闘部隊としての力を次第に失っていった：括弧内著者」。

というものであった。このフィリピン独立勢力の姿をニューギニアの日本軍に置き換えることもできる。

元のアイデアは古典的なものであったかもしれないが、マッカーサーのなした事は、航空優勢と制海権に担保される海上輸送力（と補助的ながら空輸能力）を利用した、新しい機動戦であった。そして、海上を使った迂回と包囲により、戦略的な前進の阻害要因である日本軍守備隊の頑強な抵抗をクリアして、キャンペーンを推し進めたところに作戦術的な発想を読み

取ることもできる。

こうした機動戦のために、空海（特に海の比重が大きいが）から消耗することなく日本軍の側面や背後へと進出できたのも、航空優勢の確保と海上輸送力を保持していたことが大きな要因であった。もし同じことを日本陸軍が実行しようとしても、到底できなかったはずだ。米軍のグンビ上陸は、日本軍の第四十一師団のいるマダンと、二個師団その他戦力のいるシオの間を分断することになった。こうして日本軍二個師団を基幹とする兵力が後方に取り残されてしまった。取り残されたシオには既にオーストラリア軍が迫っている。第十八軍はシオの部隊を玉砕させる代わりにマダンへの転進を選択した。ここで二個師団が玉砕してはその後の防衛戦もままならないからである。

この退却行はサラワケット越えの再来となった。またしても飢餓と疲労により山中を突破する最中に千名の将兵の命が失われた。二月下旬、部隊はマダンへと到達し退却行は終了した。しかし、マダンに到達した部隊にはさらなる悲惨な退却行が待ち受けていたのである。

ダンピール・バリアーの突破

少しずつ前進を続けていた米軍だったが、一九四四年（昭和十九）を迎えてもなおダンピール・バリアーを突破することはできないでいた。確かに、ラバウルの側面に出つつあり、状況は好転してはいた。それでも行く手ははるか先に思われた。米軍に時間をかけさせたという点では、日本陸軍の死闘は評価できる。
このように見た目の変化は大きなものには思われなかったが、ラバウルの側面に連合軍が回り込んできたこと、何より日本軍自身が消耗しながら後退を続け、後退途中でさらに消耗したことで、戦いの潮目は連合軍有利——日本軍不利という状態へと変化し始めていた。
とはいえ連合軍の目前には、いまだ航空機二百機を要するラバウルが厄介な存在として君臨していた。西進を目論む連合軍にとって、ラバウルは側面陣地として機能していたのである。[▼4]
だが、この状況に対して意外なところから劇的な変化がもたらされた。それはマッカーサー指揮下の南西太平洋軍の努力ではなく、米機動部隊のトラック空襲というまったく別の場所での出来事であった。

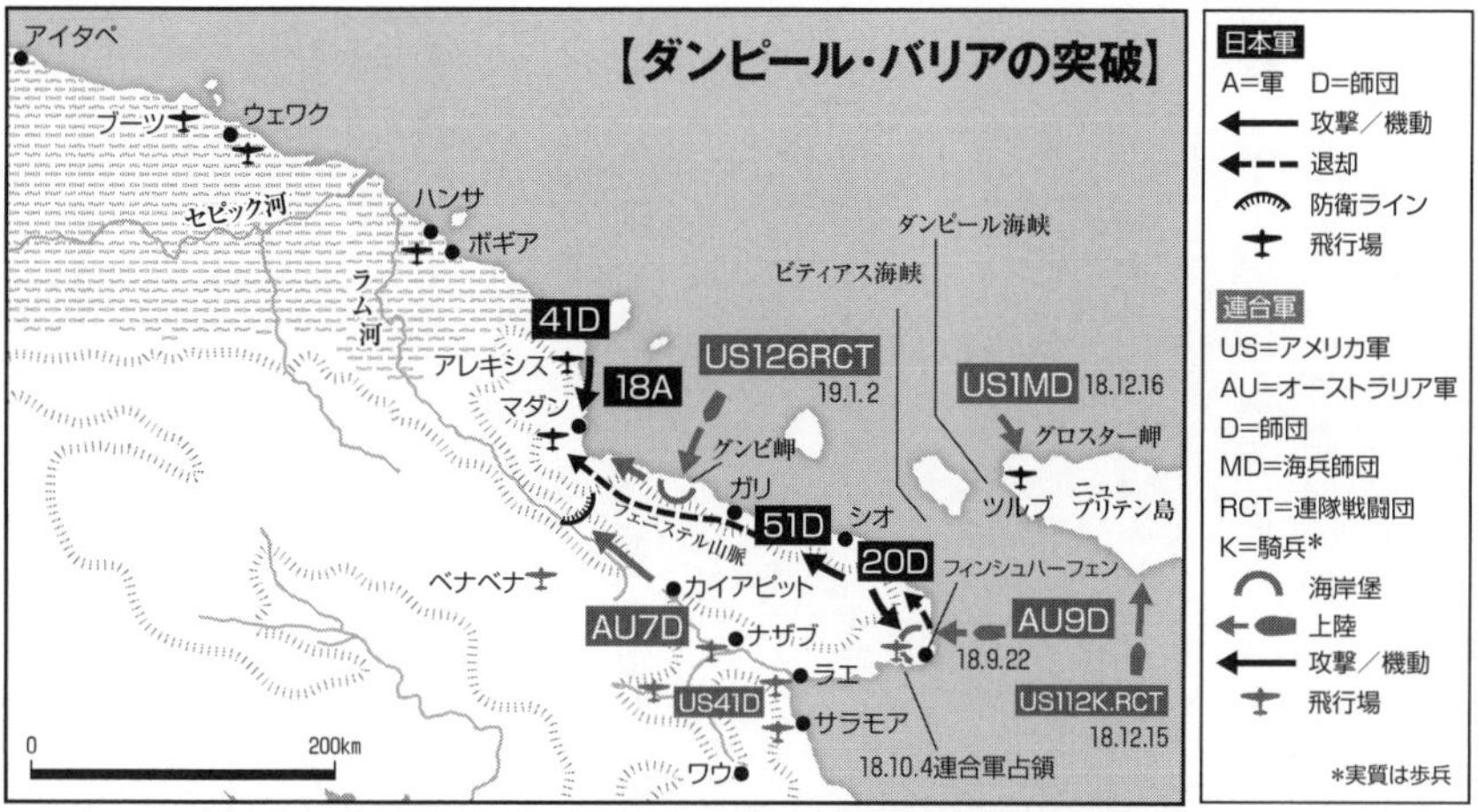

ラエ・サラモアの戦いで勝利をおさめた連合軍は、引き続きニューブリテン島の対岸フィンシュハーフェンに上陸した。日本軍はマダンから機動してきた第二十師団が迎撃したが、道路状況の悪さから火砲をほとんど運べず、反撃に失敗した。さらに年が明けるとグンビ岬にも上陸され、第二十、五十一の両師団は後方に取り残され、再度山岳地帯を後退することになった。12月16日にはニューブリテン島のグロスター岬に米海兵隊が上陸。ついにダンピール海峡は突破された。

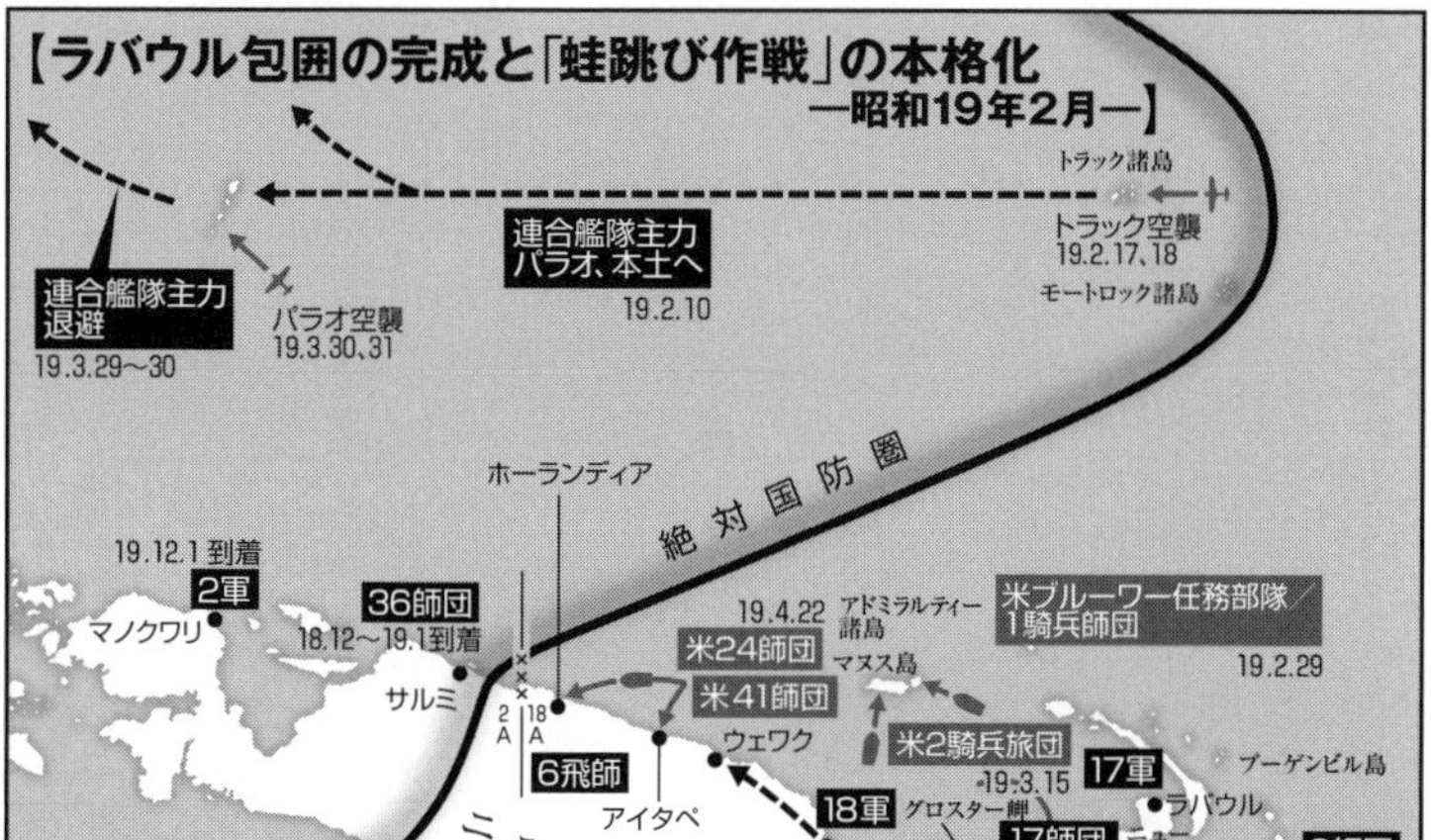

連合軍は、ダンピール海峡突破とほぼ同時に、マヌス島に上陸。これにより、フィンシュハーフェンの戦いとブーゲンビル島タロキナへの上陸とあわせて、ラバウルの包囲が完成した。さらにトラック空襲によって日本軍の航空脅威を排除したことから「蛙跳び作戦」の躍進距離を延ばし、日本軍後方拠点のアイタペとホーランディアに上陸した。ここにいたり第十八軍は補給が途絶し、かつ遊兵と化した。さらに連合軍のこの攻勢は、あらたに策定された「絶対国防圏」の鼻先に突き付けられた刃となった。

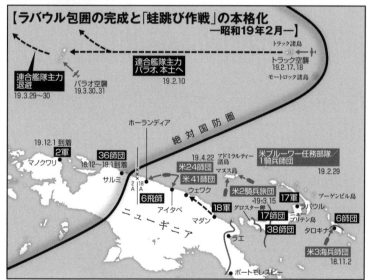

一九四四年（昭和十九）二月十七日に突如として米空母部隊が日本海軍の一大拠点であるトラック環礁に襲いかかり、トラックの日本海軍航空兵力に壊滅的被害を与えた。この結果、日本海軍は根拠地をトラックからパラオ諸島へ後退させるとともに、ラバウル航空隊そのものも後方へと引き揚げてしまった。こうしてソロモン諸島と東部ニューギニアの両方の連合軍の前に立ちはだかっていたラバウル航空隊という脅威は突如として消え去ってしまった。

これに先立つこと半年以上前の昭和十八年（一九四三）八月の米陸軍機の攻撃で、ニューギニアの陸軍航空隊第六航空軍が壊滅的損害を被っていたことから、東部ニューギニア方面では日本軍機の姿は、ほぼ消え失せることになった。こうして連合軍は日本軍機を気にせず、大胆にフリーパスで海上を機動する権利を得たのである。連合軍にとって、それまで日本軍機の脅威で思うさま移動することのできない障壁（バリアー）であった海は、陸上機動よりはるかに速い機動を可能にするハイウェーと化した。

こうした状況変化を受けて、米統合参謀本部はラバウル攻略の方針を撤回し、包囲する方向へと戦略目標を転換することにした。日本軍はラバウル防衛に十万以上の兵力を注ぎ込んでおり難戦が予想されていたが、所在の航空兵力が居ないのなら無理に落とす意味はない。そこで米統合参謀本部は、ここでも蛙跳び戦略を応用することで、ラバウルを迂回して、これを包囲することと決めたのである。

この戦略に沿って、まず米軍はラバウルのあるニューブリテン島南側のグロスター岬に上陸。北部ソロモンのブーゲンビルも押さえると、最後の仕上げとして、ラバウルの背後にあたるアドミラルティー諸島へと上陸した。これで包囲網は完成しラバウルは孤立した。そして十万の日本軍兵力が終戦まで事実上遊兵と化したのであった。かくしてダンピール・バリアー突破は完全に達成され、東部ニューギニアのキャンペーンは実質的に終了した。

奇襲、ホーランディア上陸

ラバウルが孤立し、側面陣地として機能しなくなった結果、連合軍は海上を行動する自由を手にすることになった。行動の自由を得たマッカーサーは、従来の小刻みな海上からの迂回をやめ、一九四四年（昭和十九）四月二十二日、グンビ岬から六百キロも離れたホーランディアへの上陸作戦を敢行した。

これは「蛙跳び」を従来よりもはるかに大規模に行ったものであった。ホーランディアは連合軍のエアカバーがギリギリ届く距離で、航空支援を満足に行えないというリスクを抱えていたが、マッカーサーは敢えてリスクを取った。それと同時に保険を掛ける意味合いで、中間のアイタペにも同時に上陸して、その飛行場も確保することにした。これはニューギニアの戦局を一気に変える決定的要因となる。

最近まで戦場であったグンビ、マダン地域から、いきなり六百キロも西側にあるホーランディアに米軍が押し寄せることは、日本陸軍にとってまったく想定外の事態であった。確かに第十八軍も米軍が進攻することは想定していた。上陸前日の電文では四月下旬に米軍の上陸進攻があるとしながらも「マダン、ハンサ間、カルカル付近への敵上陸の公算が最も大、次いでウェワク進攻の公算大」となっていて、一度はホーランディアの手前に上陸するであろうと考えていたことが解かる。

ホーランディアに関して「実現の算なきにあらざるも——中略——実現性少なきもの」というのが第十八軍の見通しであった。ホーランディアに米軍が来るとは想定していない第十八軍は、ここには戦闘部隊をほとんど配置していなかった。こうして米軍はリデル＝ハートのいう最小予期路線を突いたことで、間接的アプローチの効果を得た[5]。奇襲とは、予期せぬ攻撃で慌てさせることばかりをいうのではなく、予期せぬタイミングと場所を突かれて不利な状況に陥らせることでもある。

案の定、日本軍はまともな応戦ができなかった。ホーランディアには陸軍の第四十九停泊場司令部と海軍の第九艦隊司令部が置かれ、三十キロほど奥には飛行場三個を持つセンタニ飛行場群があって、第六飛行師団主力が所在していた。

地上戦闘部隊を持たないに等しいホーランディアの日本軍は、急遽、第三野戦輸送司令部指揮下の兵站地区隊、海上輸送大隊といった後方支援部隊をかき集め、第三野戦輸送司令部の北園少将を指揮官とする北園部隊を臨時に編成して防戦を試みた。

北園部隊の戦闘部隊は、南洋第六支隊のみだ。この支隊とて将校、下士官のみで構成される基幹部隊でしかなく、兵力の来るのを待っている状態であり、まともに戦える状態は整っていない。

寄せ集めの北園部隊の他には、海軍の第九艦隊に属する第九十警備隊がいた。これらを合わせた兵力は八千名弱、これで空軍と海軍の支援を受けた米軍一個師団を相手にしての防戦に期待することは不可能である。一般に日本軍は勇敢でよく戦ったといわれる。実際、ペリリュー島や硫黄島などそうした実例は少なくないが、これは戦闘訓練を受けた歩兵や砲兵の話

1944年4月22日、ホーランディアに上陸したアメリカ軍。

ニューブリテン島東部のグロスター岬に上陸し、日本の反撃を撃退するアメリカ海兵隊。

だ。いかに日本軍といえども戦闘訓練をほとんど受けておらず武器も乏しい後方支援部隊に勇戦敢闘を期待することは間違っている。

果たして、ホーランディア守備隊は抵抗らしい抵抗もしないまま、米軍上陸を許して潰走してしまった。その様子はマッカーサーの回想録に「上陸がこれほどたやすいとは思わなかった」、（日本軍の）退却の後には「炊きかけの米が飯盒の中で煮え、ありとあらゆる種類の兵器や所持品が置き去りになっていた」と書かれているほど慌ただしいものだった。

上陸当日夜半、北園部隊と第九艦隊司令部部隊は早くも、第二軍の第三十六師団がいるはずの西方のサルミへと向け脱出を図った。しかし、道なきジャングルで一行はバラバラとなり、第九艦隊司令部は壊滅した。その最後は不明確だが、司令官と副官は山中で自決、参謀二名は餓死したと推測されている。

センタニ飛行場群では、稲田正純第六飛行師団長（心得）が飛行場大隊などを集成した臨時の地上部隊で米軍に対し応戦を試みていたところ、後退してきた北園部隊が合流した。

ここでも北園部隊は、防戦したものの三日と持ちこたえることができず、稲田少将はサルミへの後退を命じた。センタニ飛行場群の守備隊を含めたホーランディア一帯の日本軍将兵、計一万四千五百名は、サルミを目指して後退したが、将兵を待っていたのはそれまでのニューギニアでの陸行と同じく餓死、病死、疲労死と、絶望による自決であった。こうして第九艦隊と第六飛行師団は地上で壊滅し、ホーランディアと付近の飛行場もともに米軍の手に渡ったのである。

海上を利用した機動戦

ホーランディア上陸と同日に行われたアイタペへの上陸も、日本側の意表を突いた奇襲となり、第十八軍を分断することに寄与した。

ここでも日本軍の守りは手薄であった。第二十師団の補充要員四百五十名からなるアイタペ警備隊のみが戦闘部隊で、残りは兵站部隊や船舶部隊、航空部隊など、合計しても兵力二千に過ぎなかった。そこへ米軍二個連隊が押し寄せたことから、日本軍には後退する以外になす術がなかった。そしてこの後退によってアイタペの部隊は事実上壊滅することになった。

ニューギニアの戦いにおける日本軍の損害はブナやワウなどのように直接の戦闘損失も少なくはないが、それ以上にジャングル内で補給が欠如したままでの行動に起因した消耗が多い。これは日本軍を追い込んだ連合軍の作戦勝ちという他ない。ニューギニアでは、ただ後退するだけでも莫大な損害を強要されるのだが、これは戦前にニューギニアの地理、地誌を知悉していなかった日本陸軍にとって、想定外の出来事であった。

米軍のホーランディア上陸は日本軍が考える東西ニューギニアの接点付近へ楔を打ち込むことになった。分断された第十八軍は敵中に孤立し、策源地との連絡も断たれ、補給もままならない状態へと追い込まれ、戦闘組織として足腰の砕けた状態にされてしまった。糧食も四か月分しか残されておらず、自給も簡単にはできそうにない。既に述べたようにもともと多数の人員を養うゆとりなどないのである。

これがホーランディア上陸の真の効果であった。ホーランディアはフィリピン諸島への前進のためのポジションとしての意味があるが、ここに打った布石はそれ以上の効果を米軍にもたらしたのである。

こうして、マッカーサーのホーランディア上陸作戦は、地上決戦がないまま、一個方面軍の命運を決してしまった。意表を突いた敵背後への上陸とその効果、これは海上を利用した機動戦の真髄と言えた。

東部ニューギニア戦の連合軍の勝因、そして日本軍の敗因は何だったのだろうか。その原因はいくつか考えられるが、ひとつは連合軍が航空優勢を保持し、その威力圏下で行動する作戦パターンを打破できなかったことである。

もうひとつは日本側がニューギニアの地理的条件にあまりに無知で無謀な行動をとってしまったことにある。ニューギニアの自然は日本軍にとって敵となっていた。マッカーサーはジャングルで日本軍を始末させるとうそぶいていたが、サラワケット越えの例や第九艦隊司令部の最後のように、これもあながち間違いとはいえない結果となった。

とはいえ、ここまでは結局のところ戦術階層という狭い範疇の話でしかない。

あらためて作戦階層を観察して涌いてくる思いは、作戦――むしろ作戦術と呼ぶ方がふさわしいかもしれない――において日本側は連合軍側に負けたのではないかという疑問である。

作戦階層でまず目につくのが、日本側にはやらない方がよかった悪手が散見されることである。南海支隊のポートモレスビー攻略や岡部支隊のワウ進攻、マダンからの道路構築などはその例と言える。こうした悪手を打つことになる背景にあったものは、繰り返すがニューギニアの地理的条件を十分理解せず机上で作戦を考えたところにある。

そして、もうひとつ米軍の側には無自覚であったにしても作戦術的な発想が見られることに着目したい。南太平洋、南西太平洋両軍間の調整、ラエ、サラモアの戦い、スキップ戦略などには作戦術的発想があると著者には見える。結果として日本側は悪手を連発し、米軍側は作戦的に一枚上手を取ったことになり、上手を取られた日本陸軍部隊は、悲惨な退却行を強いられて消耗度を深めた。この消耗はガダルカナル島のように海軍の責任に帰すことはできない性質のものである。

勝敗を分けた用兵思想の差

日米の差を分けた原因には、両軍の用兵思想の差異もあった。ニューギニアという巨大な島でも、航空基地や根拠地となる港湾（泊地）といった要地、すなわちポジションの取り合いとなる。要地の確保、奪取には地上部隊が必要だが、日米双方とも本国から一気に遠隔地まで大兵力を送り込むことはできず、逐次、要地を確保しながら前へ前へと作戦線を推進する戦いを余儀なくされた。

この戦いの方式は航空戦力の掩護下でなければスムーズに行えず、敵航空機の威力圏内では輸送船を移動させることさえままならなかった。しかも要地と要地の陸路での移動はまともにはできないことから、軍事行動のほとんどは、海路を進む島嶼戦の様相となった。こうした戦いの様相では、繰り返しになるが戦いは連続する。ニューギニアの戦いも、ソロモン諸島と同様に戦役（キャンペーン）である。

ソロモン戦役でもそうだが、キャンペーンを進めるに際しては、必ずしも決戦は必要とされない。重要なのは、前へ前へと部隊を推進して戦略目標――東部ニューギニア戦役ではラバウル、最終的にはフィリピンがそれだ――を確保することにある。このため逐次に港湾や飛行場を奪取していく作戦を繰り返し行えばよく、敵軍に決戦的な戦いを挑んで、殲滅することは必要な条件ではない。この考えは決戦を重視してきた日本軍のドクトリンとはそりが合わなかった。キャンペーン概念を忘却した日本陸軍は、決戦的に戦うつもりで、ひたすら前に出て戦う姿勢を見せたが、これが結果的にポートモレスビー進攻やワウ攻撃などの悪手の連発に繋がっていった。

米軍にはキャンペーン概念が存在していた。島嶼戦にこれが当てはまることはオレンジ・プランの立案作業の段階で確認済みだったといえるだろう。より古くには、マハンの海軍戦略の中に根拠地推進という考えが存在していたことから、米軍にとって太平洋での島嶼戦がキャンペーンであることは、戦前にはもう自明の理だったのである。

このようにキャンペーン概念を持ち得たこと、それに古典的な用兵思想である、外線・内線の関係や作戦線あるいは迂回、さらにはマハンの根拠地推進の考えなどが組み合わさったことから、米軍が作戦面で日本軍より一歩進んだ結果を生んだことになる。大げさにいえば、ニューギニアにおける日本軍と連合軍の戦いは、決戦主義とキャンペーン思想の戦いとも言えるのである。

●註

▼1　一九四二年初め、オーストラリア陸軍は急いで編成した歩兵師団十一個と機械化騎兵師団二個、装甲師団一個を有していた。これでもオーストラリアという大陸を守るには少ないと考えられた。しかも、この部隊数も無理に兵力を集めたことによるものでオーストラリアの国力では維持ができず、翌年に約半分に削減されている。

▼2　軍事には用兵を考える科学（サイエンス）の側面と、実際に部隊を運用する兵術（アート）の側面、そして軍隊組織を管理（マネジメント）の側面が存在しているが、米軍はこのマネジメント能力の高さが強みのひとつだった。よく言われる物量の力もマネジメントがあって発揮できたといえるだろう。むろん例外はあるが、それでも他国の軍隊と比べればマネジメント能力で優位にあったと思わざるを得ない。

▼3　話がずれるが、大戦間期からソ連は作戦術という理論を提唱していた。西側がこの理論を評価するようになるのはベトナム戦争後のことになるが、その作戦術では異なる軍や方面軍のハーモナイズ（協調）が考慮されている。図らずもマッカーサーとハルゼーのやり取りは、無自覚のうちに作戦術的な行動をなしていたのである。太平洋戦域における米軍は、しばしば陸海軍間で対立を繰り返したが、その解決を

図る場合には単なる棲み分けを図るだけではなく用兵思想的なメリットを享受する解決を行っていることは、もう少し注目されてもよい。

▼4　側面陣地とは敵部隊が目標に向かう際に、その進路の横方向（側面）に位置し、脅威を与えて行動を牽制する効果があるが、ラバウルは連合軍に対して、まさしくそのような効果を発揮したのだ。十八世紀からある古い概念だが、太平洋の島嶼戦は、海洋でもこの考えの有効性を示したことになる。もっとも、その威力発揮の手段は大昔の騎兵の突撃ではなく、航空戦力という違いはあった。ともあれ側面陣地のある場合、目標に向け前進するに際しては、側面陣地を攻略するか、あるいは無力化する必要がある。

▼5　間接的アプローチとは、正面衝突を避け、間接的に相手を無力化・減衰させる戦いの方法を指す。第一次世界大戦後に英国の軍事評論家B・H・リデル＝ハートによって提唱された。

コラム③　殲滅戦略と消耗戦略

二十世紀初頭のドイツにデルブリュックという軍事史家がいた。デルブリュックはプロの軍人ではなかったが、過去の軍事史を考究していた。この研究を進めるうちにデルブリュックは、戦略には二つの類型が存在することに気づく。さらにデルブリュックはこの二つの戦略類型の存在を双極的な戦略と考えて、それぞれ「殲滅戦略」と「消耗戦略」と名付けた。

このように戦略を二分類する手法はデルブリュックが先駆だが、現在では、「順次戦略」と「累積戦略」、「攻勢戦略」と「防御戦略」などといった考えも存在している。

デルブリュックのいう「殲滅戦略」というのは字義通り、敵軍を完全に消し去るということではない。我が方の要求を拒むことのできないほどに、敵の軍事力、対抗手段を奪い去ることを指す。対抗できなくなることが「殲滅」で、こうすることで敵をして交渉の場に引きずりだすことだ。「殲滅」といっても別に最後の一兵まで殺戮したり捕虜とする必要はない。

この殲滅戦略では、軍事行動の重心である敵の軍隊組織を崩壊させ、士気を阻喪させることで「殲滅」し、これで自軍の政治的目標達成のための行動に敵が干渉できなくすることを目指す。殲滅の手段としては、敵部隊だけでなく社会的、経済的基盤の破壊を通じて行われることもある。

反対に殲滅戦略のための軍事行動の支援として外交、経済、情報などの手段も使われる。これを国家間戦争で突き詰めていけば、国家総力戦を招くことになる。

一方、「消耗戦略」は「困憊戦略」と呼ばれることもあり、しばしば「殲滅戦略」と対置される考え方である。

消耗戦略の目的とするところは、政治的に沈静化を図った方が有利であると思わせることにある。敵の消耗を強要して戦い続ける意志（やる気といった方が解りやすいかもしれない）を挫き、和平に応じる方が交戦を続けるよりも望ましいと思わせる戦略である。砕いていうと「もう戦う気力はありません」と思わせれば勝ちという戦略だ。それゆえ「困憊戦略」という訳語もある。

喩えていえば「殲滅戦略」はノックアウト勝ちを目指し、「消耗戦略」は激しく体力を消耗させ足腰を立たなくさせる、または疲れて果ててやる気を失わせて「もうやめよう」と言わしめる戦い方とでもいえようか。

ここで、誤解されるのは消耗戦を敵味方双方が消耗していく戦いと捉えることだ。確かに、戦いの様相として双方が消耗する「消耗戦」は存在する。しかしながら、一方的に相手を消耗させる戦いこそが理想的な「消耗戦」である。だから本来「消耗戦略」の目指すものは敵側の消耗であって、自軍も消耗することではない。その意味では、日本は国力に乏しいから「消耗戦略」には不向きだとするのは、ややはき違えた考えである。

日本軍にキャンペーン概念が欠如した理由としては、この消耗戦を避けようとする意識もあった。国力に劣り長期戦を避けるなら消耗戦を避け、短期決戦によるべきだという考え方である。

少なくとも日本軍のドクトリンの根幹にあるものは「決戦主義」であって、その手法としての「包囲殲滅」が称揚されていたのは確かで、反対に持久は戒められていた。ここには消耗戦の付け入る余地はない。ニューギニアでもこのドクトリンは個々の作戦方針に反映され、日本陸軍は決戦的な戦いを求め続けたが、皮肉にも逆に自軍の消耗に繋がった。

もっとも米軍側にしても特段「消耗戦略」を意識していたわけではなく、さりとて「殲滅戦略」を意図していたのでもなかったが、結果として消耗戦に勝利したのである。

コラム④　機動戦と消耗戦

「機動戦」と「消耗戦」という戦い方の類型、この二つはしばしば対置される。これは戦略の分類ではなく、戦い方の、あるいは戦いの様相を指す概念である。とはいえ消耗戦の目指すものは、「消耗戦略」を説明したように敵軍を消耗させて戦えなくさせることを目指す。敵軍を消耗させることが目的で、自軍までをも消耗させるのは戒められる。

これに対して「機動戦」は、機動、つまり戦うために移動することで自軍に有利な位置、敵軍を不利な位置に追い込んで勝とうとする戦い方を指す。不利な位置に追い込まれた敵は連絡線を遮断され補給が途絶する、あるいはこれを避けるために後退を強要されるなど敗北に繋がる行動を余儀なくされることになる。

機動戦にはもうひとつ機略という重要な要素がある。大正十年（一九二一）の『兵語の解』には「好機に乗じて敵の不利な形勢に乗ずる運動的性格を有する戦い」とあるが、要は、有利な位置取りだけでなく、好機を捉えることも機動戦の範疇には含まれているのである。

この好機をとらえることが機略であり、部隊の動きにより積極的に好機を生み出そうとすることも機動となる。近年では機略の要素を重視して「機略戦」「詭道戦」といった用語も提唱されている。

「機動戦」というと、戦車などを使った機甲戦や電撃戦と混同しがちだが、これは誤りである。

また「機動戦」と似た用語に「運動戦」という言葉がある。これは土地にこだわらず彼我双方が動き回る戦い方を指す。この運動戦に対置される概念は「陣地戦」で、これは文字通り陣地に固着した戦い方を指している。重要な都市などを守る場合など、都市の周囲を陣地線で囲むことがあるが、こうした場合に陣地戦が発生しやすい。

ホーランディア上陸を代表とするマッカーサーがニューギニアで行った作戦は、この意味での機動戦であった。その効果が絶大であったことは既に書いた通りである。

ところでニューギニアの戦例を見た時に気づかされるのは「機動戦」と「消耗戦」は必ずしも対置した関係とばかりはいい切れないということである。

ホーランディア上陸作戦を例に取ると、日本軍の予想外の時期に、上陸を行って、そこに楔を打ち込み、第十八軍の組織をバラバラにした効果は機動戦のそれだ。同時に、この上陸作戦で追い立てられた第十八軍は文字通りの消耗を強いられている。付け加えるなら、窮地に陥った第十八軍は、この後でアイタペにおいて救いをもとめ無理を承知で攻勢を敢行し消耗度を深めている。要するに、機動戦は消耗戦に寄与するだけでなく、消耗戦を誘う可能性もある。

そしてまた、第十八軍の敗北戦例を見るに、機動戦はうまく使えば、守ろうとする敵部隊を動かしたり、攻勢に誘い出すこともできるが、これは「機略」の発想と言える。

第五章

「Z作戦」と米軍のマーシャル・バリヤー突破

1943年、トラック島に停泊する『大和』と『武蔵』。

柴崎恵次少将

古賀峯一海軍大将

1942年2月、米軍が空襲時に撮影したマキン環礁の航空写真。

船舶の支援、メンテナンスに必要な工作艦『明石』。

第三段作戦

ガ島戦役以降、日本軍は後手に回り戦局は連合軍に押される展開となっていった。戦局が攻守所を変えたことから、日本海軍は攻勢的な色彩の強い「第二段作戦」をとりやめると「第三段作戦」へのシフトを図る。

「第三段作戦」とは、ひとことでいうなら防備を固め来寇する連合軍部隊を撃破するという作戦のことである。その方針には「戦略要地ノ防備ヲ速ヤカニ強化シ敵来寇セバ海上及航空兵力ノ緊密ナ協同ノ下ニ之ヲ先制撃破ス」（戦史叢書『大本営海軍部・連合艦隊〈4〉』）と書かれている。

このため、まず基地航空隊によって速やかに制空権を確保し、機を見て敵艦隊を奇襲して、海上及び航空戦力の緊密な協同のもとに先制撃破する。このような「第三段作戦」における米艦隊撃破のカギは、空軍と海軍の緊密な連携にあった。

「第三段作戦」の土台となるのは、戦略要地となる地上、すなわち島嶼の守備であった。米軍が島嶼を攻略するには、まず上陸作戦を敢行しなければならない。当然、上陸支援にあたる米艦隊も来るから、これを機会に米艦隊を攻撃し撃破する。そういえば聞こえはいいが、上陸作戦支援でもなければ米艦隊は姿を見せても、すぐにいなくなってしまう。事実、開戦直後の時期に日本海軍は、このような米空母のヒットエンドラン的な奇襲に悩まされていた。逆に、上陸作戦を梃にして迎撃に出てくる米空母撃滅という含みを持った作戦が「ミッドウェー作戦」だったのである。

いずれにしても、日本海軍には米空母撃滅のために島嶼の上陸作戦を利用する発想があったことは注目されてよい。この発想は、これ以後、レイテ島の戦いにまで根強く残ることになる。こうした発想の出てくる根幹には、常時動き回り遠距離から攻撃が可能な空母部隊は発見しづらく捕捉することが難しいという問題がある。太平洋戦争において空母同士の戦闘が発生するのは「珊瑚海海戦」から「レイテ沖海戦」まで常に何らかの地上の戦いが関連しており、洋上で唐突に空母戦が発生することはなかったのである。

「第三段作戦」の方針は、昭和十八年（一九四三）三月二十五日に軍令部から連合艦隊に宛てて指示された。ところが、その直後に山本連合艦隊司令長官は戦死。後任には古賀峯一大将が親補された。この異動によって第三段作戦の連合艦隊各部隊への令達は大幅に遅れ、八月になってようやく各部隊のもとへ届いた。連合艦隊は、攻勢から守勢へと転向しようという重要な時期に、五か月ものあいだ確固とした方針を欠いた行動を余儀なくされたことになる。

「第三段作戦」の令達では「当分の間主作戦を南東方面（ソロモン方面のこと）に指向し航空作戦を主体」とするとされていた。それと同時に連合艦隊は「海上兵力の大部は之を内南洋（南洋諸島海域）方面に集中」とされ、連合艦隊の主力はトラックに在泊して、いずれ来るであろう米艦隊に備えることとなった。

トラック島と内線

連合艦隊が在泊するトラック（チューク）は、南洋群島の真ん中やや南寄りに位置する。よく「トラック島」と呼ばれるが正確には多数の小島からなる諸島で環礁をなし、これら小島に囲まれた海面は波が穏やかで、艦艇にとって良好な泊地をなしていた。何より、その位置は前進する米艦隊を待ち受けるのに絶好のポジションにあり、それゆえに日本海軍は戦前から、トラックを前進根拠地としていた。トラックの前面には米軍がマーシャル・バリヤーと称していたマーシャル諸島が広がっている。第一次世界大戦によって、日本は元ドイツ領であったミクロネシアの赤道以北を委任統治領として手に入れた。マーシャル諸島はこの中に存在する。大戦間期、日本海軍はマーシャル諸島という空間を漸減邀撃作戦に取り入れて、広大な海域で米艦隊を撃滅していくことを想定していた。

この想定では、潜水艦や駆逐艦、航空機が米軍を少しずつ消耗させ、最後に主力による艦隊決戦という段取りが組まれていた。この場合、トラックの位置は、軍事的に解釈すると内線における中央陣地（中央位置ともいう）となり迎撃のためには好都合である。内線、外線というのはもう少し詳しく言うと、彼我の状態を表す概念だ。包囲するような、あるいは外側から敵に迫るような形を外線と呼び、逆に迫りくる敵に対して中心近くに位置する形が内線になる。

これは第三段作戦時点の状況でもあまり変わらない。かつての漸減邀撃作戦は姿を消しはしたものの、米軍は広いマーシャル諸島、あるいはソロモン、ニューギニア方面のいずれかから来るのは間違いないからである。外側から迫る敵が、どの方向から来ても、その出方に応じて迎撃できることが内線の位置を占めるメリットに他ならない。とくに敵が分散して攻めてくる時は、動き回る（機動という）ことでまず北の敵を叩き、次いで南の敵を叩くなどといった策を取れる。これを戦術的には各個撃破という。

軍事の天才ナポレオンが、この内線の位置を利用してオーストリア軍に対して勝利を収め、これを十九世紀の軍事理論家であるジョミニが広めて以来、内線と外線という考え、そして内線の位置を利用した有利さは各国陸軍の間において軍事の基礎的常識となった。守勢に転じて、連合軍の進攻を待ち受ける日本海軍が中央位置であるトラックを根拠地としたのは自然なことであった。

「Z作戦」要領

昭和十八年（一九四三）八月十五日、新しく就任した古賀連合艦隊司令長官は連合艦隊としての戦い方を示す「Z作戦要領」を、連合艦隊所属の各部隊へと下達した。先に出された「第三段作戦」は、連合艦隊の上級組織である軍令部の出した方針で、今度出された「Z作戦」は実戦部隊である連合艦隊の作戦要領というところに相違がある。

それはともかく、「Z作戦」の目的は、来攻する米艦隊を連合艦隊の全力を集中して「撃滅」する点にあった。これは「第三段作戦」の考えと合致する。そして出てくる敵を撃滅するという点で内線の位置を利用した戦い方ともなっている。これならば敵に損害を与えたとしてどうするか。当時、海軍省兵備局長であった保科善四郎は『語りつぐ昭和史』（朝日新聞社、一九九七年）の中で「マーシャル付近の米海軍の機動艦隊に一撃を加えて、この時期に終戦をやることにする」と考えたと回想している。作戦に直接関わらない海軍省側の回想だが、考え方として妥当性は感じられる。クラウゼヴィッツの「戦争は外交の延長」という箴言を持ち出すまでもないが、作戦は戦略に結び付いていなければならず、戦略を念頭に置かない作戦というものはあり得ない。

いずれにせよ来寇する米艦隊を撃破することには違いないが、米軍の出方は不明である。そこで「Z作戦」では、北は千島列島から南はソロモン諸島方面までの広い海域を第一から第三までの邀撃帯に区分して、米艦隊の出方に応じて迎撃するという構想になった。

連合艦隊司令部は、米軍はおおむね中部太平洋のマーシャルに来ると想定していたが、万一の状況に備え、東南アジアの

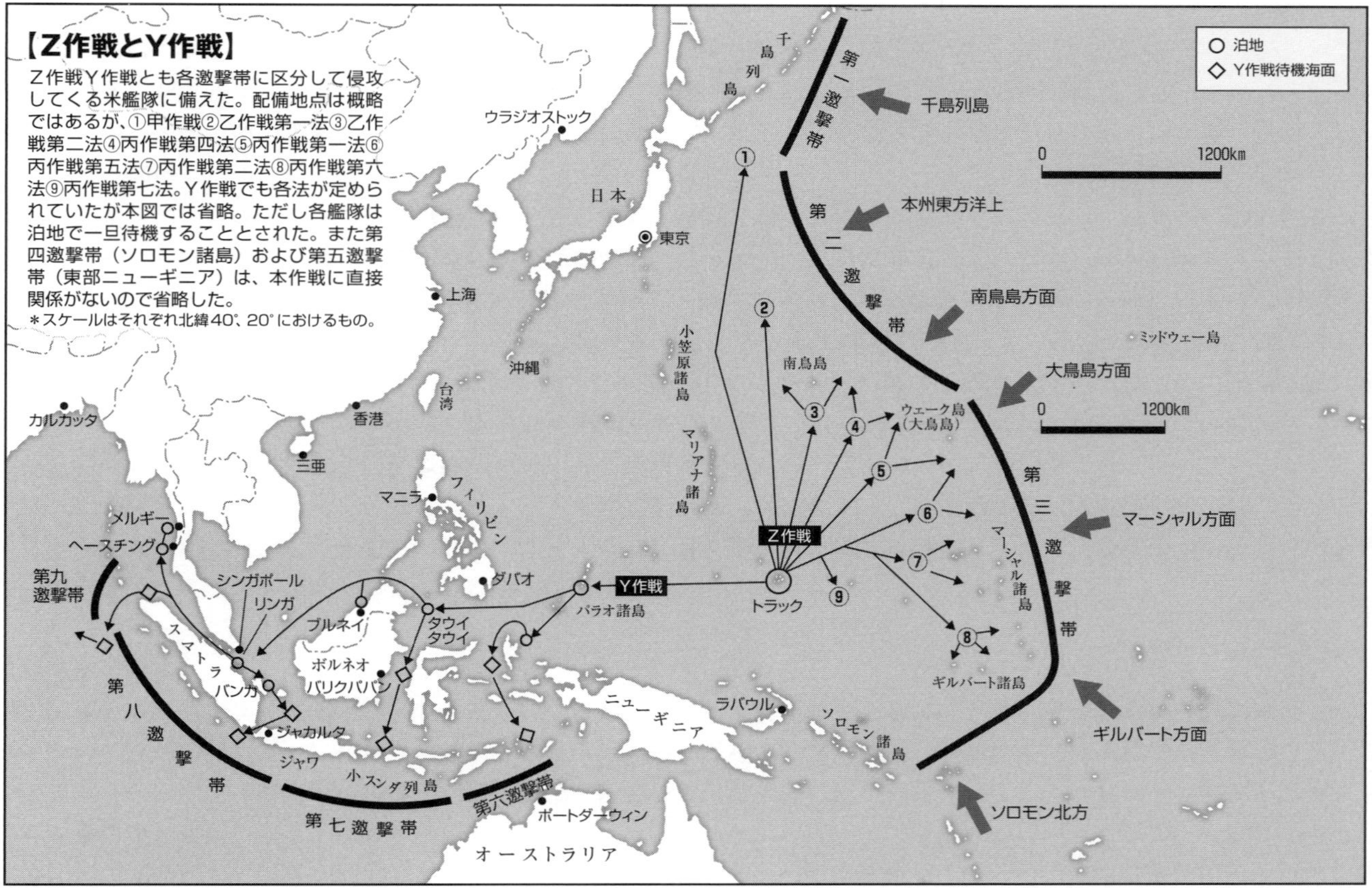

【Z作戦とY作戦】

Z作戦Y作戦とも各邀撃帯に区分して侵攻してくる米艦隊に備えた。配備地点は概略ではあるが、①甲作戦②乙作戦第一法③乙作戦第二法④丙作戦第四法⑤丙作戦第一法⑥丙作戦第五法⑦丙作戦第二法⑧丙作戦第六法⑨丙作戦第七法。Y作戦でも各法が定められていたが本図では省略。ただし各艦隊は泊地で一旦待機することとされた。また第四邀撃帯（ソロモン諸島）および第五邀撃帯（東部ニューギニア）は、本作戦に直接関係がないので省略した。

＊スケールはそれぞれ北緯40°、20°におけるもの。

スマトラからチモールの海域にも邀撃帯を設置し、こちらでの迎撃作戦は「Y作戦」と呼称された。さらに米軍が進攻した場合には、その進攻方面に応じて（「Z作戦」あるいは「Y作戦」をさらに区分して）「甲作戦」「乙作戦」「丙作戦」と呼び分けて命令を発することとした。また各邀撃帯も広いので「乙作戦」と「丙作戦」は、その中でもまた敵の進攻箇所に応じられるように「第一法」、「第二法」というような区分けがなされた。

例えば、敵が千島に来た場合には「Z作戦」の「甲作戦」が発動され、南鳥島方面に来航したなら「Z作戦」の「乙作戦第二法」が、マーシャル諸島に来た場合には「Z作戦」の「丙作戦第二法」が発動されるという手はずとなっていた。

そして、実際に米艦隊が来寇する恐れが生じた状況では、まず「乙作戦第一法警戒」といった形で「警戒」が発令され、危険度が高まると「用意」が下令されて、最後に敵艦隊が実際に現れた時に初めて「作戦」が発動されるのである。

「Z作戦」は軍事理論的には妥当な方策といえる。しかし、実際に使える戦力に問題があった。日本海軍は「ミッドウェー海戦」で主力空母四隻を失い、ガ島、ソロモン諸島の戦役で熟練パイロットも多数失っていた。このため開戦以来、日本海軍のモーメンタムの源泉となっていた空母機動部隊の戦力は大きく低下していた。このため米軍側の太平洋における稼働空母が一時的になくなるという好機に乗じることもできないでいた。さらにソロモン戦役では駆逐艦とその乗員の大量喪失で水上艦隊の戦力もまた低下していた。

当時、連合艦隊参謀長であった福留繁はその回想録『海軍の反省』（日本出版協同、一九五一年）で、古賀長官が「兵力は既に米軍の半分、勝算は三分も無い」と戦局をみなしていたとしている。福留は続けて当時の戦局を「玉砕戦期」に入ったとも回想している。それでは、日本海軍は具体的にどのように「Z作戦」「Y作戦」を戦うつもりであったのか。

母艦航空戦力を欠いた今、頼みの綱は基地航空戦力と、当時まだかなりの隻数が残されていた戦艦と巡洋艦であった。これらを使う戦いは、概ね次のような段階を踏んだものとなる。まず「Z作戦」で警戒が発令されると、基地航空機、潜水艦、監視艇は敵部隊を探索する。そして敵を発見したら、基地航空兵力はその大部分で敵空母を先制攻撃により撃破する。これで制空権を獲得し、航空隊はその後では敵情に応じて輸送船団あるいは敵艦隊を攻撃する。

ここで主力となる基地機は各島嶼の基地に分散配備されているので基地伝いに移動して、主作戦方面に機動集中してから攻撃を行うことになっていた。もっとも後の「マリアナ沖海戦」における第一航空艦隊の状況からして、果たしてこのようにうまく集中できたものか疑問ではある。基地航空隊が戦っている間に、水上艦隊は配備地点へと進出して、その全力で敵を撃滅することになっていた。つまり航空機と水上艦隊による二段構えの攻撃法で、結局は戦前の漸減邀撃作戦の焼き直しというべきプランだったのである。

ZかYか

既に書いたように、連合艦隊は千島からマーシャル諸島を通りソロモンへと連なる東側の邀撃帯に敵が来る場合に対処する「Z作戦」と、南側の東南アジア方面の邀撃帯へと来た場合に対処する「Y作戦」と大きく二つの状況を想定していた。

実のところこれは「Z作戦」の問題点でもあった。千島列島もトラックからは遠すぎて問題だが、アリューシャン戦役のところで書いたように、この作戦線からの本格的進攻は気象条件の悪さから可能性は低く問題とはいえない。問題は、Z、Y両作戦の両方の危険性が同時に浮上した場合には対応しきれないことであった。例えば、マーシャルとスマトラ間はあまりに離れ過ぎていて、仮にマーシャル方面で「Z作戦」を発動した直後に、スマトラにも敵が来たらとても対処しきれない。もとより米軍に劣る戦力しかもたない連合艦隊にとって、あらかじめ二方面に戦力を分散させて対処するのは愚策でしかない。さらにこの難問を機動で補うとしても「Z作戦」後に「Y作戦」を発動するだけの燃料をはじめとした補給に難があった。

海軍には補給などの任に当たる特務艦という艦種があるが、戦闘用艦艇の整備に手一杯で後方支援に使うための特務艦は保有隻数が少なかった。日本海軍の艦船の保有隻数は全体で五百隻にもなるのに、艦船の修理やメンテナンスに使う工作艦などは『明石《あかし》』一隻しかないという有様だった。▼1 こうした後方能力（海軍は兵站といわず後方と称していた）の不足のため「Z作戦」であれ「Y作戦」であれ、どちらか片方を行うだけでも水上艦隊の準備には二週間を要すると見積られた。

これには、米潜水艦の通商破壊戦によりタンカー多数が撃沈されて、燃料を運ぶこともままならず燃料補給に支障をきたしたことにも原因があった。この問題は後の「マリアナ沖海戦」や「レイテ沖海戦」になると一層深刻化することになる。

こうした燃料供給の問題から「Z作戦」発令後に「Y作戦」を行おうとしても艦隊を都合よく機動させることは望み薄となっていたのである。

日本海軍は机上で良案を立ててはみるものの、その後方支援能力の低さという足枷により実際の機動性は奪われていたのである。

ひとくちに機動性といっても作戦や戦略というより上位の階層では、個々の艦艇の速力よりもむしろ燃料補給など、後方支援の能力の高さが機動力に大きく影響してくるようになる。四十ノットの高速を発揮できる駆逐艦『島風』といえども、燃料がなければ根拠地から移動することはできず、機動力はゼロに過ぎない。これでは作戦を考えるなら機動力はないものとカウントするしかなくなるのである。

ともあれ「Z作戦」と「Y作戦」の問題に頭を悩ませた連合艦隊は、やむなくどちらかに重点を置くことにして軍令部にそのための指示を仰ぐことにしたのである。

空振りに終わる「Z作戦」

昭和十八年（一九四三）九月十七日、連合艦隊はマーシャル方面に出動して、指揮下にある空母機動部隊と遊撃部隊（水上艦部隊）の合同訓練を行おうとしていた。部隊の合同訓練はかねてから望まれていたが、燃料不足で見送られていた。しかし、いつまでも訓練をしないというわけにもいかない。

そうした最中、米軍の通信情報が慌ただしさを見せる。これを米軍出撃の兆候と判断した連合艦隊は、訓練と警戒を兼ねた好機とばかりにブラウン環礁へと出動していった。

その翌日の十八日、米空母機と陸上大型機が相次いでタラワ島、マキン島などのあるギルバート諸島やナウル島を空襲した。これこそ待ちに待っていた米軍来寇に他ならない。

連合艦隊は十九日に「Z作戦丙作戦第二法警戒」を発動して敵来寇に備えるとともに、基地航空隊に索敵を実施させた。こうして敵情把握に努めたものの努力の甲斐なく、ついに米機動部隊を見つけることはできなかった。

連合艦隊は、米軍は引き揚げたものと判断して九月二十二日、空しくトラックの泊地へと引き揚げた。

ところが、その二週間後の十月六日から七日にかけて、今度はウェーク島が米空母機動部隊の攻撃に晒された。米艦隊は島に近づいて艦砲射撃まで行ったが、連合艦隊はこれを陽動と判断してついに動かなかった。実際のところ陽動と判断したのは表向きの理由で、燃料不足で動けなかったというのが実情である。

十月中旬になると、米軍の通信が再び活発化した。米軍暗号を解読できない日本海軍は、代わりの方策として、通信の量の増減や、電波の発信位置などから敵状を分析し行動を探ろうとしたのである。

軍令部は米軍首脳部の異動、米潜水艦の行動状況などの情報とも照らし合わせた結果、米軍が米空母部隊を、中部太平洋あるいは日本本土方面へと向かわせる恐れが増大したと判断した。そしてその警戒を指示するとともに、第一航空艦隊を連合艦隊の指揮下に編入して敵の侵攻に備えた。

第一航空艦隊は、昭和十七年七月に新編された基地航空隊で、真珠湾を空襲した空母部隊の第一航空艦隊とは別の部隊である。主力空母を失って以来、日本海軍は基地航空隊の戦力増加を推し進め、部隊の育成強化に力を注いでいた。完成しない新空母や育成の難しい母艦機搭乗員に比べれば基地航空隊を作る方が容易というのがその理由だ。しかし、その第一航空艦隊もまだまだ錬成途中で練度は低い。

十月十六日、軍令部は「米機動部隊の来襲の算極めて大」と警報を出し、連合艦隊は再度トラック北東のブラウン環礁へと出撃した。しかし、またしても米艦隊は日本軍の哨戒の網に掛かることはなく、索敵によって敵を見つけることはできなかった。そして連合艦隊は再度むなしく根拠地へと引き揚げた。

深刻さを増す燃料事情

この二度の空振りで、連合艦隊は燃料を消費し、根拠地トラックの燃料タンクはほとんど空となってしまった。内地から燃料を送ってもらう他なかったが、その内地の燃料もあと半年と持ちそうにないというほどに燃料不足は深刻化していた。

この時、南方の油田を日本は確保しており石油の産出もなされている。にもかかわらず、なぜ燃料不足に見舞われているのか、その最大の原因は先にも書いたタンカー不足による。米潜水艦の通商破壊戦の効果は、国内の工業生産の減少よりも以前に戦闘部隊の燃料不足という形で現れて、作戦に重大な支障を来たしていたのである。

燃料不足で動くに動けなくなった連合艦隊は、米艦隊出撃の確実性がない限り出撃することを見合わせることにした。しかし、これでは内線の利を生かした敵撃滅構想も絵に描いた餅に過ぎない。後方支援の悪さに起因する機動性の不足は、こうして作戦上の足枷となるのである。

燃料不足から出撃を見合わせる方針を決めた連合艦隊ではあったが、この米軍侵攻の確実性がまた問題であった。暗号を的確に解読できていたなら「ミッドウェー海戦」時の米海軍のようにうまく待ち伏せることも可能であろう。しかし、日本側はほとんど米海軍暗号を解読できていない。

先述したように日本海軍は通信解析などの手段に頼ったのだが、その確実性は戦後に福留繁が昭和館蔵『証言記録太平洋戦争』で米軍の聞き取り調査で答えているように「いいかげんな天気予報よりももっと信頼性がなかった」のである。

その上、空母部隊は高速の軍艦で構成されているので足が速く、ヒットエンドランができる。日本側の哨戒網が米空母部隊を発見しても、攻撃隊がたどり着くまでに空母部隊は俊足を生かして逃げ回るためになかなか発見できなかった。これが空母部隊の特性でありメリットなのだが、その猛威は後の「トラック空襲」で日本海軍に衝撃を与えることになる。

絶対国防圏

ここで話は少しさかのぼる。「Z作戦要領」が下達されて間もない昭和十八年（一九四三）九月末、御前会議で「今後採ルヘキ戦争指導ノ大綱」が決定された。その中で「絶対国防圏」なるものが設定される。これは北は千島から南はニューギニアを通り、ジャワ、スマトラを経てビルマに至る圏域の最終防衛ラインとでもいうべきものであった。この圏域の内側には日本本土と南方資源地帯がすっぽりと収まる。つまり大日本帝国が生存に必要なアウタルキー（自給自足経済圏）の外郭防衛線ということになる。当然、この内側に米軍が侵入することは、日本の生存を危うくする。それ故に「絶対」に「防がねばならない」防衛線と名付けられたわけである。

この絶対国防圏では、マーシャル諸島、ソロモン諸島から一気に後退して、カロリン、マリアナ諸島まで退くことが想定されていた。ところがこれが波紋を呼んだ。ここで一気にそこまで下がるということは、連合艦隊の根拠地トラックの放棄を意味していた。それでは「Z作戦計画」は台無しになる。

「Z作戦」を掲げる連合艦隊は、トラック以東で戦うことを望んでいた。それにもかかわらず、大きく後退するという考えが出されたのは、前線を下げて、代わりに後方要線の防備を充実させることを日本陸軍が主張したためである。マーシャ

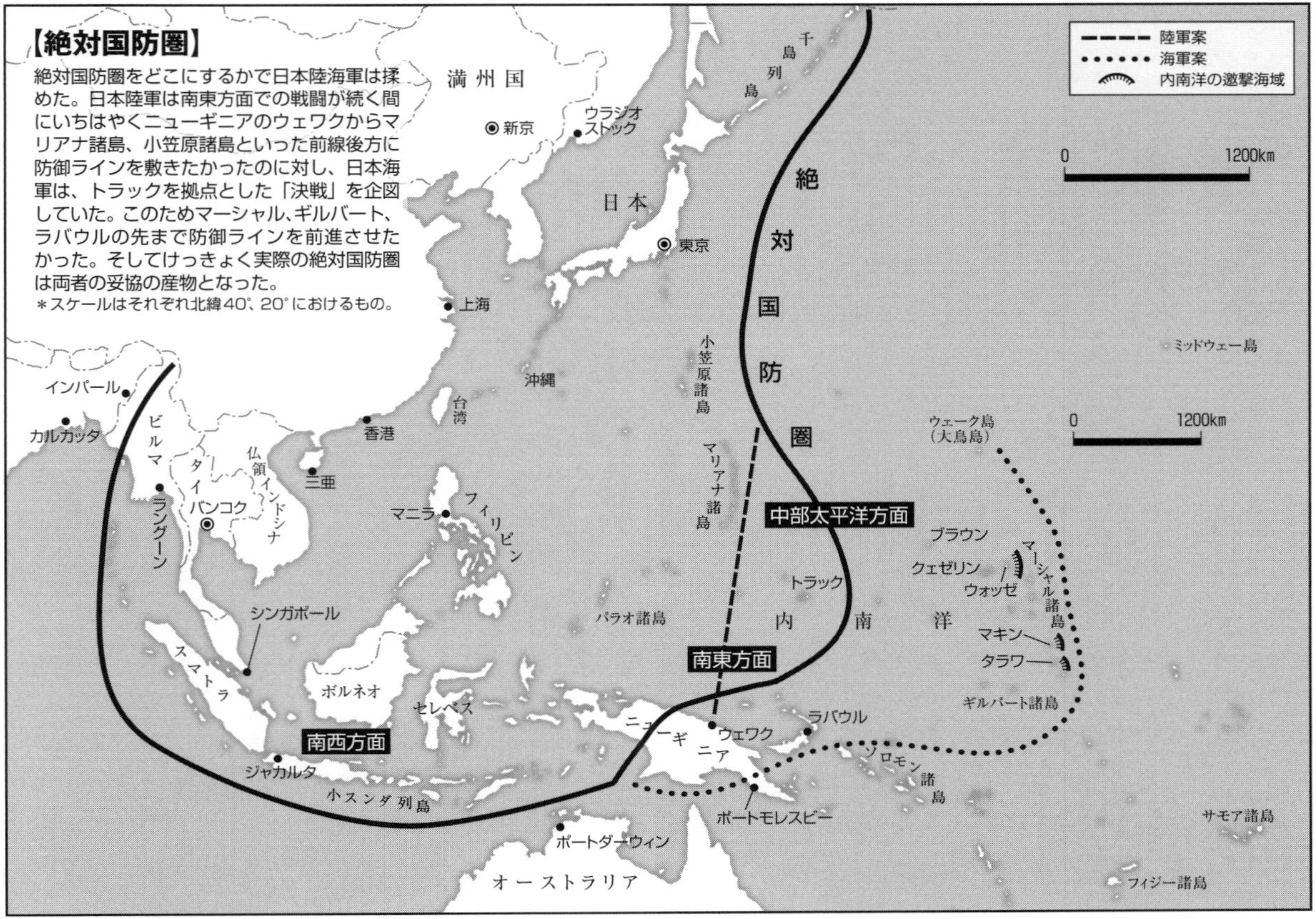

【絶対国防圏】

絶対国防圏をどこにするかで日本陸海軍は揉めた。日本陸軍は南東方面での戦闘が続く間にいちはやくニューギニアのウェワクからマリアナ諸島、小笠原諸島といった前線後方に防御ラインを敷きたかったのに対し、日本海軍は、トラックを拠点とした「決戦」を企図していた。このためマーシャル、ギルバート、ラバウルの先まで防御ラインを前進させたかった。そしてけっきょく実際の絶対国防圏は両者の妥協の産物となった。

＊スケールはそれぞれ北緯40°、20°におけるもの。

ル諸島、ギルバート諸島そしてラバウルに航空基地を有していた日本海軍は、その放棄に繋がる絶対国防圏の設定には猛烈な反対を示した。陸軍の主張に従うことは、トラック以東の航空基地を喪失することはもちろん、根拠地であるトラックをも米軍機の威力圏内に収めることになる。これではトラックの根拠地としての価値は失われ「Z作戦」も成り立たない。

日本海軍のこうした反対理由はもっともではある。しかしながら、海軍の主張の裏には別の反対理由も隠されていた。その理由とは、陸軍の主張する絶対国防圏における防備が極めて手薄であるという事実である。

ワシントン軍縮条約による防備制限が開戦によって無効となった以後も、日本海軍は自軍の勢力圏と認識していた中部太平洋の島々での防備を怠ってきた。飛行場と若干の砲台を築いた以外に、特段、要塞化といった処置は施されていない。それだけに急に防衛ラインを下げろと要求されたところで、それはできない相談だった。軍令部員であった高松宮は、その日記の昭和十八年十月二日の所で「後方要線は海軍作戦上は自信の持てる線でなく、やむなく退いた線で、もてる筈なし」と当時の実情を書いている（高松宮日記第七巻）。

しかも、南方各地の戦力を後退させることも難しい。このためには船舶を確保しなければならないが、その目途が立たない。昭和十八年（一九四三）は米潜水艦による被害が本格的に増大し始めた年である。減り始めた船舶を民需に優先的に回さないと国内生産維持に支障が出る。結果として軍事に回せる船舶数が減少してきた。何度も書くようだが、海上交通に大きく依存する島嶼戦である太平洋戦争では、輸送船とタンカーが戦略と作戦の重要な要素なのである。

日本海軍内でも「Z作戦」に固執する連合艦隊と異なり、軍令部は後退そのものには同意していた。決戦主義を拭いきれない連合艦隊司令部は「Z作戦」にあくまでもこだわり続けたが、軍令部はもう少し戦略的に考えてはいた。結局、陸海軍はトラック島と内南洋を含む形で絶対国防圏を設定し、ソロモン諸島全体を持久すべき場所とすることで妥協が図られた。

こうしてソロモン諸島は、後方要線を固めるための時間稼ぎという位置付けがなされた。また時間稼ぎのためにマーシャル諸島、ギルバート諸島からの後退も実施されず、逆に陸上兵力が防衛のために注入されることになった。

ラバウル—トラックという大黒柱

陸海軍が絶対国防圏の設定で紛糾していた頃、前線では消耗戦が続けられていた。山本連合艦隊司令長官が存命中の昭和十八年（一九四三）四月、連合艦隊は「い号作戦」で母艦航空隊を南東方面の陸上基地に配置して使用しその戦力を摩滅させていた。前にも書いたが、日本海軍は「ミッドウェー海戦」のショックから、空母を島嶼に接近させることを極端に恐れるようになり、その航空隊のみを島嶼戦に使っていたのである。

消耗戦という状況に直面している南東方面艦隊と第八艦隊は、ソロモン諸島とダンピール海峡維持のため本国からできるだけ増援を送ってもらうことで方針を一致させていた。

先述したように海軍のいう南東方面、陸軍でいうところの南太平洋方面の最も重要な要となるポジションはラバウルである。究極的にはここにある基地航空隊が、ソロモンと東部ニューギニアでの連合軍の進出を一手に引き受け抑えていた。

そして、トラックはラバウルへと至る作戦線、後方連絡線上の要所としての役割を担っている。それだけでなく、トラック島は「Z作戦構想」で解るように、中部太平洋方面における防衛の要でもある。

つまり、日本から見た太平洋正面の防衛はラバウルとトラックの二本の大黒柱に依存していたことになる。そして、そのどちらかが折れると防衛態勢そのものが瓦解することになる。

ラバウルとトラック島という二本柱が折れるのはまだしばらく先のことだが、それ以前から南東方面の戦局は厳さを増していた。敵航空戦力を消耗させようと日本側から打って出た「ろ号」作戦は、わずか十日間の攻勢作戦で、逆に自軍側の航空戦力を消耗させることになった。

空母部隊である、第三艦隊に所属する第一航空戦隊に至っては、攻勢を企図してラバウルへと進出したその日のうちに、突発的なブーゲンビル島タロキナへの攻撃に使われて消耗してしまった。この攻撃はブーゲンビル島のあるタロキナへの米軍上陸へと対処したものだ。ブーゲンビル島は、ラバウルに対して単発航空機が往復できる距離にあるので、ここを取られると米軍機はラバウルに対して航空威力圏を被せることができる。ラバウルにこだわる連合艦隊としてはそれを座視できなかったのである。

この結果、「ブーゲンビル島沖航空戦」と呼ばれる戦いが発生したが、日本側はさしたる戦果を得ることができないまま、百七十二機を数えた第一航空戦隊の四分の三を失ってしまった。加えて戦いに参加しようとした第二艦隊の重巡までも巻き添えを食い、米軍機の攻撃で損傷して、以降は積極的な行動は控えることになった。「アッツ沖海戦」以降の第五艦隊もそうだが、重巡以下の艦艇は航空攻撃に脆く、敵航空威力圏内では行動がままならなくなるのである。

こうした南東方面への戦力投入には、陸軍も特に異論は示さなかった。海軍の行動が、後方要線を固めるための時間稼ぎとなると陸軍は考えていた。止める者のないまま、航空戦力はすり減らされ、本来ならばトラックで補充に努めながら「Z作戦」で投入するはずであった既存の母艦航空戦力も失われていった（これとは別に新たに基地航空戦力と母艦航空戦力を育成中であったがその教育完了はまだまだ先であった）。それでも錬成中の第一航空艦隊と水上艦隊の連携攻撃に期待をよせる古賀長官は「Z作戦」を取りやめることはせず、チャンスを窺っていた。

主攻軸をめぐる米軍内の論争と惑わされる大本営

昭和十八年（一九四三）も後半に入ると、米海軍では稼働空母が一隻のみという危機を脱していた。新型空母が続々と竣工し、空母機動部隊はその規模を大きく拡大させ始めていた。これに加え新型戦艦と巡洋艦、そして駆逐艦がひっきりなしに完成して、水上打撃戦力も大幅に増強された。同時に後方支援に当たる特務艦や輸送船などの艦船部隊も拡充された。これは米海軍が中部太平洋方面で独自に作戦を行えるようになったことを意味していた。戦前のオレンジ・プラン時代から考えられていた計画がようやく実を結んだのである。

米海軍は、空母部隊によって海上の航空優勢を保持して、水上打撃部隊と上陸船団を渡洋させて、マーシャル、ギルバート諸島のどの島嶼へも攻略作戦を志向できるだけの能力を手にした。

このように、米海軍が戦略遂行能力を大きく拡充させ、独自の水陸両用作戦能力を得たことは、米軍が防御的攻勢期を脱して第四段階の攻勢期に移行したことを意味していた。攻勢期への移行は、米軍上層部内で戦略階層での論争を呼び起こすことになった。それは、この新たな大戦力をどの方面に投入するかという論争である。この論争の軍事的な焦点は、主攻軸をどこに置くかにある。

ソロモン諸島とニューギニアで戦っている米陸軍、とくにマッカーサーは、そのままニューギニアを西進してフィリピン諸島を目指す作戦線を主攻軸とすることを主張した。これに対してニミッツ率いる米海軍はマーシャル、ギルバート諸島から中部太平洋を突き進んでいく作戦線を主攻軸とすることを主張する。両者は対立したため米陸海軍の論争となったが、最終的に両方の主張を折衷して、二方向からの攻勢を行うことが採択された。

この決定は戦力の集中という軍事原則からすると常道とはいえない。実態としては空母戦力のほぼすべてを与えられた海軍の主張する中部太平洋の作戦線が主攻軸といえるのだが、しかし大規模な戦力と物量を持つ米軍は、実質的に二本の攻勢軸の両方を十分強力にして推進させることができた。

米海軍のニミッツは南太平洋軍司令官から太平洋方面総司令官となり、正規空母、軽空母、それに海兵隊の水陸両用部隊を駆使して中部太平洋での島嶼戦を実施。米陸軍のマッカーサーは従来に引き続き南西太平洋軍指揮官として、隷下にある米豪の陸軍部隊と陸軍航空隊それに護衛空母や主に駆逐艦以下の艦艇を率いてニューギニアからフィリピン諸島へと島伝いの作戦線上を進むことになった。

貴重な空母戦力は中部太平洋に集中投入され、ソロモン諸島からニューギニアにかけての攻勢では航空戦力は陸上機が主体となり、それを護衛空母が支援する形をとる。

こうして「ニミッツ・ルート」と呼ばれる中部太平洋の主攻軸と、「マッカーサー・ルート」と呼ばれるニューギニアの作戦線が形成された。

米軍が二本の攻勢軸を設定したことは、大本営の頭を悩ませることになった。日本軍の常識では、戦力を集中する主攻軸は一本しかないはずだが、多大な兵力と物量を有する米軍の作戦線は、主攻軸が二本あるかのように大本営の目に映り、彼らを幻惑させた。大本営はどちらが主攻軸か把握できないまま米軍の出方に翻弄されることになる。

一九四三年（昭和十八）十一月、ニミッツの中部太平洋軍は、満を持して反攻を開始した。従来からソロモン諸島とニューギニアにおける連合軍の西進に対処してきた日本軍は、中部太平洋で始まった本格的進攻に慌てた。主攻軸が二つあるかのような行動は想定外だったからだ。

大本営にとって米軍の行動は不可解で、その意図を摑みかねた。そしてソロモン諸島と中部太平洋のどちらが主なのか頭を悩ませた末に軍令部は中部太平洋ギルバート諸島への攻撃は牽制であろうとする誤まった判断を下した。そうはいっても、大本営の戦略では絶対国防圏を設定して、いずれ中部太平洋方面では後退することに決めており、さして問題はなかったはずだ。しかし、連合艦隊は、決戦にこだわるあまり、退くよりも米軍の主攻を見極めその主力に打撃を加えることを考えていた。

「ギルバート沖航空戦」

連合艦隊はギルバート諸島のタラワ島とマキン島での米軍上陸の機を狙い、水上艦隊で攻撃を実行しようと考えていたのだが、その前にタラワ島が陥落してチャンスは失われた。この例は足の遅い水上艦隊を、決戦に持ち込むことの困難さを示している。

決戦は彼我双方が望まなければ起きるものではない、どちらかが決戦を避けて後退してしまえば、決戦は起こらない。だからこそ、上陸作戦を支援している機会を狙ったのだが、上陸が終わり用が済めば、敵艦隊は後方に引き揚げてしまうので決戦が成り立たなくなるのである。

日本海軍は、明治三十八年（一九〇五）の「日本海海戦」の勝利からこのかた、決戦主義をドクトリンの根幹に据えてきたが、その決戦主義の限界に突き当たっていたのである。しかし、日本海軍も戦争の様相が変わっていることにまったく無自覚だったわけではない。軍令部作戦部長の福留繁は、昭和十八年一月の海軍戦備考査部会の席上で「艦隊決戦は戦略要点の争奪戦に変わっている。それは、まず航空戦、次いで作戦基地の攻防戦、及びこれらに伴う艦隊の戦闘となっている」と発言している。まず、そのポジションの争奪ありきで海空の戦闘はその手段に過ぎなくなっていたのである。日本海軍は、これを逆手にとって決戦に持ち込もうとして、「Z作戦」を立案したのだが、ポジション争奪という島嶼戦の現実を古い決戦主義に対応させることには無理があったといえる。

かくして連合艦隊の苦肉の策ともいうべき「Z作戦」は不発に終わった。連合艦隊参謀だった福留繁は、このギルバートの戦闘が最後の決戦のチャンスだったと回想している。この後は「Z作戦」は発動されずに、消耗だけが繰り返されていく。そして最終的には米海軍のトラック攻撃により「Z作戦」は止めを刺されることになる。

すこし話が進みすぎた。米軍の反攻目標にギルバート諸島が選択されたのは、例によって、ギルバート諸島が連合軍の航空威力圏内にあることによる。ここを押さえて足掛かりとし、マーシャル諸島へとアプローチすることが米軍の目指すところだ。つまりギルバート諸島というポジションを得て、マーシャル諸島というポジションへのステップアップを図り、マーシャル・バリヤーを突破しようという作戦である。

昭和十八年（一九四三）十一月十三日、米軍は「ガルバニック作戦」と命名された攻略作戦を開始した。手始めに航空攻撃が行われたが、これに対し連合艦隊は先述したように「Z作戦」の「丙作戦第三法警戒」を発令して迎撃を行った。しかし連合艦隊はギルバート諸島攻撃は牽制と判断していたことから、出撃させた戦力は第二十二航空戦隊の陸上攻撃機三十七機に潜水艦九隻と少ない。二十二日になってようやく米軍の攻勢が本格的なものと悟ったものの後の祭りで、それまでの十日間の間に、少数兵力を小出しにして消耗を重ねてしまっていた。これが「ギルバート沖航空戦」で、連合艦隊は、空母八隻を撃沈したとの報告を受けて勝ったものと信じ、危急の際の予備であった陸軍甲支隊（歩兵第百七連隊基幹）をタラワ島に送り込もうとした。幸いというべきか、甲支隊は出撃準備が遅れて時期を逸したことで難を免れた。もし予定通りタラワ島に送り込まれていたら、待ち受けていたのは中途で海没する運命だった。

こうして「ギルバート沖航空戦」は失敗したが、その敗因は戦力の逐次投入という軍事学が戒める悪手にある。そして悪手を招いたものは敵情を適切に摑めない情報態勢の不備にある。「ギルバート沖航空戦」に失敗したことで連合艦隊は救援の手立てを失い、後は現地守備隊の奮闘に任せるしかなくなった。アッツ島玉砕のパターンの繰り返しだ。この様相は以後の中部太平洋の戦いで幾度も繰り返され、ひいては太平洋の戦いイコール玉砕の戦場として、戦後のイメージを形成していくことになる。これは、海空戦力による救援の手段なくして島嶼防衛は成立しないことを示すものである。

海軍陸戦隊の強化

米軍が手をかけようとしていたギルバート諸島のマキン島、タラワ島はマーシャル諸島の南部に位置する。正確にいえばタラワ島は環礁と呼ばれる環状のサンゴ礁で、その上にはいくつか小島が散在し、その内側は内海を形成している。タラワ環礁内で戦場となったのはベチオ島と呼ばれる長さ三キロ強、幅は五百メートルほどの平たく小さい島である。

ギルバート諸島は、日本が領有していたマーシャル諸島の外側に位置することから、日本海軍にとってマーシャル諸島を守る恰好の前進陣地だった。そしてまた、この島は米領サモア、英領フィジーへ進攻する場合の足掛かりのひとつとしての利用価値もありそうに思われた。フィジー、サモア攻略は米豪遮断作戦の方策のひとつなのである。開戦直後、日本海軍はギルバート諸島へと進攻するや抵抗を受けることなくいくつかの島を占領した。その中で比較的大きく利用できる島こそがマキンとタラワであった。

ギルバート諸島を占領した日本海軍は、早速、飛行場を設営し航空隊を進出させた。

話はさかのぼるが、そのマキン島を昭和十七年（一九四二）八月十七日、突如として米軍が襲撃した。大型潜水艦二隻に分乗した米海兵隊二百二十二名が不意に上陸し、マキン島の守備隊を玉砕寸前に追い込んだ。マキン守備隊はあまりに少なすぎてこの程度の攻撃さえ防げなかったのだ。慌てた海軍は陸戦隊を飛行艇で送り込むことで反撃を行い、かろうじてマキン島救援に成功した。この出来事は太平洋の島嶼防衛の見直しを海軍に迫り、防備強化に向けて舵を切らせることになる。ちなみに島嶼防衛の強化を促したということでマキン島襲撃作戦は米側での評価は低い。とはいえ、規模的には取るに足りないスケールのこうした作戦でも、うまく要点を狙って奇襲できれば、ゲリラ戦的な成果を生み出す可能性を示唆している。

マキン島が奇襲を受けた少し後、日本陸軍は中部太平洋島嶼部の防衛の脆弱さを憂慮し始めていた。九月三日、南東方面視察に赴き、トラックで連合艦隊首脳部と会同した陸軍の田辺参謀次長は「陸戦隊に陸戦を期待することは危険である」と中央へ報告している。これを受けて東条陸軍大臣は、陸軍が防衛を担任し、それができない時は陸軍が防備を指導し、島嶼の防備を野戦築城から永久築城へと逐次強化していくことを指示した。太平洋への陸軍兵力派遣は、日本海軍が陸軍を引き込んだように思われがちだ。確かにそうした面も否定はできないが、陸軍側も単に受け身で太平洋へと乗り出したとはいえないのである。

さて、ここで言う野戦築城とは、土嚢を積み、塹壕を構築するような比較的簡単な防備を指し、永久築城というのはセメントや鉄筋、材木などの資材を使った強固な防備のことだ。よく誤解されているが、陣地という語は、こうした防御のための施設のことではなく、部隊が戦うために所在・展開する場所であることを、念のため書き添えておく。

ところで、田辺参謀次長が「陸戦隊に期待することは危険」と報告したように、海軍陸戦隊の陸戦能力は陸軍に比べ低かった。戦記などであたかも精鋭のように描かれる陸戦隊だが、陸軍は太平洋への部隊派遣に消極的だったから、ほとんどの陸戦隊は警備を主任務とした部隊となっていた。戦術も日露戦争から大きく進歩していない。兵士の士気や素質もかなりのばらつきがあり、落下傘部隊のような精鋭もあれば、年配の応召兵を集めた低レベルな部隊もありといった調子である。これは曲がりなりにも第一次世界大戦の戦術的進歩に学び、戦術能力を大きく向上させていた陸軍とは大きな差であった。

海軍砲術学校陸戦科もこの問題に気づき、昭和十一年（一九三六）には「陸戦刷新の急務」という意見書を提出したが、陸戦隊の刷新はなかなか進まず開戦を迎えた。緒戦のウェーク島攻略における上陸直後の手間取りで、この問題は露呈した。

ようやく開戦後に陸戦隊刷新は開始され、手始めに佐世保第七特別陸戦隊（略称・佐七特）が編成された。刷新の柱は戦術の改革で、陸軍の歩兵戦術の導入だった。例えば、旧来の攻撃隊形は横一列に大きく広がる横隊であったが、新たに軽機関銃を主軸とした傘型隊形が採用された。傘型隊形というのは、軽機関銃を中心に分隊（十人強の歩兵部隊、戦闘の基本的な単位となる）が縦に並んで、軽機関銃の火力支援の下に攻撃前進するものだ。その原型は第一次世界大戦でフランス陸軍が編み出し、戦闘群戦法という戦術の骨幹となった。

防御戦術も刷新され、火力急襲点（今日でいうキルゾーン）を設定した拠点防御の構築、火点の相互支援、掩体、掩蓋、退避壕、交通壕の構築などが演練されるようになった。少し説明を加えると、掩蓋とは砲弾などに耐えるための屋根のことで、軽掩蓋は丸太等に土盛りした程度のもの。この軽掩蓋程度でも野砲の砲撃には耐えられる。当然、この掩蓋の強度が高ければ高いほど、砲爆撃に対して抗堪性が増すことになる。

退避壕はいわゆる防空壕あるいはシェルターのことで砲爆撃を耐えるための施設のことである。ここで砲爆撃を凌いで敵が来たら、外に設けた戦闘用の陣地に赴き戦闘配置に就く。掩体と似たような施設だが、露天とあるから屋根がなく砲弾の直撃には耐えられない。その抗堪性は爆風と破片に対抗できる程度の防御力だ。交通壕は移動用の塹壕のことだが、こうした後方との交通壕が作られていないと、敵との交戦下中あるいは砲爆撃を受けている最中に予備隊を移動させ、伝令を走らせて連絡を行うことが極めて困難となる。日本軍は伝令による連絡に頼る度合いが米軍などに比べ高いので、交通壕が不備であると連絡がうまく取れないことになる。

ともあれ、陸戦隊は昭和十七年（一九四二）も後半に入って、ようやく第一次世界大戦後の各国陸軍の戦い方に追い付き始めたのであった。

郵便はがき

料金受取人払郵便

麹町支店承認

9781

差出有効期間
2022年10月
14日まで

切手を貼らずに
お出しください

102-8790

102

[受取人]
東京都千代田区
飯田橋2—7—4

株式会社 作品社
営業部読者係 行

【書籍ご購入お申し込み欄】

お問い合わせ 作品社営業部
TEL 03(3262)9753／FAX 03(3262)9757

小社へ直接ご注文の場合は、このはがきでお申し込み下さい。宅急便でご自宅までお届けいたします。送料は冊数に関係なく500円（ただしご購入の金額が2500円以上の場合は無料）、手数料は一律300円です。お申し込みから一週間前後で宅配いたします。書籍代金（税込）、送料、手数料は、お届け時にお支払い下さい。

書名	定価 円	冊
書名	定価 円	冊
書名	定価 円	冊
お名前	TEL （ ）	
ご住所 〒		

フリガナ
お名前

男・女　　　　歳

ご住所
〒

Eメール
アドレス

ご職業

ご購入図書名

●本書をお求めになった書店名

●ご購読の新聞・雑誌名

●本書を何でお知りになりましたか。

イ　店頭で

ロ　友人・知人の推薦

ハ　広告をみて（　　　　　）

ニ　書評・紹介記事をみて（　　　　　）

ホ　その他（　　　　　）

●本書についてのご感想をお聞かせください。

ご購入ありがとうございました。このカードによる皆様のご意見は、今後の出版の貴重な資料として生かしていきたいと存じます。また、ご記入いただいたご住所、Eメールアドレスに、小社の出版物のご案内をさしあげることがあります。上記以外の目的で、お客様の個人情報を使用することはありません。

タラワ島防衛の強化

話が逸れたが、ギルバート諸島を攻略した海軍は、マキン、タラワ、アパママ各島に横須賀鎮守府第六特別陸戦隊（横六特）を進駐させて地上の防備を固めた。その戦力の大部分は最も重要な飛行場のあるタラワ島に配置され、残る二島には警戒部隊を置くに留めた。

昭和十八年（一九四三）二月、書類上、横六特は解隊されて、そのまま第三特別根拠地隊となる。その一か月後、新たに佐世保第七特別陸戦隊（佐七特）が送り込まれた。陸戦隊は所在の設営隊と共にタラワ築城に手を付ける。これを指導するのは陸軍築城本部から派遣された豊田大尉。目指したのは野戦築城などではなく、永久築城、つまり要塞化であった。その防御方式は水際配備と呼ばれる方式で、海岸線（正確には波打ち際――汀線）で敵を食い止めようという守り方である。これは当時の陸軍式の防御法による。

従来、「東亜ノ大陸ニ於イテ」敵を「捕捉殲滅」し「速戦速決《そくせんそっけつ》」をもって勝利を目指すとしていた日本陸軍は、島嶼部における対上陸防御など考慮はしていなかった。しかし、中部太平洋の防衛へと肩入れを行うとなるとそうもいってはいられない。彼らは大急ぎで対上陸戦法を編み出さねばならなかった。

昭和十八年（一九四三）九月、陸軍は「あ号作戦、あ号教育」の訓令を隷下の各学校に発し、教育の重点を対米戦に移す方針転換を示した。折しも中部太平洋方面への陸軍部隊派遣が開始された頃である。ここにある「あ号」とはアメリカを指す。

十月一日には早くも「珊瑚島嶼の防御」という対着上陸マニュアルが公布された。従来は、自己の教範には存在しなかった対上陸防御を模索した陸軍は、河川防御の方法論を持ち出すと、これを汀線の防御に当てはめた。開戦二年目を過ぎて、日本陸軍はようやく本気で対米戦を考えるようになったことになる。同時に太平洋の島嶼部での戦いが大陸での戦いとは異質なものだということを認識し始めた第一歩でもあった。

タラワ守備隊は地形から、米軍の上陸は大型艦船の接近に都合の良い外海に面した南岸であろうと判断した。そして、こちらに防御の重点を置いた。この判断は結果的に誤りであった。上陸場所の決定権が米軍側にある以上はこれはどうにもならない。これが防守のデメリットだ。攻める側は自分の都合で、攻める場所を選択できるが、防者の側に立つと敵がどこから攻めて来るかわからず不利となる。軍事学をもとに攻撃されそうな場所を絞り込むことも可能だが、タラワ島のようにその判断が誤ってしまうこともある。タラワ守備隊も防者の不利は先刻理解しており、南岸にすべての戦力を一点張りするようなリスクは冒さなかった。タラワ守備隊は、一応はベチオ島の海岸全てを火器の射線で覆う全周防御を施して米軍上陸を待ち構えていたのである。したがって上陸部隊は、どこに揚がっても射撃を受けることは回避できないようになっていた。

地獄の島

一九四三年（昭和十八）十一月二十日午前二時二〇分、米軍進攻部隊はタラワ環礁ベチオ島への上陸を開始する。

上陸兵力は海兵隊一個連隊を基幹として編成した二個戦闘団の八千名。これを戦艦三、巡洋艦五、駆逐艦九からなる火力支援グループが掩護している。

ちなみに戦艦による艦砲射撃は、日本海軍によるガダルカナル島の飛行場砲撃をはじめとする論を見ることがあるが、これは誤りである。南北戦争でも第一次世界大戦でもこのような艦砲射撃による陸上部隊への支援砲撃は行われている。

タラワ島には米艦隊を迎撃するための魚雷艇三隻が配備されていたが、上陸前に出撃して全滅していた。二十センチ砲台が反撃を試みたが、こちらは戦艦の砲撃でたちまち破壊された。その後はベチオ島に対して容赦なく艦砲射撃が降り注いだ。その投射弾量は二万四千発、一ヘクタールあたり二十五トンというかつてない砲弾の嵐であった。

午前五時四〇分、上陸部隊の行動が開始され、砲撃は中止された。この隙を突いて日本側の海岸砲が射撃を行い米軍を混乱させる一幕が見られた。

午前六時二十分、艦砲射撃が再開され、艦上機の爆撃も実施されたが、こちらはほとんど効果がなかった。激しい艦砲射撃は見た目には華々しく、海上から観戦した従軍記者ロバート・シャーウッドをして「島内のジャップは全て死んでいるだろう」と思わしめたほどに激しいものであった。

しかし、見る者に生存者はいないと思わせたほどの砲撃の効果は見かけ倒しに過ぎず、ほとんどの将兵は、退避壕やトーチカ内で砲撃をやり過ごし米軍上陸を待ち構えていた。佐世保第七陸戦隊唯一の生き残りである太田兵曹は「砲爆撃は掩体やタコツボに身を潜めていれば、爆発音と爆風が大きいだけで怖いものではない」と回想している。

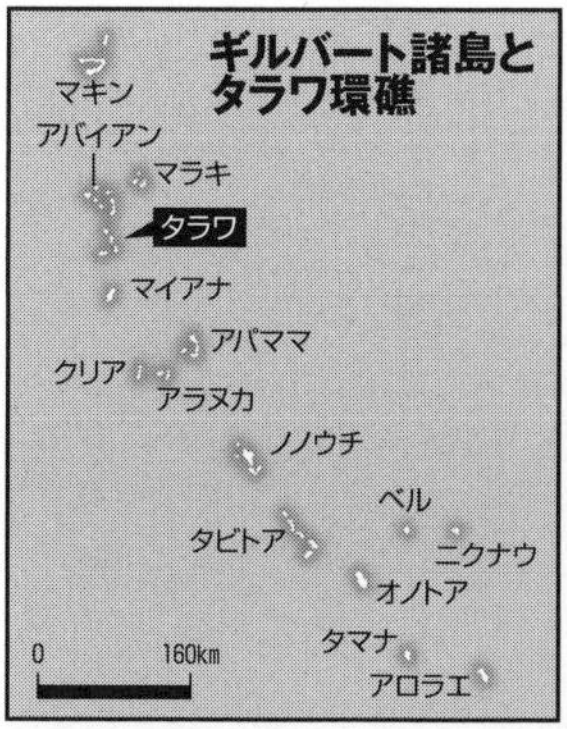

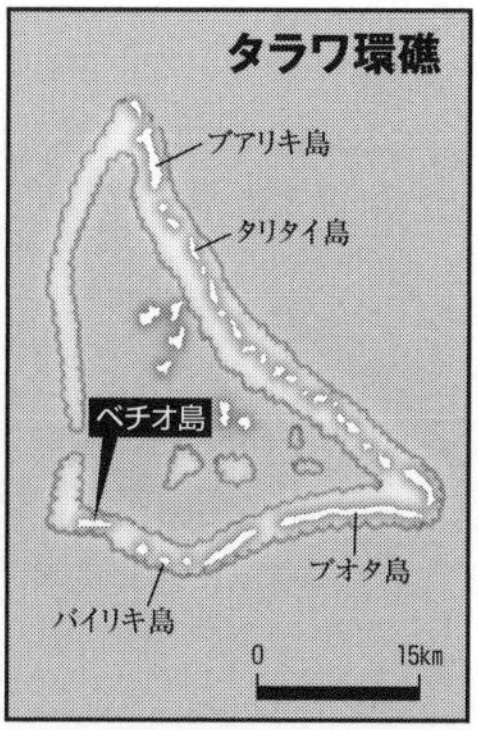

【ギルバート諸島と タラワ環礁】

マーシャル諸島とともに米軍の前に立ちはだかったのがギルバート諸島であった。日本軍は諸島内で航空基地が建設できるタラワ環礁のベチオ島（とマキン島）に海軍陸戦隊からなる守備隊を置いた。実際の上陸作戦では、日本軍守備隊の築城によって海兵隊は大損害を出したが、❶21日18:00と❷22日11:00にグリーン・ビーチ上陸した２個海兵大隊が切り札となり、勝敗が決した。

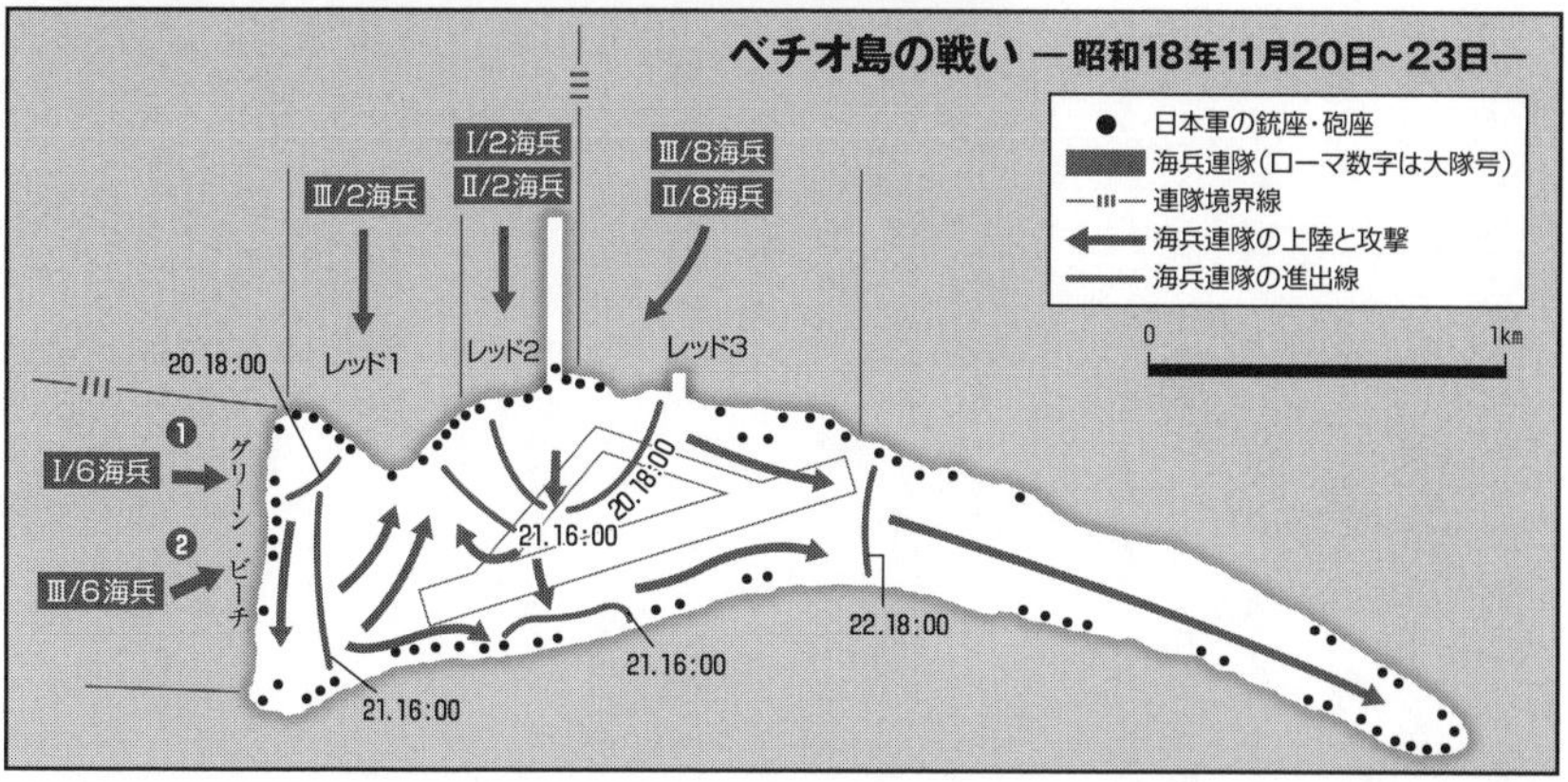

ベチオ島に配備されていた九九式八糎高射砲。

タラワの通称”レッド・ビーチ”で日本軍に撃破された米軍LVT。

タラワに上陸する米海兵隊。

タラワ島のLVT-2（水陸両用装軌車）。

LCM（機動揚陸艇）。レイテ島にて撮影

タラワの築城ではセメントなど資材は不足がちであったが、守備隊は資材の不足をヤシの丸太などで補い、鉄板を利用した急造トーチカなどを設置することで短期間に工事を進めて、米軍上陸まではかなり強固な防御態勢を整えていたのである。

さらにタラワでは、このヤシ材に砂を盛った掩体が砲撃のエネルギーを効果的に吸収して被害を軽減したともいわれる。砲撃後の生存者数は不明だが、米国の戦史家モリソンは生存者数は三千名を超えていないと推定している。タラワ守備隊の人数は全体で四千八百三十六名なので、当たらずと言えども遠からずであろう。

艦砲射撃の間に、上陸部隊は内海に侵入して、北岸から上陸を敢行した。これはタラワ守備隊の裏をかいた行動であった。海兵隊は守備隊の重点の置かれていない海岸へと上陸を行うことができた。

ここで海兵隊は上陸用舟艇やLVT（水陸両用装軌車）を使った上陸を試みた。これら小型の舟艇等を使うために米軍は波の穏やかな内海に面した北岸を上陸地点に選んだが、これが守備隊の裏をかくこととなる。

タラワ守備隊長で第三根拠地隊長でもある柴崎少将は、米軍の動きを見て急いで南岸から北岸へと兵力を移した。午前八時五五分、上陸部隊は揚陸を開始する。内海には大型艦は進入できず、艦砲の直接支援は期待できない。しかも水深が浅く海岸から千三百五十メートルも手前から上陸行動を始めなければならなかった。海兵隊にとって不運なことに、ここは日本軍が障害物を設置し事前に照準を設定していた場所だった。

動きの遅いLVTは、砲撃と銃撃を受けて次々と大破していった、また車両によっては砲撃でできたサンゴ礁のクレーターにはまり込み動けなくなるものもあった。そこをまた射撃され上陸部隊は瞬く間に出血を強要された。

何とか上陸できた将兵には、第三根拠地隊と佐七特を主力とする四千名強の守備隊が待ち受けていた。もっとも守備隊内の設営隊二千三百名ほどは戦力としてあまり期待できず、残る二千五百名ほどが実戦力となる。陸上部隊としては一個連隊といったところだが、モリソンが記すように、それも事前の砲爆撃でいくらか減ってはいたであろう。それでもタラワ守備隊は一般の陸軍部隊と比べ火力装備は恵まれていた。狭い島にもかかわらず軽戦車三両の他、山砲、高角砲といった火砲や、機関砲、機銃など多数が装備されていたのである。

こうした高い火力が、身を隠すものがない海浜に容赦なく降り注ぎ、上陸部隊は次々と斃されていった。三日続いたタラワの戦いで、海兵隊全体の損害は戦死一千九名、負傷二千百一名で、損耗率は上陸した部隊の十七パーセントにも達している。まぎれもなく海兵隊にとりタラワは地獄の島だったのである。このように多大な出血を強要された海兵隊ではあったが、上陸三日目にはベチオ島攻略を終えた。日本側の損害は死者四千六百九十名、捕虜はわずか十七名に過ぎない。この他に労働者百二十九名が生存していた。

人海戦術で押し切った米海兵隊

タラワ島の戦いで日本兵が降伏をしないことから死者が増えたのは間違いがない。しかし仮に降伏したとしても捕虜という別の形の損害となることは避けられない。防者が敗退した場合に、撤退を選択できない孤島の戦闘では、通常の陸上戦闘よりも損害が拡大することがわかる。島嶼戦を考える場合、この事実はもっと注目されるべきだろう。

損害が続出しながらも、海兵隊が三日で攻略を成し遂げた理由のひとつは、波状的に後続部隊を送り込み、人海戦術で押し切ったためだ。日米戦というと「火力に物をいわせる米軍と肉弾突撃に頼る日本軍」というステレオタイプな見方になりがちだが、タラワのように「火力で守る日本軍と肉弾突撃で攻める海兵隊」という図式も存在する。むろん海兵隊の肉弾突撃は闇雲に白兵戦に頼ったものではない。海兵隊は肉弾突撃式な前進を行いはしたが、火炎放射器や砲兵支援を含むさまざまな直協火力（歩兵や戦車を直接に支援する火砲）を投入して戦っている。肉弾突撃は密接な火力支援があってこそ生きてくるのである。

もともと海兵隊の上陸要領は、上陸部隊を第一波から第五波までに分けて、波状的に揚陸させる方法を取っていた。第一波は歩兵で上陸の足掛かりを形成し、後続波になるにしたがい戦車等の重火器が増える。後続波はいわゆる予備隊の役目を果たし、戦果拡張に使える。そのため第一波の損害が続出しても、波状攻撃を行い押し切ることができたのであった。

また上陸部隊には、最初から予備兵力が用意されている。これは戦場の状況に応じた使い方がなされる部隊のことである。タラワでは第6海兵連隊が予備に指定されて、海岸堡のある北岸（海兵隊はレッド・ビーチと呼称）から見て側面に位置する東岸（グリーン・ビーチと呼称）へと上陸して、通常の陸戦の場合の迂回行動と側面攻撃にあたる役割を果たし、こうしてレッド・ビーチ正面を守っているタラワ守備隊の側面を突き戦況を有利に導いた。

活かされた戦前の研究

こうした編制や上陸要領は、戦前から海兵隊が島嶼攻略のために行った上陸作戦研究に基づいている。戦前からの研究により、機材の開発も進められていた。タラワ攻略で初めて大規模使用されたLVT（水陸両用装軌車）やLCM（機動揚陸艇）、LCVP（車両兵員揚陸艇）といった小型の上陸用舟艇はそうした研究成果の産物であった。こうした機材がなかったら米海兵隊の上陸時の損害はさらに上積みされていたことは間違いない。

上陸後、波状的に後続部隊を得た海兵隊は逐次前進しながら、東西に長い島の南北を、まず縦断して日本軍守備隊を分断して部隊の組織的戦闘を妨害した。その後は掃討戦へと移行した。海兵隊は狭い島内で中央突破と各個撃破を行ったのである。

また、砲兵をベチオ島に近く、守備隊のいないバイリキ島へと陸揚げして展開させることで火力支援を行う戦術も用いられた。この砲兵は戦闘中途から、海兵隊の戦闘に支援を与えている。このような砲兵を安全な近隣の島に展開させる戦術は、安全な砲撃支援を行う戦術としてエポックメイキングなものとなり、以後の米軍の上陸作戦において必ずといってよいほど使われることになる。

こうした海兵隊の戦い方は、タラワ島のような東西三キロ強、南北五百メートルに過ぎない小島でも地上戦の戦術は十分に応用できると示すものといえる。

タラワ島に上陸した翌日の二十一日、米軍はほど近いマキン島とアパママ島にも上陸した。アパママ島では少数の見張り員が抵抗したものの、衆寡敵せず二十六日に玉砕して戦闘を終えた。マキン島の方はより本格的な戦闘が展開された。この島もタラワ同様に環礁なので、焦点は環礁内のブタリタリ島となった。この島は全長八キロ、全幅六キロ程度のT字型で、実質的な幅は一キロもない。

飛行場もなく、第三根拠地隊分遣隊二百四十三名と航空隊派遣隊百十名強、それに設営隊三百四十名だけで守備していた。陸戦兵力と期待できるのは分遣隊二百四十三名だけだ。この兵力で海岸防御は不可能なので、水際配置は最初から放棄されていた。守備隊は、米軍の艦砲射撃を避けるべく島東部の防空壕に集結して敵上陸を待った。水際での防御を日本側があきらめた結果、米軍の海岸への上陸はスムーズに進行した。その後、戦闘は上陸した米軍海兵一個連隊と守備隊の戦闘へと移行したが、この事実上の掃討戦に米軍は三日ほどの時間を要した。

戦闘における米軍の損害は戦死六十五名、負傷百五十二名で攻撃部隊の約三パーセントと少ない。日本側は水兵一名を除き戦闘員は玉砕したが、施設隊の軍属百名が捕虜となっている。

タラワ島、アパママ島、マキン島すべての戦闘を見て解るのは、守備兵力の多寡に関係なく、攻略を終えるまで三日以上の時間を要したことだ。防御施設に拠って守備隊が頑強に抵抗した場合、抵抗を完全に排除するにはその位の時間が必要となる。

米軍の侵攻計画の修正

マキン、タラワ両島を攻略した米軍は、続いてマーシャル諸島進攻に取り掛かった。マーシャル諸島は、一九二〇年代後半から、オレンジ・プラン策定過程で検討の俎上に載せられていた島嶼で、前述のように米海軍は日本本土へ至る場合の障壁、マーシャル・バリヤーとして畏怖してきた。

この一帯は、日本の領域である内南洋の約半分に相当し、その多数の島嶼には日本の航空基地が作られていた。そして日本がこの諸島への外国人の立ち入りを禁止していたことから、各島の詳細は不明で、島々は要塞化され強力に守備されるものと米軍側は推測していた。つまり米軍は要塞化されていると予想される島々を障壁になぞらえて、マーシャル・バリヤーなる名称を奉っていたのである。

しかしながらいかにマーシャル・バリヤーが強力であろうとも、中部太平洋を作戦線とする以上、米海軍には、これらの島嶼に根拠地を設けないというわけにもいかなかった。これはオレンジ・プランを計画した米海軍の突進派、慎重派を問わず一致した見解で一九二〇年代から一九四〇年代を通じて、一貫して米海軍はこの障壁を乗り越える方策を検討し続けてきた。補給、基地設営、頑強に抵抗するであろう日本兵のいる島への敵前上陸作戦、これら全ての対策は、ニミッツが戦後に回想した通り太平洋戦争が起こった時には全て想定内のものだったのである。

ところでタラワ攻略に先立つ十月の時点で、米軍はマーシャル進攻を確定し、マロエラップ、ウォッゼ、クェゼリンの各

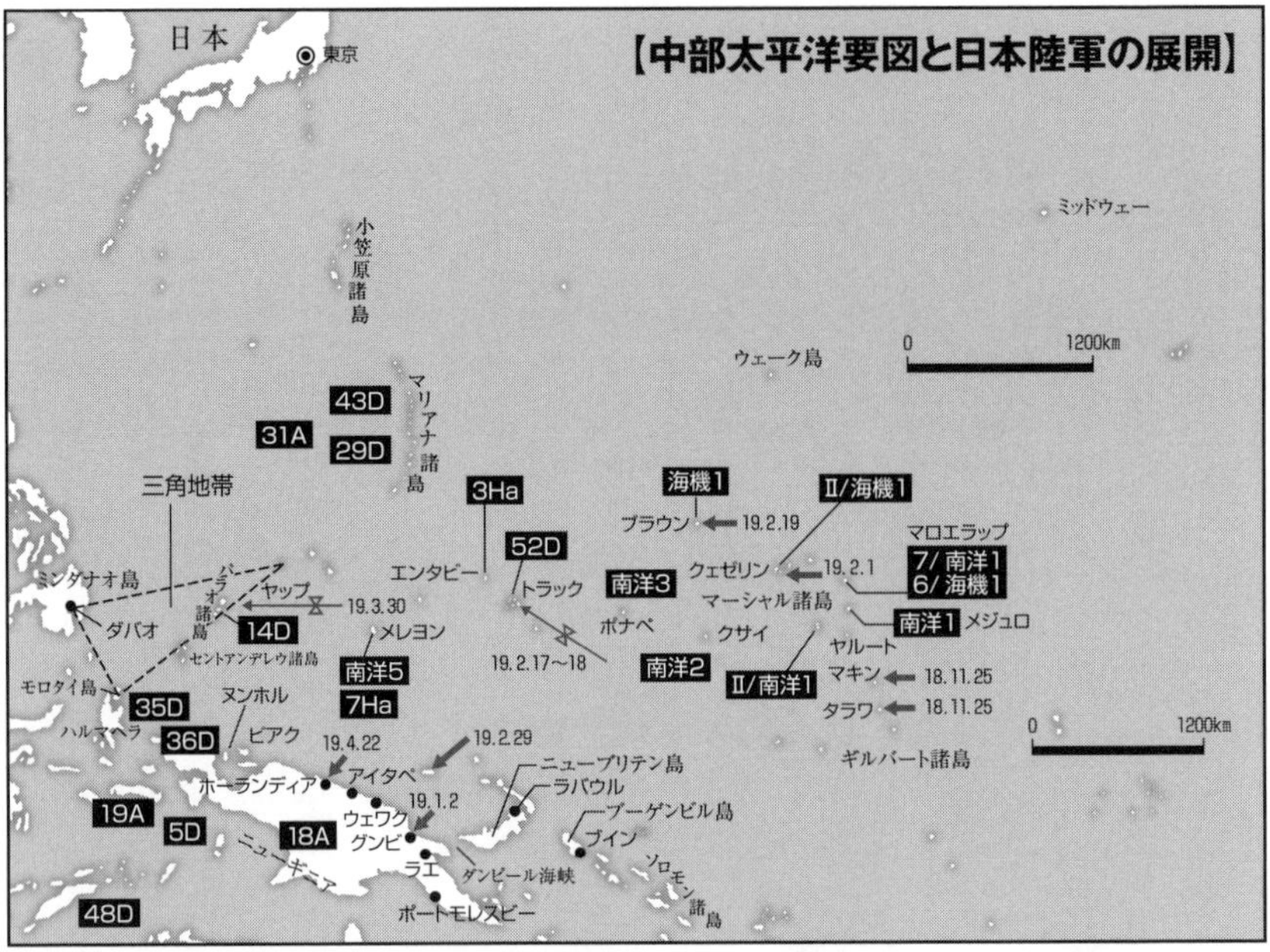

絶対国防圏構想の決定以来、陸軍は海軍の決戦に寄与するため中部太平洋に陸軍部隊を派遣・展開させたが、船舶量の関係からそれは遅々として進まなかった。また日本軍は、中部太平洋とニューギニアを前進する米軍の攻勢軸は、いわゆる三角地帯で合一すると考えていた。したがって後方であるマリアナ諸島の守備は、まだ完成していなかったのであった。
＊スケールはそれぞれ北緯20°および赤道におけるもの。

南洋	南洋支隊	Ⅱ/○○	大隊／親部隊
海機	海上機動旅団	7/○○	中隊／親部隊
D	師団	A	軍
Ha	派遣隊		

←　米軍の攻撃（数字は年．月．日）
←⧗―　米軍の大規模空襲（数字は年．月．日）

1944年6月、トラック諸島を空襲する米軍。

1942年8月、奇襲時に、米軍潜水艦から撮影されたマキン島。

1944年2月17日、トラック諸島で、米軍機に攻撃される『天城山丸』。

環礁の同時攻撃を予定していた。ところがタラワ攻略での損害が予想を上回ったことから、攻撃力を集中するために、まずマロエラップ環礁とウォッゼ環礁を攻略し、しかる後に攻略した両環礁を足掛かりにしてクェゼリン環礁を攻略する方向で米海軍は作戦計画を変更した。

ここで突然、ニミッツ太平洋艦隊司令長官はマロエラップとウォッゼ両環礁をも迂回して、遠くのクェゼリン環礁を攻略することを提唱してきた。この方策は「中部太平洋飛び石戦略」として知られることになる。

しかし自軍の後方に日本軍守備隊を残すというニミッツの大胆な提案には、スプルーアンス、ターナーそして海兵隊のスミス少将がこぞって反対を表明した。取り残された島嶼の日本軍が、後方攪乱を行うことを恐れての反対である。実際、立ち枯れるにしても飛行場や泊地は残存しているから、それを利用した反撃の可能性があった。

そのため、スプルーアンスは日本軍守備隊のいないメジュロ環礁攻略作戦を実施することをマロエラップとウォッゼ両環礁攻略の代替案として提出した。この提案は認可され、メジュロ環礁を攻略した後に、ここを航空支援の拠点と中継的な艦隊泊地としてクェゼリン環礁をも攻略し、その後にエニウェトクへと進む進攻計画として承認された。この作戦線を利用するとギルバート諸島とクェゼリン環礁の間に位置する航空拠点に掩護されながら、作戦線を前に進めることが可能で、クェゼリン攻略部隊を支援するための泊地も設置でき、一気にクェゼリン環礁を目指すプランよりは安全性が高いと判断されたからである。

無力化される航空要塞と相次ぐ玉砕

一九四四年（昭和十九）一月、米軍はマーシャル所在の日本軍機と施設にダメージを与え制空権を握ることを目的とした爆撃を開始した。この作戦はギルバート、エリス両諸島の基地機によって行われ、一月下旬には、第58機動部隊も加わり、さらに各島嶼への艦砲射撃も実施された。

米軍に攻撃された日本側では、連合艦隊が「Z作戦丙作戦第二法用意」を発令したが、それまでの戦いで戦力が消耗し、「Z作戦」を立案した頃の反撃戦力は失われていた。その結果、有効な反撃を行うことはできなかった。

制空権を獲得した米軍は、一月三十一日朝から、マーシャル諸島の各基地に航空攻撃と艦砲射撃を加えて所在する航空機の大半を地上において撃破してしまった。こうして不沈空母と期待されたマーシャル諸島の航空基地群は無力化された。島嶼に設けた飛行場は沈むことはなかったが、平坦な小島であるため、機体を分散させて被害を減らすこともできず、満足な掩体も作れないことから、いざ航空攻撃を受けると意外に脆く、損害が続出したのであった。こうして日本海軍が期待をかけていたマーシャル航空要塞は脆くも崩壊した。

マーシャル諸島の航空軍備に一大打撃を与えた米軍は、一月三十日のクェゼリン攻略「フリントロック」作戦を手始めに、マーシャル諸島の攻略を開始した。

マーシャル諸島の島々も、タラワ島と同様に環状のサンゴ礁のところどころに小島の浮かぶ環礁である。それだけに各島の地積は狭く、平低で地下水位も高いことから防御施設の構築は極めて困難であった。もっとも点在するこれら小島は、進攻艦隊を待ち受け迎撃する位置としての利便性は持っていた。戦史叢書『中部太平洋陸軍作戦〈1〉』はマーシャル諸島の価値を「進攻艦隊に対する態勢上の戦略的優位を占め、地形的な欠陥を補って余りあるものと考えられた」としている。この記述に改めてポジションの意義を見ることができる。「態勢上の戦略的優位」がそれだ。それと同時に戦略的な利便性と戦術上の利便性は必ずしも相容れないことも窺うことができる。戦術上の欠点とは「地形上の欠陥」すなわち防御施設の構築の困難さだ。

地形上の欠陥にはもうひとつ、大陸のような緊要地形の欠如もあった。戦闘に重要な影響を与える緊要地形は防御戦闘において必ず確保すべきというのは戦術の基本原則である。しかし、実際のマーシャル諸島の小島に配置された守備隊を困惑させたのは一面平らで拠るべき地形のないことであった。大陸の戦闘での常識は中部太平洋では通用しなかったのである。時に緊要地形が存在しないという事実は島嶼戦を考える場合の注意点だ。

ところで、戦略あるいは作戦上のメリットと戦術上のメリットが相反することは格別に珍しいことではない。むしろ戦略と戦術は矛盾することが多いかもしれない。この矛盾の解決策としてソ連軍が編み出した考え方は、今日「作戦術」として知られるが、当時の日本では陸海軍とも、当然だがその理解はない。マーシャル諸島において、日本海軍は戦略的優位性を優先し、戦術上の不便さは忍ぶことにした。戦略的判断が戦術的判断に優先することは当たり前のことだ。だが防備困難ということは、もう少し考慮すべきであったろう。

「フリントロック作戦」が開始されるやクェゼリン守備隊はたちまち苦境に陥り、航空基地のあるルオット島守備隊は米軍上陸直後の三十一日に早くも「敵攻略部隊上陸、暗号の大部を焼却す」と打電せざるを得なかったほどである。暗号の焼却は負けた場合の準備に他ならない。ルオット島には四百名の海軍警備隊の他二千九百二十名が守備していた。地形の制約から満足な防備はできず、差し渡しが一キロほどしかない小島では守りようがなかった。事前の艦砲射撃と爆撃で守備兵の大部分は死傷し、米軍が上陸するとわずか一日で、この小島は玉砕した。

このクェゼリン上陸作戦で、米海兵隊は初めて水中破壊隊（UDT）を使用している。この部隊は上陸海岸にある障害物の撤去や、上陸直前の偵察を任務としている。これ以後の米軍上陸作戦では、UDTは必ずといってよいほど投入されることになる。ナムル島では、海兵隊のLCI（ロケット砲搭載上陸支援艇）が投入された。LCIによる激しい弾幕に守備隊は圧倒され、地下に設けた弾薬庫も爆発し、残存守備兵は夜間の逆襲も交えて激しく抵抗したものの、戦闘二日目の昼までに壊滅してしまった。

クェゼリン環礁で最も重要なクェゼリン島は海軍警備隊の他に陸軍の海上機動第一旅団の一個大隊強を基幹とした部隊が守備していた。ここも地積は狭く、水際で抵抗しようとしたが、防御施設が完成する前に米軍上陸を迎えた。事前の砲爆撃で、砲台全てと防御陣地の大部分が破壊され、人員の五分の一が戦死した。守備隊は、島内にいくつかある建物を防御施設として利用して抵抗し、反撃も行ったが、戦車を盾に前進する米軍上陸部隊に圧迫され四日半ほどの戦闘を続けた後に全滅した。

クェゼリン島とほぼ同時に米軍は、良好な泊地であるメジュロ環礁も攻略した。ここは航空基地に不向きということで、日本側が防衛を放置していた場所だった。

米軍は無血でメジュロ環礁を占領すると、たちまち前進航空基地を造り上げ、多数の補給艦を送り込んで臨時の港湾に仕立て上げた。この「港湾」で安全に給油することで、マーシャル諸島での作戦の期間中、洋上補給を行うリスクをなくすことが可能となった。日本側の戦略的な判断ミスといえよう。

クェゼリン環礁攻略が順調な滑り出しを見せたため、米軍は引き続きエニウェトク（ブラウン）環礁攻略にも乗り出した。そしてその攻略作戦の前にトラック空襲が行われたのであった。

トラック空襲

マーシャル諸島への米軍進攻は、前進根拠地としてのトラック島の運命を決定することになった。太平洋の戦いは、島という点の戦いではあったが、繰り返し述べるように「点」すなわちポジションである要地からの航空機の行動が重大な影響を及ぼす。アリューシャン列島でもキスカ島やアダック島が米軍の航空威力圏に入ると、日本の水上艦隊は行動は退嬰的となっている。ガ島戦役では米軍の航空威力圏が日本側の輸送に大きな制約を課した。

そして今、マーシャル諸島からの航空威力圏にトラック所在の連合艦隊は神経を尖らせることになる。昭和十九年（一九四四）二月六日から、米軍偵察機がトラックへと飛来し始めると日本海軍は危機感を募らせ、二月七日にマーシャル諸島が失陥すると、連合艦隊司令部は水上艦隊に対してパラオ諸島へと退避することを命じた。

これが前年秋頃なら、決戦のチャンスとみて「Z作戦」を発動して勇躍出撃していたかもしれない。しかし、航空戦力を大きく消耗した今となっては連合艦隊も出るに出られなくなっていた。第一航空艦隊は残されていたが、これは軍令部直轄兵力であるため、連合艦隊が動かすことはできない。軍令部は錬成中の第一航空艦隊を無駄に消耗させることを恐れ、あえて連合艦隊の手元から外していたのである。当面の間、決戦は実行できず、ただ戦力の温存と回復を図るしか方策はなくなっていたのである。

これではトラック島を守ることは難しい。連合艦隊と軍令部で参謀を務めた高田利種少将は、戦後の米軍の聞き取りで「昭和十八年からトラック防衛の自信はなかった」と答えている。

そのトラック島には、陸軍の第五十二師団が守りを固めようと進出していた。こと地上に関しては、千名の陸戦隊しかいなかった前年に比べて防御は各段に向上してはいた。

一方、米軍は日本海軍の真珠湾ともいうべきトラック島の防御は固いものと判断していた。米軍は暗号を解読していたが、それでも陸上の所在兵力を正確に把握することは困難だったのである。陸の守りが固いと判断した米軍は、上陸作戦を行って攻略することは取りやめて、艦上機の空襲により無力化を行う方針に変更した。

連合艦隊主力がパラオ諸島へと退避した十日後の二月十七日、トラック島の電探（レーダー）は米軍機の大編隊を捉えた。

これこそ米軍がトラック無力化のために差し向けた空母部隊、第58任務部隊の艦上機群であった。

米軍機の飛来をキャッチした日本軍は四十機の零戦を含む七十七機を迎撃に上げた。正確に言うと七十七機しか上げることができなかったのだ。

当時トラックには戦闘機だけで二百機が所在していたが、迎撃に上がれたのはその一部だけだったのである。しかも迎撃機が発進を終える前に米軍機はトラック上空に飛来して攻撃を開始していた。この文字通りの奇襲で、多数の機体が地上で撃破されてしまった。

敵機を捉えながらも奇襲を許した原因は電探による敵発見後に出た索敵機の触接の遅れ、トラック防衛の任に当たる第四艦隊司令部が第一警戒配備を下令しながら、どうしたものか航空隊は平常配備を取ったままでいたことによるとされる。つまるところは警戒用の電探を配備はできても、それを活用するための早期警戒態勢が構築できていなかったといえるだろう。そのため迎撃機を、急発進させて適格なタイミングで空中待機させることができなかったのだ。

加えて狭い島内の飛行場では満足な掩体も造れず分散した駐機も難しく、そのために地上で攻撃された時の被害を増大させることになった。また所在の戦闘機の大半が、ラバウルへのフェリー輸送途中の機体であることから防衛任務に就いていないことも被害に輪をかけたと思われる。

突破されたマーシャル・バリヤーとトラックの放棄

こうした奇襲により、一気に制空権を掌握した第58任務部隊は、朝五時から夕方五時までの間、執拗なまでに空襲を反復した。それどころか十七日、十八日と二日間も繰り返され、最後には戦艦『アイオワ』以下の水上艦がトラックを囲み、脱出を試みる日本の艦船を攻撃した。

連合艦隊が脱出した後も、トラック島の泊地には若干の艦艇と多数のタンカーや輸送船が残置されていた。これら艦船が置き去りにされたのはラバウルの補給上の問題から船舶が必要だったことと、損傷して満足に動けない艦船がいたためだろうと福留繁は米軍聞き取り調査時にそう答えているが、その背景には海軍の後方軽視の体質が窺える。

米艦隊の一連の攻撃で、日本側の軽巡『那珂《なか》』『香取《かとり》』と駆逐艦四隻、それに輸送船・タンカーが合わせて三十一隻、十九万三千五百総トンが失われた。この船舶中には日本最大の商船『第三図南丸《だいさんとなんまる》』をはじめとした多数の優秀船舶が含まれていた。航空機の喪失も痛手であったが、それ以上にこれら船舶の損失は艦隊の行動を害することになった。すでにタンカー不足であったのに、ここでまた多数の給油艦として使用中のタンカーを数多く喪失した結果、以後、連合艦隊はさらに行動に支障をきたすことになった。そのうえ、米軍機は燃料タンクその他の地上施設も徹底的に破壊していったことから、連合艦隊の根拠地としてのトラックは文字通り無力化されてしまった。

この空襲の少し前から、連合艦隊は決戦海域をマリアナ諸島、西カロリン諸島、西部ニューギニア一帯へと後退させることを考慮していた。古賀連合艦隊司令長官はトラック空襲を機にその決心を固め、トラック島から根拠地をパラオ島へと移すことにした。こうして連合艦隊の根拠地トラックは放棄され、日本海軍が再びこの島嶼を根拠地とすることはなかった。トラック島放棄の影響は実に深刻なものだった。前に書いたようにトラック島はラバウルと並ぶ、太平洋正面防衛の二本柱の一本だ。今、米空母部隊は猛烈な空襲により、その柱一本をへし折ってしまった。その結果もう一本の柱であるラバウルの運命も決した。

トラック島にラバウル向け機体が多数駐機していたことで解るように、もともとラバウル防衛はトラック島に大きく依存していた。日本本土からトラックを経てラバウルに至り、そこからソロモン諸島とニューギニアへと至る線が、南太平洋正面の基本的な後方連絡線だ。米軍の空襲の結果はトラック島でその先の後方連絡線を断ち切ることになった。トラック島以北と以南は断線し、ラバウルから先も孤立へと追いやられた。

いまやラバウルは根無し草となり、その基地機能を維持することはできなくなった。やむなく日本海軍はラバウルの航空基地を放棄して、所在の航空隊を後方へと引き揚げた。これでニューブリテン島とブーゲンビル島に所在する一個軍もの日本軍残存部隊は遊兵と化した。

空襲によって無力化したトラック島を米軍はそのまま放置し、方針通り立ち枯れるままに任せたのである。

トラック空襲で、日本海軍の艦隊勢力をマーシャル一帯から締め出すと、米軍は二月十九日からエニウェトク攻略を開始する。この環礁は陸軍の海上機動第一旅団が守備していたが、環礁という地勢上、兵力を集中することもできず各島への分散を余儀なくされた。

この環礁の小島も地積狭小なうえ、平坦で防御施設は構築しにくい。そうなると水際配置を取る他になく、それまでの島嶼と同じく不利な条件での戦いを強いられた。そして狭い島嶼内で守備隊は玉砕していった。

このエニウェトク環礁占領をもって米軍はマーシャル攻略を終了し、マーシャル・バリヤーの突破に成功した。

マーシャル・バリヤー突破時に、米軍が手を付けなかった島々があり、これらの島々には日本軍守備隊が取り残された。彼らは、米軍の制海・制空権下に孤立し、戦局に寄与することもできず、撤退も補給もままならず、生存に苦しみながら終戦を迎えることになる。

ここでマーシャル諸島の陸戦上の教訓をまとめておきたい。

ひとつは、そもそもマーシャル諸島のような多数の島の点在する海域を守ることの困難さである。旅団のような兵力を投入しても、守るべき島は多く、結局は軍事上で戒められる戦力の分散を余儀なくされる。さりとてメジュロ環礁のように放棄した場合、敵側にうまく使われてしまう恐れがある。

だからといって全ての島に守備隊を配置しても、マーシャル諸島で米軍が行ったように、侵攻側はいくつかの必要な島だけを確保して、後は立ち枯れさせることができる。しかも、島には緊要地形もない。要するに、地上兵力にとって、こうした諸島での防衛は圧倒的に不利だといってよい。元米海軍少将ワイリーは海をコントロールできれば、敵側にとって海は「通路」というよりも「障害物」に変わってしまうと『戦略論の原点』（芙蓉書房、二〇〇七年）で書いているが、マーシャル守備隊にとって、海はまさしく「障害物」になってしまったのだ。

そうなると、いかに戦略的に重要であるとはいえ、マーシャル諸島の各所に守備隊多数を派遣した守り方には、やはり疑問を持たざるをえない。こうした島嶼の防衛に期待できるのは短時間の時間稼ぎ程度と考えて、それを基礎として陸海の統合戦略を練っておく必要があったのではないかと思われる。

●註

▼1　そのため民間船を徴傭して特設の特務艦としたが、これは海上輸送力をより低下させることになった。

コラム⑤　水際防御

今日では水際防御として悪名高いこの防御法は、実は戦理にかなったものであった。

河川と海岸では状況は類似する。どちらにおいても敵部隊は、水という障壁を越えて揚がってくることに変わりはない。このような場合、上陸してくる敵は水・陸で分断され戦力の優位を発揮しにくい。例えば硫黄島防衛で有名な栗林中将の前任者であった、大須賀少将は「逐次上陸してくる敵を、各個撃破すれば相対的に劣勢ではない」と訓示している。上陸部隊が水の障壁で分断される隙を狙って各個に撃破するというわけだ。すなわち敵の数が多く、例えば自軍の二倍いるとしても、均等に二部隊に別れてしまえば、一度に対戦する敵の数に差はなくなる。これが大須賀少将のいう「相対的に劣勢でない」状態だ。

そして分断された片方の部隊を、まず撃破して、次に残るもう片方の部隊を撃破すれば理屈の上では倍の敵を相手に同等の戦いができる。これが各個撃破の考え方だ。この原則は戦略階層、作戦階層、戦術階層いずれにおいても通用する。

とはいえ、これは軍事的な常識に過ぎて敵も簡単には分断されないように動く。そこで海岸や河川という地形の助けを借りる。いうまでもなく、河川や海という障壁は、越える時に身動きが困難となり整然とした行動が取りにくくなる。行動はばらつき各個に分散した状態となる。

この理屈は古代中国の春秋戦国時代から知られており、「河を盾に守る時は敵の半渡に乗じて撃つ」とされている。水際防御はこの半渡の状態を海岸で再現しようとしたものだ。

加えて、上陸海岸は開けた砂浜で、攻める側は身を隠しにくく、守る側から見れば障害物が少なく銃砲の射線を設定しやすい。身を伏せる物陰のない砂浜で、機関銃の射撃を浴びせかける優位さはいまさらいうまでもあるまい。

●対上陸防御の概念

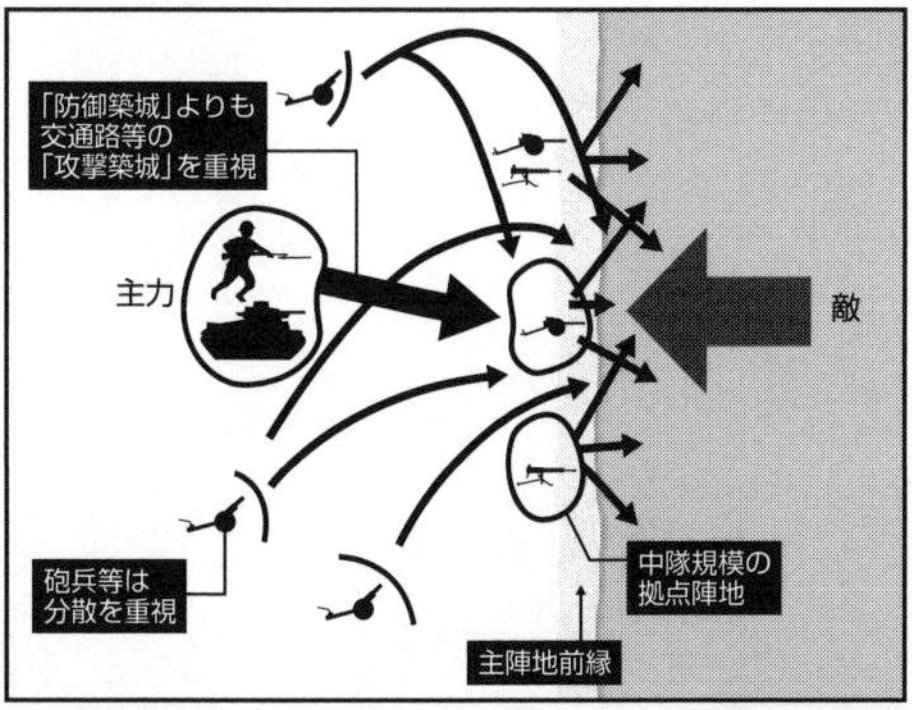

【水際撃滅構想】

『島嶼守備部隊戦闘教令（案）』より

水際に主陣地前縁を設定。ここに速射砲や重機関銃等を中心として部隊を多数配備して、上陸してきた敵に海岸堡を造らせないようにする。砲兵は被害を受けにくくするために分散配備。また敵の攻撃に対する防御施設の築城よりも、主力による機動打撃のために交通路の構築が重視された。主力はこの交通路を使用して、海岸堡をまだ形成していない敵に迅速に打撃を与える。

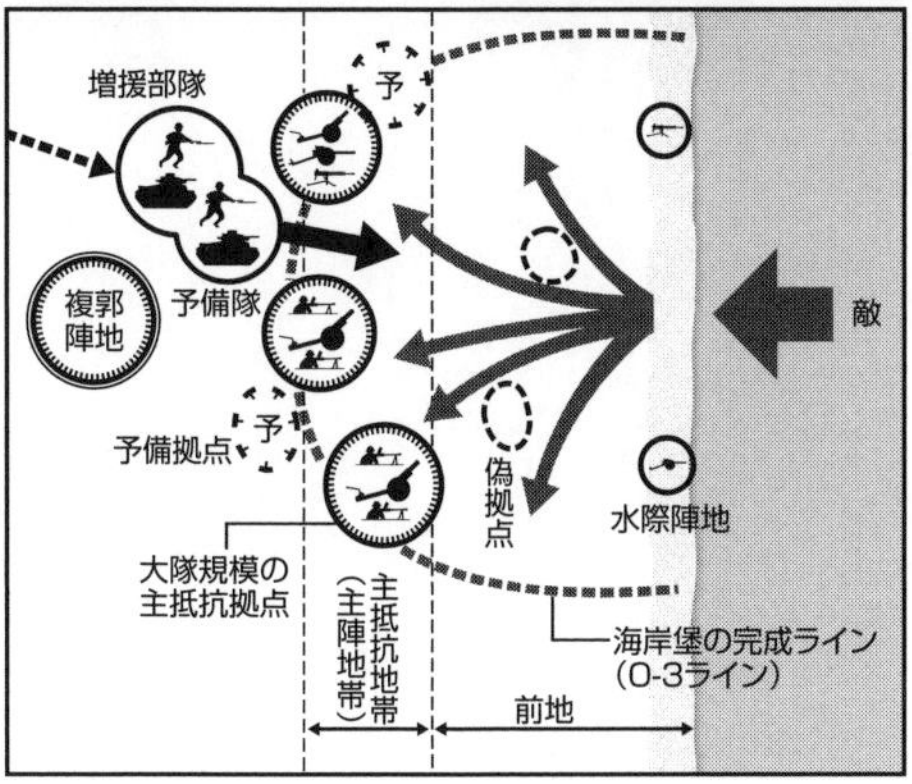

【後退配備・沿岸撃滅構想】

『上陸防禦教令（案）』より

主抵抗地帯（主陣地帯）は海岸よりも後方に下げる。主抵抗拠点は全周防御が可能な大隊規模の拠点陣地とする。敵の海岸堡が完成する前に、増援部隊および予備部隊によって反撃を行う。なおO-3ラインとは、上陸時の進出目標線で、師団レベルでは砲兵の展開可能な地積を得ることができる線。

●陣地の構成と火器の配備

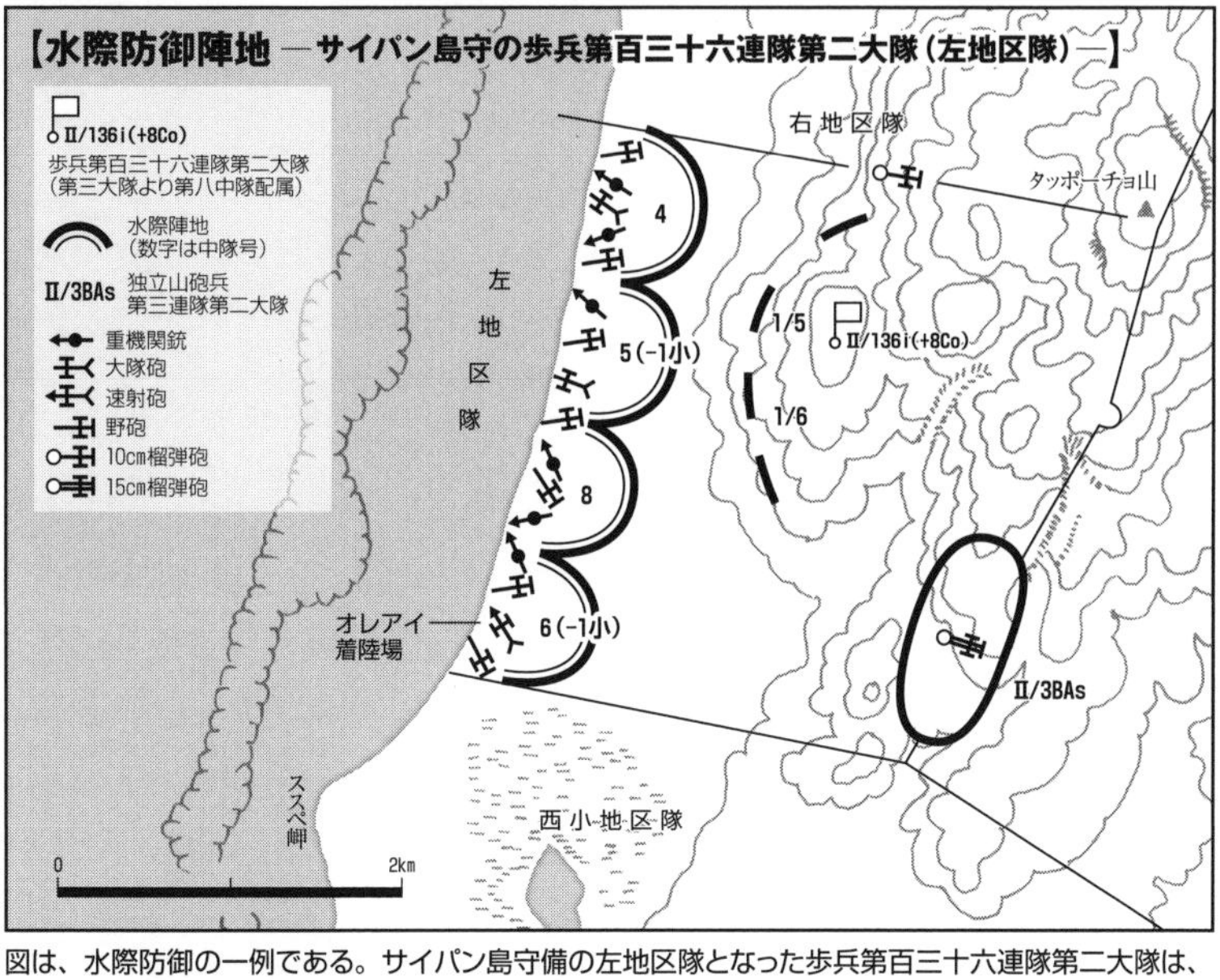

図は、水際防御の一例である。サイパン島守備の左地区隊となった歩兵第百三十六連隊第二大隊は、1個中隊の配属を受けて4個中隊となっていたが、そのすべてを海岸に貼り付けており、予備はわずかに第五、第六中隊から抽出した2個小隊（図中記号：1/5 と 1/6）のみで、海岸を突破されたらお仕舞である。なお後方に展開する砲兵部隊は、上級司令部の直轄部隊である。

第六章　玉砕の島サイパン

サイパン島に侵攻するLVTの群れ。1944年6月15日。

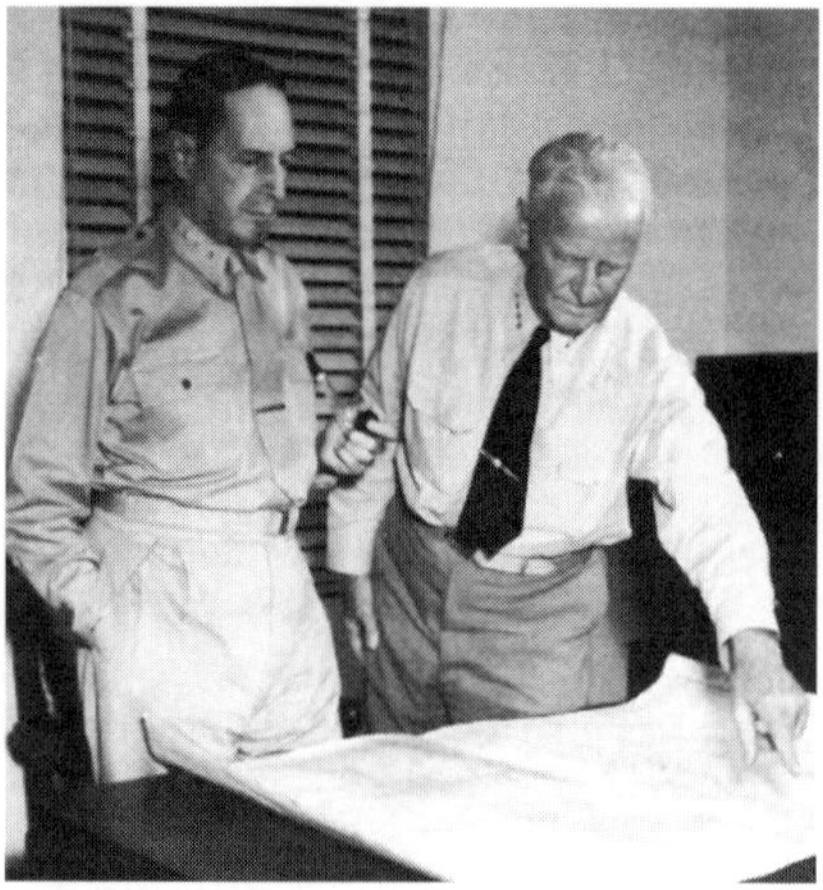

ニミッツ（右）とマッカーサー（左）。

南雲中将他、サイパン海軍守備隊幹部。

占領後、本土空襲の航空基地となったサイパン。飛行場には大量のB-29が並んでいる。

日本軍のカノン砲。

ガラパンでの市街戦。

日本陸軍、中部太平洋へと乗り出す

開戦以来、日本陸軍は中部太平洋への兵力投入には消極的であった。陸軍の希望は大陸で攻勢に出ることで、実際、戦局の悪化してきた昭和十九年（一九四四）になっても中国において大陸打通作戦、ビルマではインパール作戦と相次いで攻勢作戦を実施している。

第五章でも書いた通り、昭和十八年（一九四三）後半になると日本陸軍は、太平洋正面ではマリアナ、西部ニューギニアへの大幅な後退を主張した。後退すれば後方連絡線を短縮することができ、兵力輸送、兵站支援などの面で負担を軽減できるメリットがある。しかし、絶対国防圏を設定しても、完全な後退とはならずに依然として中部太平洋においても多くの日本側の島嶼が残されていた。

絶対国防圏を設定した陸海軍は、新作戦方針を遂行するために「中部太平洋方面陸海軍中央協定」を締結した。そこには「概ネ昭和十九年春頃ヲ目途トシテ豪北方面要域及『カロリン』『マリアナ』各群島方面要域ニ亘リ作戦基地整備及其ノ防衛強化、比律賓《フィリピン》方面ニ於ケル作戦根拠ノ造成並ニ空海陸反撃戦力ノ整備等反撃態勢ヲ急速ニ強化ス」とする文言がある（戦史叢書『大本営海軍部・連合艦隊〈4〉』）。

陸軍の中部太平洋への兵力派遣が本格化したのは、この直後からである。

昭和十八年の兵力派遣は海軍の強い希望による。これを受けて陸軍は中国と本土から陸軍の兵力を集め、中部太平洋のマーシャル、東カロリン諸島へと送り出した。本来、マーシャル諸島放棄論を主張していた日本陸軍が海軍の要望を入れたのは、絶対国防圏の防衛体制強化のための時間稼ぎが必要と考えたことによる（戦史叢書『中部太平洋陸軍作戦〈5〉』）。

そうはいっても、本章冒頭で述べたように、本来、日本陸軍は太平洋方面への兵力派遣には消極的であった。それに加えて、ガ島戦役をはじめとした南太平洋方面の戦例も日本陸軍の投入消極論を後押ししていた。陸海軍協同作戦として推移したガ島戦役で、日本陸軍には、補給輸送がうまく行かずに二万の将兵を飢餓に陥らせた苦い経験がある。

陸軍としては補給を全面的に海軍に依存せざるを得ない島嶼への兵力派遣には否定的にならざるを得ない。島嶼への派遣部隊を見殺しにするようなことになれば、それは陸軍の統帥上好ましくない事態となりかねない。さりとて要域の強化を行わないわけにもいかない。第五章でも書いたが日本海軍は太平洋島嶼部において防備を怠っており、田辺参謀次長の中央への報告にあるように「陸戦隊に陸戦を期待することは危険である」と日本陸軍側は認識している。

日本海軍の防備態勢を信頼していない日本陸軍は、早くも昭和十七年（一九四二）秋ごろには太平洋方面外廓要地の検討を開始している。そして九月下旬には陸軍築城本部長を団長とした視察団を太平洋方面に派遣した。視察後の検討の結果、太平洋島嶼部防衛に必要な所要兵力は六十五個大隊と積算された。こうした事情により、日本陸軍は陸戦隊の肩代わりをするため中部太平洋へと身を乗り出したのである。

昭和十八年（一九四三）四月二十日、まず南洋第一、第二守備隊が編成されてギルバート諸島、南鳥島に送られ、次いで六月十二日にはウェーク島派遣部隊が増強され南洋第三守備隊となった。これらに必要な輸送は海軍が担任し、一年以内に海軍守備隊と交代するはずであった。日本陸軍としては太平洋方面での部隊派遣はなるべく避けたい事案で、海軍陸戦隊が戦力化されたら引き揚げようというのが本音である。

しかし、昭和十九年二月に入るとトラック空襲による連合艦隊のパラオへの後退、米軍のマーシャル諸島の占領と中部太平洋における戦局は悪化した。にもかかわらず、依然として中部太平洋の防備があまりに手薄なことから、日本陸軍は五個師団、八個派遣隊を基幹とする部隊を絶対国防圏の要線へ投入することを決定する。

これら兵力の配置は三月頃から開始され、中部太平洋の全陸軍部隊を統率するために第三十一軍司令部も設立された。これと並行して海軍は中部太平洋方面艦隊を新設して、陸海軍と協同して指揮する体制を整えた。また二月二十五日「中部太平洋方面作戦ニ関スル陸海軍中央協定」が策定された。そこには作戦目的が次のように明記されていた。「来攻スル敵ヲ撃破シテ中部太平洋方面ノ要域ヲ確保シ該方面ヨリスル敵ノ作戦企図ヲ挫折セシムルニ在リ」（戦史叢書『中部太平洋方面海軍作戦〈1〉』）。

米軍マリアナ諸島へと迫る

ここで話は米軍へと移る。既述のように一九四三年（昭和十八）末、米軍上層部内において今後の作戦線をどのように設定するかについて論争が行われた。

米海軍作戦部長キングは、マリアナ諸島を経由し台湾あるいは中国本土へと至るルートを提案した。これは南方資源地帯から日本へと通じる連絡路の遮断と中国の支援を兼ねた構想だ。さらには、中国本土を基地としての日本本土上陸作戦も考慮されていた。同じ海軍上層部にあっても太平洋艦隊司令長官ニミッツは、トラック島占領を提唱していた。トラック島からパラオ諸島そしてフィリピン諸島中部に至る作戦線をニミッツは考えていた。トラック島とパラオ諸島は連合艦隊が根拠地としたことから解るように良好な艦隊泊地である。

『戦略論の原点』でワイリーは「水兵は水兵として考える」と書いているが、連合艦隊首脳部と米太平洋艦隊司令官のニミッツの考えに似通った部分があるのは「水兵として考えた」結果といえるだろう。ニミッツは、フィリピン諸島中部を押さえることで、南方資源地帯と日本本土の連絡路を遮断するつもりでいた。

一方米陸軍では、マッカーサーが、ニューギニアからフィリピン諸島へ西進する作戦線を提唱していた。「フィリピン帰還」を公言し、それが一種公約化しているマッカーサーにとって「フィリピン解放」は何にもまして重要だった。そして、陸軍兵力を使ってニューギニア東部を逐次前進中でもある。マッカーサーが主張するのは、ニューギニア北岸を西進し、ニューギニア東部を跳躍台としてフィリピン諸島へと向かう作戦線である。

マリアナ諸島を重視するキングは、マリアナが日本本土空襲のための爆撃拠点となることを主張することで米陸軍航空隊を味方に付けると、自分の主張を強く押し通した。実質的に空軍化している米陸軍航空隊は戦略爆撃を重視している。だから、その拠点を入手できることは魅力的だったのである。こうしてキングの提案が採択され、米軍はマリアナ侵攻「フォレジャー（略奪者）作戦」を決定した。

これに伴いマッカーサーのプランは、副次的なものとして採用され、米軍は二方向からの西進を行うことになった。

サイパン島は中部太平洋マリアナ諸島中の主要な島である。元はドイツ領であったが、第一次世界大戦で、旧ドイツ領が日本の委任統治領となったことで、その中に含まれるサイパン島も日本の委任統治領となった。その大きさは南北十九・二キロ、東西九・六キロとそれなりの地積がある。サイパン島の面積は東京都の青梅市よりやや大きく、ノルマンディー上陸作戦の舞台となったフランスのコタンタン半島より少し狭い。島の中央には高さ四百七十三メートルのタッポーチョ山が聳え、島の北東部は山地となっている。

山地の中腹には森林が存在し、谷地も刻まれている。サイパン島には古くからの島民が居住し、さらに二万人もの日本人開拓者が住み二つの町と四か所の村があった。サイパン島は、それまで戦場となったマーシャル、ギルバートの島々とは地理的な条件が全く異なっている。

位置的には東京から二千キロ、マニラから二千八百キロ離れており、島の南部にはアスリート（イスレイ）飛行場がある。この飛行場の存在により太平洋上の中継地点の一つとなっていた。反面、良港には恵まれず、艦船の根拠地としては難がある。サイパン島もまた航空機の発達により浮上したポジションだったのである。

昭和十九年（一九四四年）になると、米軍は大型爆撃機B-29を完成させていた。爆弾搭載量が多く航続距離も長い上に高高度を飛行できる爆撃機は、マリアナ諸島の飛行場から直接日本本土にまで飛来することができた。つまり、日本にとってサイパン失陥は、B-29による本土空襲を意味していた。日本陸海軍上層部も、このことは当然ながら理解していた。それゆえサイパンをはじめとしたマリアナ諸島が絶対国防圏に含まれていたのである。

マリアナ諸島への米軍侵攻の軽視

しかしながら、日本軍のサイパン防衛準備は遅れていた。

なぜかといえば、日本陸海軍上層部は米軍が直接マリアナ諸島へと進攻してくることを想定していなかったからだ。キングが強く推した米軍の作戦線は日本軍上層部の意表を突いたことになる。そのため日本側は戦略階層において奇襲を受けることになったのである。

ところで昭和十八年後半、日本軍側でも米軍反攻をどのように抑えるかが問題とされていた。

「絶対国防圏」設定を確定した御前会議が行われた九月三十日に出された大命には「中部太平洋方面ニ対スル大本営ノ企図ハ、南東方面［ソロモン、ニューギニア方面のこと：括弧内著者］ニオイテ持久ヲ策シ、コノ間速ヤカニ豪北方面カラ中部太平洋方面要域［カロリン、マーシャル、マリアナ、ギルバート諸島方面だがこの設定をめぐって陸海軍の間で紛糾したことは既述の通り］ニ渡リ反撃ノ支撐《しとう》（足がかり）ヲ完成シ、敵ノ反攻企図ヲ策スルニアリ：括弧内著者」とされていた。

絶対国防圏といいながら日本陸海軍の頭の中にあったのは反撃である。

要するに、米軍は日本侵攻への跳躍台となる航空基地と泊地を求めて島嶼を攻略するはずであり、それならば、あらかじめ太平洋に点在する島嶼の防備を固め、米軍が島嶼上陸を行う時を敵捕捉のチャンスとして、その侵攻部隊を撃滅するという構想である。国防圏といいながら持久戦目的ではなく、相変わらずの決戦主義の考え方である。点在する航空基地ネットワークを利用して基地航空隊を縦横に機動させ、米艦隊を邀撃し、これに水上艦隊の打撃も加える。何のことはない、これでは「Z作戦」の焼き直しに過ぎない。

従来との違いは各島嶼の防衛は陸軍に任せるところにある。特に飛行場確保は絶対的な必要要件であった。昭和十八年後半ともなると戦いの要《かなめ》は完全に航空機に移行していた。タラワのように短時間で占領されては、日本側が反撃に出る前に飛行場が敵手に移り、反撃がうまく成り立たない。そこで陸軍は頑強な守りを期し、決戦に寄与すべく上陸敵軍の破砕を考えていた。

しかしながら、広大な太平洋のどこに米軍が侵攻するかはわからない。高速空母部隊と複数の師団を一度に上陸させられる水陸両用部隊の海上機動力は大きい。その機動力の高さから、米軍側は複数の進路を選択できる。事実「Z作戦」では米空母部隊の動きに連合艦隊は翻弄され消耗を強いられ決戦が成立しなかった。広大な太平洋のどこに米軍が来るかわからないという事実は、日本軍が戦略的な主導性を喪失していることを意味していた。しかも、米軍が侵攻するのは中部太平洋とは限らないという問題も抱えていた。現状では、マッカーサーの米軍はニューギニア東部を暫時西進している。ここが米軍の主攻軸かもしれない。だが中部太平洋を進んでくる可能性もある。

大本営は頭を悩ませた。しかし、いくら悩んでも答えの出ようはずはなかった。この時点では当の米軍内でさえ、作戦線の設定で論争を行っている。

頭を悩ませた結果、大本営は、米軍はまずトラック諸島に侵攻し、次いでパラオ諸島方面へと来寇するであろうという予測を立てた。これはニミッツの構想に類似しているので一定の合理性はある。その反面、米軍がマリアナ諸島に直接侵攻する可能性は低いと見ていた。こうして戦略階層において日本側は裏をかかれる形となるのである。

第三十一軍を編成したが

何度か書いたように、開戦以降、昭和十八年半ばまで、中部太平洋の島嶼の守備は極めて手薄であった。サイパン島も例外ではなく、所在の兵力はわずかに海軍の第五特別根拠地隊のみ。この頃、サイパン島はまだ安全な後方だと思われていた。同年九月になって、ようやく海軍落下傘部隊として知られる横須賀第一特別陸戦隊（横一特）が配置された。陸軍の戦力に換算して一個旅団に満たないこの兵力で、地積のあるサイパン島防衛は荷が重すぎる。これは私見だが、空挺部隊である横須賀第一特別陸戦隊がサイパン島に置かれたのは、防衛のためだとしながらもマーシャル諸島での緊急事態に備えていたようにも思われる。米軍が潜水艦でマキン島を奇襲した際、日本海軍は大艇で増援部隊を急派して事なきを得ている。そうした用法を考えていたのではなかろうか。

いずれにせよ、お寒い限りの防衛態勢だが、同年十月になって、中部太平洋への部隊派遣を決心した陸軍が介入したことで状況はいくらか好転し始めた。しかし、先に記したように陸軍は同時期に中国で大陸打通作戦を計画しており、中国からの兵力転用は困難を極めたことから、実際の兵力投入は翌昭和十九年（一九四四）春を待たねばならなかった。これもサイパン防備が遅れた原因である。

昭和十九（一九四四）年二月十六日、大本営は中部太平洋方面を担任する第三十一軍を編成した。これでようやく本格的なマリアナ諸島防衛が動き出した。第三十一軍の担任地域はマリアナ諸島からパラオ諸島までとかなり広い。陸軍は、この広い海域に点在する各島嶼の守備隊に海上を機動させ相互に支援する構想を抱いていた。地上における拠点防御と相互支援の考え方だ。歴史に詳しい方なら戦国時代の支城システムによる防御方法を思い浮かべていただけると解りやすいかもしれない。この日本陸軍の海上機動構想については次の第七章で説明したい。

第三十一軍を編成した陸軍は、手始めに第二十九師団をマリアナ諸島へと送り込んだ。しかし、マリアナ諸島も島数は多くサイパン島に配置できた兵力はわずか一個大隊に過ぎなかった。三月以降、サイパン島には高射砲連隊をはじめとした様々な部隊が送り込まれたが、陸上防衛戦力の要となる師団はまだ派遣されていない。

そしてサイパン島に来た部隊の中には、ここを中継して別の任地へ向かう部隊もいて、腰を落ち着けてのサイパン防衛準備は進まなかった。それどころか部隊の転任転出の繰り返しは港湾作業をただいたずらに煩雑化させただけであった。後に米軍が上陸した時に撮影した、多数の火砲が梱包を解かれず埠頭付近に残されている写真があるが、荷揚げ作業の負担も大きな問題となっていたことをうかがわせる。

四月八日、ようやく第四十三師団のサイパン投入が決定されたが、これは米軍のトラック空襲から二か月も後のことであった。この第四十三師団の輸送をもって、陸軍の中部太平洋方面への兵力輸送は終了となる。つまりサイパン島への兵力輸送は一番後回しだったことになる。師団投入がここまで遅れた理由は、先にも書いたようにサイパン島への侵攻は可能性が低いと判断され、他の島の防御が優先された事情による。

師団投入が遅れたツケを日本側は嫌というほど払わされることになった。米軍潜水艦は徹底的にサイパン島への海上交通路を襲撃して、部隊輸送を妨害した。その結果、第四十三師団は保有戦力の三分の一近くを潜水艦の襲撃で失い、同時に輸送された臼砲大隊二個もこの時に装備火砲を失っている。日本陸軍は防衛準備と考えていたが、米軍側ではサイパン戦は既に始まっていたのである。

島嶼における戦いといえば、上陸戦闘から後の戦いをどうしてもイメージしてしまうが、実際の戦いはそれ以前から始まっている。作戦階層における海上交通破壊戦という認識を強く持っていたなら、このような状況も少しは緩和されたかもしれないが、既に書いたように日本海軍にはその発想は希薄であった。たしかに、絶対国防圏の島嶼防衛という目的から、海軍も輸送船団に四隻の護衛艦を付けた。これは日本海軍としては奮発した方である。しかし、この程度では米潜水艦の攻撃を防ぐには少な過ぎた。

これが米軍のトラック空襲以前の時期なら、もう少しましな輸送ができた可能性もある。米軍はまだサイパン島攻略を決めていなかったので、輸送途中の妨害も少なかったと予想できる。ともかくも、一個師団を派遣し得たことで陸軍首脳部は安堵して、参謀総長を兼任する東条首相は「サイパンの防備はこれで安心です」と海軍の軍令部長に伝えた。

危うい防衛体制

東条首相の言葉とは裏腹に、実態としてのサイパン島の防衛体制は危ういものであった。米軍上陸目前の日本軍サイパン島守備兵力は、一個師団と一個旅団、これに独立砲兵と戦車一個連隊が有り、さらに二個連隊に近い規模の海軍陸戦隊も加わる。日本陸軍の感覚で見れば、書類上での戦力は堂々たるものと思える。

特に日本陸軍は火力防御に自信を抱いていた。戦車四十両（日本陸軍が四十両もの戦車を投入する戦場はなかなかない）、師団の野砲二十七門に加え、山砲十二門、十五センチ榴弾砲十二門、十センチ榴弾砲十四門があり、海軍も二十センチ砲四門、十五センチ砲十四門、十二センチ砲三門を持つ。これに加えて、高射砲、高角砲も合わせれば百門以上にもなる。本来ならばこれに三十二センチ臼砲十六門と二十五センチ臼砲二十六門も加わるはずだったが、これらは輸送途中で海没していた。

この日本陸軍としては並外れた火力装備がもたらす防御正面の火力発揮こそが、日本陸軍がサイパン防衛に自信ありとした根拠である。ステレオタイプな日本陸軍像とは相違して、ことサイパン島では火力が防御戦闘の骨格となるはずであった。

しかしながら、その火力装備も実態は、師団野砲は明治時代の制式に手を加えた改造三八式、十五センチ榴弾砲も大正時代末の十四年式と古い。戦車が米軍のそれと比べて弱体なことは今さらいうまでもない。

その上、本来は二か月分を準備した軍需物資、一会戦分を用意した弾薬の半分が、米軍上陸目前でも陸揚げしただけで埠頭一帯に残置されたままだった。なお会戦分というのは一個師団三か月の作戦期間を想定した砲弾など軍需物資の基準数量で、野砲なら二千発、榴弾砲なら千五百発と定められていた。

さらに歩兵戦力にも問題はある。第四十三師団到着以前にサイパン島入りした部隊は、あちこちからの派遣部隊の寄せ集めで、とくに補充兵の集団で指揮官の名をとった牛山部隊（本来は歩兵第五十連隊所属）など戦力発揮には心もとないものがある。第四十三師団でさえ昭和十八年七月に編成されたばかりの新設師団で、留守部隊と後方勤務部隊を母体に補充兵を加えたものだ。創設から日が浅いため師団として訓練を積む時間もなかった。サイパン島に到着してからの日も浅く地形に完熟する暇もない。

さらに日本陸軍がサイパン島に送り込んだ兵力そのものがヨーロッパの基準ではさして多くもないという事実を指摘することもできる。サイパン島の日本軍兵力はせいぜい二個師団ほど。初めに書いたように、サイパン島はノルマンディー上陸作戦の舞台となったコタンタン半島より若干狭い。しかしサイパン島より少しだけ広いノルマンディーで敵上陸に備えてドイツ軍が海岸に展開させた師団の数は歩兵師団が三個もいる上に、すぐに駆け付けることができる装甲師団までいた。日本陸軍の感覚では強力だったかもしれないが、それは日本軍だけの独善的な基準でしかなかったのである。

島嶼防衛の問題点

サイパン島では、第四十三師団を中心として上陸防御の準備が慌ただしく行われた。防御計画の基本となったのは昭和十八年十一月十八日に公布された「島嶼守備部隊戦闘教令（案）」。名前が示す通り、島嶼防衛に目を向けるのが遅かった陸軍には、急ぎマニュアルを作成したものの、それを充分練り上げて完成させる時間はなかった。教令が案のまま出されているのはそのためだ。

その根幹を成すドクトリンは水際撃滅主義である。水際配置の採用は「島嶼守備部隊戦闘教令（案）」に則ったものである。これは上陸部隊が海岸堡を固めないうちに撃滅することを目指すもので、その実施は大本営陸軍部が強く指導したものである。水際配置についてはコラム⑤のところで書いたとおりだが、もうひとつ大きな理由もある。

それはアスリート飛行場の存在である。もともとサイパン島防衛の目的は、単純に島を守るというだけにとどまらない。サイパン島所在の飛行場を守り、その飛行場を土台に行う航空反撃を支えることを主眼としている。

絶対国防圏を策定した時の大命にあるように「中部太平洋方面ニ対スル大本営ノ企図ハ」、「中部太平洋方面要域ニ渡リ反撃ノ支撐《しとう》（足がかり）ヲ完成シ、敵ノ反攻企図ヲ策スルニアリ：括弧内著者」である。この反撃の「支撐」こそが飛行場に他ならない。その飛行場は開けた平地に存在し、内陸のタッポーチョ山のような島全体の緊要地形となる場所にはない。つまり防御に向いた地形を求めて内陸に後退することは、航空基地の放棄を意味することになるので後退配備は取れないのである。

第五章でも書いたとおり、地形をうまく利用する戦術上の要求と、飛行場を保持する戦略上の要求がうまくマッチしない戦いが島嶼戦といえる。この飛行場を取るか、防御向きの地形のどちらを取るかという選択は、サイパン戦以降の島嶼戦においても日本陸軍に難問としてつきまとうことになる。こうして水際撃滅主義を採用した第四十三師団ではあるが、サイパン島は広く、限られた部隊で海岸全てにくまなく兵力を配置することはできなかった。

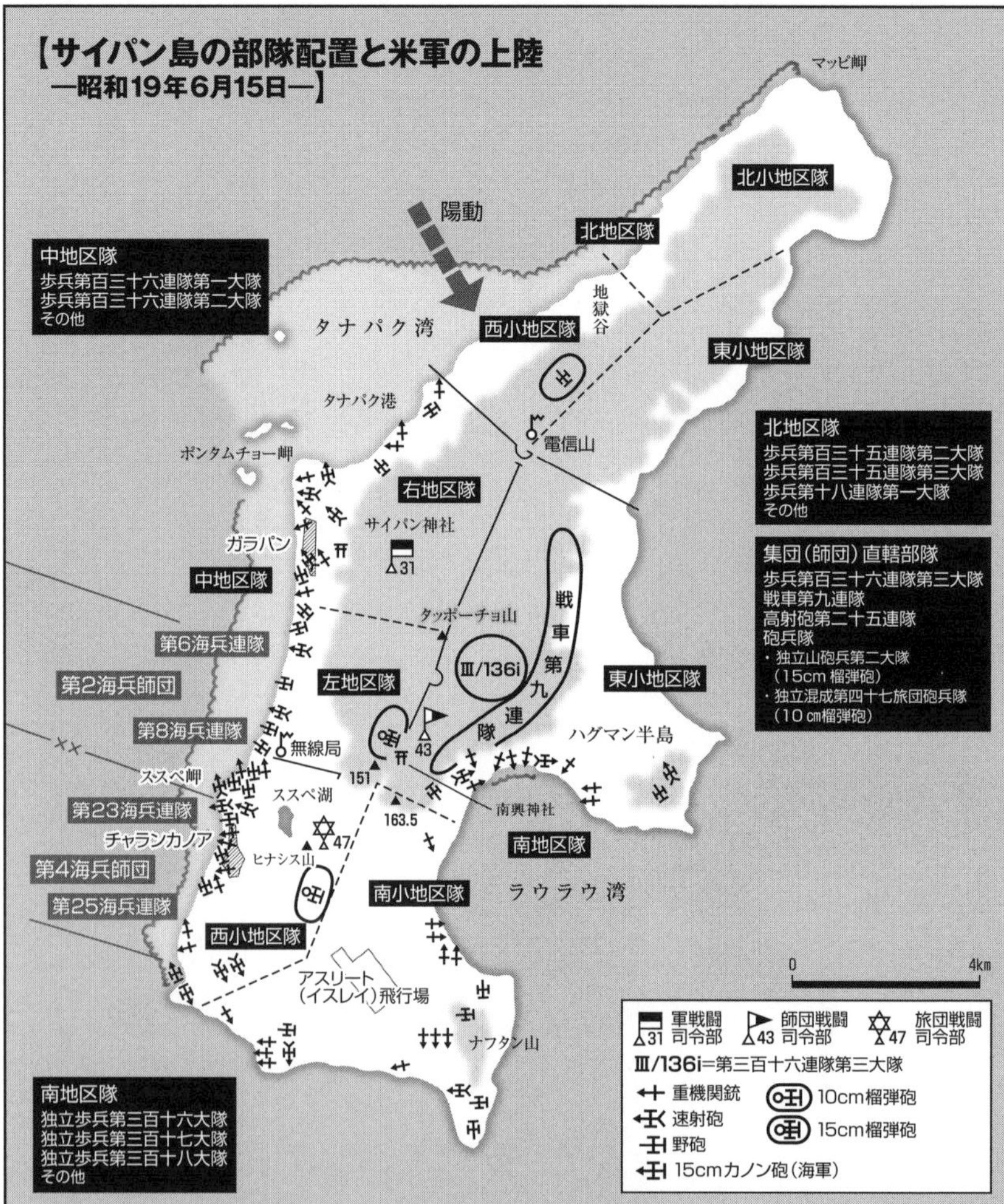

サイパン守備第四十三師団は、ほとんどの火砲と部隊を海岸線に配置し、守備隊直轄の部隊は砲兵２個大隊、戦車１個連隊、歩兵１個大隊に過ぎなかった。

1944 年 7 月 8 日、最後の抵抗を続ける日本軍に対して掃討作戦に乗り出す米軍。

日本軍の激しい射撃に死傷者が続出するアメリカ海兵隊。

第四十三師団は、サイパン島の地形を検討した結果、島には崖が多いことから上陸適地となる海岸は、北西タナバク地域、南西ガラパン地域、南東ラウラウ湾の三か所に限られられることと判断した。これを基に敵上陸海岸を推測した第四十三師団は、海浜がありアスリート飛行場に近いガラパン南方こそ敵上陸海岸であろうと結論づけた。何度も書くようだが、防御に回り、待ち受ける側には、進攻箇所の決定権はない。この待ち受ける者の不利から、防御部隊をガラパン南方に一点張りするというわけにはいかなかった。予想が外れる恐れがなきにしもあらずである。

防衛側の対処としては、まず最も守りたい場所を固め、しかる後に順次進攻の恐れの高い場所から優先順で部隊を配置していく他にない。そして、それでも生じる不測の事態に備えて内陸にも予備部隊を配置せざるを得なかった。

こうした配慮の下、第四十三師団は指揮下に入っている様々な部隊を北、中、南の三個の地区隊に区分けして、島内各地に配置することにした。この地区隊編成の処置は、海軍も含め様々な部隊が所在することから、一元指揮化を図るために行われたものである。

地区隊とは、歩兵を中核に陸軍の既存の部隊編成を生かして、砲兵、工兵さらには後方勤務部隊や海軍部隊も組み込んだ部隊である。地区隊は小型ながら諸兵種連合部隊で、自立した戦闘を行うことができる。というのもひとつの地区隊はわざわざ師団司令部に要請をしなくても、自隊で砲兵や工兵の支援を受けての戦闘が展開できるからである。反面、地区隊は独立性が高く自己の担任地域の防衛には向くが攻撃向きとはいえない。それでも各地区隊は、相互に支援して戦闘することにはなっていた。

三地区隊のうち、北地区隊は三個大隊を基にして電信山以北に配置され、ガラパン海岸とタッポーチョ山のある島中部には中地区隊が置かれた。そしてラウラウ湾とアスリート飛行場のある島南部には南地区隊が配置される。残りの歩兵一個大隊と戦車第九連隊、独立山砲兵第二大隊、独立混成第四十七旅団砲兵隊は守備隊直轄部隊として内陸に置かれた。これは予備隊と支援部隊で、敵上陸後はこの直轄部隊が反撃用の予備兵力となる。

水際で足止めして打撃を与えた部隊を反撃により海岸から叩き出す。これが本来、日本陸軍がイメージした水際撃滅のあり方だったのである。

足りない準備時間

配置を決められた各部隊は慌ただしく防御陣地を作る築城作業に入ったが、いかんせん満足な作業を行うには時間が足りなさ過ぎた。その乏しい時間で作られた築城の結果はいかなるものだったのか。『中部太平洋方面陸軍作戦〈1〉』によると次のとおりである。

「水際陣地

軽易な一線の野戦陣地程度であった。所々に軽掩蓋の重火器陣地、退避壕があったが、後方との交通壕はほとんどなかった。水際（水中）障害物も全くなく、対戦車壕が少しあった。

砲兵陣地

射撃陣地は露天掩体で、要部には掩砲所を構築し大部の施設は偽装していた――中略――その他軍司令部の指揮所はセメントの洞窟が完成していた。師団司令部は南伊興《みなみいこう》神社付近の天然の洞窟を戦闘指揮所に準備した」。

これを見るに砲兵の射撃陣地は、露天とあるから掩蓋がなく砲弾の直撃には耐えられない程度の防御力しかない。また日本陸軍は伝令による連絡に頼る度合いが米軍などに比べ高いので、交通壕が不備なのはまずい。ようするに、水際で迎え撃つための陣地は、ほとんど完成していなかったのである。

その理由はいくつかある、まず時間の余裕が乏しかったことは述べたが、さらにセメント等の築城資材が、パラオ方面に取られサイパン島に来る量が少なかったこと。さらには飛行場整備にも労力を取られ作業量が減ったということも挙げられる。これら悪条件が重なりサイパン島の築城は満足に実施できずに終わった。

無論こうなった根本的な原因は、サイパン島防衛の兵力投入を後回しにした大本営の判断間違いにあったといえるだろう。この大本営の間違いの背影にあったものは、米軍の予想外の場所への進攻であった。「夜討ち朝駆け」ばかりが奇襲ではなく、想定外の事態により準備を欠く所を突くのもまた立派に奇襲たりうるのである。

「あ号作戦」

昭和十九年（一九四四）五月三日、大本営は連合艦隊司令長官豊田大将に対して「中部太平洋における邀撃計画」を示した。これは今日「あ号作戦」として知られる。

この海軍の作戦は、陸軍のサイパン防衛と対になるもので、いうまでもなく、これを抜きにサイパン戦は語れない。この作戦の骨子は五月以降、中部太平洋から豪北（オーストラリアの北に位置するオランダ領東インド東部）にわたる海域において米艦隊主力を捕捉、撃滅しようとするものである。この時点では、大本営は米軍がサイパン島に来る可能性は低いと考えていたから、パラオ諸島近海へ来る米艦隊に対して、基地航空隊と機動部隊（第三艦隊）の総力を挙げて叩こうと考えていた。

海軍は、このようにして決戦を行うことを予定していた。これに対して大本営陸軍部は、次の第八章で触れる「虎号兵棋」によって日本側の本格的な攻勢転移は昭和二十一年（一九四六）頃になるものと想定しており、当面は絶対国防圏で防勢を取ろうとしていた。むろんドクトリンの根幹に攻勢主義があり、作戦要務令で「防御は状況真に止むを得ないときに行う」としている日本陸軍にとって防勢にあっても、積極的反撃は否定されるべきものではない。戦略階層においては守るとしても、そのための作戦、戦術階層にあっては出てきた敵を積極的に叩くという攻勢防御を考えていた。

ところが、米軍がビアク島とサイパン島へと進攻したことで、こうした想定は崩壊してしまう。

連合艦隊は米艦隊との決戦を期して、五月半ばにはフィリピン南部のタウイタウイ泊地へと進出した。連合艦隊がわざわざフィリピンの外れに出張ったのは、パラオ諸島付近に進出しやすいこともあったが、それ以上にボルネオの油田にほど近く燃料補給に便利だという理由による。タンカー不足で、内地では燃料補給がままならなくなった連合艦隊は、自ら油田の近くに赴いて待機せざるを得なくなっていた。さらに連合艦隊は潜水艦をマーシャル諸島や東カロリン諸島方面へと前方展開させ、虎の子の第一航空艦隊も展開させ配置に就かせていた。

五月二十七日、米軍がニューギニア西端近くのビアク島へと上陸すると、連合艦隊はこれに引きずられ第一航空艦隊の一部を反撃に投入、陸軍部隊を逆上陸させて反撃しようという「渾《こん》作戦」に踏み切った。

こうして米軍のビアク島上陸という目前の敵に食いついてしまったことで、海軍は予定している反撃作戦「あ号作戦」を実施する前に航空戦力をいたずらに消耗させてしまった。そして米機動部隊がパラオ諸島を空襲したことにより、パラオ諸島に所在する航空戦力の方にも被害が生じたことから、こちらも一個航空戦隊が役に立たなくなってしまった。

米軍がサイパン島の沖合に姿を現すのはそれからわずか二週間後の六月十一日のことである。連合艦隊は十五日に米軍がサイパン島に上陸してようやく「あ号作戦決戦発動」を下令したが、この作戦発動は遅すぎた。サイパン島沖に姿を現した米進攻艦隊は、ただちにマリアナ諸島の各島に連日の空襲を加え、残っていた基地航空隊に甚大な被害を与えていたからである。

このように「あ号作戦」の発動が遅れた原因は、米軍はパラオ諸島方面に来るものという予想にこだわった結果による。米軍によるサイパン島攻略準備のための空襲を、ただの襲撃と読み違えてしまったのである。米軍の戦略的な奇襲の効果がここにも表れている。

こうして基地航空隊である第一航空艦隊が先に消耗してしまったことから、基地航空隊と空母部隊の協同作戦という当初の予定は崩れ、日本の空母部隊は単独で不利な戦いを余儀なくされた。第一航空艦隊が霧散した時点で、決戦としての「あ号」作戦は終わったといえる。

米空母部隊に対して、劣勢な日本の空母部隊は、自軍の艦上機が航続距離で優位なことを生かしたアウトレンジ戦法によって先手を取って戦おうとした。しかし、「マリアナ沖海戦」と呼ばれるこの海戦ではアウトレンジ戦法をもってしても不利な状況を覆すことはできなかった。[1]

日本空母部隊から発進した攻撃隊は、多数の米軍機の邀撃を受けた。日本海軍の搭乗員の練度は低く、米軍の迎撃の前に効果的な対応ができないまま次々と撃墜されていった。米戦闘機の迎撃をかわした攻撃機を待っていたのは米艦の猛烈な対空射撃で、さらに損害が上乗せされた。こうして甚大な被害を出し、日本側の攻撃は失敗に終わったのである。

そして、米潜水艦の雷撃で空母二隻を撃沈され、翌日の米空母部隊による追撃でさらに空母一隻を撃沈され「マリアナ沖海戦」は日本側の敗退で幕を閉じたのである。この海戦によって、日本海軍の空母機動部隊は深刻なダメージを被り、もはや再建は不可能というレベルにまで戦力を低下させた。

ここで注目すべきは、米空母部隊が徹底した追撃戦よりもサイパン攻略支援を優先したことだ。米艦隊の指揮官だったスプルーアンスのこの処置には批判もあるが、米軍側が攻略作戦を優先し、空母決戦にはこだわらなかったことは注目に値する。米海軍もマハンの影響で制海権の獲得を重視はしていたが、日本海軍ほどには決戦に拘泥はしていなかったのである。

島嶼戦において重要なのは戦略階層の目標である島嶼の攻略にある。制海権の獲得もその目標達成のためにあり「マリアナ沖海戦」によって、サイパン島を含むマリアナ諸島一帯の制海権を獲得した以上は、攻略作戦の支援を優先するという考えには妥当性があったというべきである。

水陸両用作戦

一九四四年（昭和十九）六月十五日午前五時四二分、上陸部隊を指揮するターナー提督はサイパン島への上陸を命じた。サイパン攻防戦の始まりである。

マリアナ攻略作戦を決定した米軍は、第5艦隊司令長官スプルーアンス提督を総指揮官として準備作業を行ってきた。マリアナ攻略をはじめとする中部太平洋の島嶼攻略戦は海軍主体の作戦である。

水陸両用作戦そのものを指揮するのは統合遠征軍司令官ターナー中将。統合遠征軍は四個の師団を保有しているが、サイパン攻略には、その中から第2、第4海兵師団と陸軍第27歩兵師団の三個師団が割り当てられた。兵力は七万一千、揚陸艦艇は五百三十五隻、マリアナ諸島攻略全体での統合遠征軍兵力は十六万六千にも及ぶ大規模なものである。

それでも規模としては、サイパン攻略の一週間前に実施されたノルマンディー上陸作戦にはかなり劣る。ノルマンディーで連合軍が初日に上陸した師団数は空挺部隊も入れて九個にも上っている。

ヨーロッパの上陸作戦との大きな違いは、支援兵力として第58空母任務部隊の高速空母群が存在することだ。ノルマンディーでは英本土の多数の航空基地を利用した空軍機による上陸支援が行うことができたが、海洋に浮かぶサイパン島では航空支援は空母部隊に依存せざるを得なかったのである。空母部隊は目標となる島嶼一帯の制空権を確保し、上陸部隊の戦闘を支援するとともに、日本海軍の海空からの反撃を撃退する役割をも担っていた。空母があって初めて成り立つ攻略作戦だったといえる。

米陸軍は第二次世界大戦においてヨーロッパ方面を重視する戦略をとっていたことは何度か述べた。言い方は悪いが、太平洋方面は米陸軍によって片手間の戦場といえなくもない。だが、正規空母と戦艦のほとんどは対日戦に振り向けられている。ひとことで上陸作戦といっても、大陸を主戦場とするヨーロッパと、海洋が主戦場となった太平洋では、そこに質的な違いを見てとることもできる。

さて米軍の作戦計画では、サイパン攻略は三ステージの段階設定がなされていた。

第一ステージは海軍による守備隊孤立化。

第二ステージは海兵二個師団の上陸。

第三ステージが海岸堡の確保・拡張と内陸進攻。予備とされる陸軍師団の陸揚げはこの段階に行われる。

上陸以後の地上戦の指揮を執るのは海兵隊のホランド・スミス中将。興味をひくのは、ひとつの攻略作戦において海軍提督、海兵隊中将、陸軍の師団長と各軍種を超えた指揮系統が組まれていることであろう。一般企業で喩えればJV（合同企業体）や部課を越えたプロジェクトチームにあたるとでもいえようか。

日本軍でも、協定を結ぶなどして陸海軍が協同し臨時に指揮の上下関係を結ぶことはないではないが、米軍の方が、その点でより徹底した統合関係を構築していた。島嶼戦では陸海空の各軍種の統合は重要な問題である。この点において、戦前から上陸作戦を水陸両用作戦という統合作戦として認識してきた米軍の方が、実際の組織化においても一日の長があったといえよう。

システム化された上陸要領

この作戦では上陸行動そのものにも段階を経た区分けがなされていた。海兵隊はオレンジ・プランを立案する段階で、主導的に上陸システムを作り上げてきたが、その成果がタラワ攻略でまず試され、順次改良されてサイパン攻略で本格的に試されることになった。上陸作戦は陸上戦力と海軍艦艇、航空機が入り乱れる作戦である。それゆえ米軍は、上陸作戦の要領をシステマティックに組み立てて、うまく処理することを心がけた。上陸海岸、各艦艇の待機海域、上陸部隊が舟艇に乗る移乗海域、そして進入路を明確に区分し上陸海岸にもレッド、グリーンなどの色別コードを付して部隊ごとの上陸区分を明確化している。こうした区分けにより、例えば輸送区域Aの部隊はそのままレッドビーチ1へ移動し上陸というように明確化される。

部隊を上陸海岸まで運ぶには、様々な上陸用艦艇が用意されたが、小型のLCMやLCVP、LVTなどは外洋を横断できないことから、LSD（ドック型揚陸艦）などの上陸用舟艇母艦で運び、上陸海岸手前で兵員を移乗させ発進させた。

上陸に先立ち、偵察活動が行われる。陸上の偵察隊は進入できないことから、事前の偵察は航空偵察頼みであった。航空偵察と航空測量で島の航空写真を撮り地図を作り、部隊配置や兵力を確認し、地図を作製。潜水艦が潜望鏡カメラで海岸を撮影して、海岸付近の兵力配置と地形偵察を行う。これらの事前偵察を基に上陸作戦計画は策定されるが、遠くからの写真頼みなのでうまく偽装されたり地下陣地に隠れられたりすると確認は困難であった。

上陸作戦はまず、猛烈な爆撃と艦砲射撃で始まり、その後に水中破壊隊（ＵＤＴ）が上陸海岸の偵察と水中障害物の撤去を行う。

上陸部隊は第一波から第五波程度の梯団《ていだん》に区分され、最初はＬＶＴに乗る歩兵を陸揚げし、後続の梯団になるに従い支援用の重火器、戦車が続くように工夫されている。初めの方の梯団には、戦車を含まない代わりに水陸両用装軌車を元にしたＬＶＴ（Ａ）（火力支援型水陸両用装軌車）が随伴して戦闘支援を行う。

梯団を区分するメリットは、多数の兵力が狭い海岸に殺到しすぎて発生する混雑を緩和するためになされる。後続梯団は海岸の戦況に応じて投入場所を変えることのできる、予備兵力としての役割も担っていた。

後続梯団が逐次に上陸して兵力が増えていくと、海岸堡の拡大となる。米軍は上陸作戦において、まず守備側の小火器の射程に収まる範囲の外郭ラインをＯ－１ラインと定めている。最初に目指すのはこの線までの進出である。Ｏ－１ラインを確保した後に順次Ｏ－２、Ｏ－３と海岸堡を拡大させていく内陸進出法が採用されている。

この前進方式の特徴は、タイムスケジュールによって前進を規程せずに、火力対処をメインとして考えられていることにある。例えば、Ｏ－１ラインの確保は、守備側の小火器に撃たれない空間を確保してとりあえずの安全を保持できることを意味する。これによって海岸堡内における後続部隊の揚陸、物資仕分け作業が円滑化される。

砲兵は後続梯団として上陸するが、可能な限り、目標とする島に近い小島に上陸させて展開し、支援砲撃を行う。これなら危険な海岸堡内に展開するより安全だ。また海岸堡が固まらないうちから砲撃を開始できるメリットもある。

上陸海岸への準備砲撃と支援砲撃は、大は戦艦から小は上陸支援艇までの各種艦艇が行う。事前の艦砲射撃では、目標となる島嶼をいくつかの地区に区分けして各種艦艇を投入する。この砲撃は、目標に命中弾を与えるのではなく、一定の範囲にまんべんなく砲弾の雨を降らせる、地域射撃と呼ばれる方式で行われる。

この艦砲射撃はマーシャル諸島の上陸作戦ではかなり効果を発揮した。それでも必ず残存部隊がいることから、上陸作戦ごとに投射弾量は増やされていった。

これに対して、日本軍は水際配置から内陸防御へと防御戦術を移行し、洞窟陣地の採用などで対抗することで損害を減らした。米軍の準備砲撃とその対抗手段は終戦までイタチごっこの関係となり、砲撃だけで守兵を殲滅させることはできず、結局、最後の歩兵戦闘は避けられないものとなった。

砲撃と航空支援は、米陸軍が戦争直前に採用したFO（前進観測）法と火力指揮所のシステムに組み込むことで、最後になった沖縄戦では、無線さえ通じていれば小隊長の判断で、小は迫撃砲から大は戦艦、航空機の支援までをも要請することができるようになった。そしてまた米軍部隊は艦砲射撃をも目前の日本軍陣地へと指向することができた。これは米軍の戦術階層での大きなメリットであった。

いうまでもなく上陸作戦では、乗船から上陸戦闘までの間に、様々な部隊、兵器が混在するので、指揮を一元化するため上陸指揮官が任命され、海上から指揮を執る。そのために洋上司令部というべき専門の揚陸指揮艦も用意された。この揚陸指揮艦の下に、軍団の上陸を統制する統制グループ長艇、師団の上陸を統制する輸送グループ長艇、大隊の上陸を統制する舟艇グループ長艇が存在して、各指揮結節ごとに揚陸行動をさばいて無用な混乱を減らし、上陸海岸の間違いをなくすような工夫もされていた。

米軍サイパン島に上陸開始

話を戦場にもどそう。サイパン島上陸の先陣を切るのは、海兵隊二個師団。彼らの目指す上陸海岸は日本側の想定した通り西岸ガラパン南方のチャランカノアとオレアイ海岸であった。

米軍は事前の偵察等で、日本軍守備兵力を一個師団相当の一万七千六百と見積もっていた。これは実際の守備兵力よりかなり少ない。航空偵察と暗号解読によっても、なお兵力見積もりにはかなりの誤差が出ることは避けられないのである。

統合遠征軍はチャランカノアとオレアイの海岸を主攻正面とするとともに、二個の連隊には北西海岸でいかにも上陸するぞという素振りを見せた。いわゆる陽動である。陽動には騙すという目的もあるが、牽制という目的もある。日本側は北西岸への米軍上陸は公算が低いと判断していたが、守備の部隊を動かしたとたんに、上陸されてはひとたまりもない。その上、実際に目の前で米軍に行動されては、安易にこの地区の部隊を他の地区に回すこともできない。こうして動くに動けなくさせる状態を現出させることに、牽制の効果はある。さらに牽制によって、敵部隊を誘い出したり、追い出すこともできる。

米軍の進攻する海岸の上陸正面は幅七・四キロ。北側には第2海兵師団、南側には第4海兵師団と二個師団が並列する形で米軍は上陸した。第一次世界大戦の戦訓では、一個師団あたりの戦闘正面は幅二キロが限界で、それ以上部隊を集中させても動きが不便になるだけで戦力集中の効果はないとされていた（偕行社『欧洲戦争叢書』）。

米海兵隊は上陸海岸設定において、多少余裕を持たせたことになる。米海兵師団は、まず第一波として、それぞれ四個大隊ずつを発進させた。各大隊は合計七百十九両のLVTに分乗して海岸に乗り上げる。タラワ上陸時には装甲を持たなかったことから、日本軍の機関砲や砲撃で滅多撃ちにされて損害を出したLVTだが、今回上陸するのは車体に装甲を施す改良がなされた2型である。

この他、上陸第一波にはLVT（A）4（七十五ミリ砲搭載の火力支援型水陸両用戦車）も随伴した。この車両は海上からも陸地を砲撃できる能力を持ち、部隊の上陸直前から支援砲撃を行うことができる。というのも艦砲射撃による支援砲撃の威力は絶大だが、逆に威力がありすぎて彼我が接近すると友軍を巻き込みかねず砲撃ができなくなる。そのために上陸直後の歩兵部隊への支援は難しいのだが、火力支援型の水陸両用戦車を同行させることで、海岸付近でも、威力は低いが直接の砲撃支援を行うことが可能となった。

上陸部隊の最初の進出目標は先にも書いたO－1ラインの確保。これを確保した後は海岸堡を拡大しつつ島内を横断して東岸に進出し、日本軍を南北に分断。しかる後に掃討戦に入る予定となっていた。まず島を横断してから敵を分断するという戦法は太平洋の島嶼戦において米海兵隊が繰り返し実行した攻撃のパターンである。

上陸部隊が七百五十メートル付近に達した頃、日本軍守備隊は対舟艇射撃を開始した。各隊の射撃の中でもススペ岬、アギーガン岬からの斜射、側射は米軍の輸送を混乱させた。斜射とは進攻方向に対して斜め前から射撃することで、側射とは同様に横から射撃することである。こうして斜射や側射をやられると、攻撃部隊は射線を横切って進まなければならず、進めば撃たれ、撃たれることを避けるなら止まらざるをえないという不利な状況に追い込まれる。これが地上戦で前進中なら停止する手もなくはないが、海上での移動中では停止もできず、舟艇同士の衝突の危険から迂闊に向きを変えて避けることもできない。

混乱する上陸海岸

日本側の射撃によって米上陸部隊は海岸で混乱状態に陥った。オレアイ海岸における海兵隊の混乱ぶりは、その状況を目の当たりにした特志看護婦の菅野氏の戦後の手記によれば「海に投げ出された敵兵が、胸から上だけを出して、無数に浮いています。引き返そうと方向転換をあせっている舟艇もあり、その横腹にまた命中します。敵は大混乱です」という状況であった（『歩兵第百三十五連隊の思い出続編』）。

上陸部隊は、乗車したまま速やかに内陸へと進出することを予定していたが、日本軍と遭遇したことで、汀線から約九十から百六十メートル付近で下車を開始した。既に第2海兵師団ではLVTの半数近くが破壊され、大隊長全員が負傷する惨状となっている。

LVTは耐弾化されているとはいえ、装甲は薄く、野砲や非力な日本軍の対戦車砲の射撃によっても簡単に撃破されてしまった。とはいえ、装甲化されたLVTがなければ、銃撃や爆風さえ避けることができず、上陸部隊の損害がもっと増えていたはずだ。このようにサイパン島の守備隊は、水際で上陸部隊に損害を与え、混乱させることはできた。だが海兵隊の上陸を阻止することはできなかった。

優勢な米軍は艦砲の支援射撃、火力支援型の水陸両用戦車、歩兵部隊の重火器による射撃で日本軍防御陣地を少しずつ圧迫して前進を続けた。すでに書いたように、資材と準備期間の不足で海岸陣地は頑強にできてはいない。そのため上陸前の準備砲爆撃で、守備隊は損害を出しているうえに、大火力を投入しての支援で攻寄せるめる米軍を相手にすることは荷が勝ちすぎた。

海兵隊の前進によって戦闘は、次第に海岸付近での小部隊同士の白兵戦へと移行したが、この海岸付近の戦闘で日本軍守備隊はさらなる戦力消耗を強いられ、敵を押しとどめることはできなかった。陸戦史集『サイパン島作戦』は「上陸第六波が達着するまで、巧みに隠顕し敢闘した軽機関銃もあり、米軍にかなりな損害を与えた。しかし、防御の態勢を立て直すことはできなかった」と表現している。

第四十三師団の反撃

上陸直後の昼間から、第四十三師団は早速逆襲を開始した。日本陸軍の攻撃というと夜襲のイメージが強い。しかし、水際撃滅の防御方針では、海岸で抑え込み、敵の混乱に乗じて逆襲を敢行して上陸部隊の撃滅を狙わなければならない。ここで夜になるのを待っていては、戦闘は内陸へと移行して海岸での敵の混乱に乗じることはできなくなる。

もっとも陸戦史集にある「防御の態勢を立て直すことはできなかった」ということをいい換えるならば防御態勢が崩壊しかけていたという状況になる。つまりここで速やかに逆襲を行わないと、態勢を挽回することはできない。防御方針を水際撃滅に置いて水際配置を採用したことから、海岸付近での戦いしか想定しておらず、敗れた場合に退いて立てこもるための陣地を用意していない。

本来陣地防御では、後退して態勢を立て直すための収容陣地や、後退して抵抗を続けるための予備陣地や複郭も設置する。城攻めに喩えれば三の丸、二の丸と戦いの場を移し最後は本丸で抵抗するようなものである。サイパン守備隊にも、その意図はあったかもしれないが、いかんせん水際陣地を完成させるだけの時間すらもない状況では、そこまで手が回らなかった。

このまま海岸で固守を続けても、米軍部隊が制圧した防御拠点を突破して、水際の防衛線の内側へと侵入してくることは必至であった。防衛線は背後に回られると脆い。そうなると被害を増やすこととなる。このような敵軍の陣地の隙間からのすり抜けを「浸透」と呼ぶ。第一次世界大戦でドイツ軍がこれを大規模に行って大戦果を挙げたことから「浸透戦術」として有名になった。第一次世界大戦末期の戦訓では、この浸透に対しての効果的な対応手段は、実は小刻みにでも反撃を行い前進の出鼻を挫くことであった。加えて、昼間の段階では、米軍の師団砲兵がまだ戦闘加入できていなかったので、早めに逆襲に出た方が夜を待つよりも結果論としては得策なのである。

実のところ、師団命令が下されるまでもなく、第一線守備隊はそれぞれ独自の判断で連隊あるいは大隊ごとに、それぞれの予備部隊を利用しての逆襲を行いつつあった。海岸陣地は、事前の砲爆撃で通信線を遮断され、交通壕を欠くことから、司令部と伝令を使って師団司令部に報告を上げることも、師団命令を的確に受領することもできない。これが米軍なら、小隊長でも携帯無線機を活用して上級司令部へ連絡し、砲撃要求を出すこともできる。

日本側の戦史や戦記では、ことさらに米軍の火力と物量が強調されるが、その火力と物量の投入を支えた背景に通信力の高さと進んだ砲兵の射撃システムがあったことを忘れてはならない。

こうした状況下、日本軍の各大隊長・中隊長は、自分たちが叩き込まれた攻撃重視のドクトリンに従って行動をしていたのである。これはドクトリンの価値を示す戦例のひとつであろう。速戦速決、攻撃重視の日本軍のドクトリンには弊害のあったことは確かだが、これがなければ孤立した部隊は判断を欠いたまま行動できずに順次壊滅されていたであろう。

とはいえ部隊各個の独自判断による逆襲は、それだけに統一性を欠くものとなった。統一を欠くということは戦力の集中ができないことに等しい。白兵突撃は阻止され、戦車一個中隊と一緒に突撃した河村大隊の攻撃もまた破砕されて逆襲は失敗に終わった。一方、逆襲を受けた海兵隊側も損耗が三十五パーセントに達したというから、上陸した海兵隊側も壊滅に近い打撃を被っていたことになる。

日本軍の逆襲は、多大な損害と引き換えに米軍進出を遅滞させることはできた。夜襲に備えて米軍が停止して準備に入った時点では、上陸部隊は、まだ進出を予定したO－1ラインの半分の距離までしか進めていなかったのである。

米軍上陸部隊の前進が遅れている状況は日本側にとっては反撃の絶好の機会となる。十五日夜、第四十三師団の上級司令部である第三十一軍は、夜襲による反撃を決心すると歩兵第十八連隊の一個大隊を増強して第四十三師団に攻撃を実施させた。攻撃発起は一八時と予定されたが、通信網の寸断と戦闘の混乱による影響で第四十三師団司令部は部隊を掌握できず、せっかくの師団を挙げての攻撃も各部隊ごとに統一を欠いた攻撃にしかならなかった。軍隊という存在は、その名のとおり部隊という組織として動くことで本来の機能を発揮する。通信連絡の障害はその機能発揮を阻害した。繰り返し書くが、この通信連絡の弱さは機械化率の低さと並ぶ日本陸軍の弱点である。

サイパン島における日本陸軍の夜襲は、ガダルカナルの総攻撃に代表されるような静粛夜襲ではなく、戦車や砲兵に支援された正攻法に近いものであった。

日本軍の砲兵は夜通し攪乱射撃を行い、午前三時頃には日本軍の歩兵部隊は、砲兵射撃に膚接する、つまり敵陣に迫る直前まで砲兵の支援射撃を受けるという理想的な形で攻撃を実施できた。にもかかわらず日本軍の攻撃は、海兵隊の勇戦と艦砲を含む強大な火力で破砕されてしまった。日本軍が期待をかけてサイパン島に集めた火力も、米軍の圧倒的な火力の前には対抗し得なかったのである。

明けて十六日、米軍のタバナク以北上陸はないと判断した第三十一軍司令部は、北部の防衛を衛生隊や輸送中隊、それに海没して装備を失った部隊の人員など戦力の劣る兵力で間に合わせると、同地の守備についていた歩兵第百三十五連隊をタッポーチョ山確保へと回した。この連隊はそれまで米軍の陽動に牽制されていたことになる。

同じ頃、第四十三師団は再度の海岸堡攻撃を決心していた。この時、第三十一軍は緊要地形の守備を考え、師団の方は海岸への逆襲の続行を考えるというように部隊の上下で方針の食い違いを見せている。第三十一軍は地形に頼る防御戦闘を考えていたが、第四十三師団長の方針は、前夜の攻撃失敗を統制不十分による結果と捉えて、再度、守備隊総力を挙げての攻撃成功に期待をかけていた。

せっかく一個連隊を海岸守備から外すなら、この連隊も攻撃に参加させるべきだが、この一個連隊の扱いに軍と師団の考えの相違が現れている。そして、いざ攻撃要領を策定するという段階にもなって、今度は攻撃に加える戦車第九連隊の用法をめぐり師団参謀長と戦車第九連隊長が対立を始めた。

戦車を移動トーチカ式に使い歩兵を掩護させる、これが師団参謀長の考えであった。戦車を独立させて挺身突撃をさせる、これが戦車連隊長の意見である。歩兵支援を重視する歩戦協同か、戦車の突進力を生かしたスピード重視かという対立だ。戦術原則としては、歩戦（歩兵と戦車）の分離は戒められるので参謀長の意見に理があり、機甲戦の理論に従えば戦車の利点は、打撃力にあるので戦車連隊長に理がある。結局、攻撃要領は歩戦同時攻撃ということに落ち着いた。

そのため歩兵の一部は戦車の上に跨乗して、戦車に直接協力することになった。

反撃計画は海岸堡をその強化前に撃滅することを方針とし、目標をオレアイの無線局と定めた。目標は無線局とはいえ、その奪取には意味はない。乱戦などの混乱で迷った場合にわかりやすいランドマークとして目標設定をしたものだ。こうしておけば通信連絡は困難でも、進撃方向を失うことなく攻撃を続行できる。

攻撃参加部隊は歩兵百三十六連隊、歩兵第四十連隊の第三大隊（河村大隊）残余、歩兵第十八連隊第一大隊、戦車第九連隊、海軍横須賀第一特別陸戦隊（横一特）を中心とした海軍部隊。本来、師団は三個連隊を持つはずだが、今回の攻撃に参加し得たのはその半分程度に過ぎなかった。海上輸送以来の損害の累積や、他地区の防衛のために戦力を取られたために文字どおりの総力を挙げることは許されなかったのだ。

攻撃開始予定は午後五時、これは薄暮攻撃を狙ったと思われる。しかしながら、米軍は砲爆撃によって移動を妨害したので行動は遅延し、総攻撃開始は予定より実に九時間も遅れた。戦争では土地、つまり空間と並んで、時間は重要な要素だ。サイパン島では攻撃が遅れることで時間という要素を無駄に消費させられたのであった。

反撃

攻撃開始が大幅に遅れた結果、日本軍の企図した海岸堡強化以前の攻撃は潰えた。第四十三師団が攻撃を開始した時、既に米軍は夜襲に備えて待ち受けていた。これに対して日本軍は歩兵、戦車、砲兵を統合した正攻法で挑みかかった。日本の砲兵は米軍砲兵に対砲兵戦を挑み、米軍火砲八門を破壊し、更に米海兵隊連隊の本部や米軍陣地にも砲弾を降らせた。

米軍砲兵も対抗して、日本軍砲兵に対砲兵戦を行ったものの、巧みに偽装した日本軍火砲の所在を把握することができず制圧に失敗する。しかも対砲兵戦に回された米軍砲兵は、対砲兵戦に忙殺されて日本軍に対する攻撃破砕射撃には、加わることができなかった。

この隙に戦車第九連隊は歩兵を跨乗させて突進した。ソ連軍が行ったことで有名なタンクデサントと呼ばれる戦術である。跨乗歩兵の脆さがとかくクローズアップされるこの戦術だが、兵員輸送車を満足に持たない軍隊にとってスピードを維持しつつ歩戦分離を避けるには他の手段はない。

突進中に跨乗歩兵の大半は射撃でなぎ倒され、戦車自体も米軍の携行対戦車火器「バズーカ」の火網に捕捉され撃破されていったが、一部の戦車は無線局や海岸近くまで到達することができた。しかし全体としては攻撃成功とはとてもいい難い成果しか挙げられなかった。戦車の騒音は、日本軍の接近を米軍に悟らせて、続く歩兵の波状攻撃に対して米軍はありったけの火力を投入した。これで米軍師団砲兵は手持ち砲弾をほぼ打ち尽くしたという。かくして十六日の攻撃は、米軍火力に阻まれてまたしても失敗に終わった。

サイパン島陥落

米軍が上陸した時、サイパン島には第三十一軍司令部も存在していた。しかし、本来いるべき第三十一軍司令官の小畑中将はパラオ方面の視察中で不在であった。

日本側がどれだけパラオ諸島を重視し、マリアナ諸島への進攻を予期していなかったかが窺えるが、軍司令官のサイパン島不在という事態は大本営を激怒させた。大本営は「軍司令官は何の目的でパラオに行ったのか」と打電して叱責した。とはいえ、もともとパラオ諸島を重視していたのは大本営なのだから、これは筋違いといえる。

叱責された小畑中将は、米軍の迫るなか、グァム島まではたどり着いたが、ついにサイパンには帰還できず、グァム島玉砕時に同島の守備隊と運命を共にすることになる。これは形の上では、軍司令部がマリアナ諸島全体を指揮下に置いていても、海という障壁に阻まれて移動の自由を奪われていては、軍司令官が各島嶼に点在する部隊の掌握はできない好例である。これも島嶼防衛において考慮すべき事柄であろう。

軍司令官不在となったサイパン島では、井桁《いげた》参謀長が代理で指揮を執った。総攻撃の失敗した十六日、大本営は井桁参謀長にアスリート飛行場死守を打電した。「あ号作戦」を控えた大本営は持久よりも飛行場保持の方を優先していた。

しかし、既に総攻撃によって戦力を大きく消耗したサイパン守備隊にはその余力はない。井桁参謀長は飛行場保持の無理なことを返電し、その後しばらく、大本営と第三十一軍司令部間では電文による争いが続けられた。

日本軍の反撃をしのいだ米軍は、十七日には前進を再開すると、ススペ岬を確保してヒナシス山へと迫っていた。翌日、米軍はアスリート飛行場とヒナシス山を攻撃すると、これらを簡単に陥落させた。次いで島内を横断して南端にいる日本軍の一個大隊を孤立させた。飛行場は何もない平地で守るには適さない。戦力を消耗した日本軍には、飛行場とその周辺の平野部を守る力はなくなっていた。

やむなく第三十一軍は、より守りに適した中央山地まで部隊を後退させることで抵抗を続けようとした。

同じころ、大本営ではサイパンに増援を送り込むことを計画していた。いわゆる逆上陸である。歩兵一個連隊と速射砲五個大隊を送る「イ号作戦」、あるいは「あ号作戦」の成果を利用して二個師団を送り込む「わ号作戦」があいついで計画されたものの、いずれも「あ号作戦」すなわち「マリアナ沖海戦」が惨敗に終わったことで中止に追い込まれた。そして六月

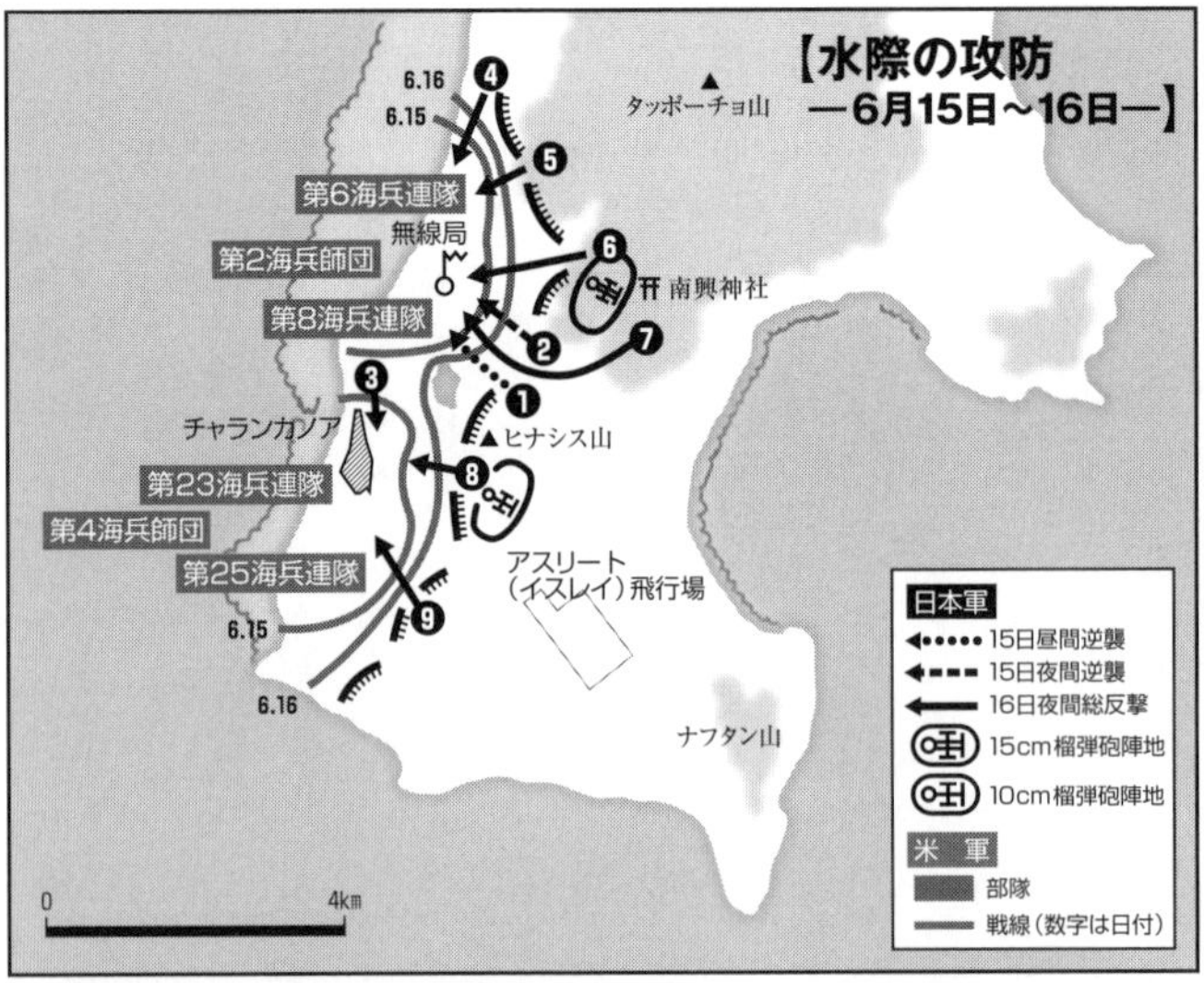

日本軍は水際防御によって各陣地に大きな被害が出たが、それでも水際防御ドクトリンによって果敢な逆襲を繰り返した。この結果、各個に捕捉され撃破されてしまった。❶歩兵第四十連隊第三大隊と戦車❷歩兵第百三十六連隊第二大隊❸ススペ岬の守備部隊❹海軍陸戦隊❺歩兵第百三十六連隊第一大隊❻歩兵第百三十六連隊第主力と歩兵第十八連隊第一大隊❼戦車第九連隊❽独立歩兵第三百十六大隊主力❾独立歩兵第三百十六大隊の一部。

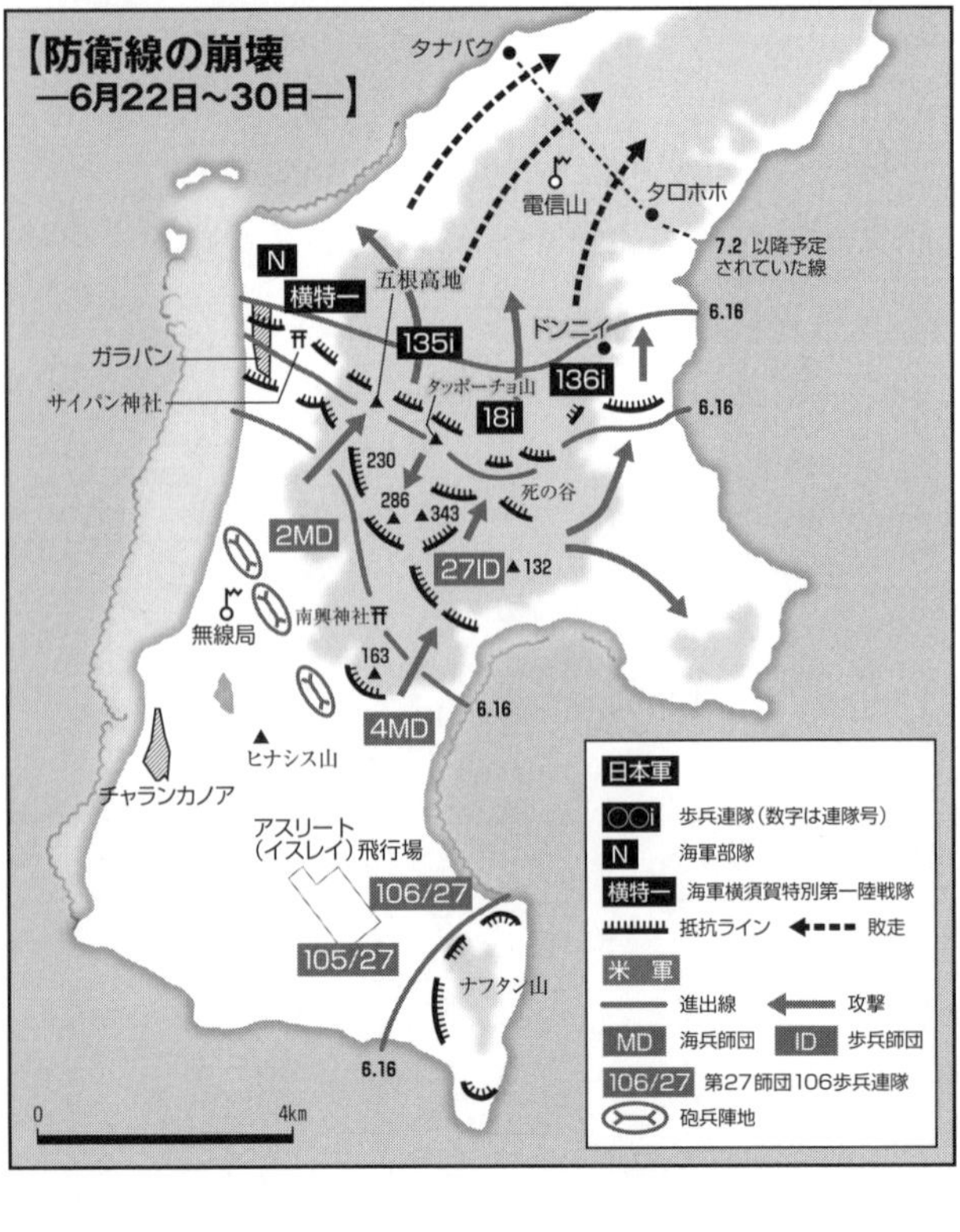

水際防衛のために戦力をすり減らした守備隊ではあったが、陣地設備がないにもかかわらず山間部では強靭な抵抗を見せた。しかし6月末に戦線は崩壊し、北部に追い詰められて7月7日の最後の攻撃に移る。米軍は7月9日にサイパン島占領を宣言した。

二十五日、サイパン島の事実上の放棄が決定される。

六月二十二日からは、米軍はタッポーチョ山前面の日本軍防御線への攻撃を開始した。戦いは完全に内陸へと移行したのである。

この山地の防御線に到達できずに孤立していた日本軍部隊は、南端のナフタン岬にいた部隊を除きすでに掃討されていた。「マリアナ沖海戦」の敗退を知らされていないサイパン島の日本兵は連合艦隊の救援が来るものと信じ、地形を巧みに利用して激しく抵抗していた。

激戦となり米軍では第8海兵連隊長が戦死した。連隊長が戦死した三四三高地は、海兵隊により「死の山」と命名された。日本軍は地形を頼りに二十六日までは組織的な抵抗を続け、苦戦する米軍側では第27師団長が解任されるという問題まで発生した。しかし同日、タッポーチョ山が陥落したことで防御線が崩壊し、日本軍部隊は潰走状態に陥った。

七月六日、中部太平洋方面艦隊司令長官南雲大将と井桁第三十一軍参謀長は自決し、翌七日にサイパン守備隊は最後の突撃を敢行して玉砕した。そして九日、米軍はサイパン戦終了を宣言したが、その後も百名ほどの日本兵が残存して終戦まで抵抗を続けることになる。

「島嶼戦」における作戦とは

サイパン戦は、孤立した日本軍守備隊の玉砕という結果に終わった。しかし、作戦的には見るべきものはある。そのひとつは狭い島内における作戦展開に関する事柄である。米軍の中央分断、各個撃破、主攻と助攻、日本軍による戦線構築など、島嶼内戦闘でもまた通常の陸戦と変わらないセオリーが通用することを見出すことができる。

しかし、より大事なのは、サイパン戦全体の問題だ。サイパン戦に関して、よく取沙汰されるのは、水際防御の是非であろう。「極端な水際陣地配備によって、島嶼守備部隊が過早に戦闘力を損耗した」ということをもって守備隊が防衛任務に失敗した主な原因とする見方である。そして、失敗をもたらしたのは「島嶼守備部隊戦闘教令（案）」の影響と「統帥綱領」「戦闘要綱」などに基づく攻撃主義思想が教条主義的に適用された結果であると理解されてきた。たしかに、海岸での戦闘が最終的に米軍の艦砲射撃を含む火力に圧倒されて、攻撃が頓挫したという戦訓を踏まえて水際撃滅主義を批判することは容易い。

しかし、サイパン防衛失敗の理由を水際防御の是非論で捉えている限りは所詮、戦術階層からの脱却はできない。

ここで強調したいが、敗れた背景には準備した戦力の少なさ、海上輸送段階における事前の消耗、制空権の喪失、不十分な陣地構築作業など様々な問題が山積みとなっていることがある。これを忘れてはならない。

さらにここで戦術の上位に位置する作戦階層に目を向けてみよう。

日本側では、海岸堡反撃失敗後にとくに顕著となったのが、飛行場確保という問題であった。その目的は「あ号作戦」という航空反撃の土台とする戦略上の要求だ。海岸で防御している間はこの問題は露呈しなかったが、海岸防御が失敗し、守備隊が内陸で持久を策した時、島嶼防衛においては何を守るかという事態に直面した。

もともとサイパンでの防戦は「あ号作戦」のために飛行場を確保しておくだけのものだったはずだ。それを「マリアナ沖海戦」の敗退後に、急遽方針を変えて、長期の持久に切り替えるということに、そもそも無理があった。そこには戦略的な意味合いは感じられない。水際防御か内陸持久のどちらを選択するにせよ、もう少し戦略階層との整合性を考慮すべきだったように思われる。

本章の最後に米軍について少し目を向けたい。米軍に注目するとマネジメントの重要性が解る。軍事にはアート（巧みな用兵）、サイエンス（用兵思想の社会科学的考究）、そしてマネジメント（管理手法）の三つの側面がある。さしずめアートの代表はドイツ軍、サイエンスの代表はソ連軍といったところだが、米軍の特徴はやはりマネジメントであろう。米軍の特徴として「物量」という単語がよく使われるが、米軍の真の強みは、物量を使いこなすための、当時としては高度なマネジメント能力を有したことで、水陸両用作戦のシステム化にはそれが如実に表れていた。そして、このことが難戦しながらも米軍が最終的にサイパン戦の勝者となることに寄与したのである。

●註

▼1　アウトレンジ戦法とは、主砲の射程距離や航空機の航続距離が我の方が勝る時、距離の差を生かして、敵の攻撃の届かない場所から一方的に攻撃を加える戦法のこと。

第七章　海上機動反撃の挫折

ビアク島日本軍の司令部が置かれていた西洞窟口。

フィリピンをめぐる作戦会議。説明しているのがニミッツ。左からマッカーサー、ルーズベルト大統領。

ペリリュ一の飛行場（1945 年）。

視察中のペリリュ一島の歩兵第 15 連隊本部幹部。

ペリリュ一島。反撃中に撃破された日本軍 95 式軽戦車、奥は一式陸上攻撃機の残骸。

1944 年 9 月 15 日、第一波の LVT 群と上陸支援の艦砲射撃。

アンガウル島に侵攻するアメリカ軍。

夜間戦闘。日本軍の夜襲に対しアメリカ軍の曳光弾が夜空を照らしている。

海上機動反撃構想

これまで、ソロモン諸島、東部ニューギニア、中部太平洋、サイパン島と島嶼戦を振り返って見てきた。中部ソロモン戦役以降の戦いは、戦局上、防衛戦闘という形を取るパターンが多かったが、これは日本陸軍にとって本来は不本意なものであった。

ここでいう不本意とは、日本陸軍が太平洋正面で戦うことをもともと考慮していなかったにもかかわらず、日本海軍に引き込まれる形で島嶼戦を戦ったという意味ではない。それでは何が不本意なのか。それは陸軍部隊が島嶼守備隊として純然たる防御戦闘を強いられたことを指す。「作戦要務令」にあるように日本陸軍にとって防御とは「状況真に止むを得ない場合に行う」ものであった。そして反撃を行うことは常に考慮の範疇にある。したがって、水際防御であろうが内陸持久であろうが単に防戦するだけという戦い方は彼らのドクトリンに反した不本意なものなのである。

サイパン島などの戦いにおいても、水際防御といいつつ、当初から反撃が考慮されていた。サイパン島の例に見るなら、各部隊は水際で、師団全体では米軍上陸当夜に反撃を行っている。

そして大本営レベルでは、米軍の上陸したサイパン島に対して、逆に上陸作戦を敢行する「逆上陸」まで考慮されていた。予備部隊に島嶼から島嶼へと海を越えた海上機動をさせての反撃こそが、日本陸軍にとり本来の島嶼防衛の在り方であった。これが「海上機動反撃構想」で、そのために専用部隊である海洋編制師団と海上機動旅団も編制されていた。

ではその海上機動反撃構想というのはいかなるものであろうか。

それは敵の進攻した島嶼に対して、こちらからも上陸を敢行して行うという反撃の形式のことである。ガ島戦役において、日本陸軍は、米軍が保持している飛行場を目標に奪回作戦を行っているが、これも逆上陸の一つといえる。あるいは、米軍のマキン島に対して陸戦隊を飛行艇で空輸して行った反撃も逆上陸であろう。このような逆上陸の形式を、太平洋の島嶼戦における作戦階層での反撃の在り方として具体化したものが「海上機動反撃構想」だったのである。

海上機動反撃構想が芽生えたのは昭和十七年（一九四二）十二月、おりしもガ島戦役が行き詰まりを見せていた頃のことであった。

この月、連合艦隊の黒島参謀と参謀本部作戦課長である真田穣一郎参謀が懇談を行ったが、その席上で邀撃帯構想が出された。この邀撃帯構想に対して、日本陸軍としてはどのように対処するか、その研究を開始したことが海上反撃構想の端緒となった。

昭和十八年に日本海軍は「Z作戦」を立案している。これは邀撃帯構想の具現化といえるが、この作戦では陸軍も基地群のある島嶼を防衛することが期待されていた。第五章で述べたようにこの時、参謀次長が、太平洋の防備状況を視察し、陸戦隊に期待するのは危険という発言が出されている。

日本陸軍は海軍が「Z作戦」で考えていた邀撃帯構想に目を付け、邀撃帯での海空の反撃と併せた海上機動による逆上陸を組み合わせることで、島嶼における地上戦においても反撃を可能にしようと考えた。日本陸軍は純全たる島嶼防衛、飛行場守備に甘んじるつもりなどなかったのである。

対米戦で日本陸軍は、最初はあまり積極的な役割を担ってはいなかったが、ガ島戦役のように、日本陸軍兵力が参加するとなれば、積極的かつ主導的な役割を果たしたいとする願望も出てくるのは当然であろう。しかし陸軍にとって海上を移動することは容易ではない。

折しも中部ソロモン諸島や東部ニューギニアの戦いでは、日本陸軍の現地部隊が舟艇機動を実施していた。舟艇により海上を移動し、反撃作戦や撤退作戦を行うことで、日本陸軍は島嶼から島嶼への海上機動の経験を積んでいたのである。日本陸軍は自軍のこの経験に目を付けた。

ソロモン、ニューギニアでの経験からすると舟艇使用するならば陸軍部隊でも海上機動は可能となる。『島嶼守備教令（案）』は、渡河戦闘を元に海岸防御を考えたものだが、渡河戦闘では半渡に乗じた逆襲という戦術もある。この教範では、海岸を河岸とみなしているから上陸の途中で、舟艇機動を行い反撃すればよい。こうして、海上機動反撃構想が生み出された。

海上機動兵団

昭和十八年五月にアッツ島が玉砕すると、海上機動反撃の研究は加速して同年七月には海上機動兵団の編制構想という形で具体化がなされた。兵団というのは師団、独立旅団（師団の編制内にはない旅団のこと）をまとめた総称である。つまり海上機動用の師団、旅団を編成しようというわけである。

この考えがあればこそ、米軍のタラワ島上陸に際して、陸軍甲支隊をタラワ島へと逆上陸させようとする投入計画があり、サイパン戦の開始直後には大本営は陸軍部隊の逆上陸を提案したのであった。日本陸軍は、前者を「Z作戦」と、後者を「あ号作戦」と呼応した陸上反撃にしたかったのだが、海空戦の結果が思わしくないことから不発に終わった。

ところで、海上機動反撃との連携を考えた場合、島嶼守備隊に求められるものは、水際付近で戦い、米軍海岸堡を確固たるものにさせないことであった。敵が海岸で混乱状態にあればこそ、海岸堡に対して逆上陸で包囲的な攻撃が可能となる。これは正面を押さえ、側面への迂回を称揚する日本陸軍にとって、理想的な攻撃形態といえよう。そのためには飛行場の問題とは別に、『島嶼守備教令（案）』にあるように水際配置を指示しなければならなかった。

これが海上機動反撃の理想形だが、サイパン島の戦いに見られるように、敵が予期しない方向あるいは場所に上陸してくる場合も考えられる、こうした場合、急ぎその方面に兵力を増援として送り込む必要があるが、そうしたことにも海上機動ができる部隊は必要とされた。

昭和十八年七月三日、陸軍は海軍軍令部に対し、「海上機動」兵団に関する説明を行い、海上機動部隊の編制と海上機動反撃構想のある旨を初めて明らかにした。

その編制構想は三種類あり、一千名以内で、主に潜水艦で移動してゲリラ戦を遂行するA部隊、戦術的反撃戦力として敵の上陸第一日の夜間反撃を任務とするB部隊、戦略的反撃兵力で要地攻略も任務とするC部隊の三つが提示された。

海上機動反撃構想が研究された初期段階では、英軍のコマンド部隊的な部隊という考えがあり、A部隊はその名残りであった。戦略的に使われるC部隊は一時的に海軍指揮官の指揮下に置くこと、B部隊は陸軍守備隊指揮官の指揮下に置くことも併せて示された。

この説明の後、陸海軍間協同で海上機動兵団編成作業は進められることになる。そしてB部隊を戦術的反撃の「甲」兵団、戦略的に使うC部隊を「乙」兵団として、「甲」兵団はマーシャル諸島、ギルバート諸島、アンダマン諸島、ニコバル諸島、サバン島に、「乙」兵団の方は根室、トラック島、シンガポールに配置することも検討された。

また海上機動兵団を使用する前提で、必要な「大発」、「小発」、魚雷艇、高速艇、SS艇（陸軍が海上トラックを基に開発した中型揚陸船）、大発運搬船などの数量の積算も行われたが、「大発」、「小発」を除くと量産態勢に入っておらず絵に描いた餅となっている。

こうした準備を踏まえ、八月に入ると海洋編制師団、海上機動旅団の運用が研究された。海上機動反撃構想の実現に向けての作業はかなり急ピッチで進められていた。海洋編制師団はC（乙）部隊、海上機動旅団はB（甲）部隊の形を変えたものだ。九月末には「絶対国防圏構想」が御前会議の允裁《いんさい》（君主が臣下の申し出を許すこと）を受けていることを、八月の海上機動兵団運用研究が反映したものとする見方もある（福本正樹『日本陸軍の海上機動反撃構想』）。

十一月には「中部太平洋方面ニ対スル陸軍部隊ノ派遣ニ伴フ大本営陸海軍部間覚書」別冊の「中部太平洋ニ対スル陸軍部隊派遣ニ伴フ要務処理要領」で部隊編制の方針、編制基準、兵力配備などが定められた。

編制の方針では戦闘実行単位は独立的に行動しうるように、諸兵種協同部隊にするとともに、SS艇一隻に積載可能な人員装備をひとつの戦闘単位とすることが考えられた。

こうして編成される海上機動兵団は、トラック積載を揚陸艦積載に変えた形の、いうなれば海上機動版機械化部隊とでもいえる部隊であった。このため馬匹の数を減らし、戦車や速射砲（対戦車砲の日本陸軍呼称）、迫撃砲といった機動性の高い火力を持たせ、野砲など機動性に欠ける兵器は持たない。SS艇一隻に積載できる兵力を戦闘単位として、これを組み合わせた師団・旅団として海洋編制師団、海上機動旅団、南洋支隊の三種の部隊の編制が、前述した「中部太平洋ニ対スル陸軍部隊派遣ニ伴フ要務処理要領」で示された。

海洋編制師団は三個歩兵連隊を基幹としたいわゆる三単位師団編制とされたが、歩兵連隊のうち一個は「海上機動反撃連隊」と位置づけられ、歩兵三個大隊の他に戦車中隊、機関砲中隊、工兵中隊なども連隊の編制内に組み込まれていた。そして各歩兵大隊内に迫撃砲中隊、砲兵中隊、作業中隊が含まれて各大隊もまた独立した戦闘群として機能できるような配慮がなされている。

●島嶼守備部隊の任務と運用構想

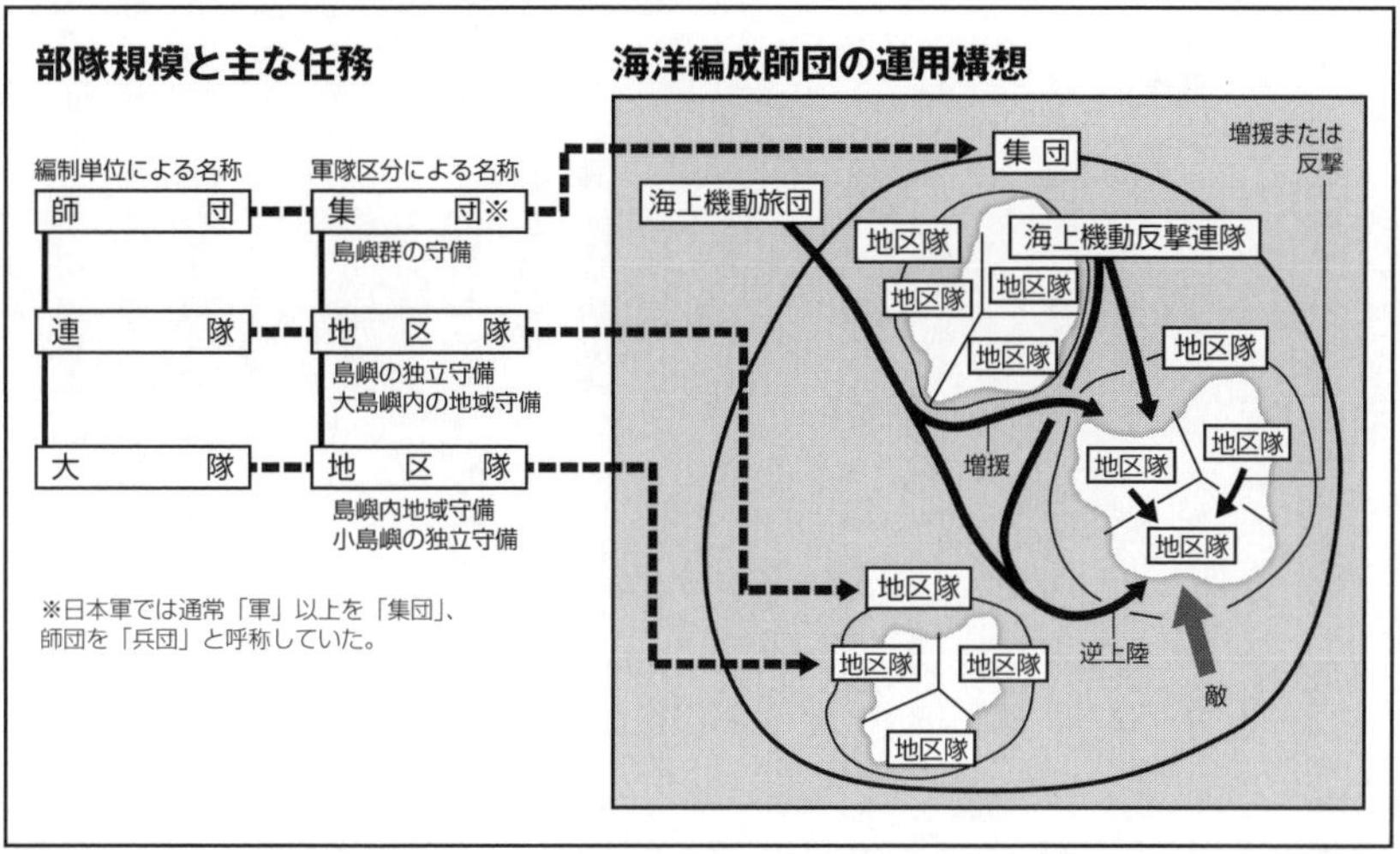

図は島嶼における部隊の運用構想を示したものである。日本陸軍は、諸島・群島などの一つの地理的まとまりを、師団単位の戦域ととらえ、その戦域内で部隊を柔軟に機動させて戦う構想であった。とはいえその構想の根底には、「強力な予備隊による機動打撃」という地上戦術と同じで、大陸での戦闘と変わらない思想が存在していた。

海洋師団・海上機動旅団・南洋支隊の編制

海洋師団

- 師団司令部
  - 歩兵連隊（要地確保）
    - 歩兵大隊
    - 砲兵大隊
    - 工兵中隊
    - その他諸隊
  - 歩兵連隊（海上機動反撃）
    - 歩兵大隊
      - 歩兵中隊
      - 迫撃中隊
      - 砲兵中隊
      - 作業中隊
    - 戦車中隊
    - 機関砲中隊
    - 工兵中隊
    - その他諸隊
  - 師団戦車隊
  - 師団輜重隊
  - 師団海上輸送隊
  - その他諸隊

海上機動旅団

- 旅団司令部
  - 歩兵大隊
    - 歩兵中隊
    - 迫撃中隊
    - 砲兵中隊
    - 作業小隊
  - 旅団戦車隊
  - 旅団機関砲隊
  - 工兵中隊
  - 輸送隊
  - その他諸隊

※第十四、二十九、三十六、四十六、五十二師団、近衛第二師団が海洋師団編制。
※第四十三師団は海洋師団に準じる編制。
※第五師団は計画のみで改編せず。

南洋第一、五、六支隊

- 支隊本部
  - 歩兵大隊
  - 戦車隊

南洋第二、三支隊

- 支隊本部
  - 歩兵大隊
  - 戦車中隊

南洋第四支隊

- 支隊本部
  - 歩兵中隊
  - 機関銃中隊
  - 歩兵砲中隊

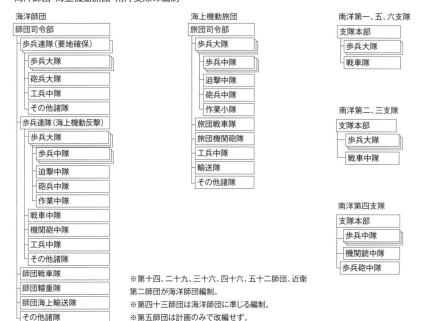

残る二個歩兵連隊は「要地確保攻防連隊」と位置付けられ、こちらも三個歩兵大隊の他に、砲兵大隊や工兵中隊も編制内に組み込まれ、やはり独立的な戦闘性が強められているのが特徴となる。そして編制上最大の特徴となるのが、師団固有の海上輸送隊の存在である。これは「大発」、「小発」、高速艇を持つ海上機動反撃連隊を輸送するための部隊である。

海上機動旅団の編制は、海上機動反撃連隊とほぼ同じである。もともと旅団は二個以上の連隊で編成されていたが、第一次大戦後半から一個歩兵連隊を骨格に他の兵種の大隊や中隊を組み合わせて旅団とするようになった。海上機動反撃旅団もこのようなタイプの旅団である。

海上機動旅団は甲乙二種類の区分けがなされていて、「甲」は最前線基地に配置して舟艇による逆上陸を行い、「乙」は主要な作戦正面に配置してSS艇または海軍艦艇によって輸送され、艦隊と共に上陸を行うことを任務としていた。また南洋支隊は守備に適する編制として、各島嶼において陸上反撃のできる部隊であった。

これら海上機動旅団には、やはり海上輸送隊が編制として組み込まれ、SS艇や「大発」、駆逐艇（敵の魚雷艇を撃退する小型艇、英海軍のガンボートと類似する）を保有して旅団の輸送を行うことになっていた。しかし、SS艇は先述したようにその建造が進まず、日本海軍が、より簡易で急造に適したSB艇（二等輸送艦）を量産したので、日本陸軍もこれを機動艇として採用することになる。

このように構想が固まると、相次いで海上機動兵団が編制されていった。昭和十八年（一九四三）十月には第三十六、第四十三、第五十二の三個師団が海洋編制師団へと改編され、絶対国防圏前方要域すなわち邀撃帯への配備が開始された。十一月には、満州の独立守備隊を元にして四個の海上機動旅団が編成された。このうち海上機動第一旅団は、マーシャル諸島方面における機動反撃部隊と位置づけられて同方面へと送られた。しかしながら、この旅団は海上輸送隊と合流できないままブラウン環礁の守備隊として展開し、米軍侵攻に際して、海上機動反撃を行うことなく玉砕した。

海上機動第二旅団は、ビアク島での逆上陸作戦「渾作戦」に投入されたが、こちらはビアク上陸が中止されたことで出番を失い、ニューギニアに派遣されて終戦を迎える。残る二個海上機動旅団は千島列島に配置されたが、これまた逆上陸の機会はなく、海上機動第三旅団は独立混成旅団に改編されて鹿児島で、同第四旅団は戦車第一師団に編合されて関東で終戦を迎えている。このように海上機動旅団はいずれも本来の海上機動反撃部隊としての役割を果たすことはできずに終わっている。

海洋編制師団は、既述の三個師団に加え昭和十九年（一九四四）二月にも近衛第二師団、第十四師団、第二十九師団が相次いで改編もしくは新たに編成された。また、第四十三師団はサイパン防衛に投入されて玉砕したが、その際には海上機動反撃を行うことはなかった。残る海洋編制師団は海上機動旅団同様に海上機動反撃を行うことのないまま終戦を迎えている。

また、こうした兵団の編制と並行して、その運用法もまとめられ、昭和十九年一月には『海機兵団教令』、四月には『海上機動部隊戦闘ノ参考』といった教範が出された。これらの教令には『島嶼守備部隊戦闘教令（案）』には書かれていない、島嶼守備隊との連携が謳われ、海上機動反撃構想と水際反撃構想との整合性がとられている。

米軍のビアク島上陸と戦いのテンポ

第四章で書いたようにマッカーサーの米軍がニューギニアのホーランディアへと上陸作戦を行い、第十八軍の防御態勢を崩壊させた。マッカーサーはホーランディア上陸と呼応してアイタペにも部隊を上陸させると、矢継ぎ早に今度はさらに西のサルミへと進攻した。これらの進攻作戦は、いずれも海上を機動して迂回上陸を実施するパターンを繰り返したものであったが、いうまでもなく制海、制空権を失っていた第十八軍にはこれに対処する効果的な方法はなく、米軍のなすがままに翻弄された。

西部ニューギニアのサルミへと大きく跳躍したマッカーサーは、次なる一手としてさらに大きく跳躍を行いビアク島へと上陸した。

ビアク島はニューギニアの東端近く「亀の頭」と呼ばれる場所付近にあるかなり大きな島で面積は四国の香川県と同程度になる。この頃アイタペでは、後方に取り残された第十八軍が攻勢に出てアイタペ会戦が戦われていた。そしてアイタペとビアク島の間に位置するサルミでも戦いが繰り広げられていた。

ようするに数の上では、まだかなりの数の日本軍陸上兵力が、ニューギニア島内に取り残されていたのだが、フィリピンを目指すマッカーサーは、そうした事は意に介さずに、ニューギニア西端のビアク島へと「蛙跳び」を行ったのである。制海権、制空権を喪失して外界との連絡線を絶たれたニューギニア島内の日本軍は、数は多くとも既に遊兵と化し戦略的な寄与はほとんどできなくなっていた。マッカーサーは押さえの部隊を残し、日本軍部隊をニューギニアという緑の地獄に押し込むことで満足していた。

ところでビアク島攻略の開始は、ニューギニアの戦いが最終段階に入るということを意味していた。ビアク島はカロリン諸島、フィリピン南部、西部ニューギニアを結ぶ三角形の一角であるが、日本側はここを三角地帯と称していた。この場所は南方資源地帯の東の入口となる。そしてまた大本営は、米軍はパラオ諸島に来ると予想していたので、その前面ともなる三角地帯も重視していた。そしてまたビアク島は絶対国防圏のほんの少し前に位置しており、事実上絶対国防圏の一角と呼んでも差し支えないような位置でもある。このビアク島のポジションは、米軍がミンダナオ島、パラオ諸島、マリアナ諸島を爆撃圏内に収めることのできる位置であった。つまりビアク島を攻略すれば、米軍は、ビアク島からの航空威力圏内でフィリピン諸島、マリアナ諸島へと攻略の手を伸ばすことができる。日本側から見ても戦局はビアク島の保持が重要な段階となっていて、ニューギニアの大部分は大局的に意味の薄い戦場と化していた。キャンペーンでは、その推移により戦いの焦点となる位置も移っていくのである。

絶対国防圏を設定した日本軍は、その防衛のため、ここにも急遽、飛行場を建設した。ビアク島は絶対国防圏には含まないとされたが、場所的にはそのすぐ前面にあるので、絶対国防圏での反撃のためには航空戦力を置きたい場所だったのである。

こうして陸軍は、ビアク島にモクメル第一から第三までの飛行場を設定し、海軍も同じく二つの飛行場を設営した。このように近場に作られた複数の飛行場は「飛行場群」と呼ばれる。こうした「飛行場群」を造るのは、駐機スペースを確保するためと、更には航空機を発進させる利便性を向上させるため、航空機を分散配置することで爆撃の被害を軽減させるためという目的がある。これら飛行場群は、絶対国防圏に来寇する米軍の迎撃に欠かせない存在であった。

しかし、飛行場という入れ物があってもその中身である航空機がなければ意味をなさない。第二方面軍参謀長の沼田多稼《たか》蔵《ぞう》中将も、昭和十九年五月二十一日に、この地を訪れ「問題はここにどれだけ飛行機を並べられるかだ」と発言している。沼田多稼蔵といえば、陸軍大学校まで進み、『日露戦争陸戦新史』という著作のある陸戦の大家である。その沼田が飛行機の数を問題とするほどに航空戦力を重要視する時代となっている。陸戦の大家である沼田も、航空戦力の配備の成否が防

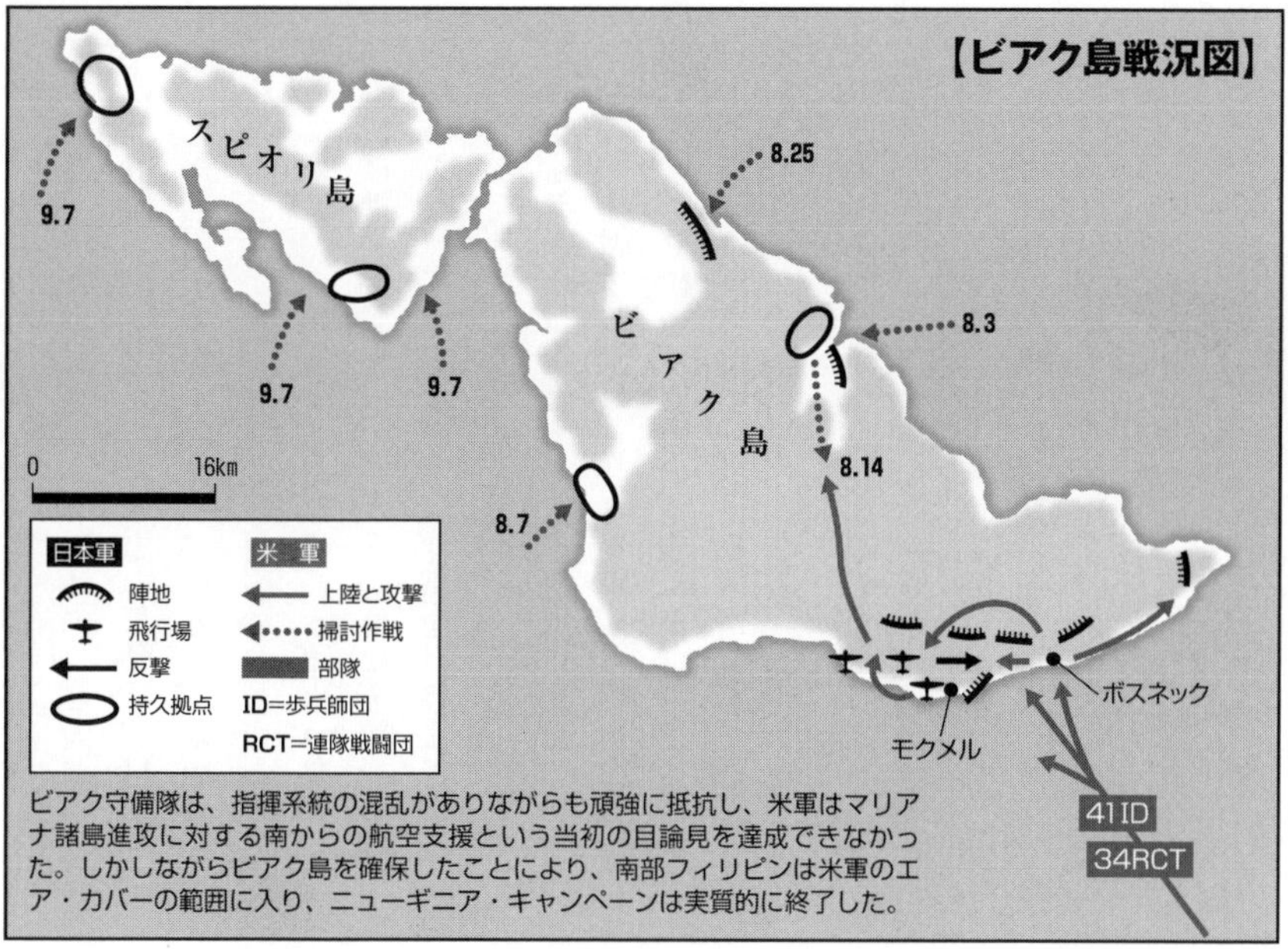

ビアク守備隊は、指揮系統の混乱がありながらも頑強に抵抗し、米軍はマリアナ諸島進攻に対する南からの航空支援という当初の目論見を達成できなかった。しかしながらビアク島を確保したことにより、南部フィリピンは米軍のエア・カバーの範囲に入り、ニューギニア・キャンペーンは実質的に終了した。

衛のカギという島嶼戦の本質を認識はしていたのである。しかしながら、日本軍には過去のガ島をはじめとして、先に飛行場を作りながらも、航空戦力を配置する前に、米軍にせっかくの飛行場を奪われ、逆にそこに置かれた米軍航空戦力の前に苦杯を舐める苦い経験を繰り返してきた。

当然、ビアク島にもその危険はあった。日本陸軍もその危険性を感じてはいた。ビアク守備隊長の葛目《くずめ》直幸《なおゆき》大佐は、視察に訪れた沼田中将に、半月後には米軍が来るとする予想を開陳して危惧していることを伝えた。

ビアク島には、第三十六師団の第二百二十二連隊を基幹とした葛目支隊が守備に任じていた。昭和十八年（一九四三）十二月に第二方面軍直轄のビアク支隊となったもので、葛目大佐がビアク所在の他部隊も併せ指揮するところから、葛目支隊とも呼ばれていた。

支隊主力である歩兵第二百二十二連隊は、歩兵三個大隊に機関砲、戦車、工兵各一個中隊からなる兵数四千名の大型の連隊で、その装備は軽戦車、水陸両用自動車が含まれていることからわかるように日本軍としては優良装備部隊である。それもそのはず、この部隊は海上機動反撃連隊だったのである。これは進攻する敵軍を防ぐ部隊ではない。海上機動反撃を実施する部隊である。その部隊を第二方面軍直轄としてビアクに置いたということは、第二方面軍は、この直轄部隊を、他の場所での反撃に使うつもりであったと見てよい。

日本軍は、米軍が、ホーランディアへと大きく「蛙跳び」を行った先例から、その進出が大きくスピードアップしていることは理解はしていた。だが米軍の行動は、日本陸軍の予想をはるかに上回るものであった。葛目大佐の予想より二週間も早く、まだ沼田中将がビアク島にいる間に米軍はビアク島へと進攻してきた。米軍がビアク島に上陸したのは、葛目大佐と沼田中将の会談から、わずか二日後のことである。

戦いにはテンポがある。これはある軍事行動から次の軍事行動へと進むスピードとでも言うべきものである。例えば、上陸作戦には準備がかかる、しかも一度に多数の上陸作戦は実行できない。これは輸送力などに限りがあるからだ。それゆえ上陸作戦を行ってから次の上陸作戦を行うまでは間が空くことになる。この最初の上陸作戦から次の上陸作戦までの間隔が短いほど、「戦いのテンポが速い」といえる。あるいは上陸作戦に限らず、作戦を連続して行い、連続して攻勢に出るような場合でもテンポは存在する。それでは相手のテンポが速いとどうなるか。この場合、矢継ぎ早の攻撃を受けて、対処できなくなる。防戦する側は、守りを固める暇を取れなくなり、主導権を失ってしまうことになるのだ。これも、一種の奇襲で、戦略、作戦、戦術のすべての階層にあてはまる。

ビアク島において日本陸軍はその奇襲を受けた。昭和十九年五月十七日に米軍が上陸してきた時、ビアク島にはまだ日本の航空機は進出しておらず反撃はできなかった。

米軍が進攻してきたビアク島には葛目大佐が元から率いる部隊の他に、飛行場設定隊三隊、第二開拓勤務隊、通信隊などの部隊が所在していた。開拓勤務隊とは農地を開き自活するための部隊のことだが、それまでの飢餓に苦しんだ経験から、日本陸軍はビアク島において補給が途絶しても、自活しながら戦い続けることまで想定していたのである。日本陸軍は、それほどまでに海軍の輸送には期待を抱いていなかったのである。その海軍は、ビアク島に千田貞敏少将率いる第二十八根拠地隊の第十九警備隊や後方部隊を置いていた。これら陸海軍兵力を合計すると、一万一千の兵力に上るが、実際に戦力となるのはその半数にも満たなかった。

指揮権問題

ビアク守備隊に対して、米軍は第24、第41の二個師団という圧倒的に優勢な兵力を投入してきた。

米軍は、まず一個連隊を崖の連なるボスネック湾へと上陸させた。ここの海岸は崖であったため、日本側は意表を突かれ奇襲された。奇襲を受けた守備隊は、海岸で進攻を防ぐことに失敗して米軍の上陸を許してしまう。ただし崖という、大部隊の行動には不向きな地形のおかげで米軍の内陸への進出が遅れたことで、守備隊は辛うじて米軍の内陸進出を防ぐことはできた。

このように戦術的な奇襲の効果は一時的なものだ。時を得た防者が態勢を建て直せば奇襲の効果は失われてしまう。葛目支隊は地の利で時間稼ぎ、立て直しに成功したのである。

また、この戦例は上陸海岸を予想する難しさを示す一例でもある。軽装の歩兵ならば崖のような地形でも上陸できてしまうのだ。このような戦例は第二次大戦のノルマンディー上陸作戦や、第一次大戦のガリポリ上陸作戦でも見られるし、朝鮮戦争の仁川上陸作戦では、マッカーサーは意表を突いて港内の埠頭にいきなり歩兵を上陸させている。

こうなると事実上、どこへでも上陸は可能といってよく、上陸海岸を予想することは、さらに困難になる。このような場合の対処法はひとつ、少数の監視員を配置して、上陸後速やかに部隊を上陸された海岸に向けて派遣する手より他にない。これで防戦を行い、可能なら反撃も敢行して上陸部隊を撃退するのである。

セオリー通り、葛目支隊は反撃に出た。しかし夜半過ぎに行われたこの反撃は失敗に終わる。

守備隊が前線を辛うじて支えていた頃、ビアク守備隊の司令部内では問題が発生していた。これは戦略的奇襲を受けたことに起因するものだ。米軍の進攻するテンポが速すぎて沼田中将は帰還のタイミングを失したのである。こうしてビアク島には守備隊長より上の階級の人物が存在してしまった。いうまでもなく軍隊では階級が上の人物が指揮を執る。

しかし、沼田中将は実戦経験に乏しく、ビアク島へも来たばかり。戦術発揮の上で大事な島内の地形もわからず、部隊の掌握もできていない。もともと守備隊指揮官ではないのだから、これはしかたない。葛目支隊は、その名の通り葛目大佐が統率している部隊で、各部隊の配置も大佐の判断でなされている。それを、いきなり新参の沼田中将が指揮を執ることにそもそも無理がある。この事態に上級司令部である第二方面軍も困惑したが、沼田中将を呼び戻すこともできない。やむなくビアク島の西側にいる部隊を沼田中将の指揮下に、東側にいる部隊を葛目大佐の指揮下に置くということにして事態を収拾させせた。そして形としては、全般的な指揮を沼田中将が執るということで指揮系統を整えさせた。

むろんビアク情勢に暗い沼田中将が全般指揮を執るといっても限界がある。結局、ビアク守備隊の指揮は統一できずに実質としては二分された。肝心な時に、統一的な兵力運用が阻害されたことになる。日本軍が、米軍進攻をより的確に予測できていればこうした問題は発生しなかったことは想像に難くない。米軍の進攻テンポを読み違えたことで、日本軍は余計な問題を抱え込んでしまったのである。

さて葛目支隊の反撃が頓挫すると、米軍は息を吹き返し、内陸への攻撃を再び始めた。進む米軍を待ち受けていたのは、そこかしこにある洞窟に潜む日本兵の抵抗であった。ビアク島は中部太平洋のマーシャル諸島の小島や、サイパン島とは異なり天然洞窟の多い島であった。一口に太平洋の島嶼といっても、その様相はかなり異なっていて、それに比例して戦闘の様相も変化することになる。

こうした洞窟を利用した日本兵の抵抗は、この後、ペリリュー島などでも繰り返されることになる。洞窟は砲撃に対して強靭な耐弾力を持つことから、米軍が砲兵火力を投射しても日本兵の抵抗を排除することは困難を極めた。洞窟に拠る日本兵に苦戦する米軍に対して、守備隊は局部的な反撃に出た。二十九日の反撃はいくらかの成功を収め、米軍を若干後退させている。

この成功時に、先の指揮系統分裂問題が噴き出ることになった。米軍後退の状況を戦果拡張の機と捉えた沼田中将は、部隊を進出させたが、これに対して、逆に米軍は突出した日本軍の隙間に割り込んで日本軍部隊を分断しようとする。この結果、葛目大佐の部隊が危機に陥り、逆に米軍にはモクメル飛行場へと進出するチャンスが生じた。この米軍の行動は、機動によって戦況を好転させるという、機動戦的な戦い方である。

日本側の指揮が分裂していなければ、うまく連携して、こうした事態に陥らずに済んでいたかもしれない。最初に米軍進攻を読み違えた戦略的な奇襲の効果がここまで影響を及ぼしていたことになる。

こうした指揮権問題は別としても、守備隊の行動は単純に飛行場防衛だけを目的とするなら、いたずらに戦果拡張を狙った突出を行って守備兵力を消耗させるのは悪手であったといえる。防衛戦において、局地的反撃は決して否定されるべきものではないが、そこには戦略と戦術行動（この場合は反撃）をうまく繋ぐ作戦的な思考が必要がある。島嶼内においても作戦術的な考慮は必要とされるのである。

ニューギニア戦役の実質的な終焉

米軍のビアク島進攻は戦略的な奇襲となったが、大本営はその報せを喜んで受け止めていた。三角地帯での「決戦」を望む大本営陸海軍部にとっては、米軍が出てきてくれることは望ましいことなのである。

日本陸軍はこれを戦局転換のきっかけと期待し、それまでニューギニアの戦いでは冷淡ともいえる態度を取り続けてきた日本海軍も、ビアク島の戦いが続けば米機動部隊を引き寄せて攻撃を加えるチャンスを摑めるものと期待していた。

日本の陸海両軍上層部の目にはビアク島情勢は海上機動反撃の好機と映った。ここで海軍が戦艦投入の意向を示したことは日本陸軍を感激させ、日本陸軍はとっておきの戦略予備である海上機動第二旅団の投入を決心した。戦略予備というのは、戦略的な事態や、使用法のために前線に出さず控置する部隊のことで、作戦や戦術の都合でたやすく投入される部隊ではない。カードゲームでいうなら、ここぞという場面で出す切り札のようなものである。

もっとも日本陸軍は戦艦の出撃ということで感動したが、海軍は空母を出撃させていない。海戦の主役は既に空母に移っているから日本海軍は奮発したといっても、それは本格的な決戦とは程遠いものだったといえる。

かくして「渾作戦」と名付けられた海上機動反撃作戦は発動された。五月三十一日、連合艦隊は巡洋艦四隻と駆逐艦七隻に海上機動旅団を分乗させると一路ビアク島を目指した。ところが、モロタイ島付近まで来た時に米軍機の妨害を受けて、この輸送は中止に追い込まれた。やはり敵制空権下での逆上陸は困難だったのである。

次いで六月八日、今度は駆逐艦六隻で輸送を行う「第二次渾作戦」が発動された。ところがこの動きを暗号解読によって察知した米軍側は、戦艦以下の艦隊を繰り出してきたので、またしても作戦は中止となった。翌九日、豊田連合艦隊司令長官は戦艦『大和』『武蔵』以下十六隻からなる艦隊を繰り出して「第三次渾作戦」に踏み切った。

ところが、豊田艦隊が移動している間に米軍はサイパン島に押し寄せてきた。これで「第三次渾作戦」もまた中止された。もともと米艦隊との決戦を求めて行動していた日本海軍にとって、サイパン島に米艦隊主力が進攻すれば、ビアク島は次等の戦場へと転落する。それだけでなく、絶対国防圏の一角であるサイパンの防衛と、要地とはいえ、絶対国防圏からは外れているビアク島では、その重要度は異なっていたのであった。こうして陸軍が期待した海上機動反撃のチャンスは潰えた。

その頃、ビアク島の守備隊は、反撃を交えながらの防戦に努めていた。しかし次第に押され、六月七日にはついに第一飛行場の占領を許した。

そうした中で「渾作戦」打ち切りが報じられた。この報せはビアク島で戦う将兵の心を打ち砕くこととなり、多数の傷病兵が、この時に絶望のあまり相次いで自決したといわれる。残りの将兵は孤立無援の状況下、洞窟陣地を頼りに防戦を続けた。ビアク島守備隊は、米軍による飛行場使用を妨害し続けることで戦略的に寄与しようとしていた。

米軍では、苦戦のあまり化学戦将校が日本軍から鹵獲した化学兵器を日本軍相手に使用することを進言して却下される一幕も見られた。しかし米軍を苦戦させても戦局好転の兆しは見えなかった。「渾作戦」打ち切りという、戦略階層におけるビアク島放棄が決定している以上、現場の将兵の努力だけで状況を変化させることはできなかったのだ。

二十一日、葛目大佐は最後の突撃を決心した。葛目大佐は、この決心を部下に言い渡す時「支隊は見捨てられた」と繰り返している。最後の突撃の決行は、二十二日と定められたが、兵士の中には突撃を待たず早々に自決する者が出た。それほど「渾作戦」打ち切りのショックは大きいものだったのである。

この時、思わぬところから葛目部隊を玉砕から救う手が差し伸べられた。葛目大佐の決心を聞きつけた、海軍根拠地隊の千田少将が葛目大佐を説得して、決心を翻意させたのである。間一髪で玉砕を免れた葛目大佐の部隊は、米軍の手を逃れ六百名にまで戦力を減らしながらも抵抗を続行し、時には飛行場の攻撃まで実行した。

飛行場を攻撃した二十八日の戦闘で、ビアク島における日本軍の組織的抵抗は終焉した。攻撃失敗を見届けた葛目大佐は、この段階で自決し、残る将兵は現地自活を続けながら終戦までビアク島に残留することになる。上級司令部である第二方面軍は、ビアク島守備隊が玉砕することも撤退することも認めなかったことから、残兵はただビアク島に留る他なかったのである。

その少し前の十六日、沼田中将は、第二方面軍の要望でビアク島を脱出していた。ここで脱出するなら、もっと早い段階で脱出しておけばと思うが、上陸直後には米軍の数が多く脱出の隙がなかったのであろう。

ビアク島の戦いが実質的な終わりを迎えつつあった七月、米軍はビアクより西にあるヌンホル島を攻略し、フィリピン攻略への準備に入る。ニューギニアでもビアク島でも、各所に日本軍将兵は取り残されていたが、飢えと戦い続ける彼らは、もはや米軍の脅威とはならなくなっていた。こうしてニューギニアの戦役は実質的な終わりを告げ、戦局はフィリピンの戦いという新たな舞台へと移行することになる。

新作戦線をめぐる米軍内の対立

まだマリアナ攻略戦が行われている最中の一九四四年（昭和十九）半ば、米軍首脳部は早くも次後の作戦についての再検討を行っていた。主な検討課題はここでもまた米軍の今後の進路つまり作戦線をどのように設定するかについてである。

このままニューギニア方面ではビアク島を攻略し、マリアナ諸島もまた陥落目前という状況下にあり、日本をいかに「詰み」の状態に持っていくか、次の一手が検討されていたのである。内容的には第六章で述べたマリアナ攻略前の作戦線とほぼ同じだが、ここでは小笠原経由で日本本土へと進攻する案も披露された。しかし、この案は大胆すぎるがゆえに危険な案として却下された。

ニミッツ提督は、フィリピン諸島から台湾そして沖縄を経由する作戦線を主張した。これに対して、米陸軍のマッカーサー将軍は、モロタイ島からミンダナオ島を経て、レイテ島へと進む作戦線を主張した。ニミッツとマッカーサーは、フィリピン諸島を経由するという点で一致を見ていたが、そこへ海軍のキング提督が横槍を入れたことで会議は混乱した。キングはフィリピン諸島そのものを迂回して台湾へと進攻することを主張したのである。フィリピン解放を公約としているマッカーサーにとって、このフィリピン迂回案は受け入れられるものではない。

間の悪いことに、こうした検討がなされていた時に、サイパンの戦場で米海兵隊のホランド・スミス中将が「攻撃精神と指導力の不足」を理由として陸軍第27師団長を解任する出来事が発生していた。海兵隊の将軍が、陸軍の将軍を解任したこの事件は、一大スキャンダルとなり米軍内部にしこりを残すことになる。

このように軍種間で対立した米軍ではあったが、作戦線の設定をめぐる争いを解決する手立てはあった。米軍には、統合参謀本部が存在し、大統領を最高司令官と位置づけている。そのため大統領の決済で事態に決着を付け収拾することができたのである。日本でも、天皇が大元帥として統帥権を持ち、軍を統率するとされていたが、実態としてその制度は機能していたとはいえない。一方の米軍は、大統領制がうまく働いた。各軍種が協同して戦わざるをえない島嶼戦では、この差異は大きかったといえる。七月二十八日、ハワイで米陸海軍首脳部と会談したルーズベルト大統領は、フィリピン進攻を指示、この鶴の一声で、作戦線をめぐる対立は終結を見たのである。

米統合参謀本部は、一九四四年（昭和十九）九月十五日に、ニューギニアとフィリピン諸島の間に位置する、モロタイ島とパラオ諸島にあるペリリュー、アンガウル両島の攻略の実施を決める。

次いで十月五日にはウルシー環礁を占領し、十一月十五日にはミンダナオ島、十二月二十日にはレイテ島へと、矢継ぎ早に進攻する上陸スケジュールを作成した。

この矢継ぎ早なスケジュール決定は、九月十一日に開かれる、ルーズベルトとチャーチルの首脳会談「ケベック会談」に合わせた結果であった。

ルーズベルト大統領がフィリピン攻略を指示した翌日、ハルゼー提督と彼の幕僚は早速パラオ、ウルシーその他の攻略計画を練り上げる作業に着手した。

米海軍史家モリソンは『太平洋海戦史』で「フィリピン進攻の前に、いくつかの島々が前進基地として必要になると考えられた。モロタイ、ペリリュー、ウルシーである」と書いている。モロタイ島はマッカーサー率いる陸軍主力の南西太平洋方面軍、ペリリュー島、ウルシー環礁は海軍を主とする中部太平洋方面軍の担当となる。

ところでハルゼーは自分とその部下達が立案している作戦計画であるにもかかわらず、その計画には乗り気ではなかった。ハルゼーは、タラワ島攻略時に多大な損害を強いられた経験を気に病み、その二の舞になることを恐れていたのである。

そのためハルゼーは、パラオ諸島の脅威は米空母機動部隊の空襲によって既に失われているとして、パラオ諸島を迂回して艦隊の泊地として価値のあるウルシー環礁の方を攻略すべきだと主張した。トラック諸島を空母機動部隊の空襲で無力化した後に、迂回して他の島嶼を攻略したのと同じ方策である。

一方、ニミッツ提督はパラオ諸島がミンダナオ島から八百キロしか離れていないことから、米軍のフィリピン進攻の妨げになると危惧していた。パラオ諸島の位置――ポジションはミンダナオ島へと向かう米軍の作戦線からすると、その側面に

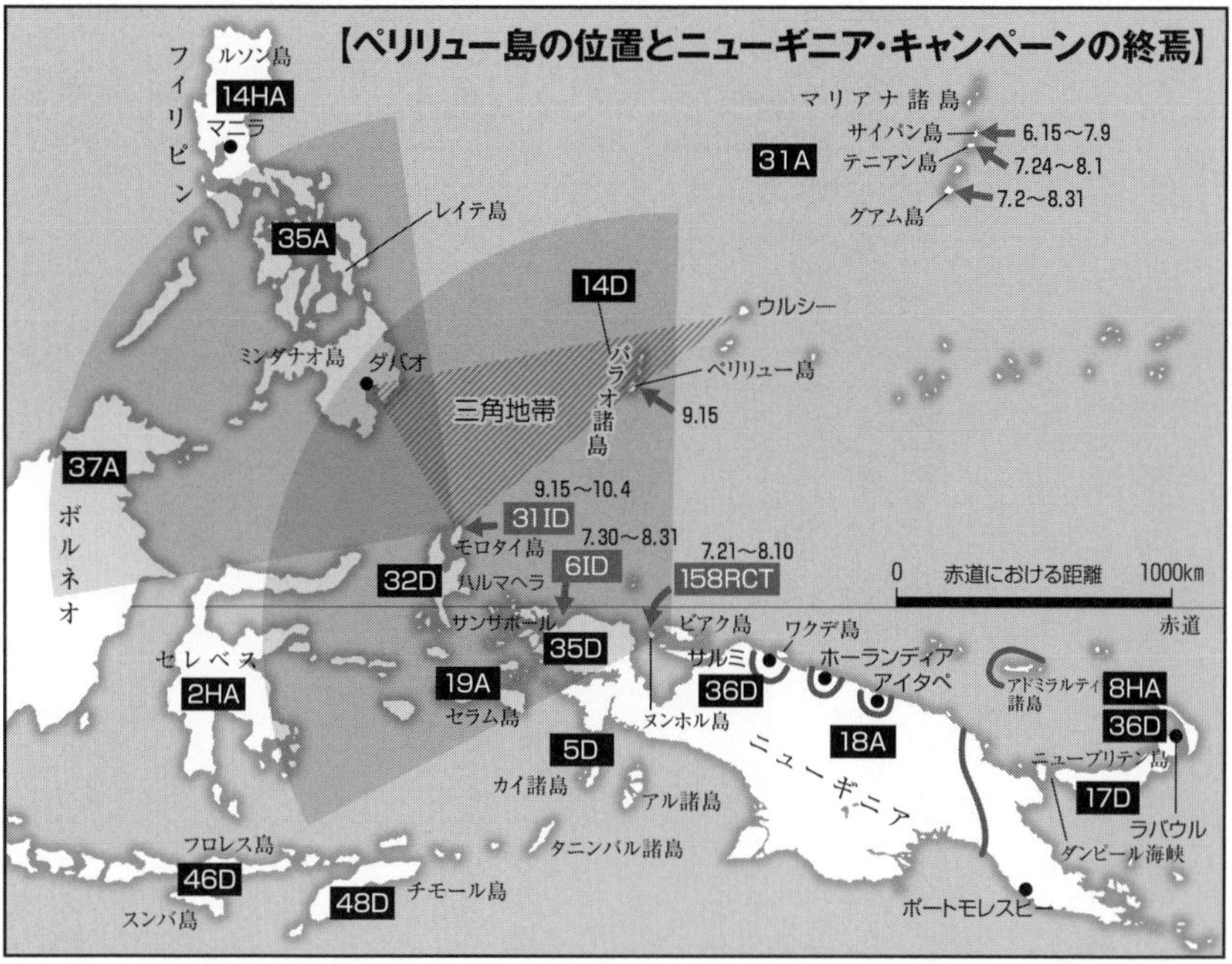

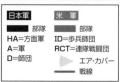

日本軍は、米軍の二軸の攻撃が、ウルシー―ペリリュー島のあるパラオ諸島―ミンダナオ島のダバオを結ぶ通称「三角地帯」で合流するものだと考えていた。しかし、ニミッツの中部太平洋軍はマリアナ諸島に来寇。マッカーサーの南西太平洋軍はニューギニアを西進した。ペリリュー島は、米軍にとってフィリピン南部を航空勢力圏におさめる位置にあったが、二つの進攻軸からずれていた。そして南西太平洋軍がビアク島、モロタイ島を占領し、ニューギニア・キャンペーンを終わらせ、フィリピン進攻の足場を得た時点で、ペリリュー島の戦略的な価値は低下していたのだ。

位置している形となる。そしてパラオ諸島から半径八百キロの航空威力圏の円を描くと、ミンダナオ島へと向かう作戦線は、航空威力圏内に収まるのである。つまりパラオ諸島所在の航空隊は、進攻する米軍にとって、側面から攻撃できる「側面陣地」として機能するのだ。邪魔ものを排除したくなるのは、誰にでもある心理だ。ニミッツには邪魔なパラオ諸島に所在する日本軍航空隊の脅威を排除したい心理が働いていた。

ケベック会談の翌日となる九月十二日、中部フィリピン方面には日本軍の艦船も航空機もほとんどいないという情報をハルゼーは入手した。ハルゼーはこの情報を元に、ニミッツに対してパラオ攻略作戦の中止と、レイテへの直行を意見具申した。これがペリリュー上陸作戦を中止できたであろうラストチャンスであった。しかしニミッツは、ハルゼーの意見具申を却下して作戦計画を進めさせた。

ニミッツはレイテ島への上陸作戦には同意したが、同時にパラオ本島の飛行場と泊地はレイテ上陸作戦の支援に使えるとしてパラオ攻略も実施させたのである。実際のところ、ペリリュー島とアンガウル島だけ攻略しても、パラオ本島を攻略しないかぎり泊地を使うことはできない。このニミッツの判断には疑問が残る。

防衛の要、三角地帯

既に述べたように、一九四三年末から中部太平洋での反攻を始めた米中部太平洋軍は、瞬く間にマーシャル・バリヤーを突破し、連合艦隊が根拠地としていたトラック島も無力化させた。連合艦隊は慌ててパラオ本島の泊地へと後退して、そこを新たな根拠地とした。日本海軍はここを拠点に、その前面の海域で米軍進攻艦隊を撃滅するつもりでいたことも先に書いた。

大本営は、何度もいうように、パラオ諸島に米軍が進攻するものと判断していた。中部太平洋の米軍進路を地図上でたどれば、米軍がタラワ島からマーシャル諸島、トラック諸島とほぼ一直線で進んできていることは一目瞭然だ。その進路の先にパラオ諸島はある。パラオ本島には良好な泊地があったが、戦略的な価値はトラック諸島に比べると低いものであった。なぜなら内南洋の真ん中に位置して、どこへでも出やすいトラック諸島に比べると、パラオ諸島の位置は西南に偏り過ぎているからである。

だが米軍がフィリピンへ向かうとなれば話は別となる。パラオ諸島はフィリピンの前に位置していることから、進攻する米軍を待ち受けるには絶好の場所となった。トラック島とパラオ諸島の位置的な価値を見比べる時、ひとことで戦略的な要点だのポジションだのといっても、それは戦況次第で変わるものと理解できる。ところで、パラオ本島も既に安全な根拠地とはいえなくなっていた。昭和十九年三月三十日には、パラオ本島もトラック同様に米空母機動部隊の攻撃に晒されて、連合艦隊はまたしても根拠地からの後退を余儀なくされたのであった。これはトラック空襲から、わずか一か月半後のことで、米軍の攻撃テンポが明らかに速まってきたことがわかる。

パラオ諸島が空襲を受けたことで、大本営は米軍がパラオ経由でフィリピン諸島（比島）へと来るものとの判断を強めた。そのため西カロリン諸島、西部ニューギニア、南部比島（南部フィリピン）を結ぶ、三角地帯と呼んでいた海域の防備を強化して、ここで反撃を行う構想を練り上げた。この構想では三角地帯の内側に位置するパラオ諸島は重要な航空基地となる。

米軍来寇までの時間は少ない。陸軍は、二月に中部太平洋方面防衛のため新設したばかりの第三十一軍の作戦地域にパラオ諸島を含め、防衛強化地点とした。この第三十一軍がサイパン島のあるマリアナ諸島も管轄していたことは既に書いたとおりである。そして、ここでパラオ諸島を重視したことで第三十一軍司令官がパラオ視察に出向き、米軍のサイパン島上陸時に不在となったこともまた先に触れたとおりである。

第三十一軍にとって、パラオ諸島は「重点として戦備を強化し海軍部隊と密接に協同一挙に是を覆滅して要域を絶対に確保」しなければならない場所、そして「敵の企図する太平洋突破作戦を阻止すべき最後陣地として絶対確保する」場所でもあった。

この方針はサイパン防衛と基本的には同じもので、ただ守るだけでなく海軍と協同した反撃にも寄与しなければならない。ここでパラオ諸島重視の姿勢をとったことが、サイパン島の防備に遅延を来したことも、既に第六章で書いたとおりである。こうした日本陸軍の判断を批判することはやさしいし、事実、繰り返し批判されている。しかし米軍の進路予測が困難なのも間違いない。他ならぬ米軍でさえ、ギリギリまで作戦線の取り方を決めかねているのだから、正確に読み取ることは不可能に近い。何度もいうが、これが防者の不利で、戦略階層でイニシアチブを取られているため作戦・戦術階層でもイニシアチブを奪われやすい要因となる。

以前にも書いたように、大本営の米軍がまずパラオに進攻するという予測は外れた。そして米軍は昭和十九年六月、マリアナ諸島へと進攻。「あ号作戦」が発動され「マリアナ沖海戦」となり、これに日本側は敗退、サイパン島陥落と事態は進んでいく。マリアナ諸島の失陥。つまり絶対国防圏が破綻したことは、日本側に戦略の修正を迫ることになった。

さらに「あ号作戦」による艦隊決戦に敗退したことから、大本営は新たに米軍に決戦を挑む「捷号作戦」を立案した。この構想では、北は千島から南は南方まで米軍が進攻した箇所に応じた反撃プランが想定されている。そして米軍がフィリピンへと来寇する場合には「捷一号作戦」が発動されることとされており、その場合にはパラオ諸島も航空反撃の拠点となるはずであった。こうしてみると、ニミッツの危惧も杞憂とばかりはいえない。ここにもまた、軍事行動において相手側の出方を読み取ることの難しさを窺うことができる。しかしながら、大本営が航空反撃拠点として期待したパラオ諸島は、実際のところ米空母部隊の空襲で既に航空戦力が壊滅しており、三角地帯での航空反撃構想は足元から崩れていたのである。

第十四師団

今日ではダイビングスポットとして知られるパラオ諸島だが、もともとはドイツ領でドイツが第一次世界大戦に敗れた後に、日本の委任統治領として日本の統治下に入ったという経緯があった。パラオ諸島は大小百九個の島々で構成されているが、その中の主な島はペリリュー、アンガウル、コロール、パラオ本島（バベルダオブ）、マラカルの各島で、最大の島はパラオ本島である。

コロール島には南洋庁が置かれ、内南洋の行政の中心となっていた。豊富な漁業資源と化学肥料の原料となるリン鉱石があることから日本人居住者も多く、昭和十八年（一九四三）にはパラオ在住民間人三万三千の七割が日本人だったほどだ。そしてまた、小島が多くサンゴ礁に囲まれたパラオ諸島は、船舶の良港な泊地ともなっていた。そのパラオ諸島の南端付近にペリリュー島は位置する。この島と、さらに南に二十キロほど下ったところに位置するアンガウル島が戦いの舞台となる。

ペリリュー島は南北九キロ、東西三キロの小島で、その形はエビの頭、カニの爪などと形容される。最高九十メートルの丘が存在するもの、全体として平地が多い。隆起サンゴ礁が発達し、薄い表土の下はすぐに岩盤となっている。植生は、雑木が多く、海岸付近はマングローブが繁茂して徒歩での移動さえ困難だ。河川はないが小さな湿地は多い。この島の最大の地形的特徴は、後にニミッツ提督が五百個と発言したほどの、大小無数にある天然洞窟とリン鉱石採掘坑の存在である。これら無数の洞窟の存在がペリリュー島の戦いの様相に大きな影響を及ぼすことになる。

島の南西の平地には二本の滑走路を持つ飛行場が存在し、滑走路と誘導路の組み合わさった姿は、上空から見るとまるで「4の字」である。北隣の三百メートル離れた位置には、幅が二キロにも満たないガドブス島があり、ここにも小さな飛行場が造られていた。さらに北隣にコンガウル島がある。この島はアンガウル島と間違えられるが、アンガウル島とは別の島のことである。

昭和十九年四月二十六日、このペリリュー島防衛のため第十四師団が送り込まれた。

第十四師団は、もともと関東軍に配属されていた精鋭師団である。

ここで話が少し逸れる。日本陸軍は、その歴史の中で近衛師団は別として、第一師団から始まり三百番台に至るまで多数の師団を編成したが、この中で第二十までの番号を持つ師団は全てが精鋭といってよい。とくに第一から第十六師団までは日露戦争期までに編成された伝統ある師団で、その伝統に基づき士気も高い。

この第十四師団には昭和十八年十一月に、独立工兵第二十二連隊が編合されている。この工兵部隊は海上輸送隊に改編されるが、これは海上機動反撃構想に基づく処置であろう。

第十四師団の上級司令部である、第三十一軍の作戦構想ではペリリュー島、アンガウル島を重要航空基地として確保し、同時に一部兵力をパラオ本島に配置して、要点、とくに飛行場を確保しながらペリリュー島、アンガウル島およびヤップ島方面に米軍が来た場合には、パラオ本島の兵力を海上機動で送り込むこととされていた。

この反撃を成立させるには、ペリリュー島を支撐点として保持しておく必要がある。海上機動反撃が行われるまでは、守備隊が全滅してはならないからである。

反撃の要となるペリリュー島には、兵器、軍需品、築城資材が優先的に送り込まれた。水際防御部隊の弾薬は一会戦分（平塚柾緒氏の著作では二か月を目安とした〇・五会戦分とされている）が搬入され、高射砲と機関砲（対空用）に至っては三会戦分もの弾薬が用意された。会戦分というのは第六章でも書いたように三か月の作戦期間を想定した砲弾など軍需物資の基準数量で、野砲なら二千発、榴弾砲なら千五百発である。これは日本陸軍にあっては異例の処置である。そして、糧秣は差し当たり六か月分を用意し、さらに一年分の保有に努めることとされた。戦史叢書『中部太平洋陸軍作戦〈2〉』では、「糧秣は一個師団十か年分とペリリュー島には三千五百人の九か月分を保有することになった」とされているが一個師団の十か年はいくらなんでも多すぎるので、一か年もしくは十か月の誤植であろう。いずれにせよ、これだけの物資を確保できたことがペリリュー島守備隊の奮戦できた理由の一つであることは間違いない。

ペリリュー島は、長期にわたり抵抗し続けたことで戦史上に名を残すことになるのであるが、初めから長期持久が想定されていたのである。現場がよく戦ったことで長期持久が成功したのは間違いないが、それだけの準備を行った第三十一軍の努力も評価されるべきではある。そしてまた、戦略階層において何を成すのか決定しておくことの重要さもわかる。戦略階層において、最初から長期持久を考慮してればこそ第三十一軍の準備も成し得たからだ。

第十四師団の防衛計画

ペリリュー島防衛の柱となる歩兵第二連隊は四月二十六日にペリリュー入りをした。中川州男《くにお》大佐率いるこの連隊は、日本陸軍創設以来の歴史を持つ精鋭である。

米軍の進攻が日本側の予測よりも遅かったことは、この部隊にとって幸いであった。

当時、第十四師団司令部は「敵は五月以降その重点をパラオに指向し一挙にこれを占領、もって比島への侵攻を急ぐ公算なり」と敵状を判断していたが、もしこの想定通り五月に米軍が進攻していたら第二連隊は史実ほどの敢闘はできなかったことに疑いの余地はない。

ところが、米軍がマリアナ諸島へと向かったおかげでペリリュー島守備隊は五か月もの準備期間を得ることができた。運よく時間的猶予を得た間に、第十四師団は、師団戦車隊や歩兵第十五連隊第三大隊といった増援部隊もペリリューに送り込み、守備隊の戦力を一層強化することができた。幸いサイパン島のように米潜水艦に徹底的にマークされることもなく、むしろ米潜水艦がサイパン島への輸送を徹底的にマークしていたからこそというべきか、これら増援部隊は無事にペリリュー島入りを果たすことができたのである。戦いには運がある。米軍の出方はサイパン島にとっては不運で、ペリリュー島にとっては幸運となった。

時間的猶予を得たペリリュー島守備隊は、その間に防衛準備を整えた。守備隊の立て籠もるための陣地を構築するさいの防御力の目途、つまり築城の程度は永久築城とされた。これはコンクリートなどを使った要塞化を目指したものである。その築城を施した防御施設の強度区分は平均で「甲」、重要部では「特甲」と最高レベルに高いランクが与えられた。「特甲」とは強度的に四十センチ砲弾や一トン爆弾に耐えられる。要するに戦艦の艦砲射撃にも耐えられる防御力を持たせようとしていたのである。

基本的には、ペリリュー島の防御方式もサイパン島と同様の水際方式なのだが、パラオ島守備隊は築城によって、米軍の猛烈な火力を凌ごうとしたところがサイパン島の防衛とは異なっている。ペリリュー島、サイパン島ともに同じ第三十一軍所属の部隊なのに、これだけの差があるのは、水際防御か否かという防御思想の差ではなく、単に準備時間と資材の有無に起因している。サイパン島は水際防御によって防衛に失敗し、ペリリュー島は水際防御によらず長期間守ることができたとするのは皮相な見方といえる。

第十四師団は第三十一軍の方針に沿って、歩兵第二連隊をペリリュー島、歩兵第五十九連隊の一個大隊をアンガウル島へと配置した。そして師団所属以外の、従前からパラオ諸島にいた海軍航空隊の基地部隊や後方勤務部隊などを残りの島々へと派遣してそれらの場所の守備隊にした。陸戦に不向きで足手まといになりかねない、これらの部隊は他所に出して警戒任務に従事させたことになる。

また歩兵第十五連隊を基幹とする師団主力は、パラオ本島とマラカル島に置かれ、状況に応じ機動的に運用することにした。もともとの防御計画では、ペリリュー島守備隊は孤立して戦うのではなく、敵上陸部隊に対して師団機動部隊の逆上陸も交えた、海上機動反撃の要領で戦うことを予定していたのである。

そして第十四師団は、ペリリュー島などの住民をパラオ本島へと疎開させた。疎開住民はさらに別の安全な場所へと移される予定だったらしいが、船の手配が付かずパラオ本島に留まることとなる。住民疎開は軍事的には、住民保護に配慮することなく守備隊を戦闘に専念できるようにするための処置だが、道義的にも評価すべきだろう。ペリリュー島守備隊の孤軍奮闘はよく取り上げられるが、事前に住民疎開を行ったことももっと知らされてよい。

それと同時に、ペリリュー島から疎開をさせ得たものの、船がなくパラオ本島からより安全な場所へ脱出できなかった事例は、島嶼戦における住民保護のあり方を考える材料ともなるだろう。

守備隊の戦闘要領

ペリリュー島入りした中川連隊長はペリリュー地区隊長として、島内を偵察して、防衛計画を立てた。地区隊はサイパン島の章でも説明したが、歩兵や砲工その他の兵科をひとまとめにした部隊で、各防御地区に配置する防衛用の臨時編成部隊のことをいう。

小型ながらも諸兵種連合部隊で、自隊の防衛地区内でなら自立して戦闘ができる。パラオ諸島では、第三十一軍指揮下の第十四師団を中心としたパラオ地区隊があって、その下にペリリュー地区隊が置かれ、さらにペリリュー島内にまた各地区隊があるという入れ子構造となっている。

島内を見回った結果、中川大佐は、米軍はペリリュー島のどこにでも上陸することが可能だが、島内中央の山地を復郭《ふくかく》にして築城すれば持久戦に有利と判断した。そこで、火砲などを含めた防御の重点を飛行場のある島の南部に置いたうえで、手持ちの各大隊を中核とした東西南北の各地区隊を編成すると、これを島の全周を守るように分散配置させた。同時に、各大隊から一個または二個の歩兵中隊を予備隊として控置させた。また戦車隊と砲兵一個大隊、歩兵・工兵各一個中隊をペリリュー地区隊直轄の予備兵力として中川大佐自身が掌握する。いうまでもなく、この予備兵力は島全体の戦況に応じて使い分けるものである。

ここで各地区隊とペリリュー守備隊全体が、それぞれに予備兵力を持っていることに注意していただきたい。地区隊長は自己の状況判断で、手持ちの予備兵力を危険な場所の手当てに使い、局部的な反撃に使うことができる。そしてペリリュー守備隊全体としても状況に応じて危険な箇所を補強し、反撃を行うなどして柔軟な戦いが行えるのである。柔軟に戦えるということは、言い換えればテンポよく戦えるということにもなる。前にも書いたように戦いにはテンポがある。

というのも、戦場ではふとした瞬間に隙が生じることがあるからである。例えばビアク守備隊は攻撃に出て隙を作ってしまい、米軍に付け込まれた。このような隙があるのは、ごく短い間でしかない。それゆえ隙に付け入るにも、できてしまった隙をカバーするのにも、戦いのテンポの良さが重要である。ここで、もしいちいち上級司令部に判断を仰いでいるようでは、その間に一瞬の隙は消えてしまう。「幸運の女神には前髪しかない」という格言が当てはまる。日本陸軍が「軍は拙速を貴ぶ」とし、ドイツ陸軍が「委任戦術」といって各指揮官に高い判断能力を与えたのも、現代米陸軍が「ミッション・コマンド」といってドイツ陸軍と同様のことを考えているのも、この一瞬の隙を捉えるためのものといえる。とはいえ、既に戦闘中の部隊は、目前の敵の対処もしなければならず、タイミングよく動くことは難しい。これがいまだ戦闘に加入していない予備兵力ならば、動かすことができるので都合がよい。これが予備兵力を保持しておくメリットなのである。

このように地区隊を全島に配置して戦うことを決心したペリリュー島守備隊だが、その戦闘要領はいかなるものだったのだろうか。

中央山地を復郭にすれば持久戦に有利という判断とは裏腹に、ペリリュー島防衛計画の基本をなすのは水際撃滅である。ペリリュー島防衛計画中には次のような一節がある。「水際及び要点に堅固なる術工物（トーチカなどのこと）を骨幹とする陣地を構築し且陣地は極力縦深ある支撐点式に編成し熾烈なる火力と果敢なる反撃により敵を水際に撃滅す：括弧内著者」。

ようするに互いに支援しあう堅固なトーチカなどを水際付近に面的に配置、そこに機関銃等の直射火器の火網を構成して、敵上陸部隊を海岸付近の火網に絡め取る。その段階で、砲撃と歩兵・戦車による反撃を行い撃滅するという戦い方である。これは「島嶼守備部隊戦闘教令（案）」にもある水際反撃の要領である。

そのため、重機関銃以上の火器は、なるべく敵上陸部隊に対して斜射・側射・背射を行うように配置された。海岸への側防火力を発揮するため周囲の小島へも小部隊を配置してなるべく射線が絡み合い、火網が濃密になるようにと工夫がなされている。しかしながら、これら水際に配置した兵力が爆撃や艦砲射撃を含む圧倒的火力に粉砕されては困る。これを防ぐため、可能な限りコンクリートなどを使った永久築城がなされた。これが防御要領で「強度甲」とされていた理由である。

さらに抗堪性を高めるために、ペリリュー島守備隊は無数にある天然洞窟や砕石坑道に着目してこれを利用した。ペリリュー島もサンゴ礁の島ではあるが、マーシャル諸島に見られる環礁ではなく、中央の島の周囲に珊瑚礁がめぐる裾礁である。そのために高地が存在し、リン鉱石からなる岩盤も固い。

洞窟陣地が砲撃に対して、高い抗堪性を持つことは第一次世界大戦の西部戦線で実証されていた。

その戦訓を日本陸軍は知っていた。日本陸軍が第一次世界大戦に派遣した観戦武官の報告を元に編纂された『欧洲戦争叢書』には、一九一七年のエーヌ会戦において砕石坑道やシャンパン醸造用の洞窟内で砲撃をやり過ごしたドイツ軍が、攻撃するフランス軍の側背から湧き出るように踊り出て大混乱に陥れ撃退した戦例が掲載されている。日本陸軍は過去の戦訓を巧みに応用したわけで、決してペリリュー島や沖縄、硫黄島でいきなり洞窟陣地を考案したわけではなかったのである。

また同じ第一次世界大戦の西部戦線では、味方陣地前の前地と呼ばれる地域に火力を投入して敵の攻撃部隊に打撃を与える戦術も発達しており、これも日本陸軍に知られていた。第一次世界大戦に学ばなかったといわれる日本陸軍だが、実際には太平洋戦争において相応に戦訓を取り入れてはいるのである。

防衛計画では「真にやむを得ざる時」には中央山地に設ける持久用の陣地、すなわち複郭に拠って抵抗を続けることになっていた。水際陣地の攻防に敗れた時には、中央山地に立て籠もって抵抗を維持する計画だったのである。

しかし、こうした中川大佐の防衛計画は第三十一軍司令官の意図に沿うものではなかったようである。『水戸歩兵第二連隊史』は、ペリリュー島を視察に訪れた小畑軍司令官が、縦深陣地として構成されたペリリュー島の陣地に対して不同意で、主力全てを水際へと配備するように変更させたとある。だが『水戸歩兵第二連隊史』は中川大佐の陣地構成は、大本営派遣参謀の意見と合致したとしている。となると大本営と第三十一軍の間でペリリュー防衛に対しての防御方針が食い違っていたことになる。戦史叢書『中部太平洋方面陸軍作戦〈2〉』では、パラオ地区集団すなわち第十四師団と中川大佐の合同で防衛構想は作られたとされている。実際、狭い小島のアンガウル島でもペリリュー島と同じように縦深を持つ防衛態勢が取られている。

むしろ小畑軍司令官の水際配置が極端すぎたとも取れなくもない。「サイパン戦の戦訓で、大本営は極端な水際配備を失敗として、縦深配備に移行するように命じた。ペリリュー島もそれに倣った」とする文献もあるが、サイパン戦での大本営の指導と現地部隊との対立からしてこれは信じ難い。『水戸歩兵第二連隊史』はサイパン戦の戦訓で配備変更を行う時間はなかったとしているが、そちらの方が正しいと思われる。

「ステールメイトⅡ作戦」

ハルゼー提督を別とすれば、米軍上層部はペリリュー攻略に対して楽観的であった。攻略部隊指揮官ルパータス第1海兵師団長などは「三日で片付く」と公言している。

米軍が楽観的になるのも無理はない。わずか数か月前のマーシャル諸島攻略戦では日本軍の守る島々を時間という面においては簡単に攻略できている。海兵隊が多大な出血を強要された「恐怖の島」タラワ島でさえ、攻略に要した時間は三日。この例に倣えば損害は出るにせよ三日で片付くと言いたくなるのも無理はない。

ペリリュー島攻略作戦には「ステールメイトⅡ」の作戦名が与えられた。ステールメイトとは「手詰まり」という意味だが、後の戦況を考えると何やら暗示的な作戦名ではある。

ペリリュー島に上陸するのは海兵第1師団。同師団は陸軍の第81歩兵師団と共に第3水陸両用軍団に組み込まれて、軍団砲兵や機材の支援を受ける。これをハルゼーの第3艦隊が輸送、護衛、支援を行うことになっている。

水陸両用軍団は、陸海連合の水陸両用部隊を機能させるため、海兵隊の要望で新たに編成されたものである。この編成では、作戦の必要に応じて陸軍師団を海兵隊の指揮下に置くことが可能となり、サイパン戦で起きたような海兵隊の将軍が陸軍の師団長を解任して騒ぎとなるような事態は回避できるものと期待された。

戦略決定などで時間を取られたことから米軍側は準備の時間的余裕は乏しくなっていた。そのために、水陸両用戦車や水陸両用装軌車などの装備の確保にさえ支障が出た。M4中戦車も三十両しか揃えることができなかった。陣地攻撃には、歩兵と戦車の密接な協同は不可欠なのでこれは問題といえる。島嶼戦の地上戦において、日本軍守備隊を苦戦させた装備のひとつはこの米軍戦車だったからである。

一か月あまりの短期間で、モロタイ島、ペリリュー島、アンガウル島、ウルシー環礁、ミンダナオ島と矢継ぎ早に上陸作戦を実施するのは、さしもの物量を誇る米軍にとっても荷が勝ちすぎていたのである。しかも上陸部隊は準備時間不足から満足な上陸訓練を行うこともできなかった。

上陸前の情報収集の結果、米軍はペリリュー島の日本軍兵力を陸軍五千三百名、海軍八百から一千、その他と合わせ一万三百二十から一万七百二十と推定していた。実際のペリリュー島守備兵力は歩兵五個大隊、九五式軽戦車を持つ第十四師団戦車隊、十センチ榴弾砲と七・五センチ野砲を持つ連隊砲兵大隊とその他後方部隊さらに海軍部隊合わせて一万名ほどなので米軍側の推定はかなり正確なものといえた。

上陸戦闘

昭和十九年（一九四四）九月六日の米第38機動部隊の艦上機による空襲でペリリュー島攻略作戦は幕を開けた。空襲は十日間も続き、その後、戦艦五隻以下の艦艇による艦砲射撃が三日間にわたり実施された。米軍の空襲、砲撃は激しいものであったが、ペリリュー島守備隊にさほどの損害を与えることはできなかった。永久築城や洞窟陣地の防御効果はそれほど高かったのである。

九月十五日、米軍は艦砲射撃の支援の下に上陸を開始する。上陸部隊の第一海兵師団の兵力は二万八千四百。ペリリュー島守備隊の三倍近い兵力だが、軍事でいう攻者三倍の原則、つまり攻める側には防御側の三倍の戦力が必要だとする当時のセオリーからすると物足りなかった。

いつものように、上陸部隊は第一波から第六波に分かれて波状的に上陸する。米軍は上陸海岸を区分けしてホワイト1、ホワイト2、オレンジ1、オレンジ2、オレンジ3とコードネームで識別していた。戦後「海岸が流血でオレンジに染まったためオレンジ海岸と呼ばれるようになった」といわれたりするがこれは誤りである。

日本軍の一部は、海岸から千二百メートル付近で米軍に対する砲撃を開始した。実は、これは中川大佐の命令に反する行為であった。本来、守備隊は波打ち際百五十メートルから射撃を開始すると決められていたのである。中川大佐は艦砲射撃で火点が早期に撲滅されるのを防ぐと同時に、水際での撃滅に力を注ぐために海岸付近の射撃に徹底しようとしていた。しかし血気にはやる将兵を抑えることはできなかったようだ。これは日本兵の士気が高かったことを表すとともに、統制には問題があったとも考えられる。

海岸線には日本軍が機雷や障害物を設置していたが、これはＵＤＴ（水中破壊班）の活動と艦砲射撃によって、事前にあらかた除去されてしまっていた。それゆえ上陸部隊にとって海岸の障害物などは、さしたる邪魔物にはならなかった。このように書くと障害物には価値がないように思われるが、米軍に事前の除去作業を強要することで、奇襲上陸となることを防ぐという点で障害物には価値はある。

米軍が障害物撤去作業を行った結果、日本軍は、米軍上陸地点を西南海岸と正しく判断することできた。この判断に基づき中川大佐は東地区隊の全力を守備隊反撃予備として島中央部へと移動させた。

米軍上陸海岸の判断、反撃用に予備を動かす決心、東地区隊の移動、これらの段階を経て実際に銃火を交えるまでが戦いの一つのテンポとなる。判断、決心、移動（あるいは戦闘、攻撃）の一連の手順を素早く行えば行うほどにテンポは速まり、主導権を確保しやすくなる。特に敵軍より速く、この一連の手順を行うことができれば、戦いをかなり有利に導くことができるだろう。敵軍にすれば、何か決心して行動する時には状況が変化していて、決心した時点で正しかった行動も、いざ行動という段階では的外れなものとなっていたりするのだ。

ともあれ上陸部隊が海岸から百五十メートル付近に達した時点で、海岸の守備隊は一斉に射撃を開始した。

米軍上陸海岸は、日本軍の西地区隊と南地区隊の守備範囲にあり、日本軍は五個の海岸拠点と無名小島に配兵して火網を構成して待ち構えていた。火砲の中には速射砲や三門の野砲、二十ミリ高射機銃もあり、火力支援型の水陸両用戦車やＬＶＴ（水陸両用装軌車）に対して威力が発揮できる。

上陸しようとするＬＶＴは、ここで横殴りに猛射を浴びせかけられ、避けることもできないまま損害が続出した。

この時、守備隊は狭くて射界の限定されるトーチカを嫌い、四十七ミリ速射砲をトーチカ外に出して対戦車戦闘を挑んでいる。守備隊生存者は米軍戦車を簡単に撃破できたので驚いたと証言しているが、そのほとんどは装甲の薄いＬＶＴのことだろう。もっとも四十七ミリ速射砲ならば近距離でＭ４戦車の側面を貫徹できるので撃破できなくもない。実際、初日の戦闘で米軍はＭ４戦車三両とＬＶＴ二十六両を失ったとされている。

混乱する上陸海岸には、天山の砲兵陣地からも砲撃が加えられた。事前の艦砲射撃で電線が断線し連絡が途絶えたので、軍犬を伝令に仕立て砲兵支援を要求した。当然、電話などよりは時間はかかる、小型の携帯無線機を持たない日本軍は、米軍のように迅速な砲撃要求をなかなか出せないという弱点を抱えていた。

この時の砲撃はタイミング良く対戦車壕の前で立ち往生していたＬＶＴ六両と一千名ほどの米兵をほぼ全滅させたといわれる。この様子から、これを見たペリリュー島守備隊司令部に米軍上陸第一波を撃退したと確信させたほどであった。しかし実際には米軍第一波は壊滅にはいたっておらず、後続波も続々と上陸してきた。

日本軍は米軍無線を傍受して「水陸両用車全滅」等の通話から米軍苦戦の状況を察知したという。米軍は最前線の戦闘階層では、暗号を使わず平文で交信するので、傍受すればその内容は簡単に把握できた。また日米双方とも相手の無線を妨害したとされる。第二次世界大戦において、海陸の電子戦が実施されたことはよく知られるところであるが、太平洋の陸上戦でも既に電子戦は始まっていたのである。

ホワイト・ビーチでは、上陸した米兵と日本兵があちこちで入り乱れるようにして近接戦闘を展開していた。これはタラワ島やサイパン島の上陸海岸付近でも見られた光景と同様である。歩兵第二連隊第二大隊の生存者の証言では、多数の日本兵がタコツボ（個人用掩体）に所在し、積極的に近接戦闘を挑んだという。ペリリュー戦では洞窟陣地やトーチカの存在と火力戦闘が強調されるが、近接戦闘で米軍に与えた損害も少なくない。

ペリリュー島守備隊の逆襲

海岸で彼我入り乱れる状態となったこの局面は、日本軍にとり反撃のチャンスであった。米軍は友軍を巻き込む危険があって艦砲での支援砲撃ができない。このチャンスに守備隊は、地区隊の予備を海岸に投入して攻撃を行った。オレンジ・ビーチでもホワイト・ビーチでも同様の激戦が展開されていたが、第5海兵連隊の第二波がうまく日本軍地区隊の間隙に上陸できたことで状況は動いた。内陸へと浸透した第5海兵連隊は、正午前に飛行場東端まで進出したのである。

この状況を見た中川大佐は反撃を決心すると、第一号反撃計画に基づく逆襲を発動した。午後四時半、砲兵と迫撃砲の支援を受け、第一大隊と第七中隊、師団戦車隊の歩兵六百、九五式軽戦車十七両が反撃を開始した。サイパン戦と同じく歩兵の一部は戦車に跨乗し、残る歩兵はトラックに乗車して、ミニ機械化部隊として正攻法で攻め立てた。

日本軍の反撃は夕方からの開始となった。これは別段夜襲にこだわったわけではない。部隊集合等に時間がかかり予定時間から大幅に遅れてしまったのである。日本側の反撃は、米軍の飛行場進出から開始まで半日を要したことになるが、水際反撃を考えていたにしては、戦いのテンポという点で、あまり褒められたものではない。

案の定、米軍は日本軍の反撃が始まるまでに対戦車砲等の重火器を揚陸して待ち構えていた。航空偵察で日本軍の反撃の兆候を偵知して防衛態勢を整えていたのである。日本軍の部隊行動に時間を要したのも、反撃が偵知されてしまったのも、その根本的な原因は制空権を米軍側が掌握していたことによる。制空権といえば、イメージするのは爆撃による対地支援だが、実際の戦場においては移動の妨害を行うことや、偵察を行う価値もかなり大きいのである。

日本軍の逆襲は、海岸から開けた飛行場へと進出している第5海兵連隊を目指して敢行するものとなった。ガダルカナル島で第二師団の総攻撃を頓挫させ、サイパン島でも日本軍の逆襲を破砕した、最終防護射撃の猛威がここペリリュー島でも守備隊に襲い掛かった。それでも前進した逆襲部隊には、対戦車砲や携行対戦車火器バズーカ他の猛射が浴びせられた。こうして日本軍の逆襲は大損害を出して失敗に終わる。

そんな中でも、ごく一部の日本軍戦車は海岸線まで到達し海兵隊員の一部をパニックに陥らせている。さらに驚くべきことに三両ほどの戦車が生き残り、いったん後退した後で爆薬を積載すると、再度前進してM4中戦車に体当たり攻撃を敢行しているのだ。いかに弱体な日本軍の軽戦車であっても、機甲打撃そのものは価値が大きいことを示す例といえるだろう。

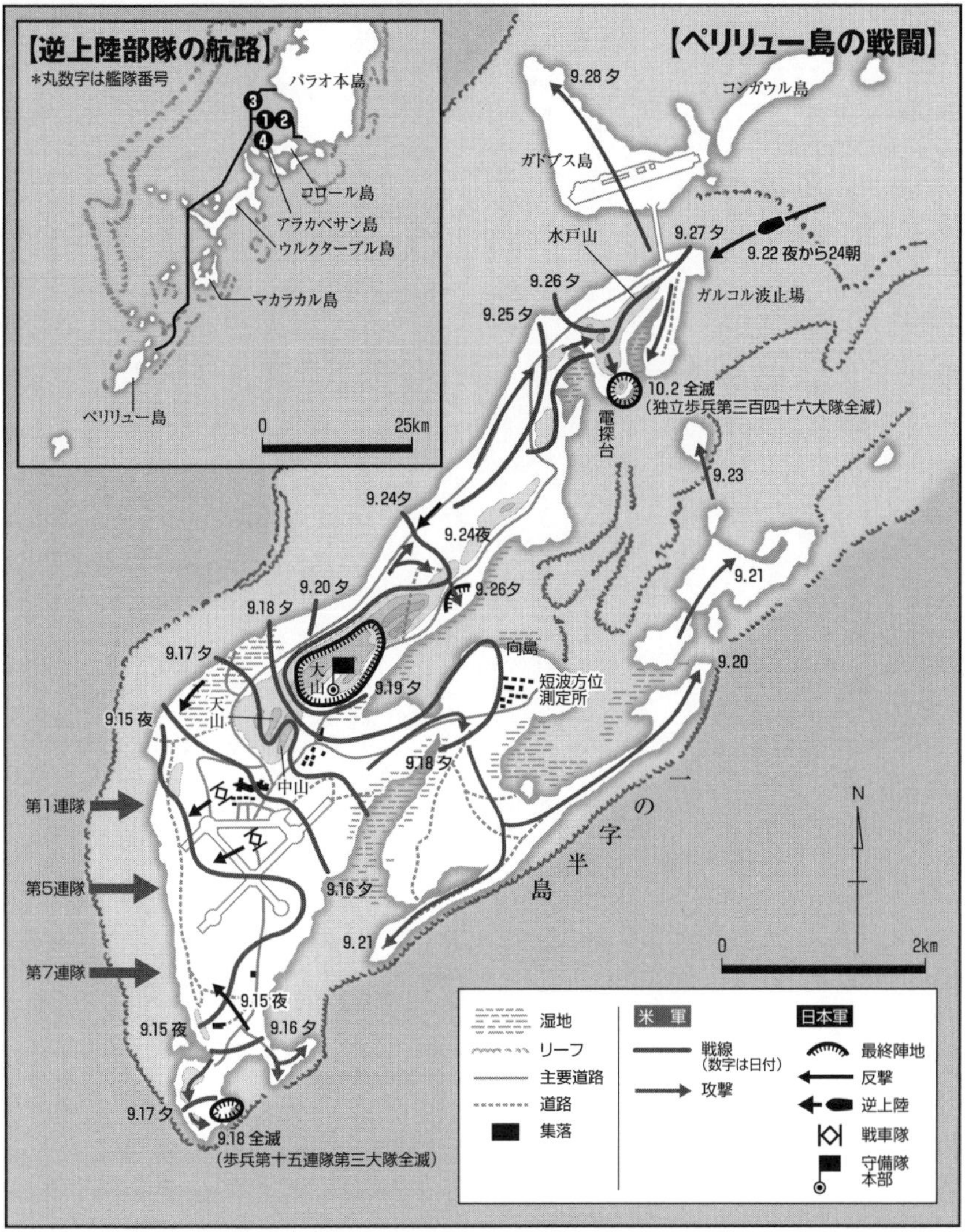

ペリリュー島守備隊の水際での果敢な反撃は、上陸当日の米軍に大きな打撃を与えた。さらに9月22日の夜には、海上機動反撃も行った。とはいえ守備隊は上陸５日目には中央山岳地帯に追い込まれている。その一方で日本軍を山岳地帯に追い込んだ海兵隊もその後は苦戦し陸軍歩兵師団に掃討戦を委ねている。

“オレンジビーチ”の第五海兵連隊。

ペリリュー島の日本軍トーチカ

日本軍の反撃に対しては、米軍が混乱し前進できないでいたホワイト・ビーチを主攻軸とすれば戦果が大きかったのではないかとする指摘がある。この指摘はもっともだが、中川大佐には第5海兵連隊の突出部を潰し、南地区隊との連絡を確保する狙いがあったように思われる。

いずれにしても、対上陸戦闘と反撃により守備隊は六十パーセントもの損害を出し、大隊長まで戦死した南地区隊は飛行場東側の海軍防空隊陣地まで後退することを余儀なくされて反撃は終了した。

ペリリュー島上陸と同じ日、マッカーサー率いる米陸軍部隊はモロタイ島へと上陸した。守備兵力がわずか一個大隊のモロタイ島攻略作戦は四十四名という少ない損害を出ただけで簡単に終了した。

モロタイ島の失陥は、日本側が反撃を敢行しようと予定していた、三角地帯の崩壊を意味していた。こうなると、もはやパラオ諸島の戦略的価値は存在しない。マッカーサーは『マッカーサー回想録』の中でモロタイ攻略成功を書いた後で「ペリリューは不運だった」とあっさり片付けている。

しかし、実際に現場で戦う日米両軍の将兵にとっては、現実は不運どころかこの世の地獄に他ならなくなっていた。戦略的価値を失ったにもかかわらずペリリュー島の戦闘は続行された。マッカーサーの陸軍と張り合う立場にある、海軍を主体とする中部太平洋方面軍は、今さら引くに引けない状況に追い込まれていたのである。島嶼攻略の専門集団であることを存在意義とする米海兵隊にしても、ここで負けを認め引き下がることはできない。第5海兵連隊は強引に島内へと進出して南地区隊を孤立させる。米軍は多大な損害を出しながらも九月十六日には飛行場を占領。九月十八日、同地区隊は全員戦死して文字通り全滅した。これで水際の戦いはほぼ終了して、以後の戦いは日本側が複郭とした中央山地以北へと移ることになる。そして、ここからが長い戦いとなった。

日本軍の海上機動反撃

米軍は主攻を山地に指向しつつ、一の字半島方面などの掃討戦を行い九月二十日までにこれを終了した。中央山地では一進一退の戦闘が繰り広げられた。多数の洞窟には高い砲兵火力も、新兵器であるナパーム弾も効果を発揮することができず、戦車も急峻な斜面を越えることができない。

有力な火力支援を欠く海兵隊の前進状況は、日本軍にとり攻撃のチャンスとなる。海兵隊は日本兵の逆襲と狙撃によって損害を出し幾度も後退を余儀なくされた。

米軍としては洞窟陣地攻撃に決め手を欠き、何とか接近してブルドーザーで入り口を塞ぎ、爆薬を投げ込んで一つひとつ潰すしか方策はなくなっていた。日本兵も逆襲に出るため、この海兵隊の作業は損害と長大な時間を強要される辛い任務となる。かたや日本軍側も少しずつ損害を上乗せしていく。戦いの様相は悪い意味での消耗戦に陥っていた。

消耗を続けた歩兵第二連隊の兵力は、九月十九日には三分の一にまで減少していた。これは一般に野戦なら壊滅と判定されるほどの損害度である。頼みの十センチ榴弾砲も破壊された。ペリリュー守備隊は、これで飛行場に対する妨害手段を喪失した。この後は「斬り込み」攻撃を繰り返してペリリュー守備隊の脅威を米軍にアピールして、少しでも米軍兵力を吸引することが飛行場妨害手段となった。

九月十九日、一機の日本の水上機がペリリュー島を空襲した。日本海軍にとって、この程度の小規模空襲が、精一杯の航空反撃となっていた。既にパラオ諸島を拠点にした航空反撃は絵に描いた餅でしかなくなっていた。

二十二日、パラオ本島所在の第十四師団は、歩兵第十五連隊の一個大隊を島伝いの舟艇機動でペリリュー島まで送り込む逆上陸を敢行した。この作戦は米軍の警戒部隊によって大損害を出したものの、兵力の半分程度がペリリュー島へとたどり着くことができた。この逆上陸の試みは、日本陸軍の水上機動反撃が曲がりなりにも成功した貴重な戦例となった。逆上陸した兵力は米軍と戦いながら中央山地へと入り守備隊と合流し、運命を共にすることになる。

とはいえ、この逆上陸は、海上機動反撃がある程度成功したとしても、米軍撃退には程遠い戦果しか上げられない現実を示している。

同じ頃、米軍では半数以上の損害を出した海兵第1連隊が後退し、代わりに陸軍の第81師団の一個連隊が送り込まれていた。この頃には、海兵師団はいわば出血多量で戦闘に耐えられない状態となりつつあり、十月末までに各部隊は陸軍部隊と暫時交代して戦場から撤収していった。海兵第1師団の後釜に座った陸軍第81師団はペリリュー島の戦略的価値が失われていることから戦いを掃討戦と位置づけ、海兵隊のような無理攻めは避けることにした。

十月十五日には、「捷一号作戦」の前哨戦にあたる「台湾沖航空戦」も行われ、ペリリュー島は完全に戦局から取り残さ

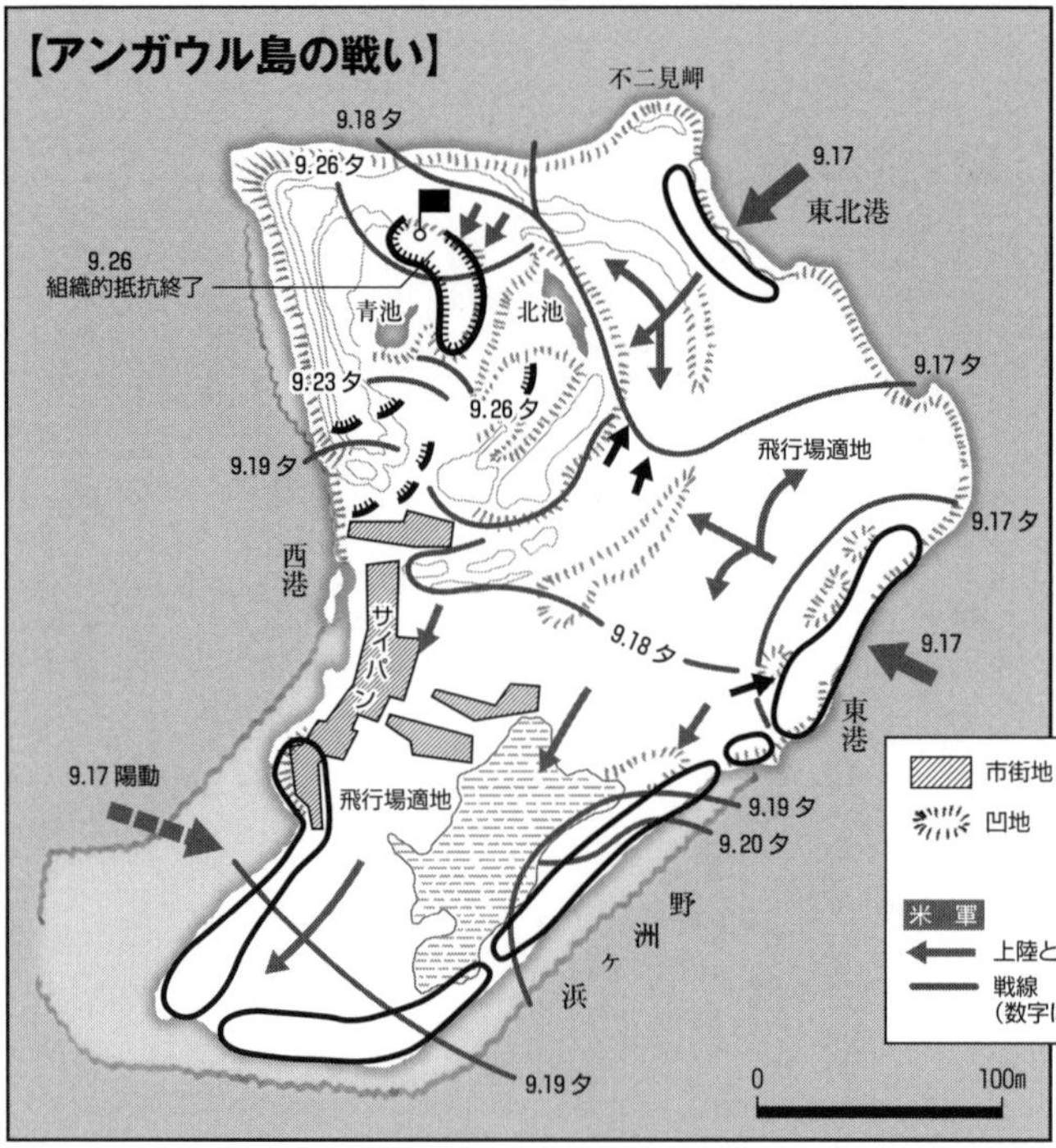

アンガウル島を守るのは歩兵第五十九連隊第一大隊を基幹とした約1200名。攻撃する米軍は第81歩兵師団であった。アンガウル守備隊は圧倒的な戦力差にもかかわらず半月の間、米軍に抗したのである。また守備隊および上級部隊の行動で特筆されるべきは、事前に民間人を避難させたこと、また残った民間人の投降を認めたことであろう。

れた。ペリリュー島守備隊は十二分にその目的を達成したといえるだろう。十月二十三日には孤軍奮闘を続けるペリリュー島守備隊に対し感状が授与された。そして天皇からも六回もの御嘉賞の言葉も与えられている。

ルパータス少将の言った三日をはるかに超えて、六十日以上も戦ったペリリュー島守備隊は十一月二十四日についに玉砕した。わずかな生存者はその後も二年に及ぶ抵抗を続けたが、守備隊の組織的抵抗は終わりペリリュー島は陥落したのである。

ペリリュー島上陸の二日後の九月十七日、米陸軍第81歩兵師団がペリリュー島の南に位置するアンガウル島へと上陸した。アンガウル島守備隊の兵力は歩兵一個大隊を中心とする一千二百名。彼我の戦力を比率に直すと十八対一とはるかに劣勢だった。

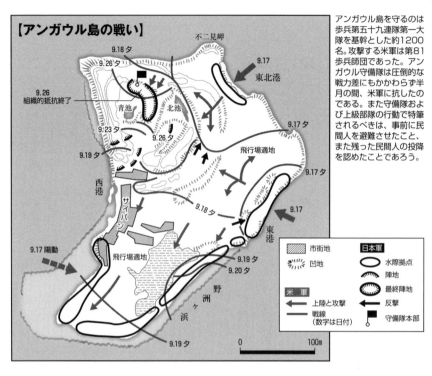

あまりの劣勢からアンガウル島守備隊は海岸で米軍を食い止めることはできなかったが、米軍の島中央部への進出は二日間にわたり食い止めた。この戦いにおいて守備隊は、しばしば十字砲火を米軍に浴びせかけて攻撃を撃退している。

九月十九日以降、半数に減った守備隊は複郭として準備してあった北西部丘陵地帯の洞窟を利用して持久戦を試みた。一か月の持久後の十月十九日、アンガウル守備隊は最後の突撃を行い玉砕した。これで同島の組織的抵抗は終了したが九月二十四日以降に百八十六名の投降者が出たとされている。損害は米軍が戦死二百六十名、戦傷一千二百四十五名、日本軍が戦死一千百五十名とされている。わずか一個大隊で米軍一個師団を拘束し、米軍に同等の損害を強いたことは評価に値する。

アンガウル島には民間人が居住し、引き揚げも行われていたが、戦闘時もなお半数が残留していた。守備隊長は玉砕する前に残留民間人には投降を認めたとされている。このアンガウルの守備隊長の行為もまた、島嶼戦における住民保護を考える上での貴重な事例といえるであろう。

ペリリュー島の戦いとは？

米海軍史家モリソンはペリリュー島の戦いを「太平洋艦隊司令長官が犯した数少ないミステークだった」と指摘している。ペリリュー戦のそもそもの間違いは戦略的なものである。もしペリリュー島があっさり陥落したとしても、間違いだったことに変わりはない。なぜならニミッツは余計なことをしてしまっているからだ。「戦略の失敗を戦術で取り戻すことはできない」といわれる以上ペリリュー攻略という戦略上の誤りを占領という事実によって正すというわけにはいかないのである。

日本側にとってペリリュー戦の評価は難しい。孤軍奮闘して多大な出血を米海兵師団に強要し、失敗を認めさせたという意味では勝利とさえいえる。そして、それが勝利であるならば、その理由は、準備に恵まれ時間と資材を確保できたこと、守備が精鋭で、地形を利用しての巧妙な防御戦闘を展開できたこと、そして利用できるだけの地形状況に恵まれたことにある。

とはいえ、これは戦術階層の評価に過ぎない。たしかにこれはこれで意味があり、ペリリュー守備隊を顕彰することに異論などはない。

しかし、島嶼戦という観点において、ペリリュー戦を評価するなら、作戦的な意味合いに目を向けねばならない。ペリリュー島では米軍上陸時点で既に飛行場は使用できない状態となっていた。島が狭く、飛行場の間際まで米軍の上陸部隊が進出していたからである。その点で、ペリリュー飛行場を反撃拠点と考慮するのは作戦として最初から間違っていたことになる。そして、ペリリュー島守備隊の奮闘にもかかわらず予定の航空反撃ができなかったこと、水上機動反撃が機を失した時期に行われたことも含めると、作戦面においては問題があったといえよう。戦略面において米軍は失敗し、作戦面では日本軍側に失敗があったといえる。

しかし、そのような観点の評価をすることなく、大本営陸軍部は、ペリリュー島で米軍の激しい砲撃に耐えて反撃を実施できたこと、それ以後も繰り返し切り込み戦闘を行えたことを高く評価した。すでに本土決戦を視野に入れていた陸軍首脳部にとっては少しでも都合の良い戦訓を引き出して本土決戦計画に反映する必要があったからである。

第八章　レイテ決戦

オルモック湾で大破した第 159 号輸送艦。

1944 年 10 月 25 日、サマール沖にて、米軍駆逐艦が煙をまいている。日本軍の砲撃で、水柱が上がっている。

レイテ島にて進撃するアメリカ軍第 7 騎兵連隊。

1944 年 11 月 22 日、撃破され燃え上がる日本軍戦車。

リモン峠に通じる道。

タクロバンの上陸地点の米軍による空撮。

マッカーサーの帰還と「虎号兵棋」

一九四二年（昭和十七）にマッカーサーは日本軍の攻撃を逃れフィリピン諸島のコレヒドール島を脱出した。それ以来、彼にとって、フィリピン諸島を日本軍の手から奪回することは悲願となった。のみならず戦前にフィリピン独立を約束していた米国にとっても、フィリピンの「解放」は公約に近いものでもあった。マッカーサーの発した「アイシャルリターン」という言葉は一種の標語としておおいに宣伝されるようになる。

しかしながら――何度も述べるように――米軍がフィリピン攻略を目指す理由はそれだけではない。そこには、軍事戦略的な意味合いも存在している。軍事戦略的には、それまでの米軍の進攻と同じく、航空基地を推進して日本本土へ迫っていくステップストーン（踏石）としての意味があった。

フィリピン諸島を確保すれば、次は台湾、あるいは沖縄へと進出し、日本本土へと攻撃の手を伸ばすことが可能となる。あるいはまた、中国本土へと上陸し、中国軍を支援しつつ中国にある航空基地を利用して、日本本土爆撃を行うと同時に中国沿岸を本土上陸のための根拠地として使うことも考えられる。

そしてまた日本本土と南方資源地帯の海上交通路の間に位置するフィリピン諸島に進出すれば、日本本土と南方資源地帯の海上交通路を切断できる。南方からの資源が届かなくなれば日本の戦争経済が破綻することは火を見るよりも明らかである。潜水艦の通商破壊戦によって日本の海上交通は深刻なダメージを受けていたものの、いまだ完全には干上がっていない。そこで日本の戦争経済を破綻させるにはもう一押しが必要とされた。フィリピンに進攻して日本の海上交通路へ楔を打ち込む必要があったのである。

ここで話はいったん昭和十八年（一九四三）十二月まで遡る。まだ中部太平洋一帯が日本側の勢力下にあった時のことである。

この時、大本営陸軍部では今後いかに戦いを指導すべきか、その対策を練るべく兵棋演習を行った。これを「虎号兵棋」

という。兵棋演習とは地図上で駒を動かして行うシミュレーションのことである。

既に述べたようにこの時点で、日本から見た戦局は悪化の一途をたどりつつあった。南東方面では消耗を重ね、ラバウルの目の前にあるブーゲンビル島にまで米軍が押し寄せてきていた。東部ニューギニアにおいても連合軍の進出によって、ダンピール海峡は突破寸前の危機にあった。中部太平洋ではマキン、タラワ両島は失陥した。ヨーロッパでは、同盟国イタリアが脱落している。

「虎号兵棋」は、太平洋方面における今後の作戦推移を予察するとともに、中国で南北を結ぶ連絡路設置を目指す大陸打通作戦の検討も課題とされていた。打通作戦には、その成功の暁には、船舶二十数万トンを節用しうると期待された。それは、わずか二十数万トンの節用に気を配らねばならないほど船舶不足は深刻化していたことを意味していた。実際には大陸を南北に打通しても連絡路としての機能はほとんど果たせずに終わるのだが、この事実が判明するのはまだかなり先の事になる。

「虎号兵棋」を実施した時点での陸軍の方針は、「西を抑えて東を叩く」というものであった。昭和十九年（一九四四）一杯は絶対国防圏の前衛地帯、昭和二十年（一九四五）に入ったら、局部的攻勢を交えつつ絶対国防圏で持久して力を蓄え、昭和二十一年（一九四六）になって初めてフィリピン諸島、豪北方面で大攻勢を断行するというのが参謀本部のおおまかな方針で、「虎号兵棋」もその方向で実施されていた。

この兵棋演習を統裁したのは、参謀本部第二課（作戦担当）の服部卓四郎大佐である。戦史叢書『大本営陸軍部〈7〉』には服部の「二十一年大攻勢の具体的内容はまだ二年も先のことで今から決め得ないが、私の描いていた構想は、比島から豪北方面に対し国軍的大攻勢を決行することであった」とする戦後の回想がある。

昭和十八年九月に結ばれた「中部太平洋方面作戦陸海軍中央協定」の中にある「昭和十九年中期以降において豪北方面（ニューギニアの北のインドネシア）より状況之を許す限り積極作戦を実施するに勉む（∴括弧内著者）」という文言に比べれば、かなり反撃時期を遅らせたことになる。それでも、実際の米軍進攻速度を見る時、服部のこの見通しはあまりに甘すぎるものといえた。果たして、戦局の推移は速く、米軍進攻の前に持久さえままならず昭和十九年半ばにはビアク島、サイパン島が陥落して絶対国防圏は破綻してしまった。

話が先に進み過ぎたので戻すと「虎号兵棋」を行った結果、次の結論が導き出された。

まず連合軍反攻作戦は次のように判断された。

連合軍はフィリピン諸島を回復し、日本本土と南方を遮断して、その後に本土へと向かう公算が高い。

フィリピン攻略のための攻勢の主線（主攻軸）は、マリアナ諸島を経てフィリピン諸島に向かう、もしくはニューギニア沿岸沿いにフィリピン諸島南部へと向かう。このいずれかになるだろう。

これを踏まえ、太平洋方面では速やかに防衛を強化し、攻勢開始まで絶対国防圏を確保する。しかし、絶対国防圏が破綻する場合を考慮して、陸海空戦力を結集してのフィリピン方面における決戦準備も進める。その場合には内線の利点を発揮して、強力な航空攻勢を取る必要がある。

この作戦、つまりフィリピン決戦は、全局の帰趨を定める決戦となる。そのため南方軍総司令官が、全南方地域を一元指揮するのが望ましいので、ベトナムのサイゴンにある南方軍司令部をフィリピンへと移し、フィリピン諸島全体の戦備を強化して、決戦態勢を整える必要がある。

ところで、昭和十八年九月の「中部太平洋方面作戦陸軍中央協定」では、積極作戦を豪北方面にという文言が見られたが、服部大佐の回想にも、国軍的大攻勢は比島から豪北とされている。ここに注目してほしい。つまりフィリピン諸島で決戦するという話は、米軍が進攻するかなり以前、それもまだサイパン戦が行われる以前から、大本営が考慮していたことなのだ。そしてフィリピン諸島、といってもその前面、すなわち何度か名前の出た三角地帯付近での決戦が望まれていたのである。「捷一号作戦」で始まる、レイテ決戦は昭和十九年後半にマリアナ失陥にともなって唐突に出てきた話ではなく、その源流は昭和十八年後半にまで遡ることができるのである。

「十一号作戦」準備

昭和十九年（一九四四）三月二十七日、大本営は「虎号兵棋」の結論に基づきフィリピン諸島での作戦準備の要旨を南方軍へと伝達した。これは「十一号作戦」準備と呼ばれる。ここで再度、注意していただきたいが、サイパン島やビアク島が陥落する三か月も前からフィリピン決戦の準備が始まっていたのである。

この準備の骨子は、フィリピン諸島において航空兵力を活発に集中使用できるようにするための態勢づくり、すなわち航空要塞化を進めようというものであった。要するにフィリピン諸島に飛行場を多数作り、大規模な航空戦力を運用できるようにしようというのである。

こうして差し当たりの目途として、昭和十九年七月までに飛行四個師団の運用態勢を構築し、さらに同年末までに飛行六個師団を運用できる態勢をフィリピン諸島に作ることを大本営は要望していた。

ひとくちに飛行六個師団というが、これは陸軍航空のほぼ全力に相当する、それだけの運用基盤、つまり飛行場をはじめとした様々な施設を十か月足らずで作るというのはかなり野心的な計画といえる。陸軍は大真面目にフィリピン諸島をベースにした航空兵力主体の決戦を追求していたのである。もっとも態勢作りはよいとして、問題はその中に収める航空兵力をどう集めるかにある。大本営陸軍部は、満州から徹底して航空兵力を抽出することで、この問題を解決しようとした。

そのために第二飛行師団と第四飛行師団の転進が考慮された。そして転進後に、第二飛行師団は南方軍の戦略打撃兵団として南方軍の直轄となり、第四飛行師団の方は、基地整備主担任兵団として航空軍に配属するという処置が取られた。

大本営から後のフィリピン決戦に繋がる「十一号作戦」準備を伝達された南方軍は、新たな作戦計画の立案に迫られた。

大本営の示したものは大まかな計画や方針なので、飛行師団を受け入れる南方軍はより具体化した計画を立てて実行しなければならないからである。南方軍の担当地域は、フィリピン諸島からニューギニアそしてインドネシア、仏印、タイ、ビルマまでという広大な範囲であった。おりから実施中の「インパール作戦」も、南方軍の指揮下のビルマ方面軍のさらにその下にある第十五軍が行っている作戦である。つまり南方軍というのはその指揮下に軍がいくつもある大所帯なのである。

後にフィリピンでの決戦に繋がる「十一号作戦」準備を伝達された南方軍は、おおむね次のようなことを考えて作戦立案作業へと入った。

まず陸海同時同正面で作戦を行い、航空兵力を徹底的に集結して運用する。これによって総合決戦とする。これが作戦の基調として置かれた。そしてフィリピン諸島を絶対国防圏背後の主決戦地として位置づけ、絶対撃滅の戦備を完成させる。とくに海軍との協同を重視する(陸海同時同正面作戦なのだから、これは当然だが、今さら言わなければならないほど協同の現実はうまくいっていなかったのである)。このための兵力として地上部隊七個師団を準備する。

航空基地は、フィリピン諸島南部中部に二個飛行師団、フィリピン諸島北部のルソン島に二個飛行師団分を使用できるよう整備することを目途とする。

決戦のための軍需品として、陸上部隊用一・五会戦分、航空爆弾等を六個飛行師団の二か月分と常続使用の六か月分を準備することとした。

この師団数や軍需品の数はかなり多いように見える。しかし実際には、これは大本営の企図を基本的に満たすだけの数字に過ぎない。フィリピン諸島で総決戦を行うとするなら不十分な量である、南方軍はそのように考えていた。

そこで南方軍は、用意する陸上兵力を十五個師団までに増やすとともに、航空兵力を全面的に増加させることを大本営に具申した。これが不可能な場合には一個師団を同時に輸送できるだけの船舶と、可能な限り多くの航空輸送力を用意するよう大本営に要望している。この当時の日本陸軍には、一個師団の兵力を同時輸送するだけの船舶を確保することさえ難しくなっていたのである。

これに対して参謀本部は「一個師団と四個旅団の現兵力で困っていることは解っているが最善を尽くせ」として要望を却下した。決戦を考えているにしては、あまりにお粗末な対応である。

実のところ、当時の日本の国力では、南方軍の要望を満足させることは難しい。いくども書いているが、とくに輸送力が大きなネックとなっており、実際に捷号作戦が発動された際にも常時、一個師団を輸送できるだけの船舶量を確保し続けることはできずに終わっている。

南方軍が大本営に比島決戦のための要望を出したのは、昭和十九年三月のことである。時期的にはインパール作戦と一号作戦（大陸打通作戦）を行っていた頃で、サイパン島の防衛の必要にも迫られている時期である。

結局、南方軍の要望する兵力を送ることはできなかった。大局的に見るとサイパン島を守りつつ「インパール作戦」と「一号作戦」という二つの地上攻勢作戦を行い、フィリピン決戦の準備も進めるのは無理があったのである。航空兵力を太平洋正面から転戦させればインパールは落とせたかもしれないという意見があるが、戦争全体の構図からすると、とても無理な話だったのである。

既に書いたようにサイパン失陥は日本本土空襲に直結する、そしてフィリピンを失えば南方資源地帯と本土の連絡線が遮断される。したがって、むしろ「インパール作戦」と「一号作戦」の方を抑制すべきであろう。「西を抑えて東を叩く」この大本営陸軍部の大戦略そのものが最初から間違っていたというべきであろう。

第十四軍

「十一号作戦」準備のための計画を立てた南方軍は、今度は隷下の第十四軍に準備作業を実施させた。

話が逸れるが、先に出た南方軍直轄というのは、こうした方面軍や各軍の下には置かずに、南方軍司令部が直接に動かすことのできる部隊だ。言い換えると南方軍の指揮下にある師団さえも、軍の下にある師団に関していえば、南方軍は軍を通じてしか動かせないのである。

実際にフィリピン諸島全般の防衛を担当していたのは南方軍隷下にある第十四軍。「十一号作戦」準備が伝えられた昭和十九年初頭、第十四軍の手元には一個師団と四個独立混成旅団が置かれていた[▼1]。

ここで第十四軍の編制に注目してほしい、警備任務を主体とする独立混成旅団がほとんどで、機動性のある師団はわずか一個に過ぎない。つまり第十四軍とは、フィリピン諸島という後方を警備するための軍に過ぎず、決戦に対応できる編制ではないのである。これではどうしようもないので、さすがに大本営も第十四軍の兵力強化に手を付けた。

五月に、第三十師団と三個独立混成旅団が第十四軍の下に送り込まれ、六月には既存の四個独立混成旅団を師団へと昇格させた。これは単なる名称変更などではなく、兵力を増強した上での師団改編である。さらにサイパン戦直後の七月、第二十六師団と独立混成旅団二個も増加された。

こうして兵力が続々と送り込まれ、サイパン戦直後には、第十四軍の手元には七個師団と五個独立混成旅団という大兵力が集められた。大本営が考慮した比島決戦の所要陸上兵力は七個師団なので、南方軍は一応、決戦用の陣容を整えることができたことになる。しかしながら準備作業の進み具合は思わしいものではなく、とくに航空基地整備が遅れていた。第十四軍は地上部隊を基地整備作業に投入したが、陸上決戦の準備も必要なので、現地人を徴用して、その労働力を整備作業の強化に充てることにした。

ところが肝心な現地人の徴用が思うように捗らないでいた。さらに建設資材も入手難となっていた。資材の輸送には、海上輸送が欠かせないが、例によって船舶の度重なる損耗が輸送力を低下させて足を引っ張っていたのだ。さらに雨季の到来、米軍機来襲への対処も準備作業の足枷となっていた。

フィリピン・ゲリラの跳梁

決戦の準備に忙殺されていたフィリピン諸島の各島において、日本軍はゲリラにも苦しめられていた。これは、それまでの戦いの舞台となった島々との大きな相違である。フィリピン諸島では米軍とフィリピン軍が日本軍に降伏した際、多くの島々にはまだ数万のフィリピン軍が残存していた。彼らは降伏を受け入れず、ゲリラ化していた。このゲリラ活動に対して米軍は潜水艦輸送による支援と無線による指示を与えて戦力化させていた。こうしてフィリピンのゲリラ部隊は米軍指揮下で活動を開始した。

この状況に日本軍は、対ゲリラ作戦に追われることとなる。しかし、先述したように当初フィリピン諸島にいた日本軍兵力は一個師団と四個旅団、兵数にして五万五千であった。これに陸海軍の後方勤務部隊も加わるとはいえ、日本列島なみの広さを持ち千を超す島々のあるフィリピン全土に対ゲリラ戦の網はかけられない。その上、フィリピンの地形は密林あり山地ありと複雑で身を潜めやすく警備活動はままならなかった。

その結果、日本軍は対ゲリラ戦において重要な初動段階で有効な対処を欠き、ゲリラ勢力を増大させてしまった。日本軍がフィリピンを占領してわずか半年で、歩兵第九連隊長（第十六師団）が戦死するほどにまで状況は悪化する。

戦史叢書『捷号陸軍作戦〈1〉』は、昭和十七年末の対ゲリラ情勢を「田中軍司令官が東奔西走して討伐を督励しても治安は悪化するのみであった」、「十二月末、――中略――比島のゲリラは、ますます勢いを得た」とゲリラの跳梁ぶりを表現している。年を越して昭和十八年になると、第十四軍司令官が移動中にゲリラに襲撃されるまでになった。大本営は討伐に力を入れ、同時にフィリピンを独立させる手も打ったが、ゲリラを鎮めることはできなかった。

昭和十八年十一月中旬、第十四軍司令部は、フィリピン視察に来た秦《はた》彦三郎参謀次長に対して「比国（フィリピン）新政府の威令が及ぶ地域は全比中の三割に過ぎない：括弧内著者」と説明している。また昭和十九年（一九四四）五月二十七日には、第十四軍司令官が後宮《うしろく》参謀次長に対して「第十六師団と四個旅団では治安に手一杯である、匪賊は本物が一・五万

〜一・六万、総数二万と思う。住民の大部分は匪賊の肩を持っている。米国は採算マイナスで比島行政を実施し、あまり搾取していなかった」とした上で、ラウレル大統領（日本軍が擁立したフィリピン政府代表）は「米国を憎めといわれても憎む理由はない」と言い「骨の髄までアメリカびいきである」と説明している。フィリピンでは日本は解放者とは思われておらず、フィリピンのかなりの地域が事実上の敵地となっていたのである。

フィリピン諸島で対ゲリラ戦を行ってきた第十六師団の牧野師団長は、陣中日誌の昭和十九年四月十七日の項で「此日レイテ島全般の三月以来の匪情を聞く。匪情相当に活発にして打撃を加ふべきもの多し。下士官以下数名匪団と交戦玉砕せるものあるが如き遺憾なり」と綴っている。ここに出てくる匪団とはゲリラ部隊のことで、匪情とはゲリラ情勢のことである。

第十四軍が飛行場整備、陸上戦準備作業を実行していたのはこうした土地であった。準備作業に力を注げば当然のごとく対ゲリラ戦は疎かにならざるを得ない。となるとゲリラは飛行場設定作業の妨害にかかる。しかもゲリラの跳梁を許せば、それがフィリピン人への宣伝となりゲリラ勢力を一層拡大させることに繋がる。そこで対ゲリラ戦を行えば、今度はまた準備作業に悪影響が出るという悪循環に陥った。サイパン島が失陥した時点で、ゲリラの妨害もあり決戦のための準備作業は予定の半分弱しかできていなかったのである。

困難な米軍の進路予想

六月に入ると、セレベス島にいた第四航空軍司令部はメナドを後にして、ニューギニア航空戦は実質的に終了した。その後、ニューギニア北西部、ハルマヘラ島、ダバオ、パラオ本島を結ぶ四角地帯の要塞化構想が出されたが、これまた実現を見ずに消え、後には航空戦力の消耗という現実だけが残された。

そして「マリアナ沖海戦」の敗退により絶対国防圏は崩壊した。この結果、大本営は新たな作戦計画立案に迫られる。この時、大本営は一時的なパニックに陥っていた。サイパン島の次は米軍が小笠原諸島に、場合によっては小笠原諸島さえ無視して、直接日本本土へと直進するかもしれないと恐怖したのである。当時、本土では米軍の進攻への備えは皆無だったからである。

しかし、落ち着いて考えてみると、さすがにサイパン島から日本本土へは距離が隔たり過ぎていて、米軍の直接進攻の可能性は低いと判断された。落ち着きを取り戻した大本営は昭和十九年（一九四四）六月下旬にサイパン島放棄を決定すると、次期本格作戦に備えて応急戦備と作戦計画策定に着手した。これが「捷号作戦」立案の始まりである。

大本営の見立てでは、まず本土と南方資源地帯が分断される可能性が高いとされた。

その上で大本営陸軍部と海軍部は、米軍の次なる進路を予測したが、中部太平洋におけるニミッツの攻勢、ニューギニア北岸のマッカーサーの攻勢のいずれが主とも判断はつきかねた。また空母機動部隊を要する攻略艦隊の機動性の高さは進路予想を一層困難なものとさせた。何度も述べたように暗号を満足に解読できない日本側は、敵情を摑む上で不利であったが、暗号を解読できていてもこの時点で、米軍進路を摑むことは不可能ではある。既に書いたように米軍側は、サイパン戦後に進路の見直しと決定を行っている。これもすでに書いたように決定権を持たない防者が敵の出方を予測してイニシアチブを得ることは難しいのである。

大本営が頭を悩ませても答えは出ない。米軍がフィリピン諸島から日本本土に来るのか、台湾あるいは南西諸島からフィリピン諸島と九州南部に迫るのか、マリアナ諸島から一挙に日本本土へ来るのかいずれも可能性はあり、進路を絞ることはできない。

予測困難ななか、陸海軍両者の作戦課は七月二十四日に合同で「太平洋方面敵進攻企図判断」をまとめあげた。その想定では米軍は八月にパラオ諸島に進攻、ハルマヘラ島には八月から九月にかけて来攻し、小笠原諸島へは八月から九月に、琉球（沖縄）、比島（フィリピン）に米軍が来るのは十月になるであろうと予測した。

かつて「虎号兵棋」で想定した昭和二十一年の「決戦」に比べると時期的にかなりの前倒しである。やはりそれだけ「虎号兵棋」での想定は楽観的に過ぎたといえる。

この予想と彼我の戦力分析を元にして、海軍はフィリピン以北から本土に至る要域の邀撃態勢確立を速やかに図ることにした。

「あ号作戦」すなわち「マリアナ沖海戦」に敗退した結果、日本海軍は米機動部隊と正面切って艦隊決戦を挑む力は失われている。そこで次期作戦では基地航空隊を主戦力とすることにした。

そして大本営海軍部は、フィリピン諸島、台湾、本土方面を含む国防要域のどこへ米軍が来たとしても所在基地航空隊で反撃を加えつつ、その間に海軍兵力を結集して一挙に決戦を行うとする考えをまとめあげると、十月中旬完了をめどにして決戦準備を推進することを決定した。

それでも問題なのが主力とされる航空戦力である。海軍の航空戦力は「マリアナ沖海戦」で激しく消耗しており、まずこれを充足させねばならない。しかしながら、その時間的余裕は見込めない。

そのため決戦ということで、先々の航空兵力育成も放棄して、練習航空隊の教官、教員までもが決戦兵力として投入されることになった。これでは勝利しても、日本の海軍航空隊は再建できない。日本海軍にとって、これは文字通り最後の戦いだったのである。

ようやく陸海軍が協同

海軍自身が決戦を模索していた頃、大本営では陸海軍の両者が、新作戦指導の大綱を決定するための協議を重ねていた。陸軍も決戦には異論はない。既に「十一号作戦」で準備している通り、航空を主とする作戦にも異存はない。しかしながら、ここでも海軍は空母を主攻撃目標とし、陸軍は艦艇、輸送船を主攻撃目標とするというように、用兵に絡む意見が対立し、作戦の具体的方針はなかなかまとまらなかった。

それでも陸海軍とも陸海軍航空戦力の統合発揮が必要という点では一致を見ることができた。こうして開戦から二年八か月にして、ようやく陸海軍航空隊が一体となる作戦が行われる運びとなったのであった。七月二十四日、陸海軍は中央協定を結び、陸海軍航空が合同して作戦にあたることを決した。

同日「陸海軍爾後ノ作戦指導大綱」が裁可され、協同作戦は正式のものとなった。この大綱の序文では「帝国陸海軍は敵戦力を撃破しつつ国防要域を確保し以て敵継戦企図を破摧《はさい》する為左記に基づき爾後《じご》の作戦を指導す」と宣言されている。敵継戦企図の破摧を目指すというのは決戦に他ならない。

したがって続く方針では、より明確に「本年後期米軍主力の進攻に対し決戦を指導し其の企図を破摧す」と決戦であることが謳われている。

そして要領においては「敵の決戦方面来攻に方《あ》りては空海陸の戦力を極度に集中し敵空母及輸送船の所在を求めて之を必

殺すると共に敵上陸せば之を地上に必殺す、此際機を失せす空海協力の下に予め待機せる反撃部隊を以て極力敵を反撃す」と書かれていた。

文中に「敵空母及輸送船」とあるのは、大綱決定に至るまで陸海軍の戦術思想を統一できなかったことによる。ドクトリンを創り上げるには時間がかかる。「島嶼戦」、あるいは日本陸軍のいう「海洋戦」という新たな戦争の様相に気づくのが遅すぎた。そのため最後の決戦を間近に控えても日本の陸海軍は島嶼戦のための統合ドクトリンを練ることができないでいた。

要領中には「敵潜水艦の跳梁を封殺し本土及南方資源要域間海上交通を確保を期す」ともあるが、ここに米潜水艦に手ひどくやられ海上交通が麻痺しかけている現実が見て取れる。これまた気づくのが遅すぎたといわざるを得ない。

七月二十六日「大海令第四百三十五号」が出された。ここで予期決戦方面に対して区分けがなされ、それぞれの方面ごとに呼称が定められた。この区分けに基づく作戦こそが「捷号作戦」である。

区分けされる呼称は、敵の進攻箇所に応じて「捷一号」から「捷四号」までの呼称が与えられた。例えば比島方面に敵が来た場合には「捷一号作戦」が発動され、日本本土方面に来る場合には「捷三号」、おなじく北海道方面に敵が来た場合には「捷四号」を発動することを予定していた。要するにZ作戦要領と基本的な考えは同じである。待ち受ける作戦としては、これしか手の打ちようはない。

実際には、米軍がフィリピン諸島のレイテ島に上陸したことで、この四つの捷号作戦の中の「捷一号作戦」が発動されることになるがこれはまだ先の話となる。

国軍決戦の企図

七月二十四日、フィリピン諸島を含むビルマからニューギニアまでを担任する南方軍に対して、大本営は「捷一号作戦」準備を下達した。既に「虎号兵棋」以来、フィリピン諸島で決戦を行うことは想定済みであった。その文頭には「大本営ハ本年後期米軍主力ノ比島来攻ニ当リテハ之ニ対シ国軍決戦ヲ企図ス」と掲げられている。繰り返すが「捷号作戦」は防衛作戦などではなく「決戦」なのである。

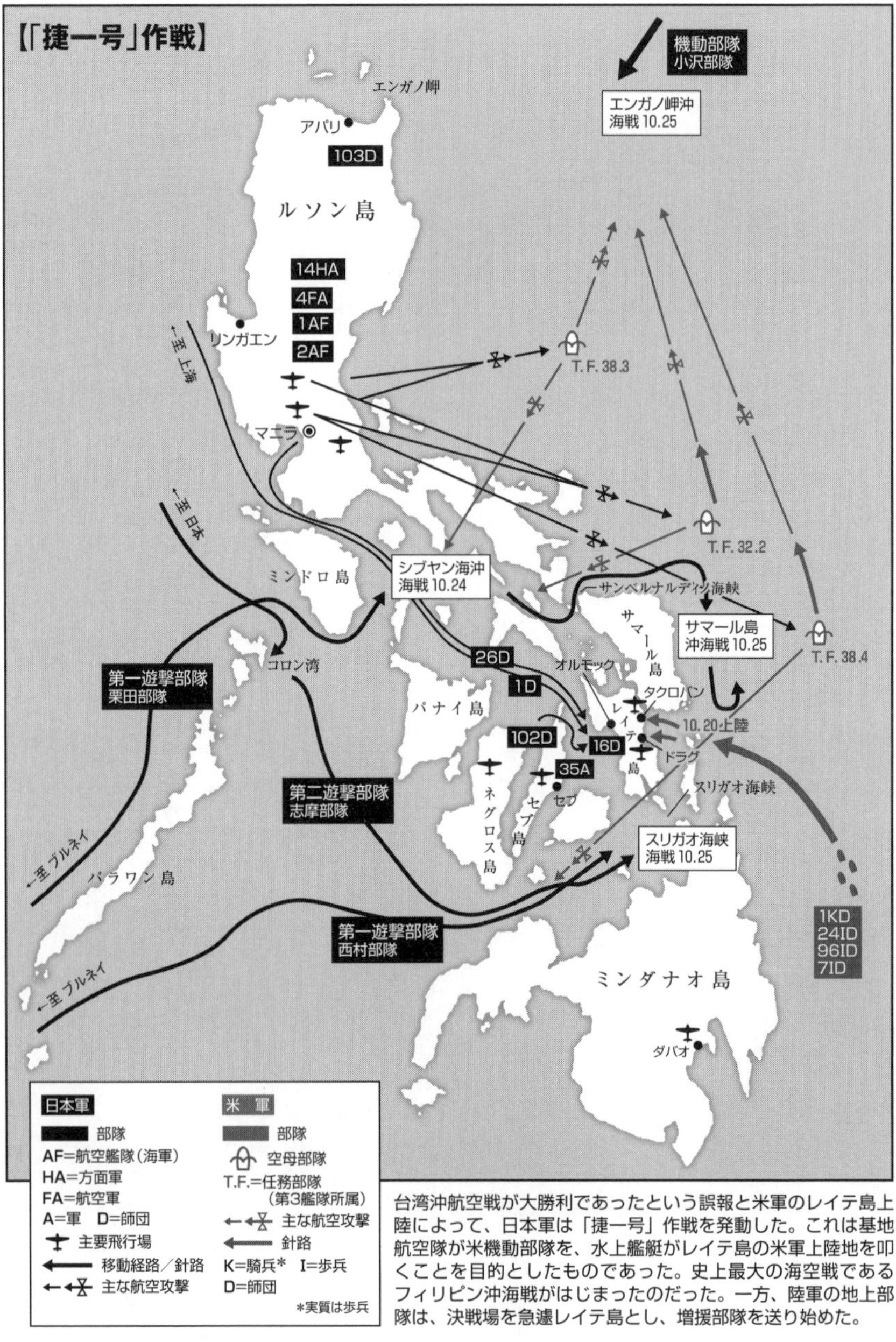

台湾沖航空戦が大勝利であったという誤報と米軍のレイテ島上陸によって、日本軍は「捷一号」作戦を発動した。これは基地航空隊が米機動部隊を、水上艦艇がレイテ島の米軍上陸地を叩くことを目的としたものであった。史上最大の海空戦であるフィリピン沖海戦がはじまったのだった。一方、陸軍の地上部隊は、決戦場を急遽レイテ島とし、増援部隊を送り始めた。

大本営はフィリピン方面での「捷一号作戦」が発動された場合に備えて、大本営直轄である第一師団を上海付近に待機させた。この位置なら、第一師団は、フィリピン諸島、南西諸島、台湾のいずれの方面に敵が来ても対応して移動ができるものと考えられていた。そして台湾にいる一個旅団を、フィリピン諸島北部もしくは南西諸島に転用できるようにする準備もなされた。これも海上機動反撃構想の具体化といえる。

日本陸軍は決戦に備え、これまでの戦闘序列を改めた。第十四方面軍と第三十五軍を新設し、第三十五軍をフィリピン南部防衛部隊とした。そして残る第十四方面軍（元の第十四軍）にはフィリピン諸島の中部、北部の戦闘を任せることにした。本来の構想では、日本陸軍の決戦のための予定戦場はフィリピン諸島北部ルソン島である。ここには、決戦のため内蒙古や満洲から送られた歩兵二個師団や戦車第二師団が続々と送り込まれていた。

同じ頃、日本海軍は現在の状況を保持しつつ（つまり既存の飛行場や根拠地を維持して）、自ら作り出すかまたは好機を捕捉して敵艦隊および敵進攻兵力の撃滅を期することを作戦方針として準備に入った。

ここで注意していただきたいのは、同じフィリピン決戦といいつつも作戦構想の基本的な考え方で陸海軍に差異があることだ。

日本陸軍は米軍が来るのを待って叩くといい、日本海軍は積極的にチャンスを見つけて叩くという。陸軍が「後の先」なら海軍は「先の先」というほどの違いがある。協同作戦といいながらのこの考えの違いは、結局はレイテ戦での協同に支障を来すことになる。「捷一号作戦」全体の構図としては、米軍進攻にともない日本海軍航空隊と日本陸軍航空隊が総力を挙げてこれを攻撃し、その間に陸軍師団複数を米軍の上陸してきた島嶼へと逆上陸させて反撃、撃滅するという形となっていた。しかし考えに違いがある中でこの構想がうまくいく保証はなかったのである。

ところで、最終的に決戦の地となったフィリピン諸島中部に位置するレイテ島は大きな島である。その中央には南北に走る脊梁山脈が存在し、その周囲には比較的開けた平野が存在している。密林が多いが、ニューギニアのような未開の島ではなく港やいくつかの町が存在する。未開の地ではなく町もあるということは住民の数が多いということでもある。そして住民は親米的であった。ということはゲリラも少なくないことを意味する。

さて、レイテの東海岸地域には飛行場適地が存在していて日本軍もブラウエン、タクロバン等の飛行場群を設定した。これら飛行場の存在によりレイテ島は、地積の広いミンダナオ島と並び米軍進攻の可能性が大きい要地とみなされていた。

「捷一号作戦」開始直前、レイテ島には第十六師団が配置されていた。第十六師団には、米軍進攻時にはレイテ島、サマール両島を守備し、レイテ東岸を保持して飛行場を確保し続けることが求められていた。飛行場を航空反撃の足場とするためである。これが第十六師団の存在目的である。しかし、たった一個師団でこの広い範囲を守備することなどできない。そこでレイテ島に重点を置いた。

だが、第十六師団は飛行場設定と対ゲリラ戦に忙殺されていた。そんな状況で陣地構築、軍需品集積も行わなければならない。飛行場設定のためトラック二百台とトラクター代わりに使う目的で軽戦車一個中隊が送られたが、この程度の機械力増強ではとても間に合わない。結局、陣地構築も飛行場設定作業も両者が虻蜂取らずとなった。こうして第十六師団の対上陸戦闘のための陣地構築は遅れた。それでも弾薬は一個師団の一・五会戦分、食料は二万人分の六か月分以上と比較的多く集積された。第十六師団が比較的長期間の抵抗を続けられたのはこの軍需品集積の結果といってよい。

誤報と虚報

米軍のフィリピン諸島に対する攻撃は、一九四四年（昭和十九）八月から始められた。その手始めは、ミンダナオ島ダバオに対する空襲である。九月からは空母機動部隊もこの空襲へと加わるようになった。

この米軍空襲が、ダバオ誤報事件を引き起こすことになった。ダバオ誤報事件とは、九月十日の空襲に際してミンダナオ島ダバオ付近の海軍見張所が、白波を米軍上陸用舟艇と誤認し、「敵上陸用舟艇来る」と報告した事件をいう。波頭を敵上陸用舟艇接近と見間違えて誤報を発したのである。

この誤報は次第に話が膨み、遂には第一航空艦隊が「捷一号作戦」警戒を発令し、第三十五軍が動こうとするまでの大事となった。この誤報は、やがて事実が判明し取り消されたが、時すでに遅く「捷一号作戦」警戒が発令されたことからセブ島に航空機が集結し、待機中に爆撃を受けて百数十機が破壊されていた。

誤報事件後も、米軍の空襲は続き、十二日にはセブ島、翌十三日にはミンダナオ島からレイテ島にまで攻撃の手は及んだ。十五日には、米軍はペリリュー島、モロタイ島へと上陸し、フィリピン進攻準備が進みつつあることを日本側に印象づけることになる。二十一日にはルソン島も空襲を受け、所在の船舶、航空機に被害が出た。日本側のレーダーの数が不足し、また情報伝達の不備も手伝い、この空襲で日本側は奇襲を受ける事となり損害を増加させている。

米軍の動きが活発となってきたことから、大本営は近い時期に比島方面において決戦の生起する公算は大きいと判断した。そして十月下旬を目途に、捷号作戦の準備を整えることを指揮下の部隊に下令した。

十月十日、米空母機動部隊は沖縄、ルソン島北部のアパリ、台湾と続けざまに空襲を行った。これが沖縄への最初の攻撃として有名な「十・十空襲」だが、米軍の目的はレイテ島攻略の準備である。これに反応して連合艦隊は「捷一号作戦」と「捷二号作戦」を発動させ、母艦航空隊で増強した第二航空艦隊に、台湾沖にいる米艦隊を攻撃させた。この戦いは「台湾沖航空戦」として知られた。

この戦いの結果は日本海軍の期待を大きく裏切る結果に終わる。

十月十二日、九州を発進したT攻撃部隊と呼ばれる航空隊が攻撃を行ったが、九十九機のうち五十四機が撃墜された。この部隊は台風下でも飛行できる訓練を受けた精鋭部隊のはずであったが、それでもこの有り様であった。

しかもT攻撃部隊が、二日に及ぶ攻撃で過大な戦果報告を行ったことが波紋を呼ぶことになる。T攻撃部隊の報告を元に、大本営は米空母九隻以上を撃沈したと推定して、海軍の全力を投入して一挙に米艦隊を撃滅するチャンス到来と思い込んでしまったのである。

実際には撃沈した米空母は一隻もなく、重巡「キャンベラ」を大破させたことが唯一の戦果に過ぎなかったが、そうとは知らず気をよくした日本海軍は、本州に展開している第三航空艦隊を呼び寄せ、水上艦隊にも出撃を命じ本格的攻撃に踏み切ろうとした。十四日には、日本海軍としては空前となる四百機もの機数で攻撃を行ったが、結果は百四十機もの機体を失っただけであった。十五日にも二百機あまりで攻撃を敢行したが、これらの攻撃では通信連絡がうまくいかずに各部隊の攻撃は連携を欠いて、せっかくの機数の多さを生かせないまま攻撃は失敗に終わった。

しかし、報告を元にそれまでの攻撃結果を合わせると空母十一隻撃沈、八隻撃破という破格の大戦果を挙げたことになる。日本海軍はそう信じ、これを天皇にまで報告してしまった。実際には空母を一隻も撃沈できず、巡洋艦二隻を大破させた程度の損害しか与えていなかったにもかかわらずである。

さすがに日本海軍も十六日になると戦果が幻に過ぎないことに気づいた。偵察機が米艦隊の健在を発見したのだが、この時には既に虚報が各所に伝わり、もはや取り消すことはできなくなっていた。そして、この虚報が原因となって、当初「捷号作戦」では予定されていなかった、レイテ島での地上決戦がなし崩し的に実施される運びとなった。

結局、「台湾沖航空戦」は一方的に八百機もの航空機を失うだけの結果に終わり、日本海軍は苦労して錬成した航空隊を潰してしまったのである。

それにしても日本海軍の航空攻撃は早まったものであった。本来なら陸海協同で実施する予定の作戦だったのに、日本海軍は「先の先を狙う」考えから海軍航空隊の単独攻撃を行ってしまったのである。これでは何のために協議を重ねて協定を結んだのか解らない。

突如決まったレイテ地上決戦

十月十七日、レイテ湾の海軍見張所は米軍進攻部隊を発見した。先のダバオ誤報事件に懲りた現地部隊はこの報告を疑問視したために日本側の初動対処は遅れる。

翌十八日、米軍はレイテ湾へと突入した。この日は悪天候で、偵察もできず、結果として日本側は米艦隊の接近を見過ごしてしまった。夕刻になり、ようやく日本側も米軍上陸の公算が高いと判断して「捷一号作戦」を発動した。これでやっと航空兵力のフィリピン諸島への集中が開始されたが、レイテ島への航空兵力集中の遅れから、米軍にとって最も危険となる揚陸開始直後というタイミングで攻撃を行うことに失敗した。第三十五軍は、レイテ島の第十六師団に敵上陸部隊の撃滅と飛行場確保を命じると、急ぎ第百二師団などの部隊の輸送処置を講じた。

ここまではレイテ島を守るための処置である。七月末に大本営が「捷号作戦」を計画した際には、フィリピン諸島においてはルソン島に敵が来た場合には陸海空の総合決戦を実施するものの、フィリピン諸島の中部・南部に進攻した場合には、空と海での決戦のみで地上の決戦は実施しないとされていた。第十四方面軍の兵力は少なく、かつ他所から増援を送り込もうにも、敵の海空戦力の妨害で機動は困難というのが大本営の判断理由だ。これは至極もっともな考えだが、これを他ならぬ大本営自らが破ったのである。

先の台湾沖航空戦の「大戦果」という虚報に躍らされた日本陸軍は南部比島への機動は容易になったものと考えてしまった。そして、海空戦力に打撃を受けにもかかわらず、そのダメージを抱えた状態で上陸を続けていることは敵の失策であると考えた。敵の海空戦力が大きく減少したとすれば、たしかに攻撃の好機には違いない。

もっとも陸軍側も、海軍の報告を鵜呑みにするほど甘くはない。「台湾沖航空戦」の大戦果を信じはしたが、当然ながら日本の海軍航空隊にも大損失が出たものとみなした。しかし、海軍が損失を出したからには後は陸軍の出番であると陸軍は自負していたのである。ここに至る論理は一応の筋道は立っている。しかし、その論理の土台が間違っていることから、全てが誤りとなってしまった。いずれにせよ、大本営陸軍部は当初考えていたルソン島決戦の方針を覆し、突如として、予定に無いレイテ島地上決戦に踏み切るのである。

ルソン島決戦からレイテ島決戦への突然の大本営の方針変更は、南方総軍（昭和十九年三月に南方軍を南方総軍に改称）の了承するところとなったが、実際にレイテ島で地上戦を戦うことになる第十四方面軍にとっては、受け入れがたいものがあった。いきなり決戦を行えといわれてもその準備はできていないからである。

第十四方面軍は、米軍のレイテ進攻は万全な準備がなされていると推定されること、第十六師団しか地上戦の準備を行っていないレイテ島の現状では、大兵力を差し向けたところで、輸送力、作戦準備の関係から予期するような戦果は期待できないこと、そして、万が一、レイテ島決戦に失敗すればルソン島決戦も覆すことになるなどを理由にレイテ島地上決戦策を取るべきではないとする反対意見を表明した。しかしながら、上級司令部である南方総軍は第十四方面軍の反対を押し切り、十月二十二日に空と海が協力しての地上決戦を命じた。そして同時に二個師団をレイテ地上決戦へと投入することを決めた。

地獄のオルモック輸送

このように急遽レイテ決戦を決めてはみたものの、第十四方面軍のいうように、レイテには決戦を行うだけの準備はなく、兵力も物資も存在していなかった。このため陸軍は、多数の部隊や軍需物資輸送を急ぎレイテ島へと送る必要に迫られた。しかもレイテ島で陸戦が続く間は、食料と弾薬を送り続けねばならないのである。

このための輸送は、主に海軍が担当したが、これは「多号作戦」、あるいは「多号輸送」と呼ばれる。また主な荷降ろし先がレイテ島西岸の港町オルモックであったことから「オルモック輸送」とも呼ばれる。

「オルモック輸送」は、第一次から第九次まで都合九回実施されることになる。この他、機帆船などを使った陸軍単独での輸送も行われた。「オルモック輸送」が第九次までなのは、それ以降は輸送成功の見込みが立たなくなり中止されたためである。実際、第八次輸送では目的地のオルモックが米軍に占領され、中途で行き先を変更している。それほどまでに危険な輸送任務だったのである。「オルモック輸送」の特徴は、大型の優秀貨物船や客船、海上トラックと呼ばれる小型貨物船、陸軍の上陸用舟艇であるＳＳ艇などあらゆる種類の船舶が使われたことにある。これに海軍の高速輸送艦やＳＢ艇なども加わった。これが駆逐艦を主として実施した、ガ島、ソロモンでの戦役期間に行われた輸送作戦との大きな違いである。

そして、この輸送作戦はガ島、ソロモン戦役の時以上に、激しい空と海からの攻撃に晒される過酷な作戦となった。そのあまりの過酷さから実施中、輸送任務にあたる艦船側から批判意見の具申が絶えなかった。それでも決戦を続けるために無理を承知で、輸送作戦を強行し続けたのである。

昭和十九年（一九四四）十月二十九日、南西方面艦隊の三川中将は「レイテ増援輸送作戦実施計画」を発令。これがオルモック輸送の始まりとなった。

不思議なことにこの輸送作戦、いきなり第二次から始まり、第一次というものが存在しない。『検証レイテ輸送作戦』において著者の伊藤由己氏は「この命令の発令以前に行われた、海陸合同の輸送作戦を追認して第一次としたため、と思う」としている。おそらくその通りであろう。

この輸送作戦はミンダナオ島から歩兵第四十一連隊をレイテ島へと送る輸送任務で、軽巡『鬼怒《きぬ》』と駆逐艦の護衛で一等輸送艦三隻、二等輸送艦二隻がレイテ島へと向かった。

一等輸送艦というのはガ島戦役以来の戦訓で必要となった、駆逐艦型の高速輸送艦のことだ。戦争末期になって、日本海軍はようやく島嶼戦に必要な船を受け取ることができたことになる。また、二等輸送艦というのは、陸軍のＳＳ艇の発想を元にして、より簡易で戦時急造に適した、米軍のＬＳＴに似た小型輸送艦である。いずれも島嶼戦で必要な兵器だったが、しかし、その登場はあまりに遅すぎたといえよう。

第一次輸送隊は出航するや、いきなり米軍機の襲撃を受けたが、無事オルモックへと到着し、揚陸作業を終えた。しかし、軽巡『鬼怒』と駆逐艦一隻が空襲により沈没、さらに救助に向かった駆逐艦一隻も沈没するという幸先の悪いスタートとなったのである。

続く第二次輸送は奇跡的に成功し、第一師団と今堀支隊（第二十六師団の一個連隊基幹）が、装備も含めて、人員物資の九十五パーセントを送り込むことに成功した。この輸送作戦が成功した理由は、一時的にレイテ島の航空優勢を日本側が確保できたことに尽きる。島嶼戦では、航空優勢の行方が海上輸送の成功失敗を大きく左右するということがこの事例からも証明できる。

しかし、なまじここで成功したことで、日本陸軍側のレイテ地上決戦への入れ込み具合を加速させることとなった。

残る第三次から第九次までの輸送作戦は全て苦闘の連続であった。第二十六師団主力を運んだ第四次輸送では、米軍機の攻撃で機材、糧食のほとんどを失い人員と個人の装備だけしか持たずに上陸し、輸送船二隻も沈んだ。これは、それまでの島嶼戦のキャンペーンでよく見られたパターンの繰り返しである。

第四次輸送隊よりも遅れてレイテ島に到着した、第三次輸送では輸送船は全滅し、護衛の駆逐艦四隻中の三隻と掃海艇一隻までもが撃沈され、人員物資のほぼ全てが海没する悲劇に見舞われた。この時、当時、世界最高速を誇る駆逐艦『島風《しまかぜ》』も沈んでいる。

第五次輸送作戦は二波に分かれて行動したが、その第一波は全滅、第二波もまた大損害を受け輸送作戦そのものが中止に追い込まれた。損害は全て米軍機による。

次の第六次輸送もまた、米軍機と魚雷艇の襲撃によって全艦船を失いレイテ島には何も届けることはできなかった。

第七次輸送は、三波に分かれ実施された。この作戦では、既に使える輸送船が払底したので、全てが陸軍のSS艇で行われた。この輸送作戦はまずまずの成功を収めたが、SS艇の輸送力そのものが小さいことから、送り込めた人員も物資も少ないものとなった。特筆すべきは、護衛していた日本海軍の駆逐艦が、妨害に出てきた米駆逐艦と水上戦を行い、米駆逐艦一隻を沈めたことで、これが大戦最後の水上雷撃戦となった。

第八次輸送作戦は、精鋭とされる第六十八旅団を運ぶ大事な輸送だったが、わずかの時間差で目的地であるオルモックが米軍に占領され、やむなく行き先を北のサンイシドロへと変更したが、護衛艦、輸送船とも目的地にたどり着いたところで空襲を受け、第六十八旅団もまた重火器、物資を欠いての上陸となったのである。

二波に分かれて行われた、第九次輸送作戦が、損害の多い「オルモック輸送」の最後となった。この時は船団はほぼ壊滅したが、パロンボンに二個大隊ほどの人員を揚げ、オルモック付近に海軍戦車隊である伊東陸戦隊を逆上陸させることに成功している。こうして「オルモック輸送」は終了した。

「オルモック輸送」は、軽巡一隻、駆逐艦十四隻中の七隻が沈み、輸送船十五隻中の十二隻、陸軍SS艇を含めた輸送艇二十二隻中の十隻が失われる悲惨な結果に終わった。

この頃になると輸送の出発地となるマニラ港は米軍機による被害が続出し、輸送船の墓場と化していた。ここでは重巡一隻、軽巡一隻、駆逐艦三隻、給油艦一隻と貨客船、貨物船合わせて十八隻が沈められている。こうして、ただでさえ乏しくなっていた海上輸送力にさらなるダメージが追加された。こうした「オルモック輸送」関連の被害の大部分が、米軍航空機によることは注意すべきだろう。

海上交通破壊では潜水艦による攻撃が劇的な効果を発揮したことが有名だが、輸送の末端を締め上げるには、航空機による攻撃が極めて効果的だったのである。

第十六師団の持久戦

さて、十月十五日からレイテ島への空襲を開始した米軍は、十八日になると艦砲射撃を開始、十九日には掃海作業とUDT（水中破壊隊）による海岸付近の偵察を行った。この事前偵察隊は第十六師団に攻撃され引き揚げたが日本側はこれを米軍上陸部隊撃退と誤認している。

二十日、米軍は艦砲射撃の支援下に舟艇二百隻を繰り出して上陸を開始した。

レイテを守る第十六師団の迎撃戦闘は、初めから日本側に不利であった。レイテ防衛のため配置されていた第十六師団だが、防衛準備を比較的早くから進めていたにもかかわらず、飛行場設定に作業の手間を取られて、防衛態勢不十分なまま米軍上陸を迎えることになったからである。

第十六師団の予定した築城作業は完成しておらず、軍の神経系統とでもいうべき通信連絡設備の設置も満足にできていなかった。そのため戦いが始まるやいなや、日本軍は各部隊間の通信に苦労することになった。しばしば発生する通信途絶は日本軍の大きな欠点だが、伝令を出せない島伝いの島嶼戦ではとくに問題となる。

そもそも第十六師団が守ろうとしたレイテ島東岸レイテ湾の海岸線は長く、とても一個師団で守れるようなものではなかった。そこで第十六師団は守る箇所を限定した防衛体制を取ることにした。与えられた任務は、航空決戦の土台となる飛行場群の確保である。それゆえ第十六師団は、防御の重点を飛行場群のある北のタクロバン地区に置き、ドラグ以北に兵力配置の重点を置いた。つまりレイテ島南部の防衛は断念し、北側のみを守るということにしたのである。もし米軍がレイテ島南部へと上陸した場合は、部隊を移動させて島内の地形を利用した野戦を行うしかない。

第十六師団は、海岸付近の防御線を第一線とし、後方の山地に近いダガミ付近に第三線陣地を設けて上陸部隊を迎撃する方針を取った。水際配置と内陸持久の折衷である。既に戦訓により、『島嶼防御教令（案）』にあるように水際配置を改め、やや内陸で艦砲射撃を避ける防御要領が参謀本部から通達されていたにもかかわらず、依然として現場レベルでの防御方針は定まってはいなかった。

本来の予定では、さらに第一線と第三線陣地の間に第二線陣地も設けるはずだったのだが、その作業を行う前に米軍上陸を迎えることとなった。そのため縦深陣地を設け、戦いながら少しずつ防衛線を下げ組織的抵抗を維持するという戦い方はできなくなった。

第十六師団には、せっかく努力して作った水際陣地を放棄するのは忍びないという思いがあったようだ。レイテ島の戦いを指揮した第三十五軍の友近参謀長はその手記で「過早に水際抵抗を捨てるにはなお未練がある」と各指揮官が発言していたと記している。結局、南方総軍の「水際戦闘を少しもやらぬのはいかぬ、艦砲射撃は築城のつくり方如何ではそんなにまで恐るるには足らぬ」とする意見に引きずられる形となった。むろん南方総軍とて、水際での抵抗で過早に損耗の出ることは覚悟の上だが、「飛行場が海岸付近にあることも考慮すればあまり内陸に防御線を下げられないのも確かだ。

二日にわたる米軍艦砲射撃は、中掩蓋（野砲の直撃には耐えられるが重砲の直撃には耐えられない強度の屋根）程度の強度で構築された築城施設の大部分を破壊して、水際に配置された火砲も同じく破壊してしまった。反面、米軍からは直接見えない反対斜面陣地や洞窟陣地は残存した。このためレイテ島では米軍艦砲射撃の威力は、サイパン島の戦訓から受ける印象よ

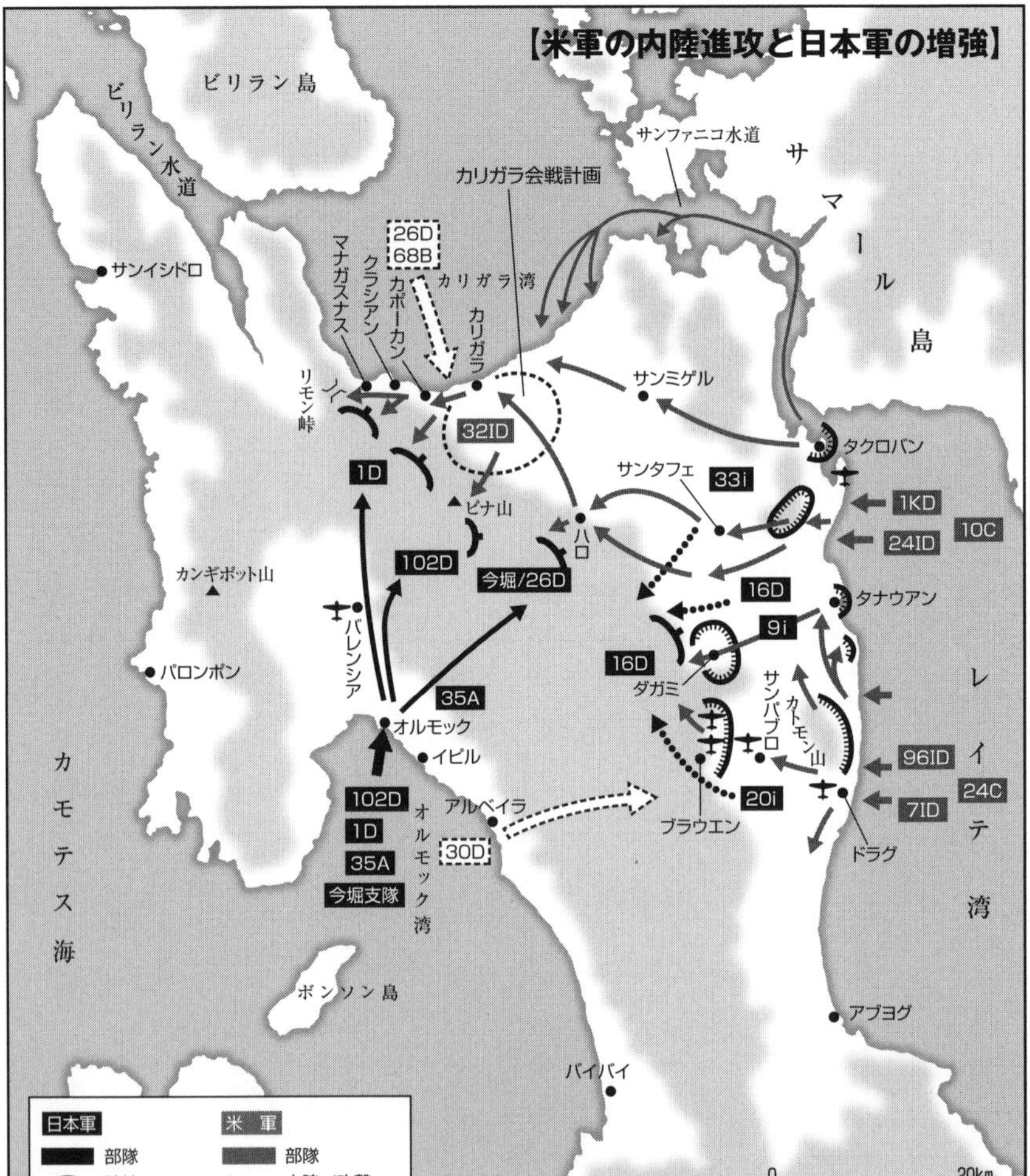

日本軍は当初、カリガラ平野で米軍の進攻部隊を撃破し、さらに第一師団や二十六師団を南下させて第三十師団と連携して米軍をレイテ湾沿岸部で撃滅する計画だった。しかし、米軍の内陸進攻は素早く、日本軍はリモン峠を中心にした山間部で防御するのに手いっぱいとなった。

1944年、オルモックでの日本軍の荷役作業。

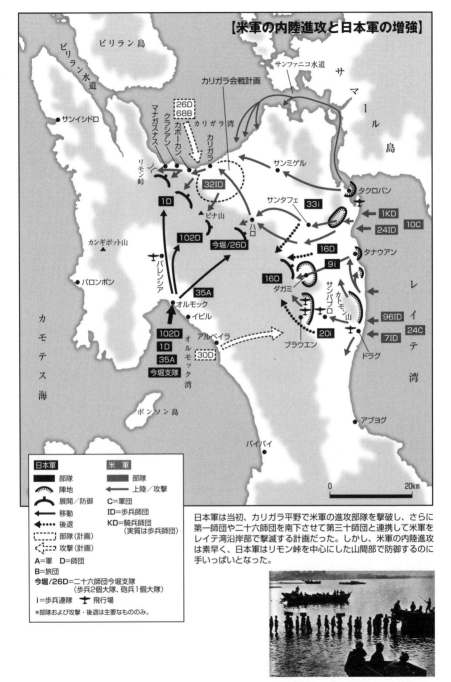

りも低威力と日本軍守備隊に感じさせた。しかし砲撃の効果は直接的な破壊が全てではない、むしろ激しい艦砲射撃がもたらした混乱の方が前線では深刻であった。

第十六師団兵力の大部分は艦砲射撃に耐えて残存していたにもかかわらず、米軍がサンホセ、パロ方面へと上陸すると海岸の防衛線を簡単に突破されてしまった。そして米軍はそのまま内陸へと進出すると瞬く間にタクロバン、ドラグ、サンパブロ、ブラウエンの各飛行場を攻略していった。

陸上自衛隊幹部学校が編纂した『レイテ作戦』では「タクロバン方面では熾烈なる砲撃のため部隊に相当の混乱を生じて戦力は急速に低下し、かつ、指揮連絡も亦《また》思うに任せず、敵兵はタクロバン市街に侵入した」としている。精鋭部隊といえども混乱するとその戦力を発揮できない。攻撃準備射撃には、この混乱状況を作り出すという目的もある。いやむしろこの目的の方が重要でさえある。

第十六師団の防衛線が簡単に崩壊した理由は、航空優勢を米軍に取られたことと、米軍兵力が四個師団と兵力比で圧倒的に米軍が優ていたことによる。加えて兵力に比較して過大な正面を守らざるをえない第十六師団の防御線が隙間だらけであったことも米軍の助けとなった。第十六師団は戦線を張ることができず、各所に防御拠点を設けて守っていたが、砲撃で混乱した上に通信がうまく通じず指揮連絡が思うに任せなかったから、各拠点はうまく連携できず、ただでさえ間隙の大きな拠点間を米軍部隊に浸透されていったのである。

このように戦線の背後に敵が回り込んできた場合には、後退して戦線を作り直すことが良策だ。やむなく第十六師団は各部隊を後退させて戦線を縮小し防御態勢を立て直すことにした。

ところで、こうした戦況を上級司令部である第三十五軍や第十四方面軍は知らなかった。事実が伝わるのは米軍上陸から数日もたった後である。米軍上陸直前から軍司令部と第十六師団は通信途絶となり、第三十五軍司令部は米軍放送を傍受して戦況を把握していたほどだ。これではとうてい適切な戦況判断や指揮も行うことはできない。第三十五軍はやむをえず情報主任参謀を連絡のため現地へと派遣することにしたが、車を使えない島内での移動に時間がかかり、参謀は二十六日まで現地師団司令部へとたどり着けなかった。軍レベルの地上戦において日本側は、米軍上陸から一週間近くまともな対処ができなかったことになる。これは有線連絡頼みであった日露戦争時代よりもひどい。

レイテ沖海戦と航空戦

「捷一号作戦」立案以前の「虎号兵棋」の頃から、陸軍はフィリピン諸島で航空決戦を行うことを予定していたのは既に書いた。

そのため陸軍はフィリピン諸島の各所に飛行場設定作業を進めていた。しかし、地上の防衛準備に悪影響を与えてまで作業を進めても、米軍進攻時点でまだ飛行場は半分程度しか完成していなかった。航空決戦といいながらその基盤作りに失敗したのである。

航空戦は、ただ機数を多く投入すればそれでよいというものではない。機体を整備し補給を行う飛行場という土台が不可欠だ。そして機数が増えるほど、駐機させるための飛行場も複数も必用となる。こうして作戦基盤に問題を抱えたまま、陸軍は航空決戦に挑むことになる。十月十八日に「捷一号作戦」が発令され、陸軍は各地から一斉にフィリピンへと航空機の集中を開始した。

もともと陸軍はフィリピンに二個飛行師団の兵力を集めていたのだが、作戦発動時点での実働機数は米軍機の事前空襲により消耗し、百機程度にまで減少していた。この事前の消耗には先のダバオ誤報事件の影響も含まれる。

そこで本土と中国方面からの航空機集中に期待がかけられ、日本陸軍は、十月末までかけて何とか三百機を集めることができた。とはいえ米空母機動部隊は、これに倍する機数を投入できるので劣勢なことに変わりはない。その上、連日の暴風雨と米軍機の妨害により集中作業そのものも遅延していた。さらにまた準備不足がたたって日本側の飛行場は出来が悪く運用にも支障を来していた。

日本側がようやく陸海合わせて四百五十機を集め終えたのは、米軍上陸三日後の二十二日。陸軍単独で三百機の機体を集中できたのは、さらに遅れ米軍上陸の十日後となった。日本側は上陸中の米軍を攻撃するというベストタイミングを逃がしたのである。

この時にはすでにレイテ島の飛行場は陥落し、米上陸部隊は内陸まで進攻して第十六師団を脊梁山脈へと追い込み始めていた。結局、日本側の航空隊は、集中できずに目前の敵に対して五月雨式の攻撃を繰り返すばかりとなった。兵力集中の原則から外れたこの攻撃法は、戦果に乏しく無意味な消耗を増やす結果を招いたのである。

その頃、連合艦隊は水上部隊をレイテ湾に突入させる作戦を計画していた。これがいわゆる「レイテ沖海戦」の作戦計画となる。その期日は十月二十五日未明と定められた。そして、これに呼応して二十四日に航空総攻撃も決行するとされた。

この作戦のタイミングもまたあまりにも遅すぎた。

二十四日、日本海軍は約二百機、日本陸軍は約百五十機でレイテ湾の米上陸部隊を攻撃した。海軍は艦隊、陸軍は船団をそれぞれ目標としたが、その戦果は微々たるものに過ぎなかった。ただでさえ多くない機体を目標を分散して攻撃させたのは悪手だが、これもドクトリンの統一を欠いた結果である。

翌二十五日、再び前日と同程度の戦力で攻撃が敢行された。しかし米機動部隊を狙った海軍機は目標を捕捉できず攻撃に失敗。陸軍機は輸送船に損害を与えはしたが、米軍に与えた被害は少なかった。日本海軍が初めて特攻を行ったのはこの日のことで、この攻撃は軽空母等に被害を与えている。

二十六日にも、陸海軍航空隊は攻撃を続行したが、その成果はやはり乏しく米軍に痛手を与えることはできなかった。

二十八日以降も航空攻撃は続けられたが、既に米軍が上陸を終えていることから、その目標は米軍上陸地破砕へと変更された。同日、陸海軍は航空部隊と航空補充員、生産した機体の大部分を比島方面へと集中し攻撃を行うことを合意する中央協定を締結した。これではもはやただの消耗戦に過ぎない。こうしてレイテ航空決戦は、戦力をひたすら消耗させていく。

十月下旬になると、日本軍は目標を戦場制空権確保と地上作戦への支援に変更して攻撃を続行した。もはや戦局を好転させることは望めず、特攻が常態化して消耗を増すばかりとなり、昭和十九年十一月後半、航空決戦を呼号したレイテ航空戦は終焉を迎える。日本側が期待した航空決戦は、本当の形では実現することなく敗れ去ったのである。

ただし最初の三日間の航空攻撃は、まるっきりの無駄ではなかった。日本陸軍はほんの一瞬だけだがレイテ上空における戦場制空権を奪回できたのである。これが後述する第一師団の上陸に繋がる。

十月二十四日の航空総攻撃と呼応して、連合艦隊は空母部隊と水上艦隊を出撃させた。これが海戦史上空前規模となる「レイテ沖海戦」の始まりとなった。この時の連合艦隊の作戦は、四つに分かれた艦隊行動で成り立っている。

まず空母部隊である小沢艦隊がフィリピン沖で遊弋《ゆうよく》して米空母を引き付けるために囮となる。

こうして米空母部隊が小沢艦隊に気を取られた隙に、戦艦『大和』、『武蔵』などの戦艦を主力とする栗田提督率いる第一遊撃部隊をサンベルナルジノ海峡から進出させて、レイテ湾へと突入させる。これで米攻略部隊に打撃を与えることが作戦目的である。これと合わせて志摩提督率いる巡洋艦を主力とした第二遊撃隊（第五艦隊基幹）と、戦艦二隻を主力とした西村艦隊もレイテ湾へと突入することになっていた。元の計画では志摩艦隊はレイテ湾まで赴き逆上陸作戦部隊を陸揚げすることとされていたが、この計画は急遽変更されて艦隊のみでの行動となった。

「マリアナ沖海戦」以後、日本海軍は水上艦隊に使い道を見出さず厄介者とさえみなした。軍令部はその処遇に困り、とりあえず燃料の確保できるシンガポール近くのリンガ泊地に在泊させていたが、その水上艦を使用するための苦肉の策がこのレイテ湾突入作戦だったのである。しかし、この作戦も深刻なタンカー不足から実施を危ぶまれていた。結局、日本海軍は石油の内地還送を断念し、その燃料を融通することで水上艦隊を引っ張り出した。

一方、空母は九隻が残されていたが、その搭載機と搭乗員は確保できず空母機動部隊をまともに運用することは不可能となっていた。そのため手持ち空母の九隻のうち四隻を囮として使ったのであった。そして残る空母は輸送任務へと回された、後にレイテ戦に投入された空挺部隊「高千穂部隊」を途中まで輸送したのも空母『隼鷹《じゅんよう》』であった。これも島嶼戦では、何よりまず輸送艦が必要だという一例である。

レイテ沖海戦の結果は、兵力が大きく劣る日本側の惨敗に終わった。まず夜間にスリガオ海峡を抜けてレイテ湾に向かおうとした西村艦隊は、待ち受ける米艦隊と夜戦で壊滅し、続く志摩艦隊は後退した。続く昼戦において、小沢艦隊が首尾よく米空母部隊を引き付けたものの、レイテ湾に迫る栗田艦隊が、泊地を守る米護衛空母部隊と交戦した後に、優勢な状況にありながら反転し帰投したことで作戦目的は達成することができなかった。こうして「レイテ沖海戦」は終了した。

第三十五軍の地上決戦計画

米軍の上陸二日目となる十月二十二日、ちょうどレイテ島一帯で海空決戦が始まろうとしていた矢先、南方総軍は第一師団、第二十六師団、第六十八旅団[▼2]の増派を決定した。これは地上決戦のための処置である。

これを受け第三十五軍も指揮下にある第三十師団、第百二師団、独立混成第五十五旅団、独立混成第五十七旅団の各部隊から兵力を引き抜き十一個大隊を集めてレイテ島へと投入することを決めた。十一個大隊の歩兵戦力といえば一個師団に匹敵する。当時、日本側が見積もったレイテ島に上陸した米軍兵力は二個師団（実際には倍の四個師団が上陸していた）。これに対して第十六師団を含め三師団と一個旅団、それに第三十五軍があちこちから抽出した一個師団近い兵力を合わせれば、その戦力は予想された上陸米軍の倍近い。これは撃退するに十分な戦力である。もちろん、うまく集中させることが前提だが、例によってこの集中が問題となった。

希望的観測をもとに第三十五軍が立案したレイテ決戦計画は、空・海決戦に即応して、兵力をレイテ島北部の海岸平野であるカリガラ平野に集中してタクロバン、ドラグ付近に上陸した米軍を攻撃撃滅するというものであった。形としては外線作戦である。カリガラ平野とは、レイテ島北側に広がる平地のことで、日本軍が策源としており上陸地ともなるオルモックからは、リモン峠を越えて島の北側を通る道を使って進出できた。より正確にいうなら、オルモックからカリガラに通じる道は一本しかなくここからしか進出できない。

ジャングルの多いレイテ島の道路事情は悪く、島の外周以外には満足に移動できるような道が少ない。中央の山地を通過する道もなくはないが、それは人が辛うじて通過できる程度の俗にいう「けもの道」に過ぎない。だから、地上での攻勢を考えると、どうしてもリモン峠からタクロバン方向へ抜ける道路と平地を利用するしかない。

この方針に基づき、第十六師団には、引き続き持久戦を行なわせ、兵力集中までの時間稼ぎを現在交戦中の第十六師団にさせることにした。併せて新たにレイテ島入りする百二師団にも、パロとその付近の高地に進出させて時間稼ぎをさせる。その間に、第一師団、第二十六師団、第六十八旅団がレイテ島へと逆上陸を行い攻勢に出る手はずである。

この逆上陸では、第一師団をオルモックに揚陸してリモン峠を越えさせ、第二十六師団と第六十八旅団はレイテ島北のサマール島に挟まれたカリガラ湾へと直接上陸させる。海上機動反撃の要領にのっとった作戦である。それとともにこの戦い方は、持久戦闘を行っている一個師団半の戦力で米軍を抑え、逆上陸によって敵側面を突き、カリガラ平野へと展開しつつある米軍を撃滅しようとする作戦構想で、日本陸軍が得意とする包囲攻撃の形だ。日本陸軍にしてみれば戦争三年目の終わりにして、ようやく太平洋の島嶼で会戦らしい会戦を戦えるはずであった。

しかし、この作戦要領を考えた時、第三十五軍司令部は第十六師団と連絡が途絶している。つまりこの作戦は実情不明な

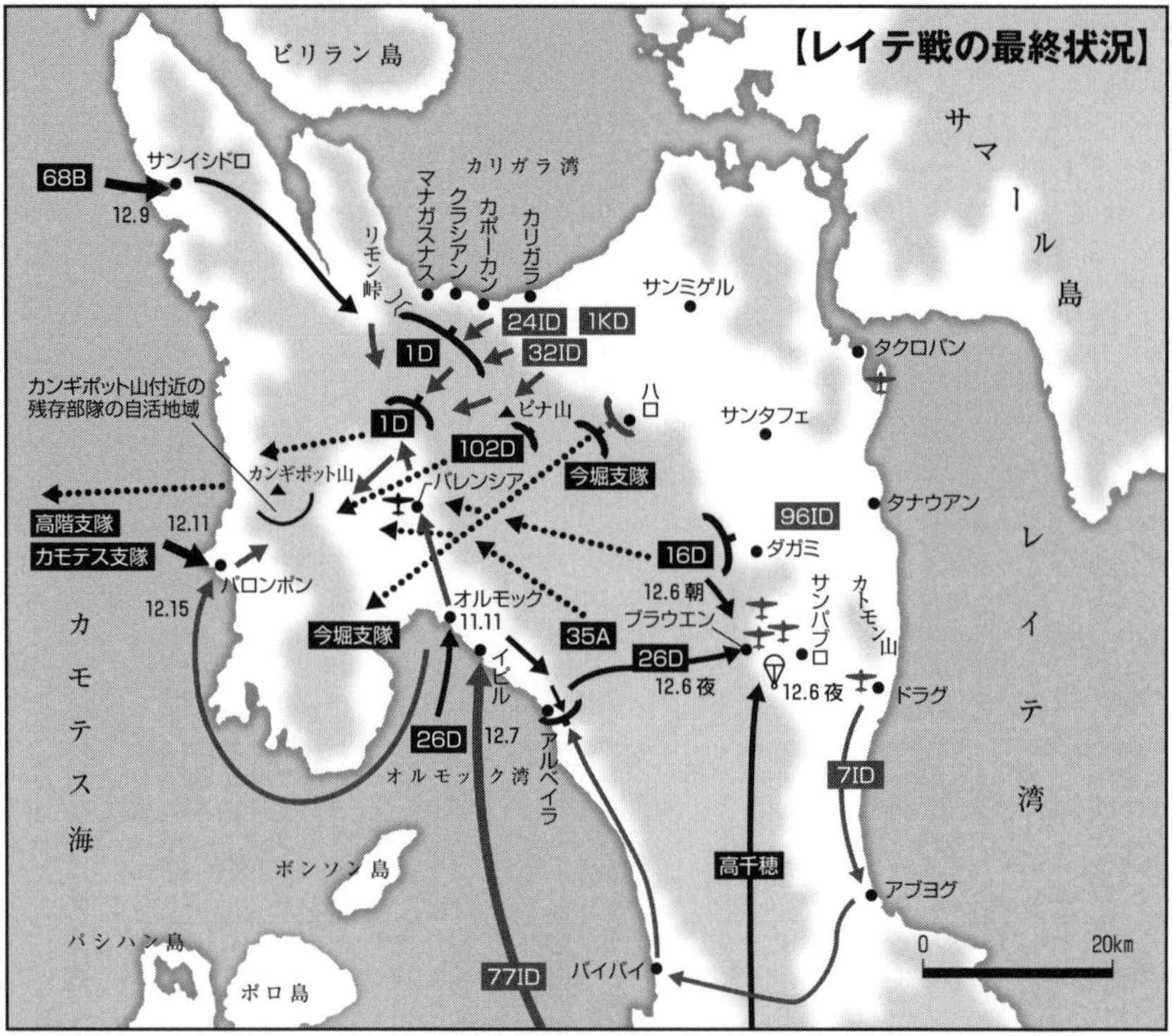

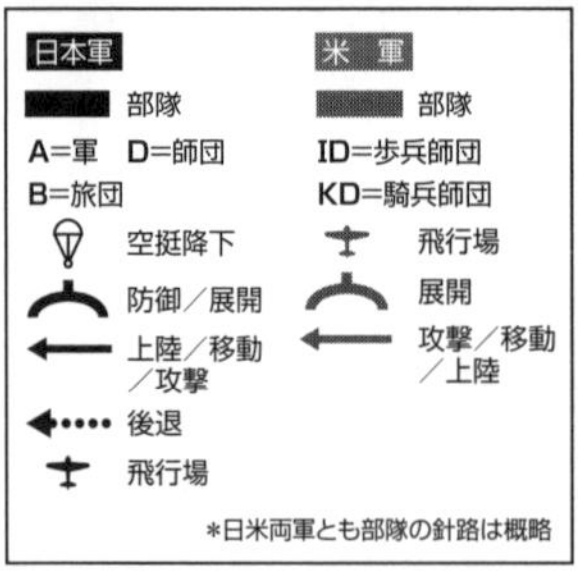

多号輸送作戦の相次ぐ被害によって日本軍は、敵飛行場を攻撃して、揚陸可能な態勢を創り出そうとした。このため行われたのが高千穂空挺部隊による降下作戦と地上部隊の飛行場攻撃であった。しかしその飛行場群は米軍がなかば放棄したものであった。一方、米軍は第77歩兵師団を使用し、海上機動で日本軍の補給策源であり後方連絡線の要点であるオルモックを攻撃した。これにより現地の第三十五軍はトドメを刺され、一部はセブ島に脱出したが、残存部隊は飢餓のなかカンギポット山周辺に敗戦まで押し込まれることとなった。ガダルカナルの戦いで、兵力の逐次投入と飢餓から始まった太平洋島嶼戦は、その最後もまた兵力の逐次投入と飢餓によって終わったのである。

リモン峠に向かう米軍。峠の一本道は車両の行動が制限され、戦車の運用が滞った。

リモン峠への道に日本軍は地雷を埋設した。写真は撤去した地雷を調査する米兵工兵。

まま机上の想定で立てた作戦でしかない。したがって作戦構想は悪くないとしても、ただの机上の空論に陥る恐れがあった。そしてレイテ島の地上決戦が、机上の空論に過ぎないことはすぐに明らかとなった。

第一師団の上陸

二十四日、二十五日両日の海空戦の結果を日本側は誤認し、七割方は日本の勝利と受け止めていた。この報告を受けた日本陸軍は自軍側有利との判断に基づいてレイテ島での攻勢作戦を発動させる。

最初に浮上した問題は、またしても海上輸送である。例によって輸送船を揃えることができず、日本側の兵力輸送は、少しずつ兵力を送り込む点滴方式となった。前に書いた第九次まで実施された「多号作戦」（オルモック輸送）がそれだが、既に書いた通りの惨状となっている。

それでも「レイテ沖海戦」直後に実施された初期の輸送は比較的順調に進んだ。そのため第三十五軍が送り込んだ抽出部隊はおおむねレイテ島に到着することができた。しかし米軍機の妨害は次第に強まり、十一月に輸送された第百二師団主力はかなり消耗した状態での陸揚げとなり、第三十師団に至ってはついにレイテ島へと派遣ができずに終わってしまう。

そんな中で、唯一ほぼ完全な状態での陸揚げに成功した師団、大本営が捷号作戦の予備兵力として上海から送り込んだ第一師団である。海空決戦によって一瞬だけ訪れた航空優勢下に行われた第二次多号作戦で輸送され、うまい具合にオルモックへと上陸した第一師団は、揚陸から三日目に行動を開始すると一路カリガラ方面へと向かった。この時に上陸してから進軍を始めるまでに三日も要したことに注意していただきたい。これが大陸での戦いなら、戦地到着後に部隊は行軍隊形を解いて、そのまま戦闘加入することもできなくはない。陸揚げから行動開始までに時間を要することは、島嶼戦ならではの注目事項である。

第一師団が進もうとしていた頃、状況は変化し始めていた。第三十五軍司令部が派遣した情報主任参謀はようやく軍司令部へと報告を伝達できたからである。軍司令部は第一線で戦闘中の第十六師団の惨状を初めて知ることになる。

この時、第十六師団は第三線陣地であるダガミ一帯を守っているはずなのに、その隷下の各部隊は支離滅裂な状態へと陥っていた。歩兵第三十三連隊は既に軍旗を燃やして連隊長以下全滅しており、歩兵第九連隊はダガミへと後退する途中、歩兵第二十連隊は指揮官が部隊を掌握できていない。自軍の状態と米軍の進出状況を聞かされた第三十五軍は、やむなく作戦計画を修正することにした。カリガラ平野の海岸に揚げる予定でいた第二十六師団を、オルモックに上陸させることにして、リモン峠を通る道を進む第一師団の南側から、つまり第一師団の右翼から、ドロレスを抜けパロへと進出させることにした。そしてまず第一師団を先発させることにした。

第一師団をカリガラ平野へと進めてレイテ島の北側を保持し、後続の第二十六師団には自軍の右側から迂回させる作戦である。

こうして作戦を修正している間にも、ダガミに向かっていたはずの第四十一連隊（第三十師団）がパロ付近で米軍と遭遇していた。状況は常に流動的である。こうした戦況では、流動する状況への対処が重要なのだが、通信でも火力でも機動力でも劣る日本陸軍部隊はうまく対処ができない。第四十一連隊は、米軍戦車と砲兵火力を押し立てた攻撃に遭うと簡単に潰走し、そして第一師団の進出掩護のために送り込んでいた天兵大隊（臨時編成部隊）もまた行方不明となった。

こうして日本軍を追い払った米軍は、カリガラ平野への進出を開始した。日本側は米軍に先手を取られたのである。そうとは知らない第一師団は、カリガラ平野が敵地となりつつあるとも知らず、リモン峠を越えようと急いでいた。

第十六師団が連絡途絶となって以来、状況がわからない日本軍の行動はとかく円滑さを欠いている。しかしこうした五里霧中の状況だからこそ、当初の任務を達成しようと、急ぎカリガラへと前進した第一師団の行動は戦場において適切であった。

リモン峠の攻防

十一月三日、第一師団の先鋒として先を急ぐ捜索連隊▼3は、リモン北方マナガスナス付近で米軍に遭遇し交戦状態に陥った。この米軍こそ、マナガスナスへと上陸した部隊であった。日本軍は、自らがこの付近に上陸することを考えていたにもかかわらず、相手が上陸してくるとは想定していなかったのである。米軍がマナガスナスに上陸するには、レイテ島とサマール島の間の狭い水道を通過しなければならないのだが、日本側はこの水道は通過不能であると判断していたのである。

戦後、とくに昭和三十年代、四十年代に書かれた戦記などでは、米軍は戦下手などと表現されるが、作戦階層においては、むしろ日本軍の方が出し抜かれることが多い。この奇襲的な上陸で米軍は日本側に先んじてカリガラ平野をほぼ確保することに成功する。このタイミングで第一師団の捜索連隊が米軍に遭遇したのである。捜索連隊のような偵察・警戒を主な任務とする部隊の防御時での戦い方は、積極的な行動で敵軍の出鼻を挫く、いわゆる混乱を誘い足止めすることにある。第一師団捜索連隊もそのような戦い方をしている。寡兵ながらも捜索連隊は積極的に前に出ることで数で優る米上陸部隊に対して戦い、時間を稼いだのである。こうして捜索連隊が時間を稼ぐ間に第一師団は、歩兵第五十七連隊を前に出してリモン峠を確保することに成功した。

リモン峠の戦いの始まりは、行軍中の彼我双方の部隊が戦闘へと突入する遭遇戦である。遭遇戦では、先制して緊要地形を確保することが重要となるが、第一師団はそれに成功したのであった。

リモン峠はカリガラ平野とオルモックを継ぐ要衝で、また高地なので守るに易く、攻めるに難い。つまり先手を取って峠を占領した側が有利に戦えるような地形なのである。

しかし、リモン峠を確保できたのが日本軍の限界でもあった。第一師団は左右に歩兵連隊を展開させて米軍を攻撃したが、攻撃は米軍の砲兵火力に阻まれ、その後は攻守所を変えて米軍の攻撃を受けるようになった。こうして第一師団は峠一帯をめぐる猛烈な消耗戦に巻き込まれていくのである。

第一師団の右翼側はカパオカンから海岸へ向けた攻撃を行い、米軍後方連絡線の近くにまで迫ることができたが、隣にいる第五十七連隊の損害が続出してリモン峠そのものの保持が危うくなったことから、攻撃を打ち切りリモン峠の守備に回らざるをえなくなった。峠道を突破されると第一師団の戦線が分断されて危機に陥ることから、峠の防衛が優先されたのである。第一師団の第一連隊は、ピナ山方面からの迂回を試みていたが、地形が困難でこれが思うように進むことができず、やむなく攻撃をあきらめて、こちらもリモン峠方面の守りに回ることになった。

歩兵連隊が戦っている間、本来ならその支援に当たらねばならない第一師団の砲兵は展開が遅れていた。第一師団は、師団番号の一番若い頭号師団として優良編制師団だったからその砲兵も日本軍の師団としては類を見ない十センチ榴弾砲と十五センチ榴弾砲が配備されていた。標準的な日本軍師団の砲兵連隊の装備火砲は、七・五センチ野砲と十センチ榴弾砲なので一段上の装備となる。第一師団は、日本軍としては砲兵火力が高い師団なのである。

しかし、この優良装備がレイテでは逆に仇となる。装備した火砲、とくに十五センチ榴弾砲は重すぎて陣地進入に手間取った。その上、対空警戒を顧慮しなければならず砲兵陣地探しにも時間を取られ、加えて陣地進入も夜間にしかできない。あれやこれやで射撃が開始できたのはカリガラ平野での遭遇戦から三日も経た後になった。第一師団はせっかくの火力を肝心な時に生かせなかったのである。

その間、前線部隊は砲兵支援を欠く不利な状態で戦っていた、もし初めから砲兵が戦闘に加入できていれば、戦況はもう少し好転していた可能性はある。これも制空権あるいは航空優勢の持つ効果の一つだ。直接的な爆撃や銃撃がもたらす破壊効果も大事だが、航空攻撃の脅威がもたらす地上部隊の行動を妨害する効果はばかにならないのである。

「和号作戦」

第一師団の右側面、ピナ山方面には第百二師団が配置されて戦い続けていた。この師団は、部隊が分散して到着したことから、十一月半ばまで師団としてまとまった行動ができずにいた。そこで到着する部隊を逐次に前線に出していったのだが、兵力をまとめられないために後手に回り山地内で防戦に追われ続けていた。

主導性を失い防戦に追われる、これが第三十五軍の実態であった。にも関わらず、十一月下旬に第三十五軍は「和号作戦」と称する新たな攻勢作戦を発動しようとした。この作戦は、新たに来る第二十六師団をパロ方面に投入し、第六十八旅▼3団をも百二師団方面に進出させて、第一師団と共にカリガラ平野に向けて攻撃させようというのである。

しかし、攻撃の主軸となるはずの第二十六師団の揚陸はうまくいかなかった。「地獄のオルモック輸送」の項で述べたように米軍機に妨害され、兵員と軽火器だけを陸揚するという、いつもどおりのパターンとなり師団は戦う前から戦力発揮を望めなくなっていたのである。しかも、この師団用の軍需品を搭載した船団も、オルモックで空襲を受け壊滅した。

それでも第三十五軍は「和号作戦」を強行しようとしていた。第十四方面軍も攻撃に乗り気となり、第二十六師団を飛行場のあるブラウエン方面に向かわせるような要求までしてきた。こうして「和号作戦」の目標は当初のカリガラ付近の米軍撃滅から、ブラウエン突入へと変更された。既に航空決戦は形骸化していたのにもかかわらず、航空攻撃のためにブラウエン飛行場を占領し、敵の手に落ちたタクロバン、ドラグの飛行場を奪回することが攻撃作戦の目的とされたのである。

「和号作戦」実施に向け動いていたのは十一月に入ろうとする時のことだが、その少し前から第十四方面軍内部では、レイテ決戦中止論が吹き出していた。同じ方面軍内部でさえ、一方は攻撃に乗り気になり、もう片方では決戦中止論が出されるほどに指揮統制は乱れていたのである。

しかし、次第に中止論が有力となり、十一月九日には第十四方面軍が南方軍宛てにレイテ決戦中止の意見具申を行うまでとなる。少し前までブラウエンを奪取しろといっていたのに今度は決戦を中止するのは支離滅裂で混乱の極みというしかない。この意見具申を南方総軍は否定した。そのためレイテ地上決戦は依然として続行される。そればかりか、南方総軍は新たに二個師団の増援まで送り込むことまで決めている。もはや決戦などできる状況ではないが、強硬論が通るのが日本陸軍である。

第十四方面軍も上級司令部である南方総軍の意向には逆らえず、やむなく飛行場制圧を目的として攻撃を行うことを第三十五軍に伝えた。そして、そのための輸送と支援を第四航空軍へと要請した。そして新たに空挺部隊である高千穂降下部隊まで使うという大作戦が考え出された。

この作戦は、先の「和号作戦」の拡大版である。その目標をカリガラからブラウエンにして、同飛行場には高千穂部隊を降下させて作戦支援に当たらせるという、見た目には立派な作戦である。

しかし、降下部隊の支援というと聞こえは良いが、その実態は敵飛行場への斬り込みにすぎない。

これは少し前に実施された、より小規模な薫空挺隊の切り込み作戦の焼き直しに過ぎない。降下作戦決行は、十二月五日に決定、それに合わせて第二十六師団と第十六師団がブラウエンへと突入することとされた。

だがこれもまた机上の空論で、各部隊のタイミングを合わせることは最初から難しかった。しかも対上陸戦闘からこのかた戦い続けてきた第十六師団は、既に戦力を消耗し尽くして師団といっても名ばかりに過ぎなくなっている。その実戦力はおそらく一個連隊程度にまで減っていたと考えられる。もう一つの攻撃部隊である第二十六師団は、道なき道を進むため行動は遅れ、作戦に間に合うかもわからなかった。ガ島やニューギニアで行われた事が、今またレイテ島で繰り返されようとしていたのである。

日本陸軍はここに至ってもまだ、南方島嶼の地理・地誌の特性を理解できずに作戦を立案していた。開戦から既に三年を過ぎている、これではいくら何でも対米戦は研究不足だったとする言い訳も通らないだろう。

さすがに第三十五軍も突入日時を一日延期しようとしたが、この伝達が第十六師団には伝わらずに同師団は五日に先に突入を決行してしまった。そして第二十六師団は遅れて六日に突入を行うことになった。しかし、皮肉なことに攻撃のタイミングのずれたことがかえって功を奏した。

先に突入した第十六師団は、一時的にだが飛行場の周辺への突入に成功した。その翌日の夜に実施された高千穂降下部隊の降下は、かなりの損害を出しつつもブラウエン、ドラグ、タクロバン各飛行場へと降下して米軍を攪乱させている。こうした行動に気を取られたため、米軍は第二十六師団の攻撃には対応しきれず、同師団はその一部が飛行場の滑走路にまで進出することができたのである。

レイテ島の破断界

一時的に成功したかと思われた、ブラウエンにおける日本側の勝利も、しかし所詮は儚い夢に過ぎなかった。戦機に乗じる攻撃用の予備兵力を持たない日本軍の攻撃はすぐに尻すぼまりとなってしまった。

日本側が一時的な攻撃成功に酔いしれていたのと同じ日の十二月七日、米軍は日本軍が策源としていた港町オルモックへと上陸を敢行、レイテにおける戦況を根本から覆した。日本陸軍が構想していた海上機動反撃構想と同様の行為を米軍が行ったのである。この米軍の上陸こそが予備兵力の正しい運用といえる。

米軍がオルモックに上陸する前日の六日、第三十五軍司令部の元に第一師団から不吉な連絡が届いた。それは「第一師団は破断界に達しつつあり」というものであった。破断界とは、物体が加重などに耐えられる限界のことだが、第一師団は防衛線の強度を破断界に喩えた。そのいわんとすることは、第一師団は消耗戦によって戦力が枯渇して防衛線が破れる寸前にあるということである。これに加えて、レイテ湾の海岸から大きく島を南回りに迂回してきた米軍の一部部隊もまたオルモックへと迫りつつあった。

なんのことはない、日本軍がブラウエンを目指して進む間に、米軍はカリガラ——リモン峠方面そして南回りの迂回部隊と三方向からオルモックを目指して外線の形を取って進んでいたのである。米軍は密林に覆われて道もないに等しい脊梁山脈からは本気で進撃せず、その両側面からの攻撃を行っていたのである。これではまるでブラウエンを目指して進む日本軍は自ら罠に嵌ったようなものである。

それでも第三十五軍は第六十八旅団がオルモックへと到着する予定であることからさして危機を感じていなかった。何かあっても、新たに来る第六十八旅団で手当てをすればよい、このように第三十五軍は考えていたのである。

米軍が日本軍の背後のオルモックへと海上機動を行い日本軍への一撃を放ったのは、この絶妙なタイミングであった。第六十八旅団がオルモックへと来るはずの七日、米軍は一足先にオルモックとそこに程近いアルベイラへと上陸したのである。事態を楽観視していた第三十五軍は、背後への対処を怠り、オルモックには守備隊を配置していなかった。そのためオルモックはあっさりと陥落する。オルモックには兵站関係の人員はいたが、彼らの大部分は満足に戦うこともできずに港を明け渡すと後退してしまった。日本陸軍部隊が強いとしても、それは歩兵など野戦部隊の話である。後方兵站関係部隊は装備も悪く戦闘訓練もあまり行っていないので、彼らが逃げ出したことを責めることはできない。

第三十五軍は、慌てて今堀支隊をオルモック救援へと差し向け、第一師団にも攻撃任務を解いてオルモック方面の防御に当たらせようとした。とはいえ破断界に達した第一師団の戦力ではリモン峠一帯で米軍相手に防戦することすらままならずオルモック救援に割けるような余力はない。かくしてオルモック救援は不首尾に終わる。

補給品の荷揚げ港であるオルモックの喪失は日本軍の補給物資を前線に送り出す組織の崩壊を意味し、同時に前線に出ている各部隊がその背後を突かれ挟み撃ちとなることも意味していた。第三十五軍はレイテ島内で包囲に陥りつつあったのだが、この危機になす術がなくなっていた。戦闘部隊は全て前線へと出払い、使える予備部隊がないのである。

第十四方面軍は、新たに四個大隊の兵力をレイテ島に送り込み、輸送機不足で出撃できなかった高千穂降下部隊の残りである挺進第四連隊をバレンシアへと空輸させて急場をしのごうとした。

二日前には意気盛んに攻撃を行っていた日本側は一転してひたすら防戦に追われる身となっていたのである。

第三十五軍は、指揮下の各部隊にオルモック平野に向けた後退を命じた。後退する部隊は、山中のジャングル内での難行軍を強いられて消耗し、さらに兵力を減らしていく。第十六師団などは二か月間山中を彷徨ったあげく自軍に合流した時には、わずか五百名の兵力しか残されていなかったほどである。

各部隊がジャングルを彷徨う間にも、第三十五軍は、オルモックより北のレイテとバレンシアに陸揚げされた部隊を使い、なんとかオルモックを奪回しようとあがいていた。この作戦には海軍の水陸両用戦車部隊である伊東部隊も参加することになっていた。一瞬の差でオルモックに上陸できなかった第六十八旅団は、はるか北のサンイシドロへと陸揚げされたため、この奪回作戦に参加することはできなかった。

日本軍の逆襲に、米軍は迅速に対応して防戦態勢に入った。攻撃する日本側は部隊の足並みを揃えることができずに攻撃は出だしからつまずくことになった。海軍戦車隊はレイテ島に上陸したものの陸軍部隊と合流することができず、まともに攻撃ができなかった。他の日本軍の攻撃部隊もバラバラに行動し各個に撃破されていった。こうして日本軍のオルモック奪回作戦は失敗に終わった。

レイテ決戦はなぜ失敗したのか

オルモック奪回の失敗により、レイテ島における日本軍が組織的抵抗を続ける望みは絶たれた。米軍の攻撃を止められないばかりか、十二月十七日には第三十五軍司令部そのものが米軍に攻撃され、軍司令官以下首脳部が身ひとつで脱出するまでに戦況は悪化した。司令部が機能しなければ軍隊は組織として成り立たない。一時的にせよ軍司令部が機能不全に陥ったレイテ島内で、日本軍の各部隊は、てんでばらばらに自衛戦闘を行いながらジャングルの中をひたすら逃げ惑うことになった。軍司令部から命令も情報も伝達されない各部隊は統制を失うしかない。

この期に及んでもまだ、日本軍は新たに一個師団をレイテ島に送り込み反撃を行うことを計画していた。しかし、この反撃計画は師団の海上輸送の見込みが立たず中止される。このために台湾の師団をルソン島まで送り、その穴埋めに沖縄から第九師団を台湾へと送り込んだことで沖縄戦に支障を来すことになるのだが、これはまた別の話である。

昭和十九年(一九四四)十二月十九日、大本営は、先の見込みの立たなくなったレイテ戦打ち切りをようやく決定した。そして、残された第三十五軍にはレイテ島での「自活自戦」が命じられた。既に第三十五軍の人員は一個師団にも満たない千五百ほどにまで減っていた。第三十五軍はその守備範囲がレイテ島のみではなくフィリピン諸島中部の他の島々も含まれていたことを利用して、残っていた兵力をセブ島等へと転進させた。これで一千近い将兵をレイテ島から脱出させることができた。脱出の機を逃した将兵はゲリラに悩まされながら、カンギポット山周辺に立て籠もったが、終戦後に山を下りた将兵は皆無なことからレイテ島での残存日本軍将兵の最後は不明である。

かくしてレイテ決戦は終わった。目標を達成できないまま第三十五軍は壊滅的損害を受け、レイテ地上決戦に敗退したのである。

レイテ決戦は壮大な失敗に終わった。この戦訓をまとめた『大本営の戦訓特報』は、その戦訓として「戦力の集中の必要」を挙げている。

こんなことは軍事の初歩で、陸大教育を受けた参謀達が今さらいうようなことではない。戦訓という作文をまとめざるを得ない彼らは、そうと知りながらもこうした文言を連ねたのであろう。

しかしながら、ここに失敗の一因のあることもまた事実ではある。

ここでレイテ戦の構図を説明すると、レイテ決戦とは海と空での決戦と地上の決戦が合体したものだ。つまり地上戦だけが独立した戦いではない。兵力集中がうまくいかなかった原因にもこのことが大きく関係している。つまり兵力集中の阻害要因は陸の戦いだけに注視していても何も見えてこないのである。

この決戦はもともと陸軍が考えていた比島決戦に、絶対国防圏破綻後に急遽策定された「捷号作戦」が重ね合わさったものである。そして本来は、戦局の実情からして航空決戦を主とした作戦のはずであった。そのためには陸軍と海軍の戦力を統合発揮させせなければならなかったのだが、実際には統合力を全くといってよいほど発揮できないままに戦いは終始し続けたのであった。

その原因は、

1、航空隊の練度不足

2、陸海軍のドクトリンの統一がなされていないこと

3、通信連絡、警戒・見張り態勢の不備、

という右の三点を挙げることができる。

「台湾沖航空戦」で連合艦隊が先走って航空戦力をすり潰したのは陸海のドクトリンが統一できていなかった弊害の最た

るものといえる。

そして、「台湾沖航空戦」の戦果に幻惑されて予定にない地上決戦へと急遽踏み切ったことは失敗の大きな要因となった。足枷となったのは海上輸送力だったが、本来決戦場として当初から想定していたルソン島ならば、決戦用に集めた部隊と物資が置かれており、この海上輸送力の不足という足枷から免れることができた。これを決戦の準備を欠くレイテ島へと、急遽振り向けようとするところに無理がある。

そしてまた、海上輸送力の不足から、地上兵力を小刻みに少しづつ投入することを余儀なくされた。これは戦力の逐次投入という軍事学で戒められる戦い方で、戦訓特報にいう兵力集中ができなかった理由である。決戦というものは、二か月、三か月と時間をかけて物資を蓄え、兵力を集め陣地も構築し、兵用地誌を調べて作戦を立案して初めて成立するものである。それを、いきなり予定変更というのは無理な話なのである。

こうして準備を欠いたままで行われたカリガラ会戦は、いきなり不期遭遇戦に巻き込まれ日本軍は主導性を喪失し防戦に追われた。

そもそもカリガラ会戦計画にも問題はあった。後にブラウエンへの切り込みに投入して消耗させるぐらいならば、高千穂降下部隊を初めから投入して第一師団の進出援護をさせた方が良策である。そして海軍の戦車隊の伊東部隊も、レイテ沖海戦直後の航空優勢を確保できた一瞬に投入していたなら、カリガラ会戦の結果は今少しましになっていた可能性は高い。決戦であるなら「レイテ沖海戦」直後に航空優勢を確保した時に一気に全力を投入して陸海空統合作戦を行うべきである。船舶の不足でこれができなくなった時点で、日本軍はレイテ決戦の勝機を逃していたのである。

●註
▼1　独立混成旅団とは歩兵五個大隊と砲兵一個大隊で編成される部隊。この旅団には連隊という指揮結節が存在せず、異なる兵科を持つので混成の名称が付される。そして師団に属さずに直接軍や方面軍の隷下に置かれていることから独立の名を冠されていた。諸兵科連合部隊として戦闘は行えるが自前の補給部隊を持たないので作戦的な行動能力は低い。
▼2　満洲の公主嶺学校教導隊から改編された部隊で、諸兵種連合部隊であるが、独立混成旅団ではなく単に旅団と呼称されていた。

▼3　装甲車や車載歩兵による偵察・警戒を行う部隊。連隊とはいえその兵力は少なく、歩兵でいえば大隊程度にすぎず純粋な防御戦闘向きではない。捜索連隊、あるいは列国の機械化騎兵もそうだが、広く戦線を張って守備する部隊ではないのだ。これらの部隊が横に大きく広がるのは敵軍の接近を警戒する場合に限られる。

終章　島嶼戦という「新しい戦い」の構造と教訓

船舶の輸送基準

所有総トン数の基準①

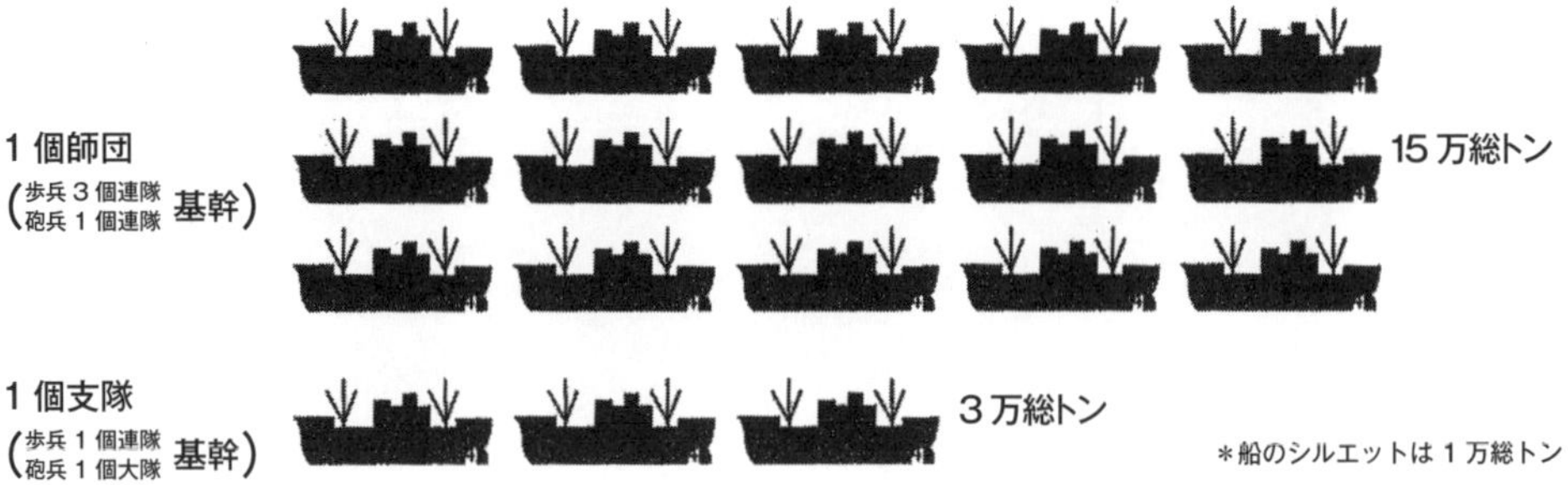

所有総トン数の基準②

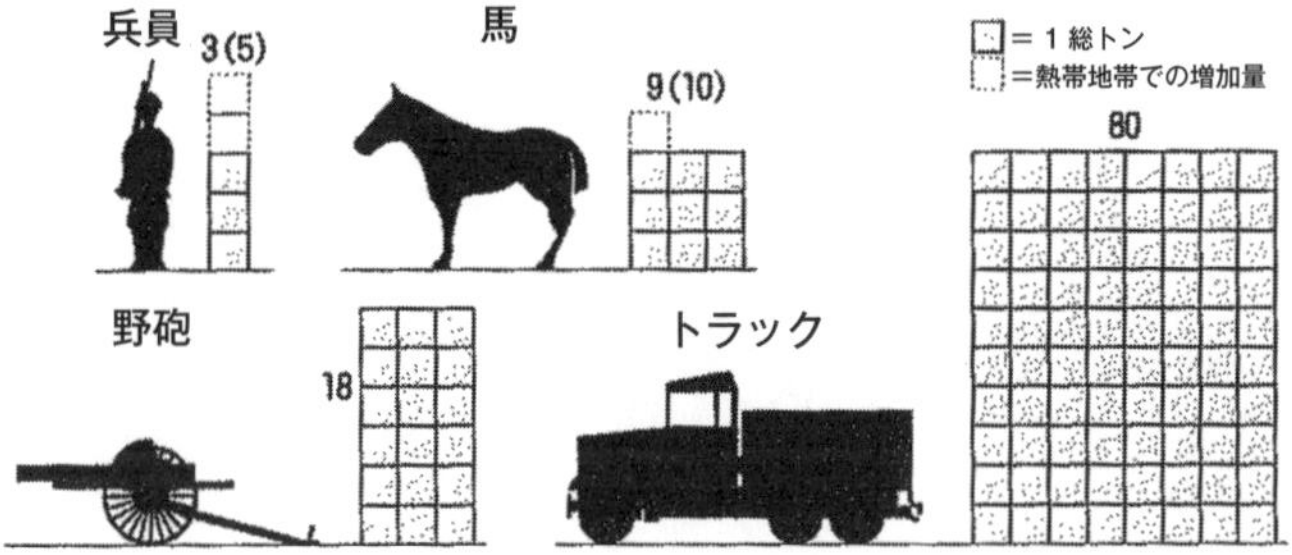

図は、日本陸軍が定めていた船舶輸送の際の所要総トンの基準である。1個師団を選ぶには、当時の日本の基準では大型船である1万総トン級の貨物船で15隻が必要だった。また、現在では連隊戦闘団と呼ばれる諸兵種連合の連隊基幹の支隊では、3隻が必要となる。なお本文中にある「ニューヨーク・ライナー」は、7000～9600総トン、全長140mほどの高速貨物船であった。下図は、よりミクロな人や兵器個々の基準値である。人と馬は、熱帯地帯では防暑対策のため1人（1頭）当たりの容積を増やすので、それぞれ所要総トン数が増える。

ニューヨークライナーの「綾戸山丸」。ニューギニアの戦いで擱座した。

給油艦となった極東丸。

空母（大鷹）になった春日丸。

神州丸。

島嶼戦の終焉

レイテ島の戦いは、戦争中盤から日本陸軍が構想を温めてきた海上機動反撃の終幕となった。そして太平洋戦争全体としても終幕の訪れを告げるものとなった。この後も硫黄島、沖縄と島嶼の戦いは繰り広げられてはいる。しかし、日本陸軍は島嶼沿岸部の細かな舟艇機動を除けば、逆上陸による海上機動反撃を実施することはなくなった。日本陸軍が広大な太平洋を舞台とする「海洋戦」において戦う方策として期待をかけた海上機動反撃は成功を見ることなくレイテ戦で終焉を迎えたのである。

日本海軍の方はといえば艦隊の戦力は壊滅寸前にあり昭和二十年（一九四五）四月に戦艦『大和』が出撃して撃沈された後からは、特攻を主体とした航空戦を続ける他に策はなく、大規模な反撃は計画すらできなくなっていた。そしてレイテ戦の後の陸海軍は共に本土決戦に向け、その準備へと動き始めていたのである。本土決戦の目的は、講話条件を少しでも有利にすること、そこには対米戦の勝利は掲げられていない。

一方、米軍に目を向けると戦前のオレンジ・プランに端を発する海洋進攻作戦は、レイテ戦で最終段階に入った。元のオレンジ・プランではここから先は状況次第とされ明確化されていない部分である。

日米ともに戦争全体の流れではレイテ戦の終了とともに残すは戦争をいかに締めくくるかという段階となっていたのである。

たしかに沖縄、硫黄島両島の戦いも島嶼戦ではあるが、細かい戦術的事項を除けば、作戦階層では、特筆するほどのことはない。沖縄の洞窟陣地による抵抗、高地での戦い、硫黄島の地下陣地による米軍への出血の強要、これらは戦術の階層によることで、戦史でいうなら戦闘戦史に属すべき事柄である。したがって、太平洋島嶼戦の流れを主に作戦階層で見ていく作業は、ここで締めくくることにしたい。

日本の船舶問題

ここからは、島嶼戦の個々の作戦経過だけを見ているだけでは把握できない、島嶼戦に深く関わる事柄を別の角度から見ていこう。繰り返しになる事項もあるが、まとめということで御容赦願いたい。

まず最初に日本の船舶輸送問題に目を向けることにしよう。これは船舶を通じた軍の輸送問題である。海上輸送は島嶼戦の重要な要素であり、そのために欠かせない存在が船舶だからである。

海上護衛参謀であった大井篤氏が『海上護衛参謀の回想』(初版一九五三年、日本出版共同株式会社。以降、『海上護衛戦』として原書房、朝日ソノラマ文庫、角川文庫等で版を重ねる)を著してからこのかた、日本海軍の海上護衛に手抜かりがあり、米潜水艦の跳梁を許し、その通商破壊戦で船舶量が大幅に減少して、最終的には日本の戦争経済を破綻寸前に追い込んだとすることが一般的である。

大枠としてこの認識は間違いではない。しかし、その裏で日本の船舶量の減少が作戦輸送に重大な悪影響を及ぼしていたことは忘れられがちである。そもそも日本の保有船舶量が軍事輸送の足枷となり、作戦そのものに大なる制約をもたらしていたこと自体があまり知られていないように思われる。島嶼をめぐる戦いの連続、何度も繰り返すように島嶼戦キャンペーンとなった太平洋戦争は「上陸作戦と海上機動作戦」の連続であった。

こうした戦いで主となる輸送手段は輸送船である。なぜなら輸送船がなければ、海上機動も輸送も成り立たないからである。駆逐艦とその他は、どこまでいっても補助的手段でしかない。

この輸送船、つまり船舶は戦時に必要とはいえ、平時から軍が多量の船舶を保有しておくことはあまりにも非効率だ。平時に軍が必要とする船舶は少なく、維持費だけ無駄にかかる空船を抱えていてもしかたがない。それよりは船舶の建造、維持の費用は別の事に回した方が経済的だ。そこで、列国の軍隊が考えた策が、戦時に必要な船舶を民間の船会社から徴傭するという方法だ。若干の改装を施して、タンカーは給油艦に、貨物船は輸送艦や上陸用舟艇母艦、あるいは哨戒用の巡洋艦や砲艦に、客船は兵員輸送艦や病院船などとできる。

さらに進んで、第二次大戦前の戦間期には日本の陸海軍は補助金を出して、船会社に速力が速く積載量も従来より多い優秀船を建造させていた。むろん、戦時に徴傭することを当て込んでのことだ。

この方策は優秀船の欲しい船会社にとってもありがたい話で、軍と船会社は、いわゆるウィン－ウィンな関係となっていた。当然、戦争となると、これら優秀船をはじめとした民間船舶は徴傭され様々な任務に従事することになる。もちろん全ての船舶を徴傭するわけにもいかず、日本の戦時の保有船舶はA船、B船、C船の三種にカテゴライズされることになった。A船とは陸軍徴傭船、B船は海軍徴傭船、そしてC船は民需用の船舶を表している。

総トン数と輸送量

ところで日本は、太平洋戦争開戦時に船舶を合計六百三十三万総トンを保有していた。これが開戦時時点での日本の海上輸送力のほぼ上限といえる。ここに含まれない小型船舶や、漁船、気帆船などもあるが、これらの数は多くても輸送力としては微々たるものに過ぎない。

総トン数というのは簡単にいってしまえば船の容積を表す単位のことで、軍艦の排水量とは意味合いが違う。だから同じ一万トンといっても排水量を表す重巡洋艦の一万トンと、総トン数で表す貨物船の一万トンを同列で比べることはできない。この総トン数で表す船舶量は軍隊の輸送能力を表す指標となる。また人員、物資、部隊を運ぶための総トン数の基準は戦前に計算して決められている。この数字は『幕僚手簿』という冊子にまとめられていて、参謀は必要に応じて、簡単に部隊を輸送するための船舶輸送量を算出することができた。

例えば、日本陸軍では兵員一人あたりの総トン数は三トン（熱帯では五トン）、馬匹一頭は九トン（熱帯では十トン）、野砲一門は十八トンとされ、トラック一台はなんと八十トンもの総トン数が必要とされた。

したがって機械化部隊を海輸させるための船舶量は、歩兵部隊に比べると指数関数的に多くなる。

この基準を元に、日本軍が想定した歩兵一個連隊の輸送必要量は一万五千トンで、ニューヨーク・ライナーと呼ばれた優秀貨物船（当時としては大型、高速だった）二隻分に匹敵した。歩兵連隊に各種部隊を付けて支隊にすると三万トンほどの船舶量が必要であった。そして、日本陸軍がはじき出した歩兵一個師団を海輸するための船舶量は実に十五万総トンに達する。

この基準となる師団は、歩兵連隊三個と砲兵連隊一個を基幹とする三単位師団と呼ばれる標準的な編制によるものである。実際の上陸作戦では重砲兵等の軍直轄部隊が増派され、上陸機材の運搬などもあるので輸送のための総トン数はさらに跳ね上がる。実際、昭和十七年のジャワ攻略戦では、第二師団を運ぶために三十二隻もの船舶が使用されている。

ところで開戦時に日本が保有した六百三十三万総トンの船舶量の中には、海軍の空母となる『春日丸《かすがまる》（大鷹《たいよう》）』や給油艦となる『極東丸《きょくとうまる》』、陸軍が上陸作戦のために建造した特殊船『神州丸』なども含まれる。この保有量は、決して少なくはない。念のためにいっておくと、世界第三位の数字で、一位は英国、二位は米国である。その米国は九百万総トンほどで、こと開戦時に限っていえば、さほど日本との差はない。米国の商船隊はここから急速に保有量を増すのだが、それには時間がかかる。米国の本格的反攻が昭和十八年（一九四三）末になったことは、船舶量からも裏付けられる。

緒戦において日本軍は南方進攻作戦とハワイ作戦（真珠湾奇襲）を同時並行で行ったが、この時点で、必要な船舶量は陸軍のA船二百十六万総トン、海軍のB船百七十四万総トンとなってしまい、本来、軍が予定した割り当て量を超過してしまった。

日本の戦時経済を維持するには三百万総トンが必要と積算されていたのだが、C船の割り当ては二百四十三万総トンしか残らず、このままではいずれ日本の戦争経済は破綻することになる。米潜水艦の通商破壊戦がなくても、長期のスパンでいえば最初から日本の敗北は見えていたことになる。

陸軍の輸送力

ここまで無理をしても、陸軍は南方攻略に使用できた師団数は十一個に過ぎなかった。この師団数は当時の日本陸軍の保有師団数の半分にも満たない。同時にこれは作戦に必要な師団数としてギリギリの数字で、実際、南方進攻作戦は陸上部隊を無理にやりくりして実現させた作戦であった。

当然、この程度の海上輸送力で、ハワイ諸島占領やセイロン島進攻を行うことなど無理な注文で、両作戦ともに検討されたものの見送られたのは当然という他ない。

第一段作戦の成功は、日本に資源地帯の占領という戦果をもたらしたが、それは同時に占領地拡大による輸送の負担増ももたらした。占領部隊に対する追送補給や、現地経済のためにも船舶は必要だ。とくに資源地帯から離れたソロモン、ニューギニア、中部太平洋の島々への輸送では「往路で軍隊輸送を行い、復路で資源輸送を行う」というわけにもいかず、純枠に軍事行動のために船舶を割り当てざるをえなくなった。

そして陸軍には、南方攻略終了にともないA船を返却してC船すなわち民需へと戻す必要があった。これらが意味することは、陸軍が開戦時と同じ規模で海上輸送を行うということは不可能という事実であった。もし、この上さらに、日本の船舶保有量が減ったらどうなるか。それは陸軍の海上輸送能力の一層の低下である。昭和十八年末近くまで中部太平洋の島嶼防衛がおざなりであったことに対して批判があるが、こと船舶量で見る限りでは、これもやむを得なかったといえなくもない。

作戦実施の足枷、船舶保有量

幸いにして昭和十七年の間は米軍の潜水艦の活動は低調で船舶損失は予想を下回るものであった。それでも九十隻、三十七万四千総トンが失われてはいたのだが、新規造船量によって、かなり埋め合わせはできた。船舶損失が思ったほどでもなかったことから、陸海軍は第二段作戦として、ハワイ諸島、セイロン島、フィジー、サモア島攻略などを計画した。しかし、海上輸送力が伴わず一気に上陸作戦を展開する計画は立てることはできなかった。

ガ島に対しても、即座に部隊を大量に送り込むことができず、兵力の逐次投入となったのも、海上輸送能力の限界ゆえだ。最初から第二師団と第三十八師団や川口支隊を、まとめて使用していればガ島奪回ができていたと想定しても、それだけの部隊を送り込む輸送力がないのでは想定自体が成り立たない。船舶保有量がまだ激減していない時点でこの有り様だったが、米軍潜水艦の活動が活発化して以降はさらに困ったことになった。そこにガ島とニューギニアでの船舶損失も加わり状況をさらに悪化させた。

ガ島戦役がたけなわであった昭和十七年（一九四二）後半、米潜水艦による船舶被害は十万総トンにも達したが、陸上機による被害は三十六隻、十三万一千総トンにも及んでいた。ソロモン、ニューギニアの戦いは船舶にとっても消耗戦だったのである。こうした船舶損失の累積で海上作戦輸送力が低下したため、昭和十八年の船舶配当では民需用のC船を減らし、陸軍用のA船を二十万総トンほど増やしている。

この昭和十八年（一九四三）は海上戦闘では大規模で目立つ海戦は生起していないが、作戦の重点は東部ニューギニアへと移行しつつあり、陸軍はニューギニアへ三個から四個師団と航空機四百機を送り込むことを考えていた時期であった。
当然、これだけの兵力を輸送し補給も維持しようとすれば莫大な量の船舶が必要となるわけだが、C船を減らしA船を無理に増加させている状況では、これは難しい。その困難さは、参謀本部で輸送・通信を担当する第三部長が、船舶輸送能力の見地からのニューギニア放棄論を提案したことで窺い知ることができる。この放棄論は採用されず、陸軍はニューギニアへとのめり込んでいくのだが、昭和十八年二月の、「八十一号作戦」ダンピール海峡で船舶八隻からなる船団が全滅する悲運に見舞われた。

陸海軍徴傭船と一般商船の割合の推移（総トン数）

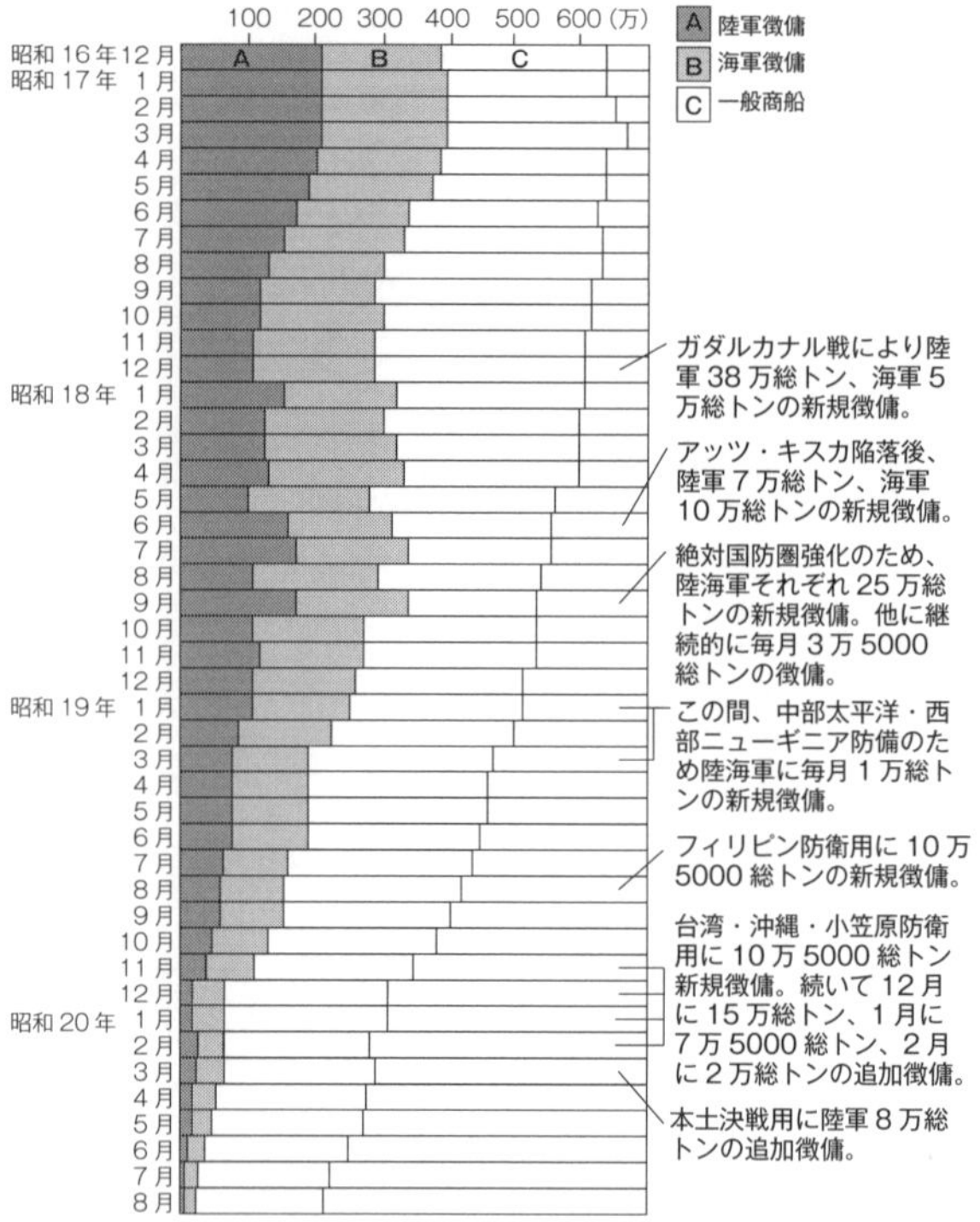
100 200 300 400 500 600（万）
A 陸軍徴傭
B 海軍徴傭
C 一般商船
昭和16年12月
昭和17年 1月
昭和18年 1月
昭和19年 1月
昭和20年 1月
8月
ガダルカナル戦により陸軍38万総トン、海軍5万総トンの新規徴傭。
アッツ・キスカ陥落後、陸軍7万総トン、海軍10万総トンの新規徴傭。
絶対国防圏強化のため、陸海軍それぞれ25万総トンの新規徴傭。他に継続的に毎月3万5000総トンの徴傭。
この間、中部太平洋・西部ニューギニア防備のため陸海軍に毎月1万総トンの新規徴傭。
フィリピン防衛用に10万5000総トンの新規徴傭。
台湾・沖縄・小笠原防衛用に10万5000総トン新規徴傭。続いて12月に15万総トン、1月に7万5000総トン、2月に2万総トンの追加徴傭。
本土決戦用に陸軍8万総トンの追加徴傭。

陸海軍とも戦争計画における一般商船300万総トンのラインを守ろうとしたが、戦局の悪化がそれを許さず、かつその損失から、有力な戦力を前線に送るための船舶量も維持できなくなった。

保有商船の年度別喪失量

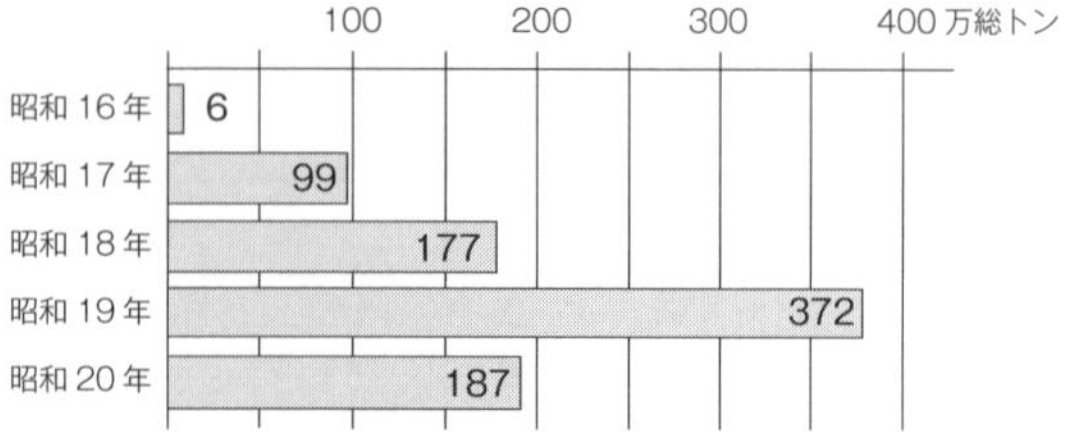
100 200 300 400万総トン
昭和16年 6
昭和17年 99
昭和18年 177
昭和19年 372
昭和20年 187

喪失船舶量は年を重ねるごとに数を増し、昭和19年はそのピークに達した。日本は前線への輸送・補給力だけでなく、国力の再造成基盤も喪失していった。

1943年3月21日、米潜水艦『ワフー』攻撃により沈む『日通丸』。

昭和十八年は、米潜水艦による船舶被害が激増した年でもあった。この年、撃沈された船舶は三百隻、百三十六万総トンにも達し、さらに航空機による九十七隻、三十三万総トン強が加算された。この損失は日本の造船能力では到底回復できる量ではなく、その影響は昭和十九年に入り即座に現れることになる。C船の保有量は前年なみの数字をほぼ維持したが、その代償としてA船、B船の割り当て量は開戦時の半分以下と低減させられた。日本軍の海上輸送力は開戦時に比べ半減したことになる。

とくにA船の減少はひどく、三月時には十万総トンを切ったほどだ。これでは一個師団の兵力を運ぶことさえできない。この時期は絶対国防圏の守備力強化、フィリピン航空決戦の準備と陸軍は態勢強化に躍起となった頃だが、肝心な輸送力がこれではいかんともしがたい。後に、米軍が進攻して来た時、サイパン島守備隊は防御不完全な状態で迎え撃つことを余儀なくされるが、ここにも海上輸送力低下は関係していたのである。

昭和十九年の大損耗

昭和十九年上半期の船舶被害はさらにひどく三百万総トンを超す莫大な量に上った。これだけで日本の民需輸送を賄える量である。これに航空機による損失五十万総トンも加わるが、この航空機による被害のかなりが米空母機動部隊のトラック空襲によるものだ。トラック空襲は日本海軍の根拠地壊滅として知られるが、その悪影響は中部太平洋ばかりでなく、様々なところに及んでいる。

この空襲による被害の特徴として、海軍が特設艦船として後方支援に使用していた船舶の大量損失が挙げられるが、中でも痛手となったのは艦隊給油艦として使っていたタンカーの大量沈没だった。この当時の状況を戦史叢書『マリアナ沖海戦』は「あ号作戦の策定に重要な関係のあったのは油槽船の問題である。特に機動部隊の作戦に直接必要な油槽船が不足し、これの早急な解決が迫られていた」としている。

この結果、連合艦隊は深刻な燃料問題に悩まされるようになり、「あ号作戦」を控えての母艦航空隊錬成にも悪い影響を及ぼすこととなる。「あ号作戦」において日本の空母部隊が、訓練の不便を忍んでボルネオに近いリンガ泊地で待機していたのも、低下した燃料輸送能力を解消するため自ら、産油地近くに移動した結果だ。タンカーの不足は、日本海軍から艦隊運用の柔軟性を奪っていた。結局、海軍は陸軍用のタンカーを融通してもらい「あ号作戦」の急場をしのいだが、この処置は南方からの石油の内地還送に悪影響が出ることを覚悟の上での処置であった。

昭和十九年後半になると日本の船舶保有量は劇的に減少し、同年末には三百十万総トンにまで落ち込んだ。民需を活かす以外ほとんど何もできない輸送能力である。実際には民需用のC船を二百五十万総トンに抑えることで作戦用の輸送力を維持したが、同年七月、つまりサイパン陥落の時点で陸軍の船は九十万総トン、海軍の船は九十五万総トンにまで落ち込んでいたが、レイテの戦いの終盤となる年末には陸海軍ともに五十万総トンを切るまでになる。

海上輸送力の終焉は島嶼戦の終焉

昭和十九年末の保有船舶量の数字の落ち込みにはレイテの戦いで行われた輸送作戦「多号」による損失も少なからず含まれ、さらに米軍のフィリピン進攻による海上交通妨害の影響も大きい。こうした状況下で戦われたレイテ決戦において陸軍は予定した陸軍戦力を思うように送り込むことができず悪戦を強いられることになったのは第八章で書いたとおりである。海軍作戦への影響は深刻で、レイテ沖海戦では戦艦『大和』を含む第一遊撃部隊をレイテ湾に突入させる作戦すら、作戦発動直前になっても燃料不足から実施が危ぶまれていたほどだ。この頃、海軍保有のタンカーはわずか六隻。海軍は民需を捨てて、海軍作戦を取るかの選択を迫られていた。この状況を戦史叢書『捷号海軍作戦』は「破局的」と表現している。結局、海軍は民需を諦め作戦を優先し、そして敗れた。この時、日本海軍は島嶼戦を戦う資格を失ったのであった。

戦史叢書『海上護衛戦』の付録で元海軍大佐の小山貞氏は「船舶の大量喪失は大東亜戦争の敗因の大きな要素であった。そして戦争中の船舶喪失量は約八百四十三万総トンに達したが、その五十五パーセントは陸海軍徴傭船であって、概ね陸海軍作戦に伴う喪失であった」としている。軍隊輸送、補給輸送という「作戦輸送」による犠牲はそれだけ大きかったわけだが、裏を返せば「作戦輸送」を満足にできなかったことが敗因だったと言い直すこともできるだろう。海上輸送力の大小と島嶼戦の作戦能力は比例し、海上における作戦輸送の敗者は島嶼戦の敗者たらざるを得ないのである。

島嶼戦における潜水艦戦

続けて島嶼戦における潜水艦の役割について触れておきたい。これも個別の戦いではなく潜水艦戦という観点で見ていきたい。

島嶼戦個々の戦いにおいて潜水艦は、必ずしも重要な役割を担っていたとはいい難い。例えばアリューシャン戦役では潜水艦はさほど大きな役割を果たさなかった。しかし、輸送や撤退（これも輸送の一種といえる）、偵察、哨戒、防衛といった広範な任務に投入されている。

アリューシャン戦役に限らず、日本海軍の潜水艦はあちこちで同様な使われ方をしている、更にいえば米海軍も潜水艦を同じような使い方をしている。通説でいわれるような米海軍が通商破壊戦ばかり行っていたというのは誤った認識である。実際には米潜水艦も様々な役割をこなしている。ただ米海軍の潜水艦用法は「通商破壊戦」に最も力が入っていたということが日本海軍との大きな相違である。

日本海軍の潜水艦用法のうち、「モグラ輸送」と呼ばれる輸送任務への投入には潜水艦本来の使い方でないとして批判が多い。この批判には肯定できる部分が多いが、反面、状況的にはやむを得ないという面もある。もっともここでの批判は、潜水艦の用法よりも、孤立した島嶼に対する対応や、海上補給に関してあまり深く考察せずに遠隔地へと部隊を送り込んでしまうような用兵思想そのものに向けられるべきである。

海上交通破壊戦

いうまでもなく潜水艦の任務として最も有名なものは通商破壊戦であろう。これは敵国、場合によっては敵国と交易を行う中立国の商船をも沈めることで通商にダメージを与えて、敵国に経済的損失を与える戦い方である。目的からするとこの潜水艦用法は、この後に説明するワイリーのいうところの「累積戦略」に相当する。

太平洋戦争において日本海軍が通商破壊戦を軽視したことに対して批判は多い。例えば、雑誌『世界の艦船　増刊第37集・日本潜水艦史』における中川務氏の「太平洋戦争での日本潜水艦の活躍は実に低調だった。戦後、その原因は通商破壊戦を軽視し、潜水艦本来の任務を逸脱した輸送任務に従事させた用法にあると指摘する意見が多い」などはその代表であろう（ただし中川氏はこうした見解に批判的である）。

実際には日本海軍は通商破壊戦を実施しなかったわけではない。インド洋や緒戦の米国西岸などで多くはないが行ってはいる。ただしこれらの作戦は島嶼戦に関係がないので本書では深入りは避けよう。

ところで「通商破壊戦」と似た言葉に「海上交通破壊戦」という言葉がある。実際のところ両者は混同され、事実上、同義語として使われ、実際に日本海軍も混同して使っている。島嶼戦に関連するのはこの「海上交通破壊戦」である。ここでいう「海上交通破壊戦」とは、海上交通路にダメージを与える戦い方と認識していただきたい。

さて「通商破壊戦」も「海上破壊戦」の一形態ではあるのだが、戦略、作戦、戦術という階層構造を考慮に入れるとまた意味合いが違ってくる。先にも書いたように「通商破壊戦」は敵国の経済損失を目的とする戦略的な用兵だ。しかし「海上交通破壊戦」という用兵は、何も戦略目的のみに縛られる道理はない。目的とするのはあくまで海上交通の破壊という部分なのだから。

それでは作戦階層での「海上交通破壊戦」はありうるのだろうか。答えは「あり」である。ここでは、サイパン島戦へと話を進めよう。というのも島嶼戦の作戦階層における潜水艦作戦はサイパン戦でより明確にその特徴が表れているからである。

米海軍はサイパン島攻略作戦に際して、付近の海域に潜水艦を集め、日本側の行動を徹底的に妨害した。「マリアナ沖海戦」最中、空母『大鳳《たいほう》』が米潜水艦に撃沈されたのもその一例で、これ自体、島嶼戦における潜水艦の用法の一つである。

事前に行った日本陸軍の輸送船団への攻撃も、作戦階層での海上交通破壊の実施の範疇に含まれる。この「海上交通破壊戦」で、執拗な潜水艦の襲撃により日本陸軍の輸送船の多くが海没した。特に火砲などの重装備が多数失われた。第六章で見たように、これが日本陸軍の防衛に悪影響を与えている。米潜水艦の行動は、実のところ純粋に作戦的なものとはいえず、従来からの「通商破壊戦」の一環という部分もあるのだが、その行動が日本陸軍の作戦に悪影響を及ぼし、間接的にせよサイパン攻略戦に寄与したことは疑いようのない事実である。これは一例に過ぎないが、潜水艦による「海上交通破壊戦」は作戦行動にも寄与できるし、また米海軍が純粋に「通商破壊戦」にばかり従事していたのではないという実例といえる。

さらに作戦階層での潜水艦戦は別の捉え方もできる。元潜水艦長で潜水艦隊参謀も務めた鳥巣健之助中佐は、「潜水艦の大半を米軍の後方補給路遮断に投入すれば、米軍に船団を組むことを強要し、商船の稼行率を落とし、補給量を減らすことができ、更に後方に米軍戦力を引き付けられたのではないか」（『日本海軍潜水艦史』日本海軍潜水艦史刊行会、一九七九年）として、日本海軍が通商破壊戦を実施してもあまり意味がなかったとする意見に反論を加えている（鳥巣元中佐は無自覚に通商破壊戦と呼んでいるが、その実態は海上交通破壊戦である。これも作戦的な潜水艦用法といえる）。

鳥巣中佐の考えを島嶼戦に適用すれば、潜水艦は島嶼戦に間違いなく寄与できたと著者は思う。既に書いたように島嶼戦はキャンペーンであり、後方連絡線の維持は重要で、そのための輸送は欠かせない。その輸送の軸となるのは輸送船による海上輸送なのである。逆にいえば、後方連絡線にダメージを与えることで、地上戦のバランスシートを自軍有利な方向へと傾けることができる。潜水艦ではなく航空機の行動で、このバランスシートを不利な方向へと大きく持っていかれてしまったのが、ガダルカナルのキャンペーン、中部と北部のソロモンでのキャンペーンの日本軍の立場である。

こうしたキャンペーンにおける潜水艦戦では個々の輸送船の沈没はさしたるダメージとは映らないかもしれない。しかし、戦役期間中に累積していけば、最終的にかなりのダメージとなるであろう。そしてまた、第二章で書いたように、日本軍の輸送船のダメージ累積は、少しずつ海上作戦行動能力を削ってもいくことになる。それと同時に、作戦的な海上交通破壊戦による商船撃沈は、日本の戦争経済へのダメージとも結び付いていくのである。

まとめると、島嶼戦における「海上交通破壊戦」は直接的に島嶼の戦いに寄与するとともに、海上作戦能力の足腰を立たなくさせるという形でも作戦的に寄与できる上に、「通商破壊戦」としての役割も同時に果たすことができるということになる。

累積戦略と順次戦略

ここで「累積戦略」と「順次戦略」という二つの戦略類型に話を移したい。この二つの類型は第二次世界大戦後に誕生したものだが、太平洋島嶼戦を見る上での重要な指標となるからである。

米国海軍軍人で戦略思想家であったJ・C・ワイリー（ウイリー）少将は第二次世界大戦後に、戦略研究のための分析法として、「累積戦略」と「順次戦略」という二つの戦略類型を提唱した。

「累積戦略」とは、小規模行動を積み上げて最終的に大きな効果をもたらすという戦略をいう。

この「累積戦略」では「個々の行動、戦争では小規模な軍事行動の一つ一つは、戦争の最終結果にとってはプラスであれマイナスであれ、個別の数値の価値しか持たないものだ」とワイリーは指摘している。そしてワイリーは心理戦や経済戦が、このようなカテゴリーに当てはまるとする。なぜならば、「累積戦略」では実行される個々の作戦一つひとつは、それ以前に実行されたものに順序を踏む形で完全に依存しているわけではないからだという。ようするに段階を踏んで勝利へと進んでいくのではなく、個々の行動の「累積的」な効果に期待した戦略が「累積戦略」だとワイリーは説明している。

累積戦略の例証

ワイリーは「累積戦略」の実例として、第二次世界大戦の大西洋と太平洋での潜水艦戦を例示している。

確かにドイツが英国の通商路を狙ったUボート戦は、通商路の遮断を企図したという以上に、連合国商船を少しでも多く沈めて、英国戦時経済を破綻させることを目的としていた。そこで問題視されるのは、撃沈した連合国商船の総トン数であった。つまり撃沈した商船の総トン数の累積が極めて大きくなればUボートの勝利ということになる。

ワイリーは、太平洋の米潜水艦戦について、「太平洋で行われたアメリカの潜水艦による日本の船舶を狙った行動というのは、順序や段階を踏んでいくような戦略とはかけ離れている。このような船舶を標的にした戦争では、個別の攻撃が戦争の全体の結果にどのような効果を挙げるのか全く予測できないのだ」という。

そして潜水艦による船舶を狙った軍事行動などでは、一つひとつの戦闘での勝利が積み重なって（つまり累積して）結果をもたらすものである、という。ここでは潜水艦による個々の作戦は、全体の中の個別要因にしかならない。

そして太平洋戦争では、次に述べる「順次戦略」と同時進行で（実際は、ワイリーは順次戦略の方を先に説明している）、「累積戦略」が行われたとしている。そしてまた「累積戦略」は効果を予測できにくいとしている。

ワイリーは昭和十九年（一九四四）の日本を例に取り「累積戦略」の効果によって、日本を「降伏」か「国家的自殺への道」しかとれないような状態にまで追い込んでいるが、現在でもどの時点でこれが起こったのかを正確に示すことはできないとしている。

つまり全体として効果を発揮したことは確かなのだが、その効果がいつ決定的なものとなったのか把握しにくいことが「累積戦略」の特徴だと説明している。

「順次戦略」

それではもう一つの戦略類型である「順次戦略」とはいかなるものであろうか。ワイリーは次のように説明する。

「第二次世界大戦の太平洋戦線における二つの大規模な軍事行動――マッカーサーによる太平洋南西部での行動と、ハワイから中国沿岸部にかけての太平洋中央部での行動――は（順次戦略）として分析することができる。ノルマンディへの上陸からドイツに至る行動や、ドイツのロシア侵攻も同様に分析することができる。これらの軍事行動はそれぞれ別個の行動から形成された、ある一定の段階を踏んでおり、しかも各段階は戦略家によってあらかじめ起こることがそれぞれハッキリと予想されており、それがどのような結果につながるのかも予測されるものだ」としている。そして「その実際に起こりうる結果が、その次の段階を決定し、それが次の段階や次にどのような行動をとるのか、または次にどのような行動を計画しなければならないのか、ということまで決定するのである。これが『順次戦略』という意味である」としている。

そしてワイリーは「我々は太平洋戦線で日本に対し、二つの戦争を別々に戦っていたといえるかもしれない。我々はまずアジア大陸に向かって太平洋を横切り、日本へと到達する『順次戦略』による行動をしていたのであり、これとは別に、主に日本の経済の崩壊を狙った『累積戦略』を行っていたのだ」としている。

ワイリーのこの指摘は正鵠を射ているといえるだろう。ところで「順次戦略」は、その行動を順次行っていくというパターンからキャンペーンとの親和性が高い。ガダルカナルに始まるソロモン諸島のキャンペーンにおける米軍の西進はまさしく順次戦略の具現化であるし、その後の戦争の展開もまた同様の推移をたどっている。

キャンペーンの持つ二つの戦略類型

消耗戦の様相を呈したガ島からのソロモン諸島北部・中部のキャンペーンは「順次戦略」的であるが、同時に「累積戦略」的な側面をも持っていたといえそうである。

このガ島およびソロモン諸島北部・中部キャンペーンにおいて決戦は行われなかったが、日本軍は行動するたびに、陸にいたってはただ島に居るだけでも、航空兵力、駆逐艦、船舶、陸上戦力を少しずつ喪失していった。ガ島戦役で、日本側は十五隻の輸送船を失い、ソロモン諸島戦役で多数の駆逐艦を失った。この損失は一回、二回の決戦的戦闘で生じたものではなく、まさに累積的に増えていったものである。そしてキャンペーンの終盤になると日本海軍はその水上艦戦力、なかんずく駆逐艦戦力を大きく消耗させていた。これは「累積戦略」的な効果であるといえる。

つまりガ島からソロモン諸島のキャンペーンはガ島から順次西進してラバウルへと進む「順次戦略」的な行動であると同時に日本海軍戦力を少しずつ減らしていく「累積戦略」的な行動でもあったわけである。

「順次戦略」と「累積戦略」という類型を提唱したワイリー自身も「この二つはむしろ相互依存」しあっていることの方が多いといっているが、ソロモン諸島の戦役などはその例証となるであろう。

キャンペーンの構造

第一章から第八章まで、特に第二章以降はキャンペーンを念頭に置いて島嶼戦を振り返ってきた。ここでキャンペーンについてもう少し考察を深めよう。それはキャンペーンの持つ構造についてである。

まずガ島から始まりブーゲンビル島で終わるソロモン諸島のキャンペーンを例に取りたい。ソロモン諸島のキャンペーンは、まずガダルカナル島、ソロモン諸島中部、ソロモン諸島北部という三つの局面に分けることができる。

ガダルカナル島のヘンダーソン飛行場という局所の争奪戦に終始したかに見える（確かにそれに間違いはない）戦いも、全体的に見るならば日本陸軍の三度に及ぶ攻撃と、それに付随する複数の輸送作戦と海戦、そして連日実施された航空攻撃と複数の軍事行動が関連して起こるキャンペーンであった。ということは、キャンペーンの成り立つ要件として、空間的な広がりは、必ずしも必要でないことになる。ガダルカナルの戦場は島そのものとその周辺の海域（それも主にガ島とツラギ島の間の狭水域）に限られていて広がりは少ない。

続くソロモン諸島中部戦役はニュージョージア島、コロンバンガラ島、ベララベラ島と戦いの舞台が遷移していく文字通りのキャンペーンであった。

そしてソロモン諸島北部戦役はブーゲンビル島が焦点となるが、これもやはりキャンペーンである。ここでの戦場はほぼブーゲンビル島内に限られているものの、昭和十八年末から昭和二十年の八月まで、繰り返し戦いが行われていたのである。いい換えるなら、いずれのキャンペーンも空間に違いはあれど時間軸上の広がりはあったのである。そして、これらの三キャンペーンの総体がソロモン諸島キャンペーンとでも呼ぶべき形態となっているのである。そしてこのように構造に着目すると、キャンペーンそのものが、複数のキャンペーンを内包することもありうるということが見えてくるだろう。

ソロモン諸島のキャンペーンでは、この複数のキャンペーンを関連付けたのはラバウルという戦略目標であった。ソロモン諸島の一連のキャンペーンはどれも、最終的には、ラバウルを目指すひと続きの軍事行動だったのである。ここでさらにラバウルに注目すると、もうひとつのキャンペーンも見えてくる。それは同じくラバウルを目指す、東部ニューギニア戦役だ。第四章で書いた東部ニューギニアのキャンペーンは日本軍のポートモレスビー攻略作戦に始まり、その後は連合軍がラバウルを目指すキャンペーンであった。

つまるところ、日本側のいう南東方面の戦いはソロモン諸島キャンペーンと東部ニューギニアのキャンペーンという二つの軸すなわち作戦線で構成されていたのである。これは複数方向からひとつの目標を攻撃するという、分進合撃の形態となっている。

キャンペーンと作戦

ここで、キャンペーンと作戦の関係性について考えてみたい。

簡単にいえば「構造」を持つキャンペーンを推進していく行為が「作戦」となる。キャンペーンとして作戦を推進していく場合の計画を図にすると、フローチャートあるいは建築土木における工程表のようになるはずである。工程表を例に取ると、この場合キャンペーン全体は建築や土木の全工程にあたり、そしてその内には様々な作業工程が含まれている。そしてその流れを図化したものが工程表である。

基礎工事を行わず屋根や壁を造ることはできない。しかし、基礎を作ってしまえば他の工程を進めることができる。ソロモン諸島のキャンペーンを例に取るなら、この基礎工程はガダルカナル攻略といえるだろう。その基礎固めにはかなりの時間を要したが、これが基礎工事だったと考えれば良いだろう。

これに続く、柱を立てる、壁を造る、屋根を置くといった工程がソロモン諸島中部キャンペーンにおける戦いに相当する。実際の建築のようにこの工程はある程度は並行して行うことができる。柱を立てれば、壁と屋根は概ね並行してできるし、外回りの工事もある程度できる。こうすれば各工程を一つずつ進めるよりは作業効率は良くなり工期は短くできる。これは飛び石戦略に相当するだろう。あるいはまた航空戦、陸戦という工程を並行して行うこととも類似している。そして最後の諸々の仕上げ工事にあたるのがソロモン諸島北部キャンペーンで、ここまで来れば、後は施主への引き渡しを待つばかりとなる。つまりキャンペーンの終了というわけである。

ここではあえて建築に喩えたが、建築工事の工程のこうした一連の流れは、工事着手前に想定して組んでおくものである。これが作戦計画に相当する。むろん施工途中（実際の施工が作戦行動といえるかもしれない）では様々な想定外のアクシデントが起きたりして、工程表の当初予定の時間内で全作業を進めることには無理が出ることもあるが、全体として工程表通りに作業は進んでいくのである。そしてまた、工程表を検討することで、あらかじめボトルネックになりそうな作業の見当をつけておくこともできる。これは作戦立案作業にあたる。

作戦のデザイン

実は近年米陸軍などは「作戦設計」あるいは「作戦デザイン」として、こうした概念を提唱している。この概念では、作戦全体が一連の流れとなっていて、その流れの中に複数のクリアすべき目標が設定される。まさしくキャンペーン的な考えである。例えば、A市からB市へと向かう作戦で、作戦線上にあるC市やD市を通過しなければならない場合、C市やD市占領はクリアすべき目標となる。

軍事行動としてはこれに航空支援のために、まず航空優勢を確保する航空作戦、ついで地上軍の進撃に伴い航空威力圏を推進するための作戦が並行していく。

その他、作戦によっては特殊部隊の作戦、海上戦力の作戦なども付与され、全体として一つの作戦がデザインされる。これら各作戦で目標をクリアしていく上で敵軍との本格的交戦が予想され、かつ作戦全体を進めていく上での絶対条件となる目標のある所はディシジョン・ポイント（決勝点）と位置づけられる。この決勝点の戦いは、必要条件のクリアであるとともに以後の戦いを楽に進めるためにも重要となる。誤解されないように念のため書き添えると、この決勝点は決戦を行う場所ということは意味しない。クリアできるのなら戦闘行為そのものが発生する必要さえないのである。これなど、まさしくキャンペーンの構造に着目した考え方だといえるだろう。

島嶼戦のキャンペーンにもこの作戦デザインの考え方はあてはまる。アリューシャン列島のキャンペーンでもソロモン諸島のキャンペーンでも、攻防の舞台となった島嶼は決勝点に相当する。そして同時にその決勝点は何度も文中に出てきたポジション（要点）でもある。

ＯＯＤＡループから見たレイテ戦の敗因

次に日本側の敗因について考えたい。

日本軍がレイテ決戦に失敗した原因は、統合運用と状況判断の両方の失敗と、そこに起因した意思決定の失敗にあるといってよい。この問題点は、現代米軍が提唱しているＯＯＤＡループ（ウーダループと書かれることもある）の考え方をもとにして探ることができる。

ＯＯＤＡループというのは、米空軍のジョン・ボイド大佐が提唱した理論である。ボイド大佐は朝鮮戦争時の空中戦での結果から空戦の理論として、ＯＯＤＡループを提唱した。その後、この理論は空中戦理論から外れて作戦や戦略の階層にも敷衍されるようになった。今現在、各国の軍隊で主流な理論というわけでもないが、理論としては物事の失敗、成功の原因を探ることに利用はできる。そのためか、他の分野、例えばビジネスなどにも応用できるとも考えられている。

ＯＯＤＡループというは、Observe（観察）—Orient（適応）—Decide（決定）—Act（行動）の一連のループの頭文字を繋ぎ合わせた造語である。戦いにおいて意思決定はこの一連の手順を経て行われているといえるし、この手順を無視した意思決定はなされるべきではない。

例えば、いきなり「決定」を行うとすると、それは俗にいう何も考えていないことである。「観察」を欠くのは、「もっと

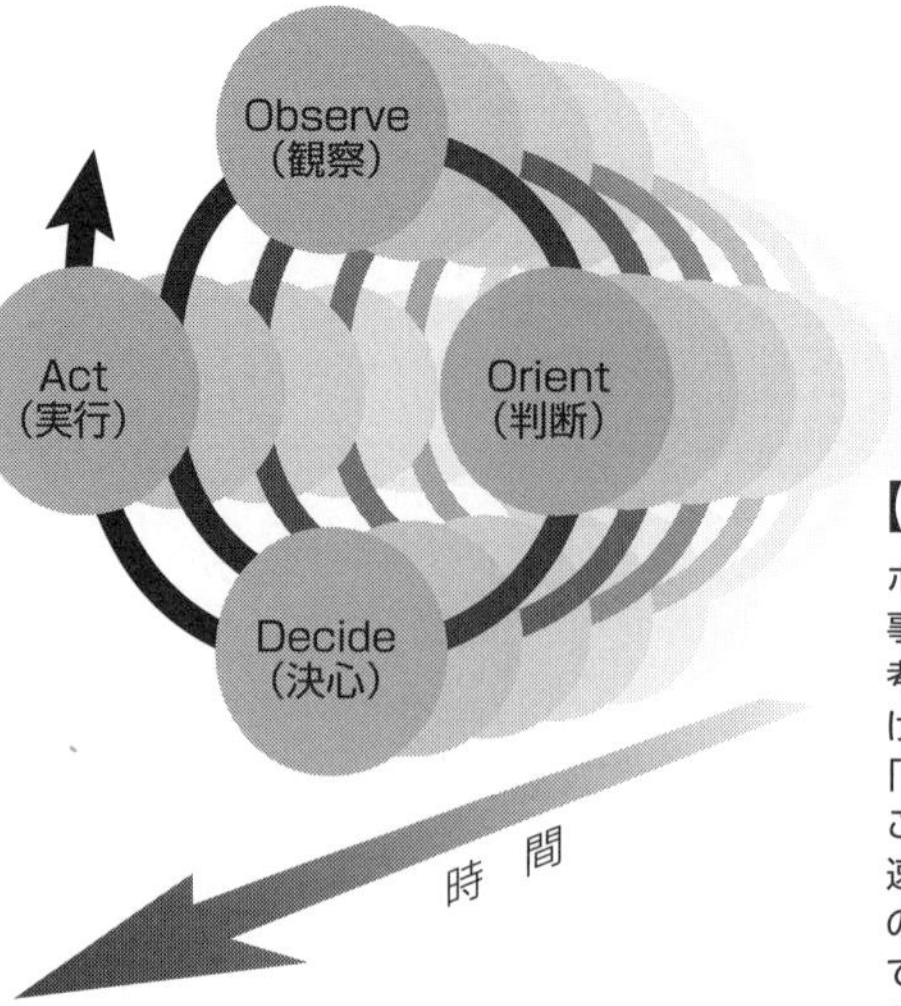

【OODAループ】

ボイドが自らの経験と軍事史の研究などによって考案したのが、戦いにおける意思決定のサイクル「OODAループ」である。この意思決定ループを高速で回すことにより、敵の行動に先んじることができ、主導権を握ることが可能となる。

よく見なさい」と親や先生に叱られるあの状態である。また「観察」「適応」「決定」があっても最後に「行動」がなければ、全ては意味を失う。むろん「観察」だけや「適応」だけというのも成り立たないことはいうまでもない。

説明を進めると、Observe（観察）は直面する（空中戦ならパイロット、戦闘なら指揮官）状況を観察することだ。この時には、目で見るだけでなく通信、連絡手段によって入手される各種データも対象となり分析も含まれる。

続くOrient（適応）は一連のループの中で最も重視される要素だ。平たくいえば、状況にどのように対処するか考えることだが、ボイドは、これを考える要素として、文化的伝統、分析・総合力、経験、新たな情報、受け継がれる資産があるとしている。

ここで何らかの理由で、情報過多で分析できないとか、指揮系統が不明確なため決定者がはっきりしないとかで、次の決定段階に進めなくなることを○○——○○——○○スタックという。

Decide（決定）は意思決定と訳されることが多い。適応段階で判断された情勢分析を元に自己のとる方策を決定することで、日本陸海軍や自衛隊でいう「決心」に近い。例えば、地上戦なら彼我の状況を見て攻撃を行うか防御に徹するかを決めることは決心となる。この時、敵情理解が不十分と判断されると観察に戻ることもありうる。

最後のAct（行動）は文字通り具体的な行動、攻撃、火力投射、

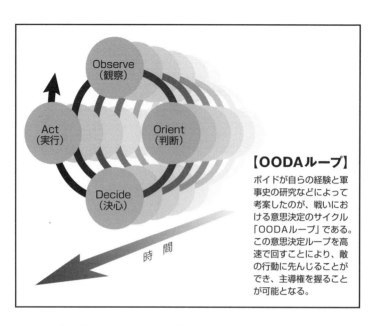

その他を指す。ここでループはいったん終わり、また初めの観察に戻ることになる。

かくして戦いは続き、その上、彼我の状況は流動し変化する。再度、状況を観察して適応、決断、行動をしなければならなくなる。

レイテにおける日本軍の動きを見ると、このOODAループ上で問題があったことが解る。

例えば、ダバオ誤報事件はObserve（観察）の失敗例といえる。また台湾沖航空戦での大戦果という虚報、第三十五軍が米軍が上陸した直後に第十六師団と連絡が途絶していたこともObserve（観察）の失敗である。

こうした誤った観察の結果はOrient（適応）に影響を及ぼす。誤報事件では下手に対応して損害を誘発し、台湾沖航空戦での虚報は、レイテ地上決戦という誤ったDecide（決定）に繋がった。その背景にあるのは決戦と攻撃を重視するドクトリンだが、これは文化的伝統とみなしうるといえよう。

太平洋戦争では、様々なOODAループが描かれたが、日本の陸海軍はことごとくといってよいほど、このループに従った思考に失敗している。日本軍の敗因として決定の誤りや、情報の不備、実際の行動における問題など個別の要素は何度も指摘されているが、OODAループ理論を使うことで、それら個別の問題を関連づけ、失敗過程を追うことができるのである。そして思考の失敗を招いたものが、通信連絡の不備や攻撃重視のドクトリンに求めることができるのである。一般にOODAループ理論では、より早くこの思考ループを回すことを重視するが、日本軍の場合、ループの個々の要素に問題があったのである。これがレイテの戦いを分析した時に見える敗因である。

島嶼戦の注意点

最後に、まとめとして島嶼戦を振り返っての注意点とでもいうべき事項を列挙しておこう。

1、海空戦力の影響は極めて大きい

これは今さらいうまでもない事だが、忘れてはならない事である。

珊瑚海海戦で日本海軍の主力空母二隻の損傷による後退で「MO作戦」が失敗し、ミッドウェー攻略作戦が主力空母四隻を喪失したことにより敗退に終わったのは、最も典型的な例といえるが、島嶼戦では海空戦力を欠くと圧倒的に不利となる。

このことは「Z作戦」以降の海上機動反撃の挫折でも同様である。

島嶼戦は、海上交通路に依存した籠城戦のようなもので、ここを絶たれるといかに守備隊が奮闘しても最終的な陥落は免れない。海空戦力で劣勢な側は、海上交通路を維持することも、相手の海上交通路を遮断することもできなくなる。守備隊は孤軍となってしまうのである。さらに、海空戦力の支援が不十分だと島嶼の攻略はうまくいかなくなる。ウェーク攻略はその好例だろう。

2、島嶼の地形は一様ではない

ひとくちに島嶼といっても、大小様々、植生や地形もまったく異なる。中部太平洋のサンゴ礁の小島と南太平洋のニューギニアのような巨大な島、北方の凍てつく地面のアリューシャンの島は、地形、地誌ともまったく異なる。

当然、地理的な相違は戦闘に影響を及ぼすこととなる。これを無視するとニューギニアの日本陸軍の行動のように自滅的な結果を招くことになる。

戦術的にも、中部太平洋マーシャル諸島の環礁の小島を舞台とする戦いと、隆起サンゴ礁や火山島、はたまたレイテやニューギニアのような大きな島では様相は異なってくる。

また絶海の孤島と列島線では、作戦環境に差異があることにも注意が必要だ。絶海の孤島の戦いは単発の作戦で終わるかもしれないが、列島線の戦いではキャンペーンとなる可能性が高いことには注意が必要である。

3、島嶼戦の軸となる輸送

島嶼戦では、輸送が戦いのカギを握るといっても過言ではない。とくに地上兵力と航空兵力が力を発揮するには常続的に海上からの補給を行う必要がある。これは、繰り返し海上輸送作戦を実施しなければならないことを意味している。しかも、輸送作戦が繰り返されるということは、戦いのキャンペーン化を促す。したがって、島嶼戦では常にキャンペーン概念に留意しなければならないだろう。

しかも、海上輸送に従事する船は、民間からチャーターする輸送船であれ、専用の艦艇であれ戦闘用艦艇ではなく攻撃に対して脆弱だ。これは、そのまま島嶼戦における弱点となる。立場を逆転させれば、島嶼の争奪戦では、相手の海上輸送という弱点を妨害することは効果的ということになる。これは一番目の事項である海空戦力の影響とも関連している。

ガ島戦役、サイパン戦、レイテ戦いずれもこの弱点を米軍に突かれて日本軍は苦戦を余儀なくされた。反面、海上輸送力を部隊機動にうまく使うことができれば、海上機動によって作戦を有利に展開できることになる。米軍のホーランディア上陸やオルモック上陸はその好例だろう。前にも書いたように、島嶼戦にあって輸送船は兵器なのである。そしてそれにより機動戦を展開することも可能となる。

島嶼戦、海洋戦の構造

ここまでは戦争の階層構造における下位のレベル、戦術や作戦の階層での注目点を挙げてきた。ここで、より上位の作戦から戦略の階層へと視点を移してみたい。このレベルで島嶼戦あるいは海洋戦を見た場合、作戦やキャンペーンに構造があるのと同様に、戦いの構造とでもいうべきものがあるように思われてくる。島嶼戦、とくにそのキャンペーンでは、逐次に島嶼を攻略しながら進むことになる。これは、初めから終りまでの複数の軍事行動の連鎖する形を有していると見ることができる。

近代戦では、航空機と潜水艦の登場によって島嶼戦は立体化した戦い、立体戦の様相を呈した。これも戦いの形である。つまり、輸送船で地上部隊を送り込み島嶼を攻略するという基本形に、航空機と潜水艦という立体的要素も加わり、そこに一連のキャンペーンという流れの合わさった複雑な構造が成り立つことになる。さらに島そのものも大きく人口も多いレイテのような島ではゲリラ戦という要素も加わる。現在ではこれにサイバー戦のような要素も加わることで構造は一層複雑化する。このように戦いの構造があるとするならば、その構造的な弱点に付け入る方策もあるのではないか。

ワイリーのいう、順次戦略的な手法で逐次、こうした構造を解体していくのもひとつの方策に違いない。しかし、これは手間暇のかかる方法である。これの手間暇の効率化を狙いスピードアップさせたものが、米軍の「捨て石戦略」や「蛙跳び戦略」である。

ところで建築物の解体作業にあたっては、必ずしも部材を一個一個解体する必要はない。いくつかの部材をまとめて、解体しても差し支えないことは多々ある。

しかし、もっと効果的なのは、構造体の弱所を狙って一気に突き崩す手法だ。昔の木造建築では、解体しやすい箇所があり、そこに留意すれば容易に解体できるという話を聞いたことがあるが、島嶼戦にも構造があるならば、同様のことが可能ではないだろうか。この構造体の弱点を軍事的に解釈するならクラウゼヴィッツが『戦争論』で説く「重心」ということになる。ただしクラウゼヴィッツのいう「重心」は戦争の「重心」だが、ここでいうのは戦略や作戦の「重心」である。米軍のニューギニアにおけるホーランディア上陸、レイテにおけるオルモック上陸は、そうした戦例となる。

これらの上陸作戦は、防衛作戦を展開する日本軍守備隊の態勢を一気に突き崩してしまったのである。日本側は、まさに構造上の弱点（重心）を突かれたといえるだろう。実際の戦争は、彼我双方の相互作用なので、一方的に相手の弱点を攻撃できるとは限らないが、そうした動きを見せることで相手が弱点をカバーするように誘い、その直後に別の弱所を突くといったことも考えられるであろう。これは機動戦の考え方である。島嶼戦、あるいはもっと広く海洋を舞台とした海洋戦では航空機と輸送船を利用して長距離を比較的速く機動でき、その上、海面には戦線が形成されることはないことから、一般的な地上作戦よりも機動戦向きといえるのではなかろうか。

現代の島嶼戦は、地理的な特徴の異なる島々でのキャンペーンという時間軸と立体戦という空間の拡がりの組み合わさる複雑な構造を持つ。そこでの軍事行動で成功を収めるということは、おそらく複雑なパズルを解くようなものだろう。こうしたパズルを解いていくには、陸海空各軍種の統合力の発揮と、米陸軍のいう作戦をデザインする考え方が必要だと思われる。

島嶼戦の構造は複雑であるがゆえ、様々な手段——航空戦、地上戦、水中・水上戦、そしておそらく特殊作戦——を用いて少しずつ多様な方法を用いて段階を経て解いていかねばならない。これを効果的に実行するには、戦いの構造を見据えて、作戦を設計しておく必要がある。この原初的な試みが米軍のオレンジ・プランだったと思われる。

最後に、島嶼戦の戦略・作戦階層における注目点について述べ、この章の締めくくりとしたい。

1、島嶼戦は基本的に非対称的となる。攻める側は、万全の準備の上で進攻してくる以上、島嶼の守備隊は最初から劣勢に立たされる可能性が高い。

2、広い海面あるいは列島線における島嶼戦は、待ち受ける側が戦略的な態勢において圧倒的に不利となる。

攻める側は、攻撃する場所を選択する自由を有しているからだ。

防者が、相手の出方を予想して守りを固めたところで、攻者は弱い所を突くことが可能なのだ。日本軍は中部太平洋からペリリュー島に米軍が進攻すると想定して守りを固めたが、実際には、防備の遅れたサイパン島に先に進攻された。ペリリュー島進攻に際しても米側では迂回論が出されている。

攻者はリデル＝ハートが『戦略論』でいう最小抵抗線、最小予期路線を利用してアプローチすることができる。島嶼戦のキャンペーンでは、作戦線の設定に際して、これに注意して相手の予想される抵抗の小さい所を狙うのが効果的といえるだろう。

3、輸送力は強味でありネックともなる。高い海上輸送力は自軍の作戦能力の高さを担保してくれるが、これは同時に海上輸送力の限界が作戦能力の上限ということでもある。

日本の陸海軍は、戦争初期のモーメンタムを保持して向かう所敵なしだった時点でも、持てる海上輸送力の枠内に作戦を限定されている。その後も、海上輸送力の壁が、軍事行動に制約を与えた。

海上輸送のための海上交通線は、作戦上の弱点ともなる。島嶼で戦う前に、海上交通路での戦いを強制されることは十分にありうるが、輸送船の防御の脆弱性は戦略的にも弱点となる。

加えて、海上輸送は準備と荷下ろしに時間を要することも配慮しなければならないだろう。海空戦力で劣勢な場合、このことは一層の重荷となるであろうことは、ソロモン戦役、ニューギニア戦役、オルモック輸送などで明らかである。島嶼戦において海空戦力に劣る側は、目標となる島嶼に赴く自由さえ有しないのである。

4、タイミングは極めて重要となる。米軍のガ島進攻は、日本側が飛行場を作り上げた直後で航空戦力を配置する直前という絶好のタイミングで実施された。

ホーランディア、ビアク島への日本側の予想するよりも早いタイミングでの進出は、日本の防衛戦においての痛手となった。レイテ戦では一瞬の差で米軍にカリガラ平野に進出されるも、これまた僅差で第一師団が進出できたことで要衝リモン峠を保持することに成功した。そしてそのレイテ戦においてタッチの差で米軍がオルモックへと進出したことは第三十五軍にとり致命傷となったのである。

上陸直後の上陸部隊の脆弱性、輸送の準備や航空戦力の展開の時間を考えるなら、島嶼戦において都合の良いタイミングを摑むためには、テンポの良さもまた重要になってくるだろう。

米軍進攻のテンポが遅く、サイパン島やビアク島に米軍が来るのが史実より遅れたなら、日本軍はそれだけ準備に時間を割くことができ戦闘の様相は自ずから異なっていたであろう。そして速いテンポを維持するなら、ＯＯＤＡループの考え方に注意すべきである。

以上の戦略的な注目点を踏まえると、米海兵隊や米陸軍などのいう機略戦（詭動戦）、つまり機動によって、好機をとらえるあるいは好機を作為して対手を陥れる、あるいは困らせて自軍を有利に持ち込むような戦い方となるのではないだろうか。島嶼戦あるいはより広い海域に島嶼の散在する海洋戦にあっては海上機動という優れた機動手段があることから機略戦となりやすい。

これらの注意点は、裏返して見るとそのまま日本陸海軍の敗因となったといって差し支えないであろう。米軍側にもペリリュー島に見られるような失点はあったものの、最終的には日本陸海軍の側の失点がはるかに多く、日本側は戦いの構造を崩され敗退した。

ここまで太平洋戦争における島嶼戦を振り返ってきた。日本の陸海軍にとって、それは試行錯誤の連続であったといえるだろう。

戦争が始まる前には、日本の陸海軍ともに、島嶼戦、ましてや島嶼戦の連続するキャンペーンという戦いの様相などは想定しておらず、短期で終わる決戦の勝利のための準備に血道を上げていた。この準備には、兵器や機材といったハードと、戦い方である用兵思想というソフトの両面が含まれている。日本の陸海軍にとって島嶼戦は、想定から外れた新しい形の戦いの様相であったがゆえに、とくに戦略上のイニシアチブを喪失した戦争後半においてはしばしば後手に回り、不利な戦いへと追い込まれていったのである。

太平洋戦争は、歴史の彼方へと過ぎ去っていったかもしれないが、日本という国が、太平洋中の島嶼で形成されているという地理的環境が変化しない限り、今後も島嶼戦からは目を離すことはできないのである。

あとがき

本書は、歴史・戦史雑誌である『歴史群像』誌（学習研究社～学研プラス）に掲載した記事のうち太平洋における島嶼戦にまつわるものをもとに、大幅に加筆訂正したうえで、新たに序章と第八章および第九章の三つの章を書き下ろして加えたものである。

今回、機会を得て一冊の本にまとめることができたが、過去に元記事を読んでくださった読者の方、そして今回、新たに本書を手に取ってくださった方々に、お礼を申し上げたい。

本書の元になった記事は、単純に太平洋の戦場での個別の戦いを取り扱ったに過ぎなかったが、一冊の著書としてまとめるとなると共通したテーマが必用なので「島嶼戦」というくくりで全体をまとめることにした。そして作戦と戦役という用兵思想の考え方を援用することで筋を通そうと考えた。

この方針で本書を書く時の助けとなったのが、故片岡徹也氏と数人の自衛官の方が主宰していた、陸上自衛隊指揮幕僚過程（CGS）の勉強会を聴講させていただいた経験である。その時に学んだことが大いに助けとなり、無事に本書をまとめることができた。

また戦史教官を長く勤められ、退官後は靖国神社偕行文庫室長を務められた、元・1等陸佐の葛原和三氏には基礎的な事柄から作戦に関する事柄まで広くご教示いただいた、この場を借りて感謝の辞を述べさせていただきたい。

複雑な戦況を解り易い図として作製して頂いた上に連載中も著者の相談にも乗っていただいた樋口隆晴氏、同じく図の作製に携わってくださった大野信長氏にも心からの感謝を述べたい。また、片岡徹也氏の勉強会で共に学んだCGS学生及び教官の方々、アメリカ海兵隊の研究者である阿部亮子氏には、執筆上で大いに啓発されるところがあった。あらためてお礼をのべる次第である。

令和2年7月31日　瀬戸利春

●太平洋島嶼戦主要参考文献

【書籍】

アール、エドワード・ミード編著（山田積昭、石塚栄、伊藤博邦訳）『新戦略の創始者――マキャベリーからヒットラーまで』〈上・下〉（原書房、1978年）
ミラー、エドワード（沢田　博訳）『オレンジ計画――アメリカの対日侵攻50年戦略』（新潮社、1994年）
ポッター、E・B（南郷洋一郎訳）『提督ニミッツ』（フジ出版社、1980年）
マーレー、ウィリアムソン／ノックス、マクレガー／バーンスタイン、アルヴィン編『戦略の形成：支配者、国家、戦争』（中央公論新社、2008年）
クラウゼヴィッツ、カール・フォン（篠田英雄訳）『戦争論』〈上・下〉（岩波書店、1991年）
クレイグ、コリー、丸谷元人（丸谷まゆ子訳）『ココダ――ニューギニア南海支隊・世界最強の抵抗』（ハート出版、2012年）
グレイ、コリン（奥山真司訳）『現代の戦略』（中央公論新社、2015年）
モリソン、サミュエル・エリオット（大内一夫訳）『モリソンの太平洋海戦史』（光人社、2003年）
ウィロビー、C（大井篤訳）『マッカーサー戦記』〈全3巻〉（時事通信社、1956年）
グリフィン、J／ネルソン、H／ファース、S（沖田外喜治訳）『パプア・ニューギニア独立前史――植民地時代から太平洋戦争まで』（未来社、1994年）
ハーシー、J（西村健二編訳）『最前線の戦闘――米軍兵士の太平洋戦争』（中央公論社、1994年）
コーベット、ジュリアン・スタフォード（エリック・J・グロゥヴ編、矢吹啓訳）『海洋戦略の諸原則』――コーベット（原書房、2016年）
ハラス、ジェームス・H（猿渡青児訳）『ペリリュー島戦記――珊瑚礁の小島で海兵隊員が見た真実の恐怖』（光人社、2010年）
マッカーサー、ダグラス（津島一夫訳）『マッカーサー回想記』（朝日新聞社、1964年）
ビュエル、トーマス・B（小城　正訳）『提督スプルーアンス』（読売新聞社、1975年）
ジョーンズ、ドン（中村定訳）『タッポーチョ――「敵ながら天晴」大場隊の勇戦512日長編記録小説』（祥伝社、1982年）
ハート、リデル（上村達雄訳『第二次世界大戦』（中央公論新社、1999年）

パレット、ピーター編（防衛大学校・「戦略・戦術の変遷」研究会訳）『現代戦略思想の系譜――マキャベリから核時代まで』（ダイヤモンド社、1989年）
ショー、ヘンリー・I（宇都宮直賢）『タラワ――米海兵隊と恐怖の島』（サンケイ新聞社出版局、1971年）
スレッジ、ユージン・B（伊藤　真・曽田和子訳）『ペリリュー・沖縄戦記』（講談社学術文庫、2008年）

麻田貞雄『両大戦間の日米関係――海軍と政策決定過程』（東京大学出版会、1993年）
稲垣治『アメリカ海兵隊の徹底研究』（光人社、1990年）
伊藤正徳『帝国陸軍の最後』〈全5巻〉（文芸春秋新社、1959年）
伊藤由己『検証・レイテ輸送作戦』（近代文芸社、1995年）
市川浩之助『キスカ――日本軍の栄光』（コンパニオン出版、1983年）
出沢俊男『ニューギニア戦の検証』（信濃毎日新聞社、1991年）
井本熊男監修、外山　操・森松俊夫・上法快男編『帝国陸軍編制総覧』（芙蓉書房出版、1987年）
井上成美伝記刊行会編『井上成美』（井上成美伝記刊行会、1982年）
今村伸哉編著『ジョミニの戦略理論――『戦争術概説』新訳と解説』（芙蓉書房出版、2017年）
NHK取材班『ドキュメント太平洋戦争』〈全6巻〉（角川書店、1993年）
大井　篤『海上護衛戦』（学研M文庫、2001年）
大岡昇平『レイテ戦記〈上・中・下〉（中公文庫、1974年）
大橋武夫『統帥綱領』（建帛社、1972年）
片岡徹也編『軍事の事典』（東京堂出版、2009年）
亀井　宏『ガダルカナル戦記』〈全3巻〉（光人社、1987年）
河津幸英『アメリカ海兵隊の大平洋上陸作戦』〈上・中・下〉（アリアドネ企画、2003年）
近藤新治編『近代日本戦争史4大東亜戦争』（同台経済懇話会、紀伊国屋書店（発売）、1995年）
キスカ会編『キスカ戦記』（原書房、1980年）
岸見勇美『地獄のレイテ輸送作戦――敵制空権下の多号作戦の全貌』（光人社、2012年）
近現代史編纂会編、森山康平ほか『陸軍師団総覧』（新人物往来社、2000年）

草鹿任一『ラバウル戦線異状なし——我等かく生きかく戦えり』（光和堂、1958年）
草鹿龍之介『連合艦隊参謀長の回想』（光和堂、1979年）
葛原和三著、戦略研究学会編、川村康之監『機甲戦の理論と歴史』（芙蓉書房出版、2009年）
源田　実『海軍航空隊始末記』（文藝春秋新社、1962年）
駒宮真七郎『戦時輸送船団史』（出版協同社、1987年）
五味川純平『ガダルカナル』（文春文庫、1983年）
小柳富次『栗田艦隊』（光人NF文庫、1995年）
戦略研究学会編『戦略論大系』〈全14巻〉（芙蓉書房出版、2008年）
佐賀廉太郎『アッツ虜囚記』（講談社、1978年）
坂本金美『日本海軍潜水艦戦史』（図書出版、1979年）
『作戦要務令（復刻）』（池田書店、1974年）
坂口太助『太平洋戦争期の海上交通保護問題の研究——日本海軍の対応を中心に』（芙蓉書房出版、2011年）
佐藤和正『玉砕の島——太平洋戦争・激闘の秘録』（ベストセラーズ、1980年）
佐藤和正『太平洋海戦史〈全3巻〉』（講談社、1988年）
佐用泰司・森茂『基地設営戦の全貌——太平洋戦争海軍築城の真相と反省』鹿島建設技術研究所出版部、1953年）
実松譲『海軍大学教育——戦略・戦術道場の功罪』（光人社NF文庫、1993年）
『戦略・戦術詳解』（兵事雑誌社、1913年）
上法快男編『陸軍大学校』（芙蓉書房出版、1973年）
上法快男・高山信武『陸軍大学校続』（芙蓉書房出版、1978年）
下田四郎『サイパン戦車戦——戦車第九連隊の玉砕』（光人社、1999年）
サンケイ新聞出版局編著『証言記録太平洋戦争』（サンケイ新聞出版局、1975年）
白井明雄編『「戦訓報」集成』〈第一巻「戦訓特報」〉（芙蓉書房出版、2003年）
白井明雄『日本陸軍「戦訓」の研究——大東亜戦争期「戦訓報」の分析』（芙蓉書房出版、2003年）
海軍水雷史刊行会編『海軍水雷史』（水交社　非売品、1979年）
ソロモン会『第十七軍のあしあと——ガダルカナル島・中部ソロモン諸島・ブーゲンビル島に於ける作戦統等のあらまし』（ソロモン会、19

６５年）
外山三郎『図説太平洋海戦史――写真と図版で見る日米戦争』〈全３巻〉（光人社、１９９５年）
高松宮宣仁親王、細川護貞ほか編『高松宮日記』〈全８巻〉（中央公論社、１９９７年）
田島一夫『ニューギニア戦悲劇の究明と検証――体験実録と検証』（戦誌刊行会、１９９２年）
田尻昌次『千九百十五年ガリポリに於ける上陸作戦』（織田書店、１９２９年）
田中賢一『レイテ作戦の記録』（原書房、１９８０年）
田中兼五郎『パプアニューギニア地域における旧日本陸海軍部隊の第二次大戦間期の諸作戦』（日本パプアニューギニア友好協会、１９８０年）
田中宏巳『マッカーサーと戦った日本軍――ニューギニア戦の記録』（ゆまに書房、２００９年）
谷浦英男『タラワ、マキンの戦い――海軍陸戦隊ギルバート戦記』（草思社、２０００年）
谷光太郎『アーネスト・キング――太平洋戦争を指揮した米海軍戦略家』（白桃書房、１９９３年）
田村洋三『玉砕ビアク島――「学ばざる軍隊」帝国陸軍の戦争』（光人社、２０００年）
戸高一成編『「証言録」海軍反省会』（ＰＨＰ研究所、２００９年）
鳥巣建之助『日本海軍潜水艦物語』（光人社、２０１１年）
友近美晴『軍参謀長の手記――比島敗戦の真相』（黎明出版、１９４６年）
富岡定俊『開戦と終戦――人と機構と計画』（毎日新聞社、１９６８年）
中里久夫『ウェーキ島――海軍陸戦隊生還者の証言』（静和堂竹内印刷、１９７０年）
中澤佑刊行会『海軍中将中澤佑――海軍作戦部長・人事局長回想録』（原書房、１９７８年）
西島照男『アッツ島玉砕――十九日間の戦闘記録』（北海道新聞社、１９９１年）
日本海軍潜水艦史刊行会『日本海軍潜水艦史』（日本海軍潜水艦史刊行会、１９７９年）
日本郵船『日本郵船戦時船史――太平洋戦争下の社船挽歌』（大洋印刷産業、１９７２年）
日本郵船『日本郵船戦時船史資料集』（大洋印刷産業、１９７２年）
野中郁次郎『アメリカ海兵隊――非営利型組織の自己革新』（中公新書、１９９９年）
服部卓四郎『大東亜戦争全史』（原書房、１９９３年）
針谷和男『「ウェワク」補給途絶二年間、東部ニューギニア第二十七野戦貨物廠かく戦へり』（非売品、１９８３年）

半藤一利『ルンガ沖夜戦』（ＰＨＰ文庫、２００３年）
樋口季一郎『アッツ・キスカ軍司令官の回想録』（芙蓉書房、１９７１年）
久山　忍『東部ニューギニア戦線鬼哭の戦場――生き残った将兵が語る最後の証言』（光人社、２０１１年）
平櫛　孝『サイパン肉弾戦――玉砕戦から生還した参謀の証言』（光人社、２００５年）
平田晋策『極東戦争と米国海軍』（天人社、１９３０年）
平塚柾緒『証言記録生還――玉砕の島ペリリュー戦記』（学研パブリッシング、２０１０年）
福川秀樹『日本海軍将官辞典』（芙蓉書房出版、２０００年）
淵田美津雄・奥宮正武『機動部隊――日本海軍海上航空戦史』（朝日ソノラマ、１９７４年）
淵田美津雄『真珠湾攻撃総隊長の回想――淵田美津雄自叙伝』（講談社、２００５年）
福留　繁『海軍の反省』（日本出版協同社、１９５１年）
藤井非三四『知られざる兵団――帝国陸軍独立混成旅団史』（国書刊行会、２０２０年）
船坂　弘『ペリリュー島玉砕戦――南海の小島七十日の血戦　新装版』（光人社ＮＦ文庫、２０１０年）
歩兵百三十五連隊史編集委員会『歩兵百三十五連隊の思い出――昭和十九年（１９４４年）夏サイパン・テニアンに全滅した』（非売品、１９９４年）
歩兵百三十五連隊史編集委員会『歩兵百三十五連隊の思い出続編――悪夢の島サイパン・テニアンこの慟哭を後世に』（非売品、１９９８年）
堀栄三『大本営参謀の情報戦記――情報なき国家の悲劇』（文藝春秋、１９８９年）
堀　元美『駆逐艦――その技術的回顧』（原書房、１９６８年）
堀口大八『決戦下の輸送問題』（図書出版、１９４４年）
前原　透『日本陸軍用兵思想史――日本陸軍における「攻防」の理論と教義』（天狼書房、１９９４年）
將口泰浩『キスカ撤退の指揮官』（産経新聞出版、２００９年）
松浦行真『混迷の知恵――遠すぎた島ガダルカナル』（情報センター出版局、１９８４年）
松岡　覚『戦場の滅びと光り――回想の西部ニューギニア』（開発社、１９９３年）
松原茂生・遠藤　昭『陸軍船舶戦争――船舶は、今も昔も日本の命綱』（戦誌刊行会、１９９６年）
水戸歩兵第二連隊史刊行会編『水戸歩兵第二連隊史』（水戸歩兵第二連隊史刊行会、１９８８年）
三岡健次郎『船舶太平洋戦争――一日ハ四時間ナリ』（原書房、１９８３年）

三宅正樹、庄司潤一郎、石津朋之、山本文史『検証太平洋戦争とその戦略3　日本と連合国の戦略比較』（中央公論新社、２０１３年）
巡部隊史編纂委員会『運命の海上機動兵団――海上機動第二旅団機動第一大隊・関東軍独立守備歩兵第二十七隊』（非売品、１９７４年）
森山康平編『米軍が記録したニューギニアの戦い』（草思社、１９９５年）
森本忠夫『マクロ経営学から見た太平洋戦争』（ＰＨＰ研究所、２００５年）
野重九会『みんなで綴る野重九連隊史』（野重九事務局、１９９３年）
山崎重暉『回想の帝国海軍』（図書出版社、１９７７年）
吉原　矩『日本陸軍工兵史』（九段社、１９５８年）
吉村朝之『トラック大空襲――海底写真に見る連合艦隊泊地の悲劇』（光人社、１９８７年）
陸上自衛幹部学校『サイパン戦史』（非売品、１９６１年）
陸上自衛隊幹部学校修身会『陸戦史集　ガダルカナル島作戦』（原書房、１９７１年）
陸上自衛隊幹部学校修身会『陸戦史集　サイパン島作戦』（株式会社東宣社、１９７１年）
防衛庁防衛研修所戦史室編『戦史叢書』〈全１０３巻〉（朝雲新聞社、１９６８年）
連合艦隊『連合艦隊海空戦闘詳報』（アテネ書房、１９９６年）
渡辺洋二『大空の戦士たち』（朝日ソノラマ、１９９１年）

Vego, Milan　N "Naval　Strategy and Narrow Seas"（Routledg　１９９９年）

【雑誌記事】
友近美晴「軍参謀長の手記――比島敗戦の真相」『丸別冊太平洋証言シリーズ１１大いなる戦場』（潮書房、１９９１年）
樋口隆晴「最終防護射撃」『歴史群像２００８年１０月号』（学研パブリッシング、２００８年）

【論文】
今井秋次郎『我国国防上軽戦闘部隊充実の必要」「海軍」編纂委員会『海軍　第十二巻』（誠文図書、１９８１年）

岩村研太郎「『上陸作戦原型の確立』」『軍事史学　第五二巻第四号』（錦正社、２０１７年）
岩村研太郎「上陸作戦要綱の成立」『軍事史学　第五四巻第一号』（錦正社、２０１９年）
岩村研太郎「陸軍主管の軍事海運制度の形成『軍事史学　第五四巻第四号』（錦正社、２０１９年）苅部　務「装備体系と海上戦略の変遷」
『軍事史学　第八号』（錦正社、１９７２年）
工藤美知尋「井上成美「新軍備計画論」の歴史的意義」『軍事史学　第十四巻四号』（錦正社、１９７９）平間洋一「日本海軍の対米作戦計画
――邀撃漸減作戦が太平洋戦争に及ぼした影響」『第二次世界大――発生と拡大』（錦正社、１９９０年）
平間洋一「オレンジ計画と山本戦略――ハワイ奇襲と連続攻勢作戦」『第二次世界大戦2――真珠湾前後――日米開戦と軍事戦略』（錦正社、
１９９1年）
福本幸恵「日本陸海軍の統合問題と陸軍船舶兵」（２０１９年）
福本正樹「日本陸軍の『海上機動反撃』構想――戦略的守勢下における主導権奪回の試み」（２０１９年）（偕行文庫所蔵）
保科善四郎『保科善四郎回想記　大東亜戦争秘史』（原書房、１９７５年）
八束秀則「太平洋戦争における米水陸両用戦部隊の組織及び統合に関する調査研究」（防衛研修所研究史料、１９７８年）
三木秀雄「アメリカ陸軍とオレンジ計画」『軍事史学　第二次世界大戦（二）』（錦正社、２０１７年）
横谷英暁「英国のセイロン島防衛作戦」『軍事史学１３８号』（錦正社、１９９９年）

【史料】

昭和館所蔵史料

米戦略爆撃調査団、海上自衛隊幹部学校訳『証言記録太平洋戦争』（不明）
海軍大臣官房『海軍省年報』（海軍省、１９３５年）
海上幕僚監部『戦史例証　船舶輸送』（海上幕僚監部、１９５７年）
『自１９４２年上旬至１９４３年3月中旬潜水艦作戦』（第二復員省
『南洋部隊の作戦の梗概並びに部隊施設の一般状況』（第二復員局
南雲中佐『欧州戦争ニ於ケル米国参戦の実績』（海軍大学校研究部）

南雲中佐『欧州戦争参戦ノ実績並爾後ノ発展ヨリ見タル米国戦備ノ研究』（海軍大学校研究部）
復員局編『アリューシャン攻略作戦』
復員局編『北方方面の作戦』

偕行文庫所蔵史料

『海上機動部隊戦闘の参考』（教育総監部、1944年）
『海上機動兵団戦闘教令（案）』（1944年）
『近代日本統合戦史概説―海上輸送』（統合幕僚学校　不明）
『船舶、原因別喪失量月別推移』（不明）
『研修資料――旧日本海軍の兵術的変遷と之に伴う軍備並びに作戦』（防衛研修所1956年）研究資料78R――6H「太平洋戦争初期における米水陸両用作戦部隊の組織及び統合に関する調査研究」（1994年）
櫻井省三『日本軍上陸作戦に関する史的総合観察』（防衛省防衛研修所1950年）
参謀本部『欧州戦争叢書　欧州戦争の戦術的観察』〈全5巻〉
鈴木中佐『陸大講受録――参謀要務（船舶輸送）講義録』陸軍大学校
『昭和四年七月　戦闘綱要・砲兵操典』（1929年）
『上陸作戦要綱草案』（1927年）
『上陸作戦要綱』（1932年）
添田裕吉『捷一号作戦レイテ派遣カモテス支隊記録』（不明）
『第八方面軍兵站施設要図』（1943年）
『島嶼守備部隊教令（案）』（1943年）
『統帥綱領草案・試案』（不明）
大本営陸軍部『珊瑚島嶼の防御』（1943年）
大本営陸軍部『島嶼守備部隊戦闘教令（案）』（1944年）
大本営陸軍部『島嶼守備要領』（1944年）

慶増完『苦闘のレイテ戦』（不明）
田尻昌次『上陸作戦　戦史類例集』（陸軍運輸部将校集会所、１９３２年）
田尻昌次『戦史例証　船舶輸送　作戦原則の過去と現在』陸上幕僚監部、１９５７年）
田尻昌次『船舶に関する重大事項の回想乃観察』（厚生省引揚援護局史料室、１９５５年）
玉兵団参謀土井正巳『玉兵団レイテ作戦の諸問題並びに所見』
田村譲吉『海上機動第一旅団輸送隊編制の経緯』
『幕僚手簿』
『比島戦訓余話』（不明）
防衛研修所『戦史叢書草稿　大本営陸軍部作戦指導史　第十二巻』（不明）
『兵站概説』（防衛研修所、１９６４年）
『南太平洋方面戦闘の教訓』（大本営陸軍部、１９４３年）
『輸送戦史』（陸上自衛隊幹部学校、１９５２年）
『レイテ作戦研究史料－戦争日誌、６ＴＫ１ｃｏ行動詳報、戦訓特報』
『レイテ作戦敵船舶消長状況統計表』
『レイテ作戦彼我航空勢力消長状況統計表』
『レイテ作戦第一部・第二部』（陸上自衛隊幹部学校、不明）
第一師団司令部『レイテ島に於ける戦闘』
長嶺秀雄『思い出「レイテ」島に於ける第５７連隊戦闘概況』
宮内少将『燐光比島に消ゆ－歩五十七比島戦記』
松原茂生『大東亜戦争に於ける海上輸送戦史及び別冊』（１９６７年）
松原茂生『大東亜戦争陸軍船舶戦史』（陸上自衛隊幹部学校、１９７０年）
峰岸慶次郎『痛恨ガダルカナル作戦』
『輸送戦史――帝国陸軍を中心とした軍事輸送の歴史』（陸上自衛隊幹部学校、２０１５年）

【著者略歴】 瀬戸利春（せと・としはる）

1962年、東京都生まれ
戦史研究家。東洋大学文学部史学科卒。

●著書『日露激突　奉天大会戦』（学研パブリッシング）ほか。また主な執筆記事に、「激突タラワ攻防戦」、「ペリリュー島攻防戦」、「東部ニューギニア攻防戦」（以上『歴史群像』学研パブリッシング）、「海防的プランから艦隊決戦へ」『別冊歴史リアル』洋泉社など多数。

太平洋島嶼戦
——第二次大戦、日米の死闘と水陸両用作戦

2020年　9月15日第1刷発行
2020年11月15日第2刷発行

著　者　瀬戸利春

発行者　和田肇
発行所　株式会社作品社
〒102-0072　東京都千代田区飯田橋2-7-4
Tel 03-3262-9753 Fax 03-3262-9757
http://www.sakuhinsha.com
振替口座 00160-3-27183

装　幀　小川惟久
本文組版　有限会社閏月社
図版原図　樋口隆晴
図版制作　大野信長
印刷・製本　シナノ印刷(株)

Printed in Japan
落丁・乱丁本はお取替えいたします
定価はカバーに表示してあります
ISBN978-4-86182-818-8 C0020